博碩文化

博碩文化

AI時代的管理數學

使用R語言實作

Management Mathematics in the AI Age Implementation using R Language

廖如龍、葉世聰 著

將人工智慧及機器學習常用之數學思維應用於資料分析及解決管理問題

- ☑ 以 R 軟體的程式語言與過程，深入解說並印證數學定義、定理
- ☑ 透過 R 軟體的印證，經驗的移轉，形塑跨電腦語言的整體處理思維
- ☑ 促成 R 軟體成為數學符號以外的第二語言，加速數學學習效率

主　　編：廖如龍、葉世聰
責任編輯：黃俊傑

董 事 長：曾梓翔
總 編 輯：陳錦輝

出　　版：博碩文化股份有限公司
地　　址：221 新北市汐止區新台五路一段 112 號 10 樓 A 棟
電話 (02) 2696-2869　傳真 (02) 2696-2867

發　　行：博碩文化股份有限公司
郵撥帳號：17484299　戶名：博碩文化股份有限公司
博碩網站：http://www.drmaster.com.tw
讀者服務信箱：dr26962869@gmail.com
訂購服務專線：(02) 2696-2869 分機 238、519
（週一至週五 09:30 ～ 12:00；13:30 ～ 17:00）

版　　次：2024 年 3 月初版一刷

建議零售價：新台幣 720 元
I S B N：978-626-333-781-7
律師顧問：鳴權法律事務所 陳曉鳴律師

本書如有破損或裝訂錯誤，請寄回本公司更換

國家圖書館出版品預行編目資料

AI 時代的管理數學：使用 R 語言實作 / 廖如龍，葉世聰著 . -- 初版 . -- 新北市：博碩文化股份有限公司，2024.03

面；　公分

ISBN 978-626-333-781-7(平裝)

1.CST: 管理數學 2.CST: 電腦程式語言 3.CST: 人工智慧

319　　113002497

Printed in Taiwan

博碩粉絲團

推薦序

一直以來人類常以數學來解決各項管理問題，從個人日常消費選擇、家庭日常收支的計算，到企業成本、收入習性推估、預算編製，以及社會運行、國家治理，這一切都離不開管理與數學的應用。人工智慧發展至今日，其所展現之高效輔助功能，甚而可以取代部分人工作業，其背後的數學基礎的運用功不可沒。

本書《AI 時代的管理數學：使用 R 語言實作》，是我的同學及其夥伴，兩位學、產業界菁英以其多年的學經歷共同澆鑄的這個領域的里程碑，其以直觀且實用的方式，將人工智慧及機器學習常用之管理數學工具清楚介紹，並透過 R 語言實作，讓讀者能夠深入理解並應用於實務情境。

在內容方面，本書以線性代數開啟矩陣，揭開「資料呈現的語言：矩陣」運用的神秘面紗（向量空間與轉換），其他如微積分與拉氏函數在決策上扮演了重要的角色（波音收購麥道背後的精細計算）、機率統計的應用如何決定快篩的時機（避免偽陽、偽陰）、線性規劃包括各種極大化及極小化情境的應對技巧（單形法）、管理者最關注的前瞻預測（時間趨勢、週期變化與雜訊過濾）等等，都有待讀者諸君細細品嚐。

這本書將幫助你將人工智慧及機器學習常用之數學思維應用於資料分析及解決管理問題。

輔仁大學商學研究所長

范宏書 博士

2023-12-21

作者序

「只有緊依數學時，才能穿透思想難以捉摸的魅力。」**(Only by tightly relying on mathematics can we penetrate the elusive fascination of thought.)**

笛卡爾（René Descartes, 1596 – 1650）

管理數學顧名思義，即數學方法在管理領域上的應用，然而管理領域包羅萬象，沒有明確的範圍，所應用的數學方法亦相當複雜。

面對瞬息萬變的經營環境，身為管理者，不能只依賴主觀直覺的判斷來下決策，必須藉助相關的數量方法來分析、歸納，整理出有用的資訊，以作為決策的參考，才能提高決策的品質。

決策情境總是充滿不確定性，從這是一個什麼問題、誰該負責決策、我有多少資源或權限可用，常都不明確。1943 年二戰期間，英軍在對德軍 **U 型潛艇**（U-boat）戰鬥中，由於德軍發現如何監聽英軍 10 厘米雷達，其潛艇事先得到警告，並在充足的時間內潛入安全地帶，使得英軍的飛機對 U-boat 擊沉率降至零。後來英軍之所以佔上風，是因為當時的派翠克．布萊克特（Patrick Blackett,1897-1974），後來被追譽為「作業研究」之父，和他的作戰研究同事，計算出：如果英軍能夠在某些區域集中足夠的飛機，德軍潛艇將不得不頻繁下潛，以致耗盡空氣和電池供應，最後不得不浮出水面上，而受到攻擊。

在派翠克過世後不久，Operational Research Quarterly 上有一篇關於他的傳略記載 (1)：

「派翠克作戰研究同事要求將轟炸機司令部的幾個飛機中隊轉移到海岸司令部，不用說，這一提議遭到轟炸機司令部負責人、空軍元帥亞瑟．哈里斯（Arthur Harris）爵士的強烈反對。該提案的重要性導致**邱吉爾首相**出面拍板定案的必要性，在安排一次會議上，雙方各呈強烈的論據。

經過一番激烈的爭論，空軍元帥亞瑟爵士爆出『**我們是用武器還是計算尺來打這場戰爭？』（Are we fighting this war with weapons or slide rule?）**對此，邱吉爾首相在比平時短暫的停頓並抽了口雪茄後說：『這是個好主意，讓我們試試改變一下使用計算尺。』軍事作業就此展開，德軍的 U-boat 被擊沉率恢復如預期的那樣了。令人驚訝的是，實際的攻擊和 U-boat 擊沈率數量幾乎與預測的完全一樣。」

這個故事涉及線性規劃、線性代數、機率與統計以及預測等議題，都會在本書中介紹。

Covid-19 疫情蔓延的第三年，有六大數學現象或問題，民眾產生疑惑或忽略。其中之一是專責病房空床率問題：這其實是分配不均的問題，因為某些大醫院或市區醫院，也許都占床至 110%，空床率為 0，但某些小醫院或偏遠醫院仍有空床 70%，加權平均後就是 30%；有識之士呼籲可用作業研究、最適化、微分方程式或線性代數等工具，解決一部分問題。(2)

本書的出版，也呼應此一呼籲。很多管理決策問題因為充滿矛盾性與不確定性，故所需的數學演算過程往往相當冗長與繁複，如線性規劃問題，以致於手工計算無法畢其功。若能以深入淺出的解說，或佐以程式語言為輔助工具，融合管理實務。採用「做中學」方式，以實際專題為基礎的教學方法，或從問題出發以解決問題為主，讓學生在解決特定問題的過程中，同時涉足不同學科領域，可培養學生的綜合思考和解決問題的能力。(3)

本書定位在管理數學參考書而不是教科書，因此偏重在彌補教科書上公式的不足，透過邊看手邊資料，邊印證教科書上的公式。藉助實例，先手算，再輔以 R 語言工具。寫一個 function，用 R 語言可以快速印證，測試想法對不對。如求特徵分解，實例 3-18 的 eig<-eigen(A)，即求矩陣 A 的特徵值 / 特徵向量的指令，圖 3-54：A 矩陣分解後的物件 eig 清單。又如實例 9-6 的內建 lm 函式，圖 9-30 預測結果比較相對應 R 軟體的 forecast 套件，增強了對時間序列物件在線性迴歸與預測的應用，使用 tslm 函式，圖 9-32 為預測結果，以上預測採用不同函數、套件是個有趣的比較，彰顯時間序列的迴歸模型更為完整。

走筆至此，也回答一般資料科學初學者的疑惑：「何以選用 R 而非 Python 作為工具？」回覆如下：

「1. Python 作為一通用語言語法較為冗長，而 R 作為一統計與數學的語言，其函式導向專注於精簡的處理表示語法，使其簡潔易讀。

2. 陡峭的學習曲線，技能的習得愈多、進步愈快，快速上手，易於發揮，也免於語法本身的邏輯處理，而讓使用者專注於解決問題的本身。

總的來說，如果你主要關注統計分析、數據可視化、線性代數或初等微積分，亦即管理數學的應用，並希望較快上手，R 語言可能是較佳的選擇。」

本書與前一本《R 語言在開放資料、管理數學與作業管理的應用》做出區隔，有幾個方面：一、涵蓋廣義的管理數學；二、加入更多實例，更貼近生活，喚起讀者的共鳴與學習數學熱情，以克服一般「數學焦慮症」(Mathematics anxiety)。我們的理想是兼顧理論與實務、純數與應數，深信「取法於上，僅得為中，取法於中，故為其下」。

在使用 R 的過程中，恐怕一般人不免也會犯「低階」錯誤，如安裝指令錯誤，install.packages（'名稱'）名稱須在引號內，又如執行 Github 下載的檔案，會出現讀不到檔案的錯誤訊息，這時或要設定下載路徑與 R 環境的 working directory 一致，或要將下載的檔案，移到 R 環境的 working directory。

讀者在馳騁 R 之際，有時也會出現不存在名稱的套件，如 'svglite' 名稱的套件不存在的訊息，其實應該算是「高階」錯誤，因為不重要，不必當一回事。等到錯誤訊息來了再來應變就好，免得死背硬記（雖然背後，就只是程式裡 variable 的觀念而已）。

在此也回答一位朋友問題：「我比較好奇的是：如何『教懂』完全不會寫程式的人，開始會寫 R 或 Python 程式。目前發現，很多人看書學，還是不會寫程式？」

我的看法是：

「聯合國 OECD（經濟合作暨發展組織）所舉辦的 2022 國際學生能力評量（PISA），台灣教育點被名出現**雙峰現象**，頂尖學生有優異表現，低成就學生卻

沒有起色，即兩項重要指標如分數標準差、高低成就學生分數落差，都是世界第一。(4)

引伸到教室場景是要如何帶領低成就學生跟上，這是數學教育的最後一哩路（last mile）。更務實來說，要如何顛覆以前的教法，從教學生如何印證程式，探索程式背後的數學原理。更進一步揭露 R 語言上萬種函式庫（Function library）背後的數學原理。受限於篇幅，我們只能對於本書中有用到的部分，針對其背後的複雜處理過程加以印證說明，俾助於對函式庫從套用到徹底的理解。

邊看手邊資料，邊由程式印證，可以加強傳統數學教育的不足。程式設計者邊按著左上角「程式碼文件分類」「→」，亦即 Run 圖示隨著程式一行一行往下進行，右上角「目前變數的數值」及左下角「程式碼命令列」也跟著同步變換，可以驗證每行指令產生的變化，這也是直譯器（Interpreter）R 的另外一個魅力所在。」

本書分 9 章，第 1 章介紹〈**截彎取直**：線性函數與線性方程組〉這些都是線性代數的基本概念，對於理解向量空間、矩陣運算、特徵值與特徵向量等方面都至關重要。實例中有求市場均衡點，以線性方程組求解；有生產什麼，可用資源，及資源如何受限，如何列出限制式、線性方程組以及如何求解。最後如何由散佈圖截彎取直，找到一條直線，即最小平方線，作為預測用。

第 2 章介紹〈**資料呈現的語言**：矩陣〉，矩陣看成是一個由實數排成的有順序矩形陣列（array），其維度（dimension）是以列與行來表示，可應用於古典密碼學，利用矩陣作成加、解密金鑰。在 AI 時代，密碼更為重要，**用於資料加密**的加密**金鑰**長度不**長於 100 bits 或更長**，不足以抵擋外力的入侵，人們不僅應該使用強度密碼，還應該採取其他安全措施，如多因素身份驗證，以提高整體的安全性。

第 3 章介紹〈**Google 搜尋是如何運作**：向量空間與線性轉換〉，兩者是線性代數的基本概念，為進一步理解和處理向量、矩陣、函數等數學對象，提供了強大的框架，於描述和分析多變量數據，解決最佳化問題。探討線性組合、線性獨立、線性相依、基底座標、向量的柯西不等式、向量夾角的餘弦等重要議題。本章也介紹 Google 是如何計算 PageRank，以及它的矩陣是如何由隨機矩陣和瀏覽者行為的隨機矩陣組合而成，應用了特徵值及其特徵向量的計算。

在第 4 章〈**極佳化方法**〉實例 4：「在 t = 2 時，資產的成長率為若干？」稍為修改題目為「在 t = 2（第二年底）時，資產的（瞬間）成長率…」可能較為清楚。使用中文常有語意不清毛病，曾有語文學家說：「Chinese is a reader-responsible language.」（中文是讀者負責的語言）。這意味著讀者要自己負責任解讀資訊，而這些資訊往往沒有明確的說明。對於一個希望得到直接、明確資訊的外國人來說，這種風格會讓人很困惑。

在該章，拉氏函數在 R 裡目前還沒看到有一路到底，可用單一函式解題。對於 R 尚未提供者，作者回到公式、定義等基本面來解題，整合 R 的特性，可謂「逢山開路，遇水架橋」。又如一階、二階導函數並未提供判斷極大、極小的判斷式，本書採用「若二階上無法判斷屬極大或極小時，這種點即鞍部（saddle），取拉氏函數上其他點的目標值進一步比較即可」，見實例 4-12。

讀到第 5 章〈**COVID-19 陽性、偽陽性議題**：機率與統計〉，不免回想 2022 年 5 月為積極因應 COVID-19 社區流行疫情，雙北市長要求中央同意全面快篩陽性就視同確診，盡快投藥，但指揮中心指揮官陳時中反對，表示此舉是病急亂投醫，檢驗會有 5%-15% 的偽陽性，直接隔離、投藥恐有法律問題。讓國人正視陽性、偽陽性的議題。當時台北市長柯文哲宣稱以「機率做決策」，面對疫情的不確定性。若利用科學、正確的機率角度，計算不確定現象可能發展方向，的確可提供解決方案作為決策時的參考。

此議題想必會引起讀者對本章的高度興趣，實例九採用「倒置樹」（reversed tree）最後的結果，從檢測，然後得出運動員是否服用興奮劑的真相；而不是基於因果關係（causation）的實際時間軸：先服用興奮劑，再作檢測。這種「顛倒次序」正是「貝氏定理」所要做的事。

其他如**收到一封郵件時**，**該郵件含有某些關鍵字**，若是**計算出來的機率達到一定數值以上**（例如 ≥ 90%），**應被自動歸類為垃圾郵件**，這是非常有用的單純貝氏分類法（Naïve Bayes classifiers, NB classifier）精髓所在。

走入現代，許多古代信仰逐一被「科學」所除魅（disenchantment），並改稱為「迷信」。科學透過資料蒐集與驗證將事件**「機率化」，也是「理性化」；會產生一種「除魅」的氛圍**，也就是權威的神秘性被解構了。

第 6 章〈**時間的價值：**單利、複利的年金；分期償還及償債基金〉，就像土地必有地租一樣，存款也必有利息，不同天期有不同的利率。本章藉神奇的一美分幣（The Magic Penny），**連續複利**展現驚人結果。R 語言外掛圖形套件 ggplot2 展現讓人嘖嘖稱奇的效果。

第 7 章〈**最少的資源與滿足最佳效益：**線性規劃〉。在 AI 時代，結合 5G、自駕技術的汽車革命指日可待。自駕車（self-driving automobile）規劃和執行行駛路線如何從數百萬條模擬的軌跡中，找出最好的運動軌跡，讓車過度到下一個狀態，就是線性規劃，並設計成本函數（cost function）與限制條件（constraint），在限制條件下找出成本最小複雜的路徑，那就是最優化軌跡，讓自駕車去執行。這就是第 7 章「線性規劃」極小化問題（minimization problem）。本章也有實例探討如維他命丸各吃多少顆，才能滿足最低攝取量且花費最低、運輸成本最低、郵局如何最大限度地減少必須雇用的全職員工數，以及尋求目標函數為極大化問題，如生產多少利潤最大。

「北漂」兩字，2018 年因高雄市長選情升溫而爆紅。針對都市與郊區間、都市與都市間人口的流動。作為政府官員如何預測多年後人口分佈情形，以為地方建設與施政參考。第 8 章〈**AI 中的隨機與穩態過程：**馬可夫鏈〉正好可觀察人口的流動、描述計程車的移動區域等社會現象。Google 搜尋的 PageRank 向量也用到馬可夫鏈。

在變動時代，預測猶如一盞明燈，可以指示方向。有預測作為備案，總比沒有的急就章來得好。第 9 章〈**AI 的前沿應用：**預測〉，從時間序列（Time Series）預測模式，藉由歷史資料推斷未來。以國內美妝店最暢銷的商品之一的面膜為例，從過去一年市場需求資料，使用專業人士常用的前三名預測技術簡單移動平均、加權移動平均（weighted moving average）和指數平滑法（exponential smoothing）。由前四期資料，計算第五期預測值。

進一步推展到關聯性預測（associative forecasting），來估計未來需求。從一組預測變數（或稱獨立變數、自變數）對某一應變數建立關係式，以作為預測根據的簡單迴歸模型，推廣到兩個自變數以上的複迴歸模型。如實例 9-7 以市場研究人員了解兩種推廣費用：數位媒體費用和平面媒體費用對食品銷售額（Y）的影響，因演算過程繁複，借助電腦程式是必要的。實例 9-8 心臟科醫師研究心臟手術後病患，其存活時間與病人手術前的身體狀況，如血塊分數、體能指標、肝功能分數、酸素檢定分數、體重的關係，收集 50 位開刀病人資料，提出幾個方式，譬如**逐步迴歸**選取（stepwise selection），求得作為模型預測因子的自變數。

近代思想家梁啟超在講詞中，談到要嘗試學問的趣味，有幾條路應走：第一、無所為；**第二、不息；第三、深入的研究；第四、找朋友**。梁啟超對「**找朋友**」的看法是「趣味比方電，越摩擦越出…得著一兩位這種朋友，便算人生大幸福之一。我想只要你肯找，斷不會找不出來。」本書寫作過程特別要感謝好友葉世聰，也是本書共同作者，我與葉先生之間有二、三十年的友誼，大家學習背景類似，溝通上有相當的默契，讓本書的脈絡更加清楚。本書的大部分 R 語言程式，大多假手於他，我們共同將 R 軟體與管理數學的體會冶於一爐，寫成本書。

寫作期間，感謝陳思齊中醫師對第五章實例十提供臨床卓見；好友馮立文幫忙製作預測循環圖形。當然，更要感謝博碩文化陳錦輝總編願意協助付梓，尤其在出版事業如此艱辛的時候。

本書之撰寫及校閱雖力求完美，然誤植處，就像掃不盡落葉，舛誤之處自當負全責，盼讀者諸君，多所賜教以匡不逮。

閱讀與使用建議事項

本書相關的 R 程式及程式中需要的 data 於下載網址：

https：//github.com/hmst2020/MM

對於 R 語言的初學者：可參考本書在每一函式各參數隨後的備註說明，藉以快速上手，也可在 Rstudio 此整合開發環境於 console 下達指令「？'函式名稱或運算元'」了解更多的原文關於函式用途及其參數說明，例如：求助向量、矩陣等的乘法運算元等說明請輸入「？'%*%'」。

在 RStudio 載入程式檔時會自動檢查，出現有尚未安裝套件名稱之訊息時，可有下列三種方式安裝：

1. 立即按下 install（安裝）的超連結進行安裝在目前執行的 R 環境（版本）。
2. 在選單 tools（工具）→ install packages（安裝套件）的對話方塊，輸入套件名稱進行安裝。
3. 於 console（主控台）下指令安裝，例如 install.packages（'data.table'）

給 RStudio 新手的其他提醒：

以指令進行的 IDE（RStudio）環境設定通常僅屬「暫時」設定，若欲使 RStudio 永久改變環境設定，須以環境選單操作（必要時重啟 RStudio），例如下列：

```
檢查工作目錄 getwd()
設定工作目錄 setwd(dir) # 僅能暫時修改工作目錄，也須注意目錄必須真實存在
```

安裝套件可能遇到的問題

若遇尚未通過目前版本相容審查的套件安裝，則需從原始碼編譯及安裝，本書出版前經測試僅遇 prob 套件此情況，須採下列步驟以下列指令依序安裝：

```
install.packages('devtools')
install.packages('installr')
install_github("cran/foptions")
install_github("cran/fAsianOptions")
install_github("cran/prob")
```

問題發現與回饋

本書程式於出版前依據當時 R 的最新穩定版本（R-4.3.2）測試，然雖少但亦可能碰到 R 版本更新造成的問題，除了作者發現便於上述 GitHub 更新外，您若發現類似問題也請提醒出版社或直接聯繫作者 hmst109@gmail.com。

廖如龍

於 2023.12.22 癸卯年 冬至

參考文獻

1. Waddington, C. H., Goodeve, C., & Tomlinson, R.(1974). Appreciation：Lord Blackett. Journal of the Operational Research Society, 25(4), i–viii.
2. 秦淳（2022 年 6 月 13 日）。疫情數據裡找生路 讓數學家來。聯合報。
3. 林一平（2023 年 12 月 11 日）。融合 + 做中學 解課綱困境。聯合報。
4. 陳盈螢（2023 年 12 月 12 日）。台灣學生數學能力全球第 3，但學習落差「全球第一」！比南韓、星港更糟，怎麼回事。商周。

目錄
CONTENTS

01 CHAPTER 截彎取直：線性函數與線性方程組

線性函數及方程組是線性代數的基礎，廣泛應用於科學、工程、統計學和許多實際問題的建模與求解。

從東漢時代的《九章算術》與魏晉時代的《劉徽注》等古籍中發現中國從漢朝以前就有的數學知識，不僅提出線性方程組的一般解法，以及相伴而生的正負數概念，也給出了如何由開方與勾股類問題導致二次方程的範例。而現代的線性代數則為我們提供了更豐富的工具與觀念，穿越古今，古題今解。

> 今有賣牛二、羊五，以買一十三豕，有餘錢一千；賣牛三、豕三，以買九羊，錢適足；賣六羊、八豕，以買五牛，錢不足六百。問牛、羊、豕價各幾何？
>
> 東漢 銘文 (179) 及魏晉劉徽 (225-295)《九章算術》(2) (註 1)

東漢銘文 (179) 中首度出現：「依黃鍾律曆、《九章算術》，以均長短、輕重、大小，用齊七政，令海內都同」。當時《九章算術》已被奉為官方用典 (註 1)。及至魏晉劉徽 (225-295) 為《九章算術》作注釋，為九章算術中的問題解提出簡要證明，使得原書更為有條理，書中談到：「今有賣牛二、羊五，以買一十三豕，…」作為本章開場白。

註 1 **《九章算術》**內容分為方田、粟米、衰分、少廣、商功、均輸、盈不足、方程、勾股等九章，包括二百四十六個應用問題和問題解法，廣泛地涉及到土地測算、穀物交換、測量、水利、土方工程、徭役賦稅等社會生產和經濟生活的許多領域。從側面生動地反映了中國從春秋末年到西漢中期的社會生活。(3)

數學教育可以利用古代數學文本，作為認知的媒介，不同於古希臘《幾何原本》採由少數公設、公理出發，進行**演繹式的論述**；相對的《九章算術》是在舉三、五個例之後，再提出一般性的解法或公式。**採用歸納**的方式，如此說來，中國古代數學儼然是一種「實用」的風貌。(2)

字、詞或故事問題似乎是構成早期代數學習情節的合適基礎。這種類型的問題為數學化活動提供了大量機會。巴比倫、埃及、中國和西方早期代數主要關注解決日常生活中的問題，儘管人們對數學之謎語和娛樂性問題也表現出興趣。

荷蘭學者 Barbara Van Amerom 與 Leen Streefland 利用了中國漢代《九章算術》〈方程〉章中的第八題，來說明『以物易物脈絡』（barter context） 如何**可以協助學生「發展出（前）代數 ((pre-)algebra) 的記號與工具**，比如對於基本運算與其逆運算的一個良好理解、對於字母與符號在不同情境中的意義之開放態度，乃至於推論已知或未知數量的能力。」(4) Van Amerom 在文中對「今有賣牛二、羊五，以買一十三豕，有餘錢一千，…」原文如下：

> "By selling 2 buffaloes and 5 wethers and buying 13 pigs, 1000 qian remains. One can buy 9 wethers by selling 3 buffaloes and 3 pigs. By selling 6 wethers and 8 pigs one can buy 5 buffaloes and is short of 600 qian. How much do a buffalo, a wether and a pig cost?"

Van Amerom 受到 Vredenduin（1991）的中國《九章算術》的啟發，以「**以物易物脈絡**」為背景，為線性方程式教學，提供從自然的和悠久歷史的切入，作為起點。

Van Amerom 將上述解法翻譯成現代形式。如設 b、w、p 分別代表牛、羊、豕之價錢，則利用「方程術」，我們可以將它轉換寫出如下聯立一次方程組：

$$\begin{cases} 2b+5w-13p=1000 \\ 3b-9w+3p=0 \\ -5b+6w+8p=-600 \end{cases}$$

聯立方程組（**simultaneous equations**）又稱**方程組**（**system of equations**）是兩個或兩個以上含有多個未知數的方程式聯立得到的集合。(5)

方程組通常以單個方程相同的方式分類，有線性方程組、非線性方程組、雙線性方程組以及多項式方程組等等。其中線性函數在商業、經濟問題的數量分析上扮演著重要的角色，原因有二：其一，這些領域的許多問題，本質上就是線性的或在特定範圍內呈現線性的關係，因此適合以線性函數（linear function）表示。其二，線性函數容易求解。通常線性關係在問題公式化的時候就已經做成假設，而許多案例，譬如水電、瓦斯費的計算，顯示這些**線性的假設**在現實生活中是可以接受的。(6) 通常我們稱函數 $f(x)=mx+b$ 為線性函數，其中 m 和 b 為任意的常數。

1-1 直線的交點（Intersection of Straight Line）

在實務上直線交點的應用，如損益兩平點（break-even point）分析，求供給曲線與需求曲線相交點的市場均衡點。

實例一　市場均衡下求均衡數量與價格

Thermo-Master 公司專門生產適用於室內外溫度計（thermometer），其產品的需求方程式為 $5x+3p-30=0$，供給方程式為 $52x-30p+45=0$。其中，x 為需求數（單位：1000 個），p 為溫度計之單價，請找出均衡數量與價格。

求解一：本題需解聯立方程式

$$5x+3p-30=0$$

$$52x-30p+45=0$$

吾人可以用代換法求解，即任意選取一個方程式，將其中的一個變數表示成另一變數的形式，再代入另一方程式中，可得 $x=2.50$，$p=5.83$。

求解二：可以寫成矩陣代表式：AX=B

$A=\begin{bmatrix} 5 & 3 \\ 52 & -30 \end{bmatrix}$，$X=\begin{bmatrix} x \\ p \end{bmatrix}$，$B=\begin{bmatrix} 30 \\ -45 \end{bmatrix}$

找出 A 的反矩陣 A^{-1}。

$$A^{-1}=\begin{bmatrix} 0.09803922 & 0.009803922 \\ 0.16993464 & -0.016339869 \end{bmatrix}$$

可求出 $AX=B$ 的解如下：

$$X=\frac{B}{A}=A^{-1}B=\begin{bmatrix} 0.09803922 & 0.009803922 \\ 0.16993464 & -0.016339869 \end{bmatrix}\begin{bmatrix} 30 \\ -45 \end{bmatrix}=\begin{bmatrix} 2.500 \\ 5.833 \end{bmatrix}$$

求解三：R 軟體的應用

1. 將常數移至等號右邊，使用 matrix 函式分別建構等號左邊係數矩陣 A 與右邊常數矩陣 B。
2. 使用 solve 與矩陣乘法運算子 %*%，求 A 反矩陣與 B 相乘得出本例答案 X。

```
(A <- matrix(                    # 產生矩陣物件 A，並印出
  c(5,3,                         # 需求方程式各係數
    52,-30),                     # 供給方程式各係數
  nrow=2,                        # 依序排兩列之矩陣
  byrow=TRUE))                   # 依列排滿換列之順序
(B <- matrix(                    # 同上
  c(30,-45),                     # 矩陣代表式 AX=B 之 rhs(right hand side)
  ncol=1))                       # 依序排一行之矩陣
print(inverse.A <-solve(A))      # 用 solve 函式解 A 反矩陣並印出
(X <- inverse.A %*% B)           # A 反矩陣與 B 矩陣相乘算出 X
```

```
> print(inverse.A <-solve(A)) # 用solve函式解A反矩陣並印出
           [,1]         [,2]
[1,] 0.09803922  0.009803922
[2,] 0.16993464 -0.016339869
> (X <- inverse.A %*% B) # A反矩陣與B矩陣相乘算出X
         [,1]
[1,] 2.500000
[2,] 5.833333
```

圖 1-1　反矩陣與 X

RStudio 主控台（console）上顯示矩陣物件如上圖 1-1，若無給予列名、行名則依序顯示其列序號與行序號，例如列號以 [*i*,] 表示，*i* 是 1 開始的整數，行號以 [,*j*] 表示，*j* 是 1 開始的整數，存取陣列內各元素之語法可參考各 *R* 之專書。

吾人可藉由下列程式將需求線與供給線分別匯出藉以觀察平衡點位置：（圖 1-2）

```
### 5x +3p -30=0          需求線（x 為需求數）
### 52x-30p+45=0          供給線（x 為供給數）
x<-1:10                               # 需求數（千個）
d<-(30-5*x)/3                         # 需求線上單價
plot(                                 # 使用內建函式 plot 繪製本例之需求線
  x=x, y=d,                           # x 軸為需求數、y 軸為單價
  type='l',                           # 指定繪線圖
  xlab="供需數（千個）",                # x 軸標籤
  ylab="單價",                         # y 軸標籤
  xlim=c(1,7), ylim=c(1,8),           # x 軸限制刻度、y 軸限制刻度
  col='blue',                         # 線圖顏色
  main="需求線與供給線的平衡點")         # 圖標題
(s<-(52*x+45)/30)                     # 供給線上單價
lines(                                # 繪製本例之供給線（疊加其上）
  x=x, y=s,                           # x 軸為需求數、y 軸為單價
  col="red",                          # 線之顏色
  lwd=2)                              # 線之粗細
points(                               # 繪製本例供需平衡點 X
  x=X[1,1],                           # x 軸為需求數
  y=X[2,1])                           # 單價
legend(                               # 繪製圖例
  5,7,                                # 左上角在 x 軸位置、左上角在 y 軸位置
  c("需求線","供給線"),                 # 圖例説明
  lwd=c(2,2),                         # 圖例線寬
  col=c("blue","red"),                # 圖例顏色
  y.intersp=1)                        # 圖例高度
text(                                 # 將 plot 繪出的圖疊加文字
  x=X[1,1],                           # 文字對應 x 軸位置
  y=X[2,1],                           # 文字對應 y 軸位置
  adj=c(-0.2,0.2),                    # 文字橫向往右調整 0.2，縱向往下調整 0.2
  paste0(                             # paste 將參數轉換為字符串，並將其連接
    '(',X[1],',',round(X[2],6),')'))  # 文字內容
```

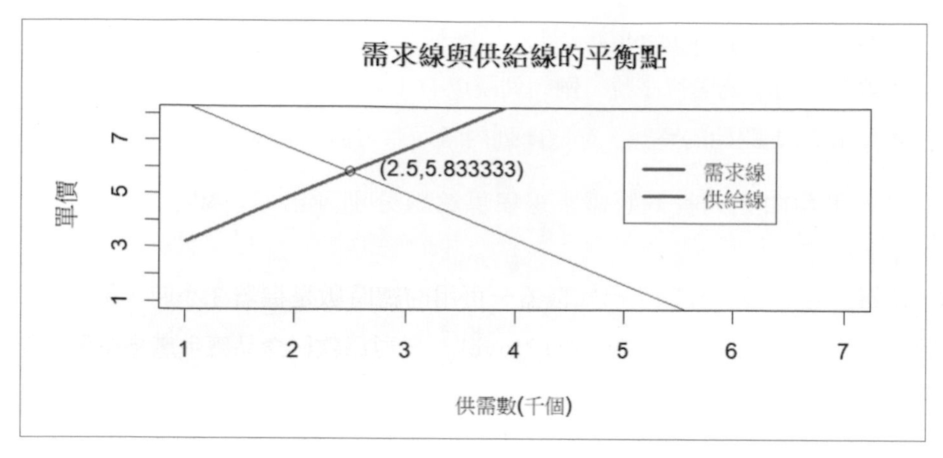

圖 1-2　需求線與供給線的平衡點

在自由市場經濟下，消費者對於特定商品的需求將視商品的價格而定。吾人可以利用需求方程式來呈現這種銷售價格與需求量之間的關係，其圖形稱為需求曲線（demand curve）。同樣的，單位價格與供應量之間的方程式稱為供應方程式（supply equation），其圖形稱為供應曲線（supply curve）。

當商品的價格太高時，消費者較不願意購買。反之，商品的價格太低時，會降低製造商供貨的意願。而在單純的競爭環境裡，商品的價格最後會於供應量與需求量相等的地方穩定下來，我們稱之達到市場均衡（market equilibrium），這時候的生產量稱為均衡數量（equilibrium quantity），對應的價格稱為均衡價格（equilibrium price）。

從幾何觀點來看，市場均衡發生於需求曲線與供給曲線相交的位置。

上例同時解兩個方程式以找出損益兩平點及均衡點（包括均衡數量及價格），這些即是線性方程組（system of linear equations）的應用例子。

線性代數最常見的用途是求解線性方程組，這些方程組出現在物理學、生物學、經濟學、工程學、管理學、和社會學等不同學科的應用中。在本節中，我們描述了求解線性方程組最有效的算法，即高斯消去法。大多數的數學軟體（如 MATLAB、R 語言）都使用該演算法或其變體。

實例二 生產排程（production scheduling）(6)

Novelty 公司想要生產甲、乙和丙三款紀念品。製造一個甲紀念品，需用到機器一 2 分鐘，機器二 1 分鐘，機器三 2 分鐘；製造一個乙紀念品，需用到機器一 1 分鐘，機器二 3 分鐘，機器三 1 分鐘；製造一個丙紀念品，需用到機器一 1 分鐘，機器二及三各 2 分鐘。已知機器一可用的總時數是機器 3 小時，機器二為 5 小時，機器三為 4 小時。試問：(1) Novelty 公司每款紀念品應生產多少個才能用完全部機器所提供的使用時間？ (2) 解此線性方程組。

首先整理三種紀念品的資訊，如下：

表 1-1 三種紀念品的資訊

	甲紀念品（分鐘 / 個）	乙紀念品（分鐘 / 個）	丙紀念品（分鐘 / 個）	可使用時間（分鐘）
機器一	2	1	1	180
機器二	1	3	2	300
機器三	2	1	2	240
利潤 / 個	6 元	5 元	4 元	

解法一

令 x、y 和 z 分別為甲、乙和丙三款紀念品的生產量。在此產量分配下，共需要機器一 $2x+y+z$ 分鐘，且用掉的時間剛好是機器一可使用的總時間，即 180 分鐘，由此列出下列方程式。

$2x+y+z=180$ 機器一所花費的時間

同樣地，可以針對機器二、三的使用時間方程式：

$x+3y+2z=300$ 機器二所花費的時間

$2x+y+2z=240$ 機器三所花費的時間

由於這些式子必須同時被滿足，因此，欲求得紀念品的生產量，即需解以下的線性方程組：

$$2x+y+z=180$$

$$x+3y+2z=300$$

$$2x+y+2z=240$$

可用以下等價擴增矩陣（equivalent augmented matrices）表示，它的前三行為系統的係數矩陣（coefficient matrix），最後一行是方程式的常數項，中間用垂直線隔開：

$$\left[\left(\begin{array}{ccc|c} 2 & 1 & 1 & 180 \\ 1 & 3 & 2 & 300 \\ 2 & 1 & 2 & 240 \end{array}\right)\right]$$

其中，x、y 和 z 分別為紀念品甲、乙和丙的生產量。運用高斯 - 喬登消去法（Gauss-Jordan elimination）的一系列步驟可得到下面最後的等價擴增矩陣：

$$\left[\left(\begin{array}{ccc|c} 1 & 0 & 0 & 36 \\ 0 & 1 & 0 & 48 \\ 0 & 0 & 1 & 60 \end{array}\right)\right]$$

同樣地，它的前三行為系統的係數矩陣，最後一行是方程式的常數項，中間用垂直線隔開。

吾人可以從最後的列簡約式讀出的解為 $x=36$、$y=48$、$z=60$。因此，應生產的甲．乙．丙紀念品分別為 36、48、60 個。

最後的列簡約式也稱為最簡列梯形形式（reduced row-echelon form），這個形式的好處是一眼即可看出系統的解，無須使用反向代換，即將 x 值帶入方程式，再求得 y，依序再求得 z。

解法二：R 軟體的應用

1. 同 [實例一] 使用 matrix 函式建構等號左邊係數矩陣 A。

2. 有別於 [實例一] 再用內建 c 函式建構等號右邊常數向量 b。

3. 使用 solve 解 $AX=b$ 的 X 即得出本例答案，$X=(x,y,z)$。

```
(A <- matrix(                          # 矩陣函式
  c(2,1,1,                             # 機器一方程式各係數
    1,3,2,                             # 機器二方程式各係數
    2,1,2),                            # 機器三方程式各係數，
  nrow=3, byrow=TRUE))               # 依序排 3 列之矩陣，排滿換列
(b <-c(180,300,240)) # 向量函式
(X<-solve(A,b))         # 用 solve 函式解本例結果（注意多了第二參數）並列印
```

```
> (A <- matrix(    # 矩陣函式
+    c(2,1,1,        # 機器一方程式各係數
+      1,3,2,        # 機器二方程式各係數
+      2,1,2),       # 機器三方程式各係數,
+    nrow = 3,       # 依序排兩列之矩陣
+    byrow=TRUE))    # 依列排滿換列之順序
     [,1] [,2] [,3]
[1,]    2    1    1
[2,]    1    3    2
[3,]    2    1    2
```

圖 1-3　A 矩陣物件

```
> (b <-c(180,300,240)) # 向量函式
[1] 180 300 240
```

圖 1-4　b 向量物件

```
> (X<-solve(A,b))   # 用solve函式解本例結果(注意多了第二參數)並列印
[1] 36 48 60
```

圖 1-5　解得向量 X，即本實例解的 x、y、z

上圖 1-4、圖 1-5 此處 solve 傳回的 X 為一向量列號 [1]（不具名的列向量）其各元素（元組）依其順序（x、y、z）於 RStudio console 顯示，各元素間留一空白為各值分隔。

實例三 求以下線性方程組的解

$2x+y+z=1$

$3x+2y+z=2$

$2x+y+2z=-1$

可以寫成矩陣代表式：$AX=B$。

$$A=\begin{bmatrix}2&1&1\\3&2&1\\2&1&2\end{bmatrix}, X=\begin{bmatrix}x\\y\\z\end{bmatrix}, B=\begin{bmatrix}1\\2\\-1\end{bmatrix}$$

解法一

使用擴增矩陣以基本列運算（elementary row operation）找出 A 的反矩陣：

$$\left[\left(\begin{array}{ccc|ccc}2&1&1&1&0&0\\3&2&1&0&1&0\\2&1&2&0&0&1\end{array}\right)\right]$$

$$=\left[\left(\begin{array}{ccc|ccc}2&1&1&1&0&0\\1&1&0&-1&1&0\\0&0&1&-1&0&1\end{array}\right)\right] \qquad \begin{array}{c}(-1)R_1+R_2\to R_2\\(-1)R_1+R_3\to R_3\end{array}$$

$$=\left[\left(\begin{array}{ccc|ccc}1&0&1&2&-1&0\\1&1&0&-1&1&0\\0&0&1&-1&0&1\end{array}\right)\right] \qquad (-1)R_2+R_1\to R_1$$

$$=\left[\left(\begin{array}{ccc|ccc}1&0&1&2&-1&0\\0&1&-1&-3&2&0\\0&0&1&-1&0&1\end{array}\right)\right] \qquad (-1)R_1+R_2\to R_2$$

$$=\left[\left(\begin{array}{ccc|ccc}1&0&0&3&-1&-1\\0&1&0&-4&2&1\\0&0&1&-1&0&1\end{array}\right)\right] \qquad \begin{array}{c}(-1)R_3+R_1\to R_1\\R_3+R_2\to R_2\end{array}$$

$$A^{-1}=\begin{bmatrix}3&-1&-1\\-4&2&1\\-1&0&1\end{bmatrix}$$

可求出 $AX=B$ 的解如下：

$$X=A^{-1}B=\begin{bmatrix}3 & -1 & -1\\ -4 & 2 & 1\\ -1 & 0 & 1\end{bmatrix}\begin{bmatrix}1\\ 2\\ -1\end{bmatrix}=\begin{bmatrix}2\\ -1\\ -2\end{bmatrix}$$

解法二：R 軟體的應用

1. 有別於上述實例，改用 rbind 函式建構等號左邊係數矩陣 A。
2. 改用 cbind 函式建構等號右邊常數之矩陣（只有單一向量）物件 b。
3. 使用 R 內建 solve 給予 A、b 為期引數解得本例答案。

$$X=[x,y,z]^T=\begin{bmatrix}x\\ y\\ z\end{bmatrix}$$

```
(A<- rbind(          # 將列向量依順序組合成矩陣物件
  c(2,1,1),          # 第一方程式各係數
  c(3,2,1),          # 第二方程式各係數
  c(2,1,2)))         # 第三方程式各係數
(b <- cbind(         # 將行向量依順序組合成矩陣物件
  c(1,2,-1)))        # 矩陣代表式 AX=B 之 B 即等號右邊 (rhs) 常數項
(X<-solve(A,b))      # 用 solve 函式解本例結果
```

```
> (A<- rbind(          # 將列向量依順序組合成矩陣物件
+    c(2,1,1),         # 第一方程式各係數
+    c(3,2,1),         # 第二方程式各係數
+    c(2,1,2)))        # 第三方程式各係數
     [,1] [,2] [,3]
[1,]    2    1    1
[2,]    3    2    1
[3,]    2    1    2
```

圖 1-6　矩陣 A

```
> (X<-solve(A,b))    # 用solve函式解本例結果
     [,1]
[1,]    2
[2,]   -1
[3,]   -2
```

圖 1-7　X 的單行矩陣解

1-2 最小平方法（The Method of Least Squares）

線性模型中常採用的最小平方法即迴歸模型，此模型最初是由 Francis Galton（1822-1911）提出，原先用來研究父母和孩子之間身高的關係，他將這個關係解釋為**迴歸到平均值**（regression to the mean）。

當資料點約略散佈成一直線時，最小平方法一般是用來決定與資料點最契合的直線，假設有 5 個資料點，其變數 x 與 y 之觀察值配對表示如下：

$P_1(x_1, y_1), P_2(x_2, y_2), P_3(x_3, y_3), P_4(x_4, y_4), P_5(x_5, y_5)$

將資料點標示於座標圖上，即為散佈圖（scatter diagram）（見圖 1-8a）。各觀察值 y 與線之間的垂直落差 d_1 , d_2, d_3 ,d_4 與 d_5 則為各點的觀察誤差（見圖 1-8b）。

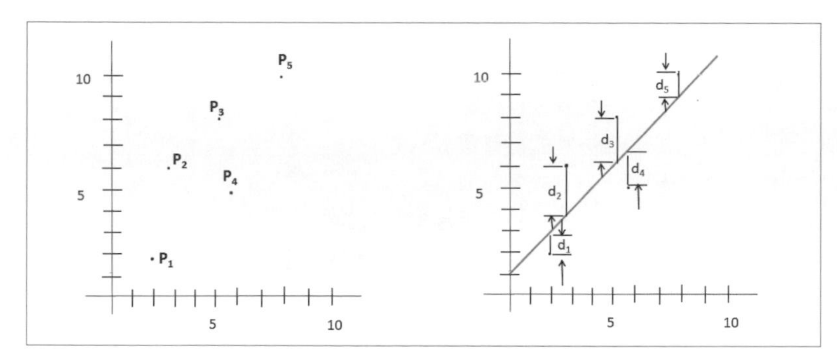

圖 1-8　(a) 資料點標示於座標圖上的散佈圖，(b) 各點的觀察誤差

此時理想中與資料點契合的直線 L，其誤差平方和

$d_1^2+d_2^2+d_3^2+d_4^2+d_5^2$

應該達到最小，此即最小平方線的原理，該直線 L 稱為最小平方線（least squares line）或迴歸線（regression line）。

求最小平方線的截距（intercept）或斜率（slope）：

假設有以下 n 個資料點 $P_1(x_1, y_1), P_2(x_2, y_2), P_3(x_3, y_3)\ldots, P_n(x_n, y_n)$

其最小平方線（或迴歸線）方程式為：

$y=f(x)=mx+b$

其中，m 與 b 由正規方程組（normal equations）(1) 與 (2) 求解而得

$$nb+(x_1+x_2+x_3+\ldots+x_n)m=y_1+y_2+\ldots+y_n \quad (1)$$

$$(x_1+x_2+\ldots+x_n)b+(x_1^2+x_2^2+\ldots+x_n^2)m \quad (2)$$
$$=x_1y_1+x_2y_2+\ldots+x_ny_n$$

實例四 健康照護費用

以美國為例，其高齡人口快速成長，預期未來幾十年其健康照護花費將明顯增加，下表 1-2，列出美國估計至 2018 年的健康照護費用（單位：兆元）。t 代表年份，起始年（$t=0$）為年。試求 (1) 用最小平方法找出的函數。(2) 假設這個趨勢繼續維持下去，2020 年（即 $t=7$）時，美國健康照護花費估計為若干？

表 1-2　列出美國估計至年的健康照護費用

年	2013	2014	2015	2016	2017	2018
年，t	0	1	2	3	4	5
花費，y	2.91	3.23	3.42	3.63	3.85	4.08

解法一

先整理成下表，計算各欄位總和，得 t, y, t^2, ty 四個欄位：

注意：t 即方程式 (1)(2) 的 x，t^2 即方程式 (1)(2) 的 x^2，ty 即方程式 (1)(2) 的 xy，如此參閱比照，更為容易理解以下方程式 (3)(4) 的來龍去脈。

t	y	t^2	ty
0	2.91	0	0
1	3.23	1	3.23
2	3.42	4	6.84
3	3.63	9	10.89
4	3.85	16	15.4
5	4.08	25	20.4
15	21.12	55	56.76

代入方程式 (1) 與 (2) 即得正規方程組，

$6b+15\,m=21.12$ (3)

$15b+55m=56.76$ (4)

解得**斜率（slope）**$m\approx 0.2263$，**截距（intercept）**$b\approx 2.954$。

故所求得健康照護花費函數為 $S(t)=0.226\,t+2.954$

解法一：R 軟體的應用

1. 使用 R 內建函式 c 將上表的年與費用分別建構 vector 物件 year、expense。
2. 使用 R 內建函式 lm 建構線性迴歸模型：formula 引數表達 expense 與 year 的因變數與自變數之關係，lm 函式為廣泛適用於多個自變數的各種情況，其運作原理係利用線性代數中 QR 分解（QR decomposition）使其快速逼近最佳近似線（best fitting linc）的原理求解，暫不在本書探討範圍。
3. 利用 year、expense 繪製點狀圖。
4. 利用迴歸模型產生的截距與斜率繪製線圖並預測未來年度費用。

```
(year <- c(0,1,2,3,4,5))            # 自 2013 年起為第 0 年，依次類推
(expense <- c(2.91,3.23,3.42,3.63,3.85,4.08))  # 各年對應費用
(lsq <-lm(                          # 使用 lm 內建函式建構線性迴歸模型
  formula=expense ~ year))          # 公式依據自變數（每年）、因變數（費用）
(intercept<-lsq$coefficients['(Intercept)'])   # 迴歸線之常數項（截距）
(slope <- lsq$coefficients['year'])            # 迴歸線之斜率（係數）
```

```
> (year <- c(0,1,2,3,4,5))       # 自2013年起為第0年，依次類推
[1] 0 1 2 3 4 5
> (expense <- c(2.91,3.23,3.42,3.63,3.85,4.08)) # 各年對應費用
[1] 2.91 3.23 3.42 3.63 3.85 4.08
```

圖 1-9　建構年、費用的 vector（向量）物件

```
> (lsq <-lm(              # 使用lm內建函式建構線性迴歸模型
+    formula=expense ~ year))  # 公式依據自變數(每年)、因變數(費用)

Call:
lm(formula = expense ~ year)

Coefficients:
(Intercept)         year
     2.9543       0.2263
```

圖 1-10　lm 函式回傳的線性迴歸模型

```
> (intercept<-lsq$coefficients['(Intercept)']) # 迴歸線之常數項(截距)
(Intercept)
   2.954286
> (slope <- lsq$coefficients['year'])     # 迴歸線之斜率(係數)
     year
0.2262857
```

圖 1-11　常數項與變數項各係數

上圖 1-10 顯示 lm 傳回的線性模型物件 lsq，其係數部分（Coefficients）為一具名的向量物件，取用時除了可用其順序碼取用以外，亦可配合其名取用如圖 1-11。

下列程式計算推估 2020 年的可能費用時，避免顯示結果時出現不必要的向量元素名稱，故以 unname 函式予以去名（如下圖 1-12）：

```
(unname(                                       # 去名
  intercept+slope*(year[length(year)]+2)  # 推估 2020 年的可能費用
))
(s<-summary(lsq))                              # 迴歸模型彙總
sum(s$residuals^2)                             # 殘差（誤差平方和）
```

```
> (unname(                       # 去名
+   intercept+slope*(year[length(year)]+2)  # 推估2020年的可能費用
+ ))
[1] 4.538286
```

圖 1-12　依常數項與斜率推估 2020 年的可能費用

```
> (s<-summary(lsq))          # 迴歸模型彙總

Call:
lm(formula = expense ~ year)

Residuals:
        1         2         3         4         5         6
-0.044286  0.049429  0.013143 -0.003143 -0.009429 -0.005714

Coefficients:
            Estimate Std. Error t value Pr(>|t|)
(Intercept) 2.954286   0.024831  118.97 2.99e-08 ***
year        0.226286   0.008202   27.59 1.03e-05 ***
---
Signif. codes:  0 '***' 0.001 '**' 0.01 '*' 0.05 '.' 0.1 ' ' 1

Residual standard error: 0.03431 on 4 degrees of freedom
Multiple R-squared:  0.9948,    Adjusted R-squared:  0.9935
F-statistic: 761.2 on 1 and 4 DF,  p-value: 1.026e-05
```

圖 1-13　彙總線性迴歸模型內容

上圖 1-13 迴歸模型物件中 Residuals 顯示線性的擬合（fitting）誤差程度，吾人可據以計算誤差平方和。（圖 1-14）

```
> sum(s$residuals^2)          # 殘差(誤差平方和)
[1] 0.004708571
```

圖 1-14　迴歸線擬合誤差平方和

利用 R 內建的 plot 繪圖函式，疊加其上的繪線函式 abline 與文字函式 text，繪製本實例的迴歸線與實際費用的擬合狀況，如下程式：（圖 1-15）

```
plot(                                  # 使用內建函式 plot 繪製本例之散佈圖與迴歸線
  x=year, y=expense,                   # x 軸為年度順序、y 軸為年度費用
  type='p',                            # 指定繪點狀圖
  xlab="年度", ylab="健康照護花費(兆元)",      # x 軸標籤、y 軸標籤
  main="年度與健康照護費用散佈圖與迴歸線")        # 圖標題
abline(                                # 將 plot 繪出的圖疊加直線圖，即最迴歸線
  coef=c(intercept,slope))             # 直線係數的截距及斜率
text(                                  # 將 plot 繪出的圖疊加文字
  x=year[1]+3,                         # 文字對應 x 軸位置
  y=3.5,                               # 文字對應 y 軸位置
```

```
paste0('Y =',                    # paste 將參數轉換為字符串，並將其連接
       round(intercept,digits=5),
       '+',round(slope,digits=7),
       't')) # 文字內容
```

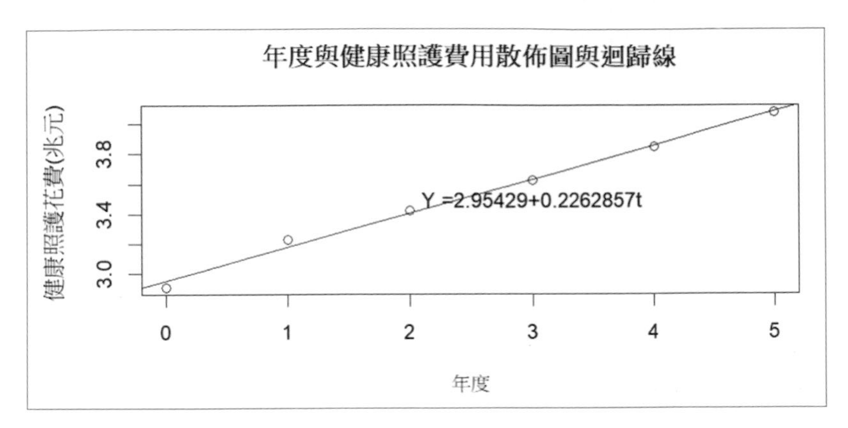

圖 1-15　自 0 年起迴歸線與實際費用的擬合

吾人亦可設年度自 2013 年的實際年度資料如下，其餘程式如前亦將獲得同樣的擬合結果，如下圖 1-16，惟須注意其常數項（截距）將與上述圖 1-13 不同（圖略）：

```
(year<-c(2013,2014,2015,2016,2017,2018)) # 自 2013 年起
```

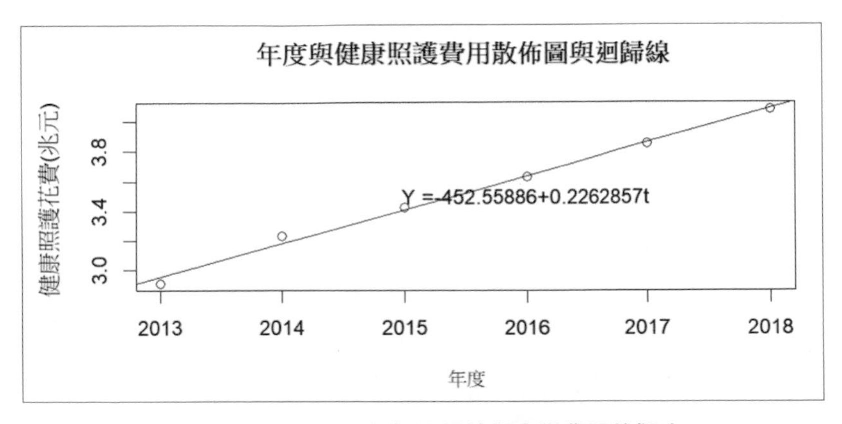

圖 1-16　自 2013 年起迴歸線與實際費用的擬合

參考文獻

1. Pickover, C. A. (2009).The math book：from Pythagoras to the 57th dimension, 250 milestones in the history of mathematics. Sterling Publishing Company, Inc.. 或見陳以禮（2014）。數學之書。台北市：時報出版。
2. 洪萬生（1992）。重訪九章算術及其劉徽注。數學傳播。第 16 卷第 2 期。中央研究院數學研究所；洪萬生。如何利用古代數學文本作為認知的媒介？https：//math.ntnu.edu.tw/~horng/letter/vol5no5a.htm
3. 李繼閔（1992）。《九章算術》及其劉徽注研究。台北市：九章出版社。
4. Van Amerom, B. A. (2002).Reinvention of early algebra：Developmental research on the transition from arithmetic to algebra(Doctoral dissertation).
5. System of equations, 上網日期：2020 年 1 月 10 日，檢自：https：//en.wikipedia.org/wiki/System_of_equations
6. Tan, S. T. (2014).Finite mathematics for the managerial, life, and social sciences. Cengage Learning.
7. Mizrahi, A., & Sullivan, M. K. (2000).Finite mathematics：an applied approach. Wiley.

02 CHAPTER 資料呈現的語言：矩陣

上一章，吾人使用矩陣（matrix）以及反矩陣來解聯立方程組問題；事實上，矩陣本身就是一門學問，它不僅僅是數字的有序排列，更能在各個領域中描述資料的複雜結構。

矩陣理論是自小即喜歡解決複雜的數學問題自娛，畢業於劍橋大學三一學院的英國數學家 Arthur Cayley（1821- 1895）在 1857 年首創，經過多年的改進後，才成為吾人使用熟悉的形式。

第一章介紹了高斯消除法，作為解決線性方程系統的過程。在本章中，將從矩陣的定義開始，多做一點應用上的探討。

2-1 矩陣定義與基本運算

矩陣代表資料，許多實務性的問題，需要透過相關資料的計算來求解，此時若能將資料整理成數字區集（blocks of number）的形式，再加以運算，不但可提高解題效率，而且還可利用電腦來處理。

比方說，某衛浴陶瓷廠，本身美林廠產能 280 萬套，加上外購產能 20 萬套，新近購併墨西哥廠，其年產能 100 萬套，未來陶瓷產品年產能，可由原 400 萬套，再逐步增至 600 萬套目標，可望增添公司 2021 年營運動能。若每一個月份用列（row）表示地區別或廠別，行（column）表示產品類別的矩陣形式來表示，則資料表達更清晰；對考慮降低生產時程與運輸成本，發展完善全球供應鏈，則大有幫助。

以下舉一實例說明。首先，定義矩陣如下：

矩陣定義

設將 $m \times n$ 個實數（複數）排列成 m 個列與 n 個行之長方形陣列，則可得一個 $m \times n$ 實（複）矩陣。記為 $A_{m \times n}$ 或 $A = [a_{ij}]_{m \times n}$，稱其為 $m \times n$ 階矩陣（Matrix, Matrices）。

$$A = \begin{bmatrix} a_{11} & \cdots & a_{1n} \\ \vdots & \ddots & \vdots \\ a_{m1} & \cdots & a_{mn} \end{bmatrix}$$

其中 m 是 A 的列數（number of Row），n 是 A 的行數（number of Column），a_{ij} 是 A 的第 i 列第 j 行的元素。

實例一　Acrosonic 公司五月時的藍芽喇叭生產資料之表示及彙總

Acrosonic 公司**五月**的藍芽喇叭生產資料（見表 2-1）：

表 2-1　Acrosonic 公司五月的藍芽喇叭生產資料

	A 型	B 型	C 型	D 型
廠一	320	280	460	280
廠二	480	360	580	0
廠三	540	420	200	880

Acrosonic 公司**六月**時的藍芽喇叭生產資料（見表 2-2）：

表 2-2　Acrosonic 公司六月時的藍芽喇叭生產資料

	A 型	B 型	C 型	D 型
廠一	210	180	330	180
廠二	400	300	450	40
廠三	420	280	180	740

試：(1) 請分別表示其矩陣。(2) 求五、六兩個月份的總生產量。

解法一

1. 令五、六月的生產矩陣分別為矩陣 A 與 B 則

$$A=\begin{bmatrix} 320 & 280 & 460 & 280 \\ 480 & 360 & 580 & 0 \\ 540 & 420 & 200 & 880 \end{bmatrix}$$

$$B=\begin{bmatrix} 210 & 180 & 330 & 180 \\ 400 & 300 & 450 & 40 \\ 420 & 280 & 180 & 740 \end{bmatrix}$$

2. 將 A、B 矩陣相加可得到五、六月的總生產量如下：

$$A+B=\begin{bmatrix} 320 & 280 & 460 & 280 \\ 480 & 360 & 580 & 0 \\ 540 & 420 & 200 & 880 \end{bmatrix}+\begin{bmatrix} 210 & 180 & 330 & 180 \\ 400 & 300 & 450 & 40 \\ 420 & 280 & 180 & 740 \end{bmatrix}$$

$$=\begin{bmatrix} 530 & 460 & 790 & 460 \\ 880 & 660 & 1030 & 40 \\ 960 & 700 & 380 & 1620 \end{bmatrix}$$

吾人可以把矩陣看成是一個由實數排成的有順序矩形陣列（array），矩陣中的各個實數稱為元素（entry 或 element），一列中的全體元素合稱為矩陣的列（row），一行中的全體元素合稱為矩陣的行（column），一矩陣的維度（dimension, size）是以其列與行來表示，例如，矩陣 A 有二列三行，記做 2×3。矩陣 A 有 m 列 n 行，則其維度為 $m\times n$。

解法二：R 軟體的應用

以 matrix 函式建立矩陣 A、B，然後以矩陣加法運算元 + 將其合併：

```
(A <- matrix(                          # (1) 使用內建函式建構矩陣物件 A
  data=c(320, 280,460,280,             # 構成資料為一組 vector 型態之物件
         480,360,580,0,
         540,420,200,880),
  nrow=3, byrow=TRUE))                 # 資料分 3 列、資料元素依列順序填入
(B <- matrix(                          # (1) 使用內建函式建構矩陣物件 B
```

```
 data=c(210,180,330,180,              # 同上 A
        400,300,450,40,
        420,280,180,740),
 nrow=3, byrow=TRUE))                 # 同上 A
(A + B)                               # (2) 將 A、B 兩矩陣相加之結果印出
```

```
> (A <- matrix(                  # (1)使用內建函式建構矩陣物件A
+   data=c(320, 280,460,280,     # 構成資料為一組vector型態之物件
+          480,360,580,0,
+          540,420,200,880),
+   nrow = 3,                    # 資料分列數
+   byrow=TRUE))                 # 資料元素是否依列順序填入
     [,1] [,2] [,3] [,4]
[1,]  320  280  460  280
[2,]  480  360  580    0
[3,]  540  420  200  880
```

圖 2-1　資料矩陣 A（五月的生產量）

```
> (B <- matrix(                  # (1)使用內建函式建構矩陣物件B
+   data=c(210,180,330,180,      # 同上A
+          400,300,450,40,
+          420,280,180,740),
+   nrow = 3,                    # 同上A
+   byrow=TRUE))                 # 同上A
     [,1] [,2] [,3] [,4]
[1,]  210  180  330  180
[2,]  400  300  450   40
[3,]  420  280  180  740
```

圖 2-2　資料矩陣 B（六月的生產量）

```
> (A + B)                        # (2)將A、B兩矩陣相加之結果印出
     [,1] [,2] [,3] [,4]
[1,]  530  460  790  460
[2,]  880  660 1030   40
[3,]  960  700  380 1620
```

圖 2-3　A、B 矩陣相加（五、六月的總生產量）

2-2 矩陣應用於密碼學（Cryptography）

矩陣在密碼學中常用於加密演算法，透過線性轉換（見第三章第三節）、擴散和**替代**的操作，可提高資料的安全性。矩陣乘法，被廣泛應用在對稱密碼算法，例如新一代加密標準 AES（Advanced encryption standard）是最廣泛使用的對稱密鑰加密，金鑰長度達 128 bits 以上，是當今的黃金標準，廣泛用於手機中，其中矩陣運算用於資料的混淆和擴散。

古典加密技術之一：**移位加密法**（transposition cipher ），當年達文西（Leonardo Da Vinci）以相反的順序記錄他的商店筆記，使它們只能**通過鏡子**才能讀取。因此，單字 "HELLO" 可以反寫為 "OLLEH"。

古典加密技術之二：**替代加密法**（substitution cipher），據傳是古羅馬凱撒大帝用來保護重要軍情的加密系統。凱撒密碼（Caesar cipher）就是一個著名的例子，它的方法是將每個字母被往後位移三格字母所取代，亦即給定字母的每次出現都被另一個字母系統性地替換，如圖 2-4；例如，"WIKIPEDIA" 加密為 "ZLNLSHGLD"。

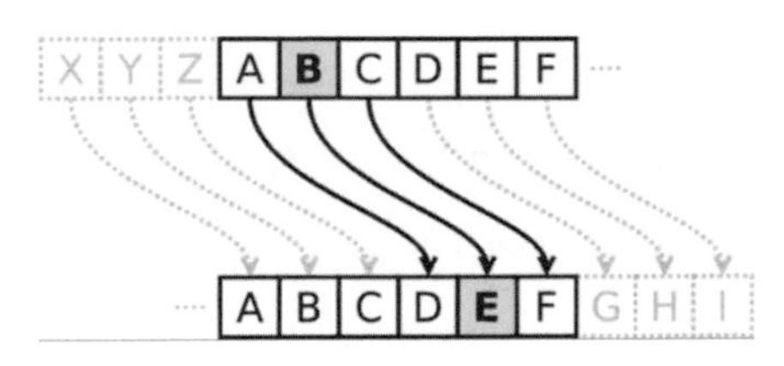

圖 2-4　替代加密法（Substitution Cipher）

當然，也可隨需要將每個字母被往後位移二格字母所取代，例如，對照以上的譯碼法，MESSAGE 這個字變成 OGUUCIG。

對照以上的譯碼法，也可以變通將每一個字母轉換成一個數字，例如下表 2-3：

表 2-3　字母與數字的轉換法則

A	B	C	D	E	F	G	H	I	J	K	L	M	N	O	P	Q	R	S	T	U	V	W	X	Y	Z
1	2	3	4	5	6	7	8	9	10	11	12	13	14	15	16	17	18	19	20	21	22	23	24	25	26

MESSAGE 這個字變成 13　5　19　19　1　7　5。

當然，每一個字母轉換成一個數字的對應關係，也可以逆向 A 對應 26, B 對應 25；到 Z 對應 1，或其他方式不同的對應關係。

以上三種譯法有一重要共同點，即**字母與密碼之間是一對一的關係**，因此不可能有含糊之處。移位和替代加密法為**對稱式加密系統**（Symmetric key encryption），其缺點如：**對稱**性加密需雙方分享相同的鑰匙（key），且經不安全的媒介傳送；雙方或三方皆非同時一人；古典密碼系統之破解法（cryptanalysis）有**窮舉法**（Brute force attack）及**統計攻擊法**（Statistical attack）。26 個英文字母之窮舉法，最多有 26！種可能的對應關係；至於統計攻擊法，則利用一些統計資料來協助破解密碼，發現 {A, E, I, O, U} 比 {Q, X, Z} 出現的頻率高出許多，可以猜測這些字母是對應到那些特定之明文密碼。

一般而言，對稱式加密系統的演算法均採用大量的重排或換位（permutation, or transposition）與取代（substitution）運算，而幾乎沒有複雜的數學理論當作其背景，因此對稱式加密系統並不容易證明其安全性，只有靠各方不斷的攻擊與實驗，讓時間來證明其安全度。

加密強度取決於二進位密鑰的長度，8 位元密鑰很容易被破譯，因為只有 2^8 或 256 種可能性，而加密密鑰為 512 位元，有 2^512 種可能性需要檢查。在 20 世紀 70 年代，對稱密鑰加密只需要大約 56 位元長的強對稱密鑰長度；如 DES（Data encryption standard，資料加密標準），以目前電腦的計算能力，通常只需要花費一些時間，運算 16 回合，找出 DES 金鑰。其加強對策是採用 3DES，即 Triple-DES，經過三次加解密程序，把原有的 DES 加解密位元擴充，即加長金鑰 56×3=168 位元，增加原有單一 DES 的安全性。3DES 應用在 ATM（自動提款機）金融交易環境中。

在金鑰選擇方面，如果採用的金鑰 K1≠K2≠K3，即為 56×3=168 位元之 Triple DES，安全性最佳。若 K1=K3≠K2，即為 56×2=112 位元之 Triple DES 金鑰長度適中，安全性佳，並且被美國金鑰管理標準 ANS×9.17 與 ISO 8732 所採用。今天一個對稱的密鑰是 100 位元長或更長被認為是一個強對稱的金鑰。

下面介紹另一種譯碼方式會應用到**反矩陣**，反矩陣可用來解聯立方程組（如上一章），甚至古典密碼學，其用途甚多。以下來介紹反矩陣定義求法及其應用：

反矩陣的定義

令 A 為一 $n \times n$ 的方陣。如果有另一個方陣 B 滿足下列條件：

$$AB = BA = I_n$$

則 B 稱為 A 的反矩陣。吾人以 A^{-1} 代表 A 的反矩陣。

求反矩陣的方法：（請參閱第 1 章 [實例三] 解法一之步驟或如下 [實例二]）

設 A 為 $n \times n$ 維度的**方矩陣**：

在 A 的右側置放一個 $n \times n$ 的單位矩陣 I 形成擴增矩陣如下：

$$[\ A \mid I\ ]$$

運用列運算將 $[\ A \mid I\ ]$ 盡可能轉換成如下形式：

$$[\ I \mid B\ ]$$

則 B 即為所求的**反矩陣**。

實例二　求 A 的反矩陣（inverse of the matrix）(1)

$$A = \begin{bmatrix} 2 & 1 & 1 \\ 3 & 2 & 1 \\ 2 & 1 & 2 \end{bmatrix}$$

解題一

首先寫出擴增矩陣（augmented matrix）如下：

$$\left[\begin{array}{ccc|ccc} 2 & 1 & 1 & 1 & 0 & 0 \\ 3 & 2 & 1 & 0 & 1 & 0 \\ 2 & 1 & 2 & 0 & 0 & 1 \end{array}\right]$$

利用高斯 - 喬斯消去法（Gauss-Jordan elimination），經一系列的等價擴增矩陣運算，最後得到的等價擴增矩陣，即最簡列梯形狀（reduced row echelon form）為：

$$\left[\begin{array}{ccc|ccc} 1 & 0 & 0 & 3 & -1 & -1 \\ 0 & 1 & 0 & -4 & 2 & 1 \\ 0 & 0 & 1 & -1 & 0 & 1 \end{array}\right]$$

故所得反矩陣為 $A^{-1}=\begin{bmatrix} 3 & -1 & -1 \\ -4 & 2 & 1 \\ -1 & 0 & 1 \end{bmatrix}$

解題二：R 軟體的應用

1. 建構矩陣物件 A。
2. 使用 R 內建函式 solve 並給予 b 引數為單位矩陣 I，或省略 b 引數，求得 A 之反矩陣 A^{-1}。

```
(A <- rbind(c(2,1,1),c(3,2,1),c(2,1,2)))  # 使用 rbind 組合成 3x3 矩陣
```

```
> (A <- rbind(c(2,1,1),c(3,2,1),c(2,1,2)))  # 使用rbind組合成3x3矩陣
     [,1] [,2] [,3]
[1,]    2    1    1
[2,]    3    2    1
[3,]    2    1    2
```

圖 2-5　矩陣 A

下列程式效果相同，diag 函式建構一 3×3 的單位矩陣，藉由 $AA^{-1}=I$ 以 solve 函式來求得 A^{-1}，或直接給予 solve 唯一引數 a 求得 A^{-1}：（圖 2-6、圖 2-7）

```
(solve(                # 使用 solve 解矩陣等式 a %*% x=b 其中的 x
  a=A,                 # 矩陣 A
  b=diag(3)))          # b 參數 即為反矩陣定義中的 I
solve(a=A)             # 省略 b 參數即代表解反矩陣
```

```
> (solve(                # 使用solve解矩陣等式a %*% x = b 其中的x
+   a=A,
+   b=diag(3)            # b參數 即為反矩陣定義中的I
+ ))
     [,1] [,2] [,3]
[1,]    3   -1   -1
[2,]   -4    2    1
[3,]   -1    0    1
```

圖 2-6　以 $AA^{-1}=I$ 解 A^{-1}

```
> solve(a=A)             # 省略b參數即代表解反矩陣
     [,1] [,2] [,3]
[1,]    3   -1   -1
[2,]   -4    2    1
[3,]   -1    0    1
```

圖 2-7　給予 solve 唯一引數 a 求得 A^{-1}

實例三　文字加、解密 (2)

利用矩陣 $A=\begin{bmatrix}1 & 0 & 0\\ 3 & 1 & 5\\ -2 & 0 & 1\end{bmatrix}$ 作為加、解密金鑰。

將 "SEPTEMBER IS OKAY" 這句話的明文（plaintext）傳送給對方，依上表 2-3：字母與數字的轉換法則，求 (1) 轉為密文（ciphertext）；(2) 解密加以驗證。

解題思路

以 3 個字母為一組與運用一個 3×3 矩陣 $A=\begin{bmatrix}1 & 0 & 0\\ 3 & 1 & 5\\ -2 & 0 & 1\end{bmatrix}$，其反矩陣 $A^{-1}=\begin{bmatrix}1 & 0 & 0\\ -13 & 1 & -5\\ 2 & 0 & 1\end{bmatrix}$，並且使用表 2-3 字母與數字的轉換法則：

解題一

1. 將 "SEPTEMBER IS OKAY" 這句話，分成 3 個字母為一組時，得到 SEP TEM BER ISO KAY。

   將 A 乘以每個訊息的行向量（column vector），如果最後剩下單一字母，可加 Z 或 YZ 在最後的位置。

$$A\begin{bmatrix} \text{S} \\ \text{E} \\ \text{P} \end{bmatrix} = A\begin{bmatrix} 19 \\ 5 \\ 16 \end{bmatrix} = \begin{bmatrix} 1 & 0 & 0 \\ 3 & 1 & 5 \\ -2 & 0 & 1 \end{bmatrix}\begin{bmatrix} 19 \\ 5 \\ 16 \end{bmatrix} = \begin{bmatrix} 19 \\ 142 \\ -22 \end{bmatrix}$$

$$A\begin{bmatrix} \text{T} \\ \text{E} \\ \text{M} \end{bmatrix} = A\begin{bmatrix} 20 \\ 5 \\ 13 \end{bmatrix} = \begin{bmatrix} 1 & 0 & 0 \\ 3 & 1 & 5 \\ -2 & 0 & 1 \end{bmatrix}\begin{bmatrix} 20 \\ 5 \\ 13 \end{bmatrix} = \begin{bmatrix} 20 \\ 130 \\ -27 \end{bmatrix}$$

$$A\begin{bmatrix} \text{B} \\ \text{E} \\ \text{R} \end{bmatrix} = A\begin{bmatrix} 2 \\ 5 \\ 18 \end{bmatrix} = \begin{bmatrix} 1 & 0 & 0 \\ 3 & 1 & 5 \\ -2 & 0 & 1 \end{bmatrix}\begin{bmatrix} 2 \\ 5 \\ 18 \end{bmatrix} = \begin{bmatrix} 2 \\ 101 \\ 14 \end{bmatrix}$$

$$A\begin{bmatrix} \text{I} \\ \text{S} \\ \text{O} \end{bmatrix} = A\begin{bmatrix} 2 \\ 5 \\ 18 \end{bmatrix} = \begin{bmatrix} 1 & 0 & 0 \\ 3 & 1 & 5 \\ -2 & 0 & 1 \end{bmatrix}\begin{bmatrix} 9 \\ 19 \\ 15 \end{bmatrix} = \begin{bmatrix} 9 \\ 121 \\ -3 \end{bmatrix}$$

$$A\begin{bmatrix} \text{K} \\ \text{A} \\ \text{Y} \end{bmatrix} = A\begin{bmatrix} 11 \\ 1 \\ 25 \end{bmatrix} = \begin{bmatrix} 1 & 0 & 0 \\ 3 & 1 & 5 \\ -2 & 0 & 1 \end{bmatrix}\begin{bmatrix} 11 \\ 1 \\ 25 \end{bmatrix} = \begin{bmatrix} 11 \\ 159 \\ 3 \end{bmatrix}$$

   即得密碼

   19 142 -22 20 130 -27 2 101 14 9 121 -3 11 159 3

2. 解碼時，將以上數字，3 個一組寫成 3×1 行向量，然後在左邊乘以 A^{-1} 即可：

$$A^{-1}\begin{bmatrix} 19 \\ 142 \\ -22 \end{bmatrix} = \begin{bmatrix} 1 & 0 & 0 \\ -13 & 1 & -5 \\ 2 & 0 & 1 \end{bmatrix}\begin{bmatrix} 19 \\ 142 \\ -22 \end{bmatrix} = \begin{bmatrix} 19 \\ 5 \\ 16 \end{bmatrix} = \begin{bmatrix} \text{S} \\ \text{E} \\ \text{P} \end{bmatrix}$$

$$A^{-1}\begin{bmatrix}20\\130\\-27\end{bmatrix}=\begin{bmatrix}1&0&0\\-13&1&-5\\2&0&1\end{bmatrix}\begin{bmatrix}20\\130\\-27\end{bmatrix}=\begin{bmatrix}20\\5\\13\end{bmatrix}=\begin{bmatrix}T\\E\\M\end{bmatrix}$$

$$A^{-1}\begin{bmatrix}2\\101\\14\end{bmatrix}=\begin{bmatrix}1&0&0\\-13&1&-5\\2&0&1\end{bmatrix}\begin{bmatrix}2\\101\\14\end{bmatrix}=\begin{bmatrix}2\\5\\18\end{bmatrix}=\begin{bmatrix}B\\E\\R\end{bmatrix}$$

$$A^{-1}\begin{bmatrix}9\\121\\-3\end{bmatrix}=\begin{bmatrix}1&0&0\\-13&1&-5\\2&0&1\end{bmatrix}\begin{bmatrix}9\\121\\-3\end{bmatrix}=\begin{bmatrix}9\\19\\15\end{bmatrix}=\begin{bmatrix}I\\S\\O\end{bmatrix}$$

$$A^{-1}\begin{bmatrix}11\\159\\3\end{bmatrix}=\begin{bmatrix}1&0&0\\-13&1&-5\\2&0&1\end{bmatrix}\begin{bmatrix}11\\159\\3\end{bmatrix}=\begin{bmatrix}11\\1\\25\end{bmatrix}=\begin{bmatrix}K\\A\\Y\end{bmatrix}$$

解題二：R 軟體的應用

1. 轉碼加密（encode）

   i. 建構 3×3 的加密矩陣物件

   ii. 依加密矩陣行數切割欲加密文字

   iii. 將切割之文字呼叫本例加密法之自訂函式轉碼

   iv. 完成每 3 個文字的轉碼加密的迴圈處理

首先，建立目標字串，給予加密矩陣並計算矩陣行數，後續程式據以分割原始字串：（圖 2-8）

```
############ 轉碼加密 (encode) ###################
target.str <- "SEPTEMBER IS OKAY" # 加密目標字串
(A <- rbind(           # 使用內建函式 rbind 建構 3x3 的加密矩陣物件
  c(1,0,0),
  c(3,1,5),
  c(-2,0,1)))
(dim.A <- ncol(A))     # A 矩陣行數
```

```
> (A <- rbind(          # 使用內建函式rbind建構3x3的加密矩陣物件
+    c(1,0,0),
+    c(3,1,5),
+    c(-2,0,1)))
     [,1] [,2] [,3]
[1,]    1    0    0
[2,]    3    1    5
[3,]   -2    0    1
> (dim.A <- ncol(A))    # A矩陣行數
[1] 3
```

圖 2-8　加密矩陣與行數

以內建函式 gsub 將目標字串去除空白字元，再將此字串應矩陣行數為一字元組切割。

```
(str.a <- gsub(                          # 去除字串中空白字元
  pattern=" ", replacement="",           # 以空字串代替空白字元
  x= target.str))                        # 字串對象
(sec.pos <- seq(                         # dim.A 個字母一組位置
  1,                                     # 啟始位置
  nchar(str.a),                          # str.a 字串長度 (byte 數 )
  by=dim.A))                             # 每隔 dim.A 個數
(str.vector <-                           # 將原自串 str.a 依 dim.A 個字元切割
  sapply(       # 使用內建 sapply 函式執行自訂之匿名函式 function(pos)
    X=sec.pos,  # 依上述 sec.pos 切割位置 function(pos) 的傳入參數
    FUN=function(pos) {                       # 匿名函式
      substr(str.a, pos, pos+dim.A-1)         # 擷取 str.a dim.A 個字元
    }
))
```

```
> (str.vector <-  # 將原自串str.a依dim.A個字元切割
+   sapply(  # 使用內建sapply函式執行自訂之匿名函式function(pos)
+     X=sec.pos, # 依上述sec.pos切割位置function(pos)的傳入參數
+     FUN=function(pos) {      # 匿名函式
+       substr(str.a, pos, pos+dim.A-1) # 擷取str.a dim.A個字元
+     }
+ ))
[1] "SEP" "TEM" "BER" "ISO" "KAY"
```

圖 2-9　依 3 個字元為一組切割的字串向量物件

自訂一函式用以處理圖 2-9 向量中每組字串（共 5 組），所對應於加密矩陣的加密結果，回傳結果向量，吾人可將任一組字串當該函式之引數，檢查此一自訂一函式的結果與手算結果作一比較，例如下圖 2-10：

```
encode.f<- function(data){ # 自訂轉碼加密函式 參數 data 為目標字串
  B<- matrix(              # 目標字串之對應數字 dim.A x 1 矩陣
    data= match(           # 使用 match 函式傳回各字母對應之位置數字
      x= unlist(           # 轉換 list 物件為 vector 物件
        strsplit(          # 將傳入的字串物件分離各字母，回傳 list 的結果
          data,            # 目標字串
          split=""         # 空字串表示無分隔符號地分割字母
        )
      ),
      table=LETTERS        # R 內建大寫字母 vector 物件
    ),
    nrow=dim.A,            # 同 A 列數
    ncol=1)                # 1 行
   return (A %*% B)        # 本例加密法
}
encode.f('SEP')            # 測試函式對 SEP 字串處理結果
```

```
> encode.f('SEP')          # 測試函式對SEP字串處理結果
     [,1]
[1,]   19
[2,]  142
[3,]  -22
```

圖 2-10　測試函式對字串處理的結果

圖 2-10 回傳系一單行矩陣其數字印證同手算結果，接著將圖 2-9 中依序每組字串依此字訂函式處理，回傳成一 3x5 的矩陣（圖 2-11），需要時可將其轉成向量物件（圖 2-12）：

```
(res<-sapply(          # 將每個切割的字組經加密函式 encode.f 進行加密
  X=str.vector,
  FUN=encode.f))
as.vector(res)         # 將加密的矩陣數字轉為向量物件
```

```
> (res<-sapply(      # 將每個切割的字組經加密函式encode.f進行加密
+   X=str.vector,
+   FUN=encode.f
+ ))
     SEP TEM BER ISO KAY
[1,]  19  20   2   9  11
[2,] 142 130 101 121 159
[3,] -22 -27  14  -3   3
```

圖 2-11　每組字串對應每行加密結果

```
> as.vector(res) # 將加密的矩陣數字轉為向量物件
 [1]  19 142 -22  20 130 -27   2 101  14   9 121  -3  11 159   3
```

圖 2-12　矩陣物件轉成向量物件

上述程式中 sapply 系將 X 的引數向量 str.vector 逐一交由 FUN 對應的自訂函式 encode.f 處理後傳回加密結果矩陣 res。

反過來借結果矩陣 res，將其解碼：

1. 以 solve 函式求出反矩陣 inverse.A（圖 2-13）。
2. 自訂解碼函式 decode.f 使用 inverse.A 此反矩陣解碼（圖 2-14）。
3. 依行序將 res 交由自訂函式解碼，得出結果轉成字串供後續使用。

```
############ 解碼 (decode) ##################
(inverse.A <- solve(A))                # 上述 A 之反矩陣
decode.f<- function(B){                # 宣告自訂解碼函式 參數 B 為加密 vector
  LETTERS[(inverse.A %*%B)[,1]]        # 反矩陣與 B 相乘結果對應大寫字母
}
(dec.m<-apply(                         # 對 matrix 依序交予 FUN 指定函式處理
  X=res,
  MARGIN=2,                            # 依 res 的行序處理
  FUN=function(col){                   # 處理每行向量的解碼
    decode.f(col)                      # 回傳解碼向量
  }
))
paste(                                 # 將 dec.m 矩陣轉為字串向量後去空白
  as.vector(dec.m),
  collapse='')
```

```
> (inverse.A <- solve(A))    # 上述A 之反矩陣
     [,1] [,2] [,3]
[1,]    1    0    0
[2,]  -13    1   -5
[3,]    2    0    1
```

圖 2-13 加密矩陣的反矩陣

```
> (dec.m<-apply(                 # 對matrix依序交予FUN指定函式處理
+   X=res,
+   MARGIN=2,                    # 依res的行序處理
+   FUN=function(col){           # 處理每行向量的解碼
+     decode.f(col)              # 回傳解碼向量
+   }
+ ))
     SEP TEM BER ISO KAY
[1,] "S" "T" "B" "I" "K"
[2,] "E" "E" "E" "S" "A"
[3,] "P" "M" "R" "O" "Y"
```

圖 2-14 apply 函式回傳解碼結果

```
> paste(                         # 將dec.m矩陣轉為字串向量後去空白
+   as.vector(dec.m),
+   collapse='')
[1] "SEPTEMBERISOKAY"
```

圖 2-15 解碼結果字串

上述程式中 apply 依 MARGIN 引數指定的 2（表示行）的順序，依 *X* 引數 res 矩陣之行序交由 FUN 指定的函式逐一處理。

加密前去除空白，因此圖 2-15 解碼結果亦不含空白，若欲不去除空白則於表 2-3 另訂空白字元的對應，吾人亦可由上述程式免去去除空白即可。

加密法在兩次世界大戰中其設計與加密設備有了很大的進步，但是密碼學的理論卻沒有多大的改變，加密的主要手段仍是替代和換位。

二戰期間任職英國情報局的官方歷史學家哈利．興斯里爵士（Sir Harry Hinsley）曾說：「倘使政府代碼暨密碼學未能解讀『奇謎』（Enigma）密碼，收集『終極』情報的話，這場戰爭就會遲至 1948 年才結束，而非 1945 年。」(3)

在這一段延遲的時間裡，歐洲會喪失更多生命，希特勒會進一步以 V 型火箭，損毀整個英國南部，歷史學者大衛卡恩（David Kahn）簡述了破解「奇謎」的影響：「它拯救了生命。不只是同盟國，和蘇俄人民的生命。而且既縮短了戰爭，也挽救了如德國、義大利和日本等軸心國的人民。若沒有這些解譯的成果，可能保不住生命的。這就是全世界從這些解碼專家所得到的恩惠，他們的成就有至高無上的價值。」（That is the debt that the world owes to the codebreakers；that is the crowning human value of their triumphs.）

英首相邱吉爾（Winston Churchill，1874-1965 年）對祕密情報局主管史都華．門吉斯爵士（Sir Steward Menzies）低聲說道：「我叫你不要漏翻了任何石頭，可沒想到你竟真的完全照做了。」話是這麼說，他卻很喜歡這個雜亂的班底，稱他們為「**會下金蛋，但從不咯咯叫的鵝**」。（The geese who laid golden eggs and never cackled.）(3)

從密碼學發展之初到非對稱加密法被提出之前，人類的加密方法仍脫離不了重排、換位與取代，即使是 DES 系統亦如此，然而，新一代密碼系統，即公開金鑰加密法由李維斯特（Ronald Rivest）、夏米爾（Adi Shamir）及艾得曼（Leo Adleman）等三人，取他們的姓氏的首個英文字母密碼的名稱，即現稱的「RSA 公鑰密碼」提出「RSA 公鑰密碼」，提供了兩個全新的方向：

1. 非對稱加密法提供了根據數學函數的加密運算，而不再只有重排或換位與取代。
2. 非對稱加密法提供了公開與私密分開的兩把金鑰，這在保密性、金鑰分送、身分確認等能力，公私鑰的概念對電子商務（E-Commerce）發展域有很深的影響。

2-3 矩陣應用於經濟學：Leontief 模式

經濟學的 Leontief 模式是以 1973 年諾貝爾經濟學獎得主里昂鐵夫（Wassily Leontief，1906-1999）名字命名，該模式是用來描述一個生產與消費（輸入與輸出）相等的經濟型態。即假設所有生產的物品都被完全消費。

Leontief 模型有兩種型態：封閉型模式和開放型模式。在封閉型模式中，所有生產都由生產者自己消費。而在開放型模式中，一部分生產由生產者自己消費，其餘則由外界消費。對於前者，我們探討每個參與生產者的相對收入；對於後者，我們則關注在滿足現有需求的生產量基礎上，要生產多少以滿足未來需求。這個模型的應用有助於我們更深入地理解經濟體系的運作和相互關係。

實例四　使用封閉型 Leontief 模式決定相關收入 (2)

Ben、John 及 Tim 三位屋主，各有所長，決定一起合作整修房子，Ben 共花了 20% 時間在自己房子上，40% John 的房子上，40% 在 Tim 的房子上；John 共花了 50% 時間在自己房子上，10% 在 Ben 的房子上，40% 在 Tim 的房子上；Tim 共花了 30% 時間在自己房子上，60% 在 Ben 的房子上，10% 在 John 的房子上，如今整修完成，他們想要算一下每個人應得多少工資（包括整修自己房子），其工資的計算法是每人的付出等於每人的收入，並同意每人的工資約為 \$3,000 左右。

解法一

吾人可以一個 3 x 3 的矩陣來代表以上敘述的資訊：

	各人工作量 Ben	 John	 Tim
花在 Ben 房子上的工作比例	0.2	0.1	0.6
花在 John 房子上的工作比例	0.4	0.5	0.1
花在 Tim 房子上的工作比例	0.4	0.4	0.3

令 x=Ben 的工資；y=John 的工資；z=Tim 的工資

每人的付出必須等於每人的收入。以 Ben 為例，其工資是 x，整修房子的費用是 $0.2x+0.1y+0.6z$，Ben 的工資要等於費用支出，所以

$$x=0.2x+0.1y+0.6z$$

同樣的

$y=0.4x+0.5y+0.1z$

$z=0.4x+0.4y+0.3z$

上面三個方程式可以矩陣方式表達：

$$\begin{bmatrix} x \\ y \\ z \end{bmatrix} = \begin{bmatrix} 0.2 & 0.1 & 0.6 \\ 0.4 & 0.5 & 0.1 \\ 0.4 & 0.4 & 0.3 \end{bmatrix} \begin{bmatrix} x \\ y \\ z \end{bmatrix}$$

代數化簡後，這個系統變成：

$$\begin{cases} 0.8x-0.1y-0.6z=0 \\ -0.4x+0.5y-0.1z=0 \\ -0.4x-0.4y+0.7z=0 \end{cases}$$

解 x, y, z，得 $x=\frac{31}{36}z$，$y=\frac{32}{36}z$

其中 z 為參數，為了讓工資都接近 \$3,000，假設 $z=3,600$，則各人的工資如下：

$X=\$\ 3,100$，$y=\$\ 3200$，$z=\$\ 3,600$

以上以一個 3×3 的矩陣 $\begin{bmatrix} 0.2 & 0.1 & 0.6 \\ 0.4 & 0.5 & 0.1 \\ 0.4 & 0.4 & 0.3 \end{bmatrix}$ 來代表以上 [實例四] 述三位屋主，合作整修房子的資訊，該矩陣被稱為**投入產出矩陣**（input-output matrix）。

在一般封閉型經濟體系中，存在 n 個經濟體，每一個體提供某些產品或服務，這些產品或服務完全被體系內的其他經濟體消費，每一個體的輸出，以及其被經濟體系內其他經濟體消費的比例，可組成投入產出矩陣，所欲解答的問題是：如何找出每一個體適當的定價水準，以使得收入等於支出。

解法二：R 軟體的應用

上述聯立方程式之第 1 式等於第 2、3 式的相加，故其解有 N 個，若直接以矩陣解法，將有解不盡的答案，因此需先將三人工資同為 3000 的條件加入，方得以解 $x+y+z=9000$

1. 按方程組等式左邊係數及右邊常數分別建立矩陣物件，同時給予行列名稱方便辨識。
2. 呼叫 *R* 內建$\begin{bmatrix} x \\ y \\ z \end{bmatrix}$式 solve 依序或對應引述分別給予上述二矩陣物件，則得出結果即為前述之解。

```
A <- matrix(                      # 使用內建函式建構 3x3 矩陣物件
  data= c(
    -0.4,0.5, -0.1,               # 方程組第 2 式
    -0.4,-0.4,0.7,                # 方程組第 3 式
    1,1,1),                       # 設其三人工資相同
  nrow=3, byrow=TRUE,             # 依列順序，共分 3 列
  dimnames=list(                  # 以 list 物件賦予列名、行名
    c('Ben','John','Tim'),
    c('Ben','John','Tim')
  ))
print(A)                          # 印出投入產出矩陣
(B <-matrix(
  c(0,0,9000),                    # 設其三人工資合計 9000
  ncol=1))
```

```
> print(A)                  # 印出投入產出矩陣
      Ben John  Tim
Ben  -0.4  0.5 -0.1
John -0.4 -0.4  0.7
Tim   1.0  1.0  1.0
> (B <-matrix(
+   c(0,0,9000),            # 設其三人工資合計9000
+   ncol = 1))
     [,1]
[1,]    0
[2,]    0
[3,] 9000
```

圖 2-16　投入產出矩陣 A 以及常數單行矩陣 B

上圖 2-16 中的 A 矩陣物件為了後續程式處理顯示（圖 2-17），於建立時同時給予列名與行名，接著以 solve 函式解 Ax=b 的 x，如下程式：

```
solve(A,B)              # 本例結果（三人分別工資）
```

```
> solve(A,B)          # 本例結果(三人分別工資)
        [,1]
Ben  2818.182
John 2909.091
Tim  3272.727
```

圖 2-17　合計 9000 元假設下，三人個別工資

讀者可將上述程式碼 B 矩陣的合計 9000（每人平均 3000 的概估）改為 9900，將會得出與解題一之答案相同。

實例五　另一種應用為使用開放型 Leontief 模式，滿足未來的生產量 (3)

利用下表 2-4 資料，求能滿足預測 3 年後市場對 R、S 及 T 需求 $D_3=\begin{bmatrix}60\\110\\60\end{bmatrix}$ 所需的生產量 X。

表 2-4　R、S 與 T 在某一時段產品交互消費的狀況

總消費值					
	R	S	T	顧客	總值
R 生產值	50	20	40	70	180
S 生產值	20	30	20	90	160
T 生產值	30	20	20	50	120

解法一

STEP 1

這類預估問題的解答可從開放型 Leontief 模式中的投入產出矩陣分析求得。

將表 2-4 轉為換算成以比率表達的矩陣：決定 R 為了生產一單位產品，需要多少 R，S 與 T 這 3 個企業的產品，例如，R 要生產 180 個單位的產品需要使用 50 個單位的 R 產品，20 個單位的 S 產品 30 個單位的 T 產品。換成比率，生產

一單位的 R 產品需要 0.278 (50/180) 的 R 產品 0.111 (20/180) 的 S 產品 0.167 (30/180) 的 T 產品。依此類推，吾人可建立如下矩陣 A：

$$A=\begin{matrix} R \\ S \\ T \end{matrix}\begin{bmatrix} 0.278 & 0.215 & 0.333 \\ 0.111 & 0.188 & 0.167 \\ 0.167 & 0.125 & 0.167 \end{bmatrix}$$

STEP 2

如果 $X=\begin{bmatrix} x \\ y \\ z \end{bmatrix}$

代表為滿足特定需求量所需要的產量，則乘積 AX 代表對 R, S, T 產品的內部消耗量，「生產 = 消費」的條件使得：內部消耗量 + 顧客消耗量 = 總產量。

STEP 3

以矩陣的形式表示，如 D 為顧客預估的需求向量（demand vector），則 $AX+D=X$ 在此等式中，我們對特定的需求 D，求解 X。

本例中，以 $AX+D_3=X$ 來表示

簡化後，可得

$[I_3-A]X=D_3$

$X=[I_3-A]^{-1}D_3$

$$=\begin{bmatrix} 0.722 & -0.125 & -0.333 \\ -0.111 & 0.812 & -0.167 \\ -0.167 & -0.125 & 0.833 \end{bmatrix}^{-1}\begin{bmatrix} 60 \\ 110 \\ 60 \end{bmatrix}$$

$$=\begin{bmatrix} 1.6048 & 0.3568 & 0.7131 \\ 0.2946 & 1.3363 & 0.3857 \\ 0.3660 & 0.2721 & 1.4013 \end{bmatrix}\begin{bmatrix} 60 \\ 110 \\ 60 \end{bmatrix}$$

$$=\begin{bmatrix} 178.33 \\ 187.81 \\ 135.96 \end{bmatrix}$$

為滿足預估的需求 D，企業 R，S 與 T 的產值各為

$X=\$178.33$、$y=\$187.81$、$z=\$135.96$

解法二：R 軟體的應用

1. 使用 matrix 函式分別建構 *A*、*I* 及 *D* 矩陣物件：（圖 2-18~ 圖 2-20）
2. 運用 *R* 內建函式 solve 及矩陣運算子 %*%：（圖 2-21）

   solve $(a=(I-A))$ %*% D

```
A <- matrix(                     # 建立產出與消費矩陣
  c(0.278,0.125,0.333,
    0.111,0.188,0.167,
    0.167,0.125,0.167),
  nrow=3, byrow=TRUE,
  dimnames=list(                 # 以 list 物件賦予列名、行名
    c('R','S','T'),
    c('R','S','T')
  ))
print(A)                         # 印出產出與消費矩陣
(I <- diag(3))                   # 定義與上述 A 同為 3x3 的單位矩陣
(D <- matrix(                    # 定義三年後的客戶需求矩陣
  c(60,110,60),
  ncol=1, byrow=TRUE))
solve(I -A)%*% D                 # 代入公式，求滿足預估的 R、S、T 產出值
```

```
> print(A)                      # 印出產出與消費
      R     S     T
R 0.278 0.125 0.333
S 0.111 0.188 0.167
T 0.167 0.125 0.167
```

圖 2-18　系統內產出與消費矩陣

```
> (I <- diag(3))                # 定義與上述A同為3x3的單位矩陣
     [,1] [,2] [,3]
[1,]    1    0    0
[2,]    0    1    0
[3,]    0    0    1
```

圖 2-19　3×3 的單位矩陣

```
> (D <- matrix(              # 定義三年後的客戶需求矩陣
+    c(60,110,60),
+    ncol = 1,
+    byrow=TRUE))
      [,1]
[1,]   60
[2,]  110
[3,]   60
```

圖 2-20　三年後市場需求（單行矩陣）

```
> solve(I -A)%*% D     # 代入公式，求滿足預估的R、S、T產出值
      [,1]
R 178.3259
S 187.8077
T 135.9621
```

圖 2-21　預估 R、S、T 滿足市場需求的個別產值

實例六　消費者需求滿足及生產投入 (3)

讓我們考慮一過度簡化的經濟體，包括農業 (A)，製造業 (M) 及服務業 (S) 三部門經濟的投入 - 產出模型，具有投入 - 產出的三部門經濟矩陣如下：

產出

$$\mathrm{A} = \text{投入} \begin{array}{c} A \\ M \\ S \end{array} \overset{\begin{array}{ccc} A & M & S \end{array}}{\begin{bmatrix} 0.2 & 0.2 & 0.1 \\ 0.2 & 0.4 & 0.1 \\ 0.1 & 0.2 & 0.3 \end{bmatrix}}$$

第一行（從上至下閱讀）告訴我們，生產 1 單位農產品需要消耗 0.2 單位的農產品，0.2 單位的製成品和 0.1 單位的服務。 第二行告訴我們，生產 1 單位製成品需要消耗 0.2 單位的農產品，0.4 單位的製成品和 0.2 單位的服務。最後，第三行告訴我們，生產 1 單位服務需要消耗 0.1 單位的農產品和的製成品以及 0.3 單位的服務。

問題：找出滿足消費者需求的商品和服務的總產出，這些需求包括價值 1 億美元的農產品，價值 8000 萬美元的製造產品和價值 5000 萬美元的服務。

找出在內部生產過程中消費的商品和服務的價值，以達到總產出。

(a)

$$X=[I-A]^{-1} D$$

$$=\begin{bmatrix}0.8 & -0.2 & -0.1\\ -0.2 & 0.6 & -0.1\\ -0.1 & -0.2 & 0.7\end{bmatrix}^{-1}\begin{bmatrix}100\\ 80\\ 50\end{bmatrix}$$

$$=\begin{bmatrix}1.43 & 0.57 & 0.29\\ 0.54 & 1.96 & 0.36\\ 0.36 & 0.64 & 1.57\end{bmatrix}\begin{bmatrix}100\\ 80\\ 50\end{bmatrix}=\begin{bmatrix}203.1\\ 228.8\\ 165.7\end{bmatrix}$$

(b)

$$\begin{bmatrix}203.1\\ 228.8\\ 165.7\end{bmatrix}-\begin{bmatrix}100\\ 80\\ 50\end{bmatrix}=\begin{bmatrix}103.1\\ 148.8\\ 115.7\end{bmatrix}$$

R 軟體的應用

(a) 計算 A、M、S 應產出量

1. 使用 matrix 函式分別建構 A、I 及 D 矩陣物件

2. 運用 R 內建函式 solve 及矩陣運算子 %*%

solve $(a=(I-A))$%*% D

```
A <- matrix(                    # 建立產出與消費矩陣
  c(0.2,0.2,0.1,
    0.2,0.4,0.1,
    0.1,0.2,0.3),
  nrow=3, byrow=TRUE,
  dimnames=list(                # 以 list 物件賦予列名、行名
    c('A','M','S'),
    c('A','M','S')
))
```

```
print(A)                          # 印出產出與消費
(I <- diag(3))                    # 定義與上述 A 同為 3x3 的單位矩陣
(D <- matrix(                     # 定義消費者的需求
  c(100,80,50),
  ncol=1,
  byrow=TRUE))
(X<-solve(I -A)%*% D)             # 代入公式，解 A、M、S 應有的產出值
```

```
> print(A)                    # 印出產出與消費
    A   M   S
A 0.2 0.2 0.1
M 0.2 0.4 0.1
S 0.1 0.2 0.3
```

圖 2-22　系統內產出與消費矩陣

```
> (I <- diag(3))              # 定義與上述A同為3x3的單位矩陣
     [,1] [,2] [,3]
[1,]    1    0    0
[2,]    0    1    0
[3,]    0    0    1
```

圖 2-23　3×3 的單位矩陣

```
> (D <- matrix(               # 定義消費者的需求
+   c(100,80,50),
+   ncol = 1,
+   byrow=TRUE))
     [,1]
[1,]  100
[2,]   80
[3,]   50
```

圖 2-24　滿足消費者需求

```
> (X<-solve(I -A)%*% D)      # 代入公式，解A、M、S應有的產出值
      [,1]
A 202.8571
M 228.5714
S 165.7143
```

圖 2-25　A、M、S 應有的產出值

由上圖 2-25 為了滿足消費者的需求，要有價值 2.03 億美元的農產品。價值 2.29 億美元的製造產品和價值 1.66 億美元的服務產出。

(b) 計算 A、M、S 的加值

```
X - D       # 為滿足消費者需求，內部生產過程的加值
```

```
> X - D      # 為滿足消費者需求，內部生產過程的加值
      [,1]
A 102.8571
M 148.5714
S 115.7143
```

圖 2-26　外部需求的投入，創造內部生產的加值

上圖 2-26 為滿足外部需求，內部系統隨之創造的加值。

2-4 矩陣應用於最小平方法

承第 1 章的線性函數與線性方程組 [實例四] 健康照護費用以最小平方線或（迴歸線）由正規方程組（normal equations），解得截距（intercept）b，斜率（slope）m。以上最佳配適線（best fit）問題之解，亦可以矩陣表達。

若以 6 個點 (x_1,y_1), (x_2,y_2), (x_3,y_3), (x_4,y_4), (x_5,y_5), (x_6,y_6) 的最佳配適直線

$$y=mx+b \tag{1}$$

可由解下列 2 個未知變數 (m、b) 的方程式的系統中之求得

$$A^TAX=A^TY \tag{2}$$

其中

$$A=\begin{bmatrix} x_1 & 1 \\ x_2 & 1 \\ x_3 & 1 \\ x_4 & 1 \\ x_5 & 1 \\ x_6 & 1 \end{bmatrix}，X=\begin{bmatrix} m \\ b \end{bmatrix}，Y=\begin{bmatrix} y_1 \\ y_2 \\ y_3 \\ y_4 \\ y_5 \\ y_6 \end{bmatrix} \tag{3}$$

令 (2) 式 $A^TAX=A^TY$ 中，$A^TA=C,\ A^TY=D$

則可得　$CX=D$

求　　$X=\dfrac{D}{C}=C^{-1}D$

實例七　以矩陣求解美國健康照護費用的線性函數

承第 1 章 ［實例四］找出美國健康照護費用的函數，不同於第 1 章正規方程組（normal equations）求解截距（intercept）b，斜率（slope）m，本實例以矩陣表達求解。

首先設定

$$\text{矩陣 } A=\begin{bmatrix}0&1\\1&1\\2&1\\3&1\\4&1\\5&1\end{bmatrix}，Y=\begin{bmatrix}2.91\\3.23\\3.42\\3.63\\3.85\\4.08\end{bmatrix}$$

式 (2)$A^TAX=A^TY$, 即為

$$\begin{bmatrix}0&1&2&3&4&5\\1&1&1&1&1&1\end{bmatrix}\begin{bmatrix}0&1\\1&1\\2&1\\3&1\\4&1\\5&1\end{bmatrix}\begin{bmatrix}m\\b\end{bmatrix}=\begin{bmatrix}0&1&2&3&4&5\\1&1&1&1&1&1\end{bmatrix}\begin{bmatrix}2.91\\3.23\\3.42\\3.63\\3.85\\4.08\end{bmatrix}$$

簡化為一 2 個未知變數方程式的系統：

$$\begin{cases}55m+15b=56.76\\15m+\ \ 6b=21.12\end{cases}$$

其解為**截距**（intercept）$b=2.954$、**斜率**（slope）$m=0.2263$。

R 軟體的應用

1. 使用 matrix 分別建構 A、Y 矩陣物件
2. 使用 R 內建 t 函式求 A 的轉置（transpose）矩陣 A^T
3. 使用 R 內建矩陣運算子 %*% 及 solve 函式求 $A^TAX=A^TY$ 的 X：

   solve(a=t(A)%*% A, b=t(A)%*%Y)

```
A <- matrix(                                # 建立上述矩陣 A
  c(0,1,2,3,4,5,                            # 自變數 x(年度)
    1,1,1,1,1,1),                           # 常數項 b(截距)
  nrow=6,byrow=FALSE)
colnames(A)<-c('m','b')                     # 為 A 的行命名
print(A)                                    # 列印 A 矩陣
Y <- matrix(                                # 建立上述單行矩陣 Y
  c(2.91,3.23,3.42,3.63,3.85,4.08),         # 每年費用
  nrow=6, byrow=TRUE)
print(Y)                                    # 列印 Y 矩陣
```

```
> print(A)          # 列印 A矩陣
     m b
[1,] 0 1
[2,] 1 1
[3,] 2 1
[4,] 3 1
[5,] 4 1
[6,] 5 1
```

圖 2-27 自變數、常數項構成 A 矩陣

```
> print(Y)          # 列印Y矩陣
     [,1]
[1,] 2.91
[2,] 3.23
[3,] 3.42
[4,] 3.63
[5,] 3.85
[6,] 4.08
```

圖 2-28 每年費用構成 Y 矩陣

接著求算 A 轉置矩陣並據以求得 C、D，最後，以 solve 函式求解：

```
(AT <- t(A))          # 求矩陣 A 的轉置 (transpose) 矩陣，即上述的 AT
(C <- AT%*%A)         # 求上述 CX=D 式其中的 C
(D <- AT%*%Y)         # 求上述 CX=D 式其中的 D
solve(a=C,b=D)        # 使用 solve 解矩陣等式 C %*% X=D 其中的 X
```

```
> (C <- AT%*%A)             # 求上述 CX=D 式其中的C
   m  b
m 55 15
b 15  6
> (D <- AT%*%Y)             # 求上述 CX=D 式其中的D
   [,1]
m 56.76
b 21.12
```

圖 2-29　矩陣 C＝ATA、D＝ATY

```
> solve(a=C, b=D)           # 使用solve解矩陣等式C %*% X = D 其中的X
       [,1]
m 0.2262857
b 2.9542857
```

圖 2-30　解得斜率 m＝0.2262857，b＝2.9542857

一般化的最小平方問題

以上吾人用 6 個資料點的特例所介紹的最小平方法，現延伸於下。

一般的最小平方問題即尋求下列 n 個資料點的最佳配適直線：

$$(x_1, y_1), (x_2, y_2), \cdots (x_n, y_n) \tag{4}$$

$$A=\begin{bmatrix} x_1 & 1 \\ x_2 & 1 \\ \vdots & \vdots \\ x_n & 1 \end{bmatrix}, X=\begin{bmatrix} m \\ b \end{bmatrix}=\begin{bmatrix} y_1 \\ y_2 \\ y_3 \\ y_4 \\ y_5 \\ y_6 \end{bmatrix}, Y=\begin{bmatrix} y_1 \\ y_2 \\ \vdots \\ y_n \end{bmatrix}$$

則上述 n 個資料點的最佳配適線是

$$Y_i=mx_i+b$$

其中 $X=\begin{bmatrix} m \\ b \end{bmatrix}$ 是由下列 2 個未知變數方程式的系統求得：詳細說明請參閱第 3 章 [實例十一]、[實例十二]。

$$A^TAX=A^TY \tag{5}$$

其可證實只要資料點不是全部在一條垂直線上，等式 (5) 一定會有唯一解。

參考文獻

1. Panko, R. R. (2010).Corporate computer and network security, 2/e. Pearson Education.

2. Tan, S. T. (2014).Finite mathematics for the managerial, life, and social sciences. Cengage Learning.

3. Mizrahi, A., & Sullivan, M. K. (2000).Finite mathematics：an applied approach. Wiley.

4. Singh, S. (1999).The code book (Vol. 7). New York：Doubleday. 或見劉燕芬譯 (2001)：碼書 編碼與解碼的戰爭。臺北：臺灣商務印書館。

03 Google 搜尋是如何運作：向量空間與線性轉換

CHAPTER

當我們面對自然科學、工程領域以及複雜的管理問題的非線性問題時，理解「向量空間與線性轉換」成為關鍵。向量空間是一種數學結構，它描述了由向量所構成的集合，並定義了向量之間的加法和數乘運算。線性轉換則是在向量空間中進行的一種操作，它將一個向量映射到另一個向量，同時保持向量空間的結構。我們將複雜的非線性系統轉換為更易處理的線性形式。這使得我們能夠在「向量空間」中應用線性轉換，將問題轉化為更具可解性的形式。

以 Google 搜尋引擎為例，背後涉及了大量的非線性資訊網絡。這是一個典型的非線性問題，因為搜尋結果的排名受到眾多因素的影響，如頁面相似度、用戶點擊歷史等。為了更有效地理解和優化搜尋算法，我們可以應用「向量空間與線性轉換」的原則。

3-1 向量與向量空間

向量（Euclidean vector 或簡稱 vector）是數學、物理學和工程科學等多個自然科學中的基本概念。例如，科學家用向量來表示同時具有大小和方向的量，如位移、速度和力。**向量**指一個同時具有大小和方向，且滿足平行四邊形法則的幾何物件。一般而言，同時滿足具有大小和方向兩個性質的幾何物件，即可認為是**向量**。向量通常用加上箭號的有向線段來表示，並以有向線段的長度表示向量的大小，而箭號的方向就是向量的方向。與向量相對的概念稱**純量**（scalar），即只有大小、絕大多數情況下沒有方向、不滿足平行四邊形法則的實數。(1)

在線性代數中，**向量**的概念起初可能是由平面向量或直角座標系統中的向量延伸而來的。在二維平面上，向量通常可以用有序數對表示，如 (x, y)。這樣的平面向量可以被推廣到更高維度，形成 R^n 的向量形成，其中 n 表示向量的維度。

吾人使用稱為矩陣和向量的陣列（arrays），可以簡潔地寫出線性方程組（system of linear equations 或稱 linear system 線性系統）。更重要的是，這些陣列的算術性質使我們能夠計算這些線性方程組的解，或者確定是否有解。

只有一列（one row）的矩陣稱為**列向量**（row vector），只有一行的矩陣稱為**行向量**（column vector）。向量名稱用來指列向量或行向量。向量的元素稱為分量（components）。我們通常處理**行向量**，我們用 R^n 表示所有包含 n 個分量（ordered n-tuple，有序的 n 元組）的所有向量的集合。

向量定義如下：

設 $X=\begin{bmatrix}x_1\\x_2\end{bmatrix}$與 $Y=\begin{bmatrix}y_1\\y_2\end{bmatrix}$ 為兩個平面向量，a 為一實數，則**向量的加法運算與純量乘法運算**可分別定義為

$$X+Y=\begin{bmatrix}x_1+y_1\\x_2+y_2\end{bmatrix}$$

以及 $aX=\begin{bmatrix}ax_1\\ax_1\end{bmatrix}$

在幾何上，吾人可將 X 與 Y 箭頭，所形成的**平行四邊形**的對角線向量視為 $X+Y$，如圖 3-1 所示。若 $a>0$，則向量 aX 與 X 向量的方向相同，而若 $a<0$ 時，則向量 aX 與 X 向量的方向相反，如圖 3-2。(2)

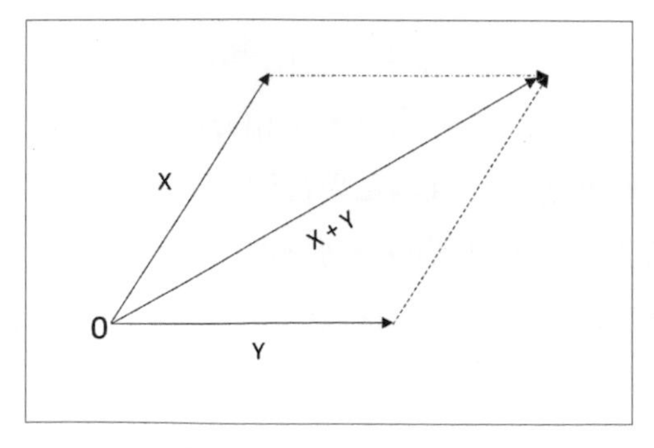

圖 3-1　X、Y 向量相加

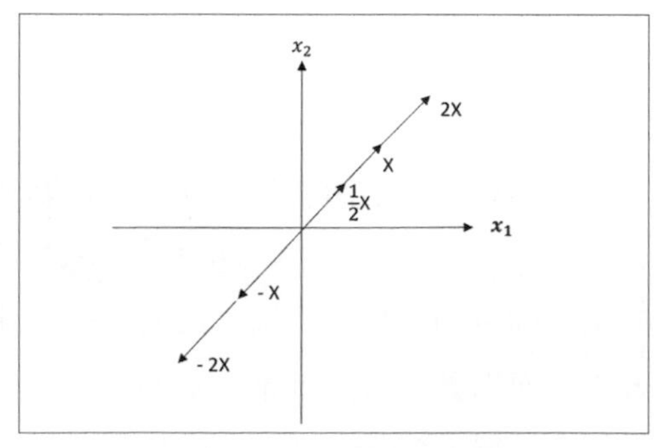

圖 3-2　2x、-2x 方向相反

利用上述向量的定義，可以定義**向量空間**（Vector Spaces）及由向量空間引申的**子空間**（subspace）：

> 利用上述向量定義的加法運算，純量乘法運算下，標準 n 維空間的集合 R^n 構成一**向量空間**（Vector Spaces）。
>
> 設 V 為向量空間，W 為 V 的子集合。若 W 在 V 的**兩種運算**下亦成為一向量空間，則稱 W 為 V 的一個**子空間**（subspace）。亦即，如果**子空間**中的 u 和 v 是向量，c 是任意純量，而 (i)$u+v$ 在子空間中 ，(ii)cv 在子空間中。

吾人從最重要的向量空間開始。它們由 $R^1,R^2,R^3,R^4,...R^n$ 組成，每個空間 R^n 由一個完整的向量集合組成，例如 R^5 意即包含所有具有五個分量的所有向量，這被稱為「**5 維空間**」。

向量空間是一個集合，其元素（通常稱為**向量**）可以相加，並乘以稱為純量（scalar）的數字。純量通常是實數（real numbers），但也可以是複數（complex numbers）。向量加法和純量乘法的運算必須滿足一定的要求，稱為**向量公理**（vector axioms），並滿足運算的一些限制，如**封閉性**、結合律、分配律等。

向量空間是一個代數系統，且有某些運算性質如下：(1)

> 一（實數）**向量空間**是一個集合 V，其中定義了**兩個操作**，稱為**向量加法和純量乘法**，因此對於 V 中的任何元素 u、v 和 w 以及任何純量 a、b，和 $u+v$ 以及純量倍數 au 是 V 的唯一元素，因此以下**公理**（axioms）成立 (1)：
>
> **向量加法**
>
> 1. $u+v\in V$（加法封閉性），$\in$ 是屬於的符號
> 2. $u+v=v+u$（向量加法交換律 ）
> 3. $(u+v)+w=u+(v+w)$（向量加法結合律 ）

4. There is an element 0 in V such that $u+0=u$（向量 0 稱為零向量，有加法單位元素）

5. There is an element $-u$ in V such that $u+(-u)=0$（加法反元素）

純量乘法

6. $au \in V$ （純量乘法封閉性）

7. $1u=u$ （純量單位元素）

8. $(ab)u=a(bu)$（結合律）

9. $a(u+v)=au+av$（分配律）

10. $(a+b)u=au+bu$（分配律）

3-2 線性獨立與基底

線性代數的核心在於兩個運算，兩者都是向量運算。向量 u、v 相加得到 $u+v$，向量 u、v 各乘以 c 和 d 得到 cu 和 dv。結合此兩個運算（將 cu 加到 dv）得到**線性組合** $cu+dv$。

本節將對向量空間的結構作更進一步討論。首先定義線性組合及展成集：

線性組合（Linear Combination）的定義 (4)：

在同一向量空間 V 的一個向量 v，若可以用其他的向量 $v_1 \ldots v_m$ 表達成如下這樣的形式：

$$v=c_1v_1+c_2 v_2+\ldots+c_mv_m$$

這裡的 $c_1 \ldots c_m$ 是**純量**（scalars），則稱 v 為 v_1，v_2，⋯，v_m 的一個線性組合，純量 $c_1 \ldots c_m$ 稱為線性組合的**係數**（coefficients）。

展成集（Spanning Set）的定義 (4)：

設 $S=\{v_1,v_2,\ldots,v_m\}$ 是 V 向量空間的**子集合**，當 V 中每一個向量 v 可以被表達成 S 的線性組合：

$$v=c_1v_1+c_2v_2+\ldots+c_mv_m$$

則稱 S 是 V 的展成集（spanning set），或稱 S 展成（span）向量空間 V。

廣義的向量包括如第 1 節 定義有序的 n 元組（ordered n-tuple）的向量外，也包括矩陣（matrix）、多項式（polynomial）、函數（function）等，下列 [實例一] 中示範了矩陣的線性組合與有序的 n 元組的線性組合。

實例一　在 2×2 矩陣的向量空間 R^2 中

$$\begin{bmatrix}-1 & 4\\ 2 & -2\end{bmatrix}=2\begin{bmatrix}1 & 1\\ 1 & -1\end{bmatrix}+(-1)\begin{bmatrix}4 & 0\\ 1 & 1\end{bmatrix}+1\begin{bmatrix}1 & 2\\ 1 & 1\end{bmatrix}$$

因此，$\begin{bmatrix}-1 & 4\\ 2 & -2\end{bmatrix}$是$\begin{bmatrix}1 & 1\\ 1 & -1\end{bmatrix}$，$\begin{bmatrix}4 & 0\\ 1 & 1\end{bmatrix}$，$\begin{bmatrix}1 & 2\\ 1 & 1\end{bmatrix}$等矩陣的線性組合。

其純量為 2，-1，1 是**線性組合**的係數。

R 軟體的應用

依題意，下列利用 R 的矩陣基本運算式驗證線性組合：（圖 3-3）

```
print(Z<-rbind(c(-1,4),c(2,-2)))          # 線性組合矩陣
print(u<-rbind(c(1,1),c(1,-1)))           # u 矩陣
print(v<-rbind(c(4,0),c(1,1)))            # v 矩陣
print(w<-rbind(c(1,2),c(1,1)))            # w 矩陣
print(Z==(2)*u+(-1)*v+1*w)                # 驗證線性組合
```

```
> print(Z<-rbind(c(-1,4),c(2,-2)))     # 線性組合矩陣
     [,1] [,2]
[1,]   -1    4
[2,]    2   -2
> print(u<-rbind(c(1,1),c(1,-1)))      # u矩陣
     [,1] [,2]
[1,]    1    1
[2,]    1   -1
> print(v<-rbind(c(4,0),c(1,1)))       # v矩陣
     [,1] [,2]
[1,]    4    0
[2,]    1    1
> print(w<-rbind(c(1,2),c(1,1)))       # w矩陣
     [,1] [,2]
[1,]    1    2
[2,]    1    1
> print(Z==(2)*u+(-1)*v+1*w)           # 驗證線性組合
     [,1] [,2]
[1,] TRUE TRUE
[2,] TRUE TRUE
```

圖 3-3　向量（矩陣）的線性組合

二矩陣的相等（equal）須滿足其相對應的位置（行、列）其值均相等。

又如有序的 n 元組向量：$u=(1,1)$，$v=(1,3)$，$w=(1,-1)$

$(2,8)=-3u+4v+1w$

所以向量 (2,8) 是 u、v、w 的線性組合，係數為 -3、4 以及 1。

吾人亦可寫成，

$(2,8)=1u+2v+(-1)w$ 的線性組合形式，係數是 1，2 和 -1。

表示一向量的係數集合，作為其他向量的**線性組合**不必是唯一的。

R 軟體的應用

下列程式以 R 基本的向量加法運算印證，上述三個二維（R^2）向量的線性組合不唯一：（圖 3-4）

```
print(Z<-c(2,8))                      # 線性組合向量
print(u<-c(1,1))                      # u 向量
```

```
print(v<-c(1,3))                   # v 向量
print(w<-c(1,-1))                  # w 向量
print(Z==(-3)*u+(4)*v+1*w)         # 驗證線性組合一
print(Z==(1)*u+(2)*v+(-1)*w)       # 驗證線性組合二
```

```
> print(Z<-c(2,8))                   # 線性組合向量
[1] 2 8
> print(u<-c(1,1))                   # u向量
[1] 1 1
> print(v<-c(1,3))                   # v向量
[1] 1 3
> print(w<-c(1,-1))                  # w向量
[1]  1 -1
> print(Z==(-3)*u+(4)*v+1*w)         # 驗證線性組合一
[1] TRUE TRUE
> print(Z==(1)*u+(2)*v+(-1)*w)       # 驗證線性組合二
[1] TRUE TRUE
```

圖 3-4　印證線性組合不唯一

實例二　決定向量 (4,-1) 是否為向量 (2,3) 及 (3,1) 的線性組合？

吾人尋求純量 X_1 及 X_2，

如此，$(4,-1)=X_1(2,3)+X_2(3,1)$

得聯立方程組，如下，

$2X_1+3X_2=4$

$3X_1+X_2=-1$

因為，該聯立方程組代表在平面上非平行線，有一組解，**即** $X_1=-1$，$X_2=2$。所以 (4,–1) 是向量 (2,3) 及 (3,1) 唯一的一組線性組合。亦即 $(4,-1)=(-1)(2,3)+2(3,1)$，如圖 3-5 所示。

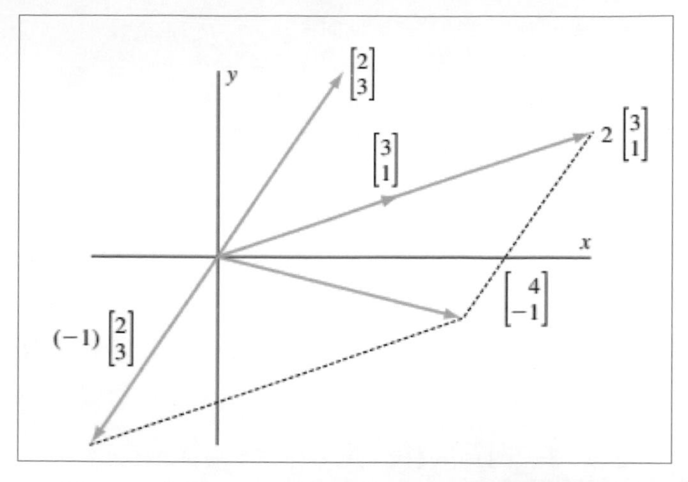

圖 3-5　向量 (4,-1) 是向量 (2,3) 及 (3,1) 的線性組合

R 軟體的應用

依題意，下列利用 *R* 內建基本套件 base 中的 solve 函式，解線性組合的唯一解。須注意，當吾人以矩陣表示向量集時，通常以行向量（column vector）來處理，因此如下程式以 cbind 函式來構成線性組合之各向量：

```
print(a<-cbind(c(2,3),c(3,1)))    # 線性組合元素
print(b<-c(4,-1))                 # 線性組合向量
print(x<-solve(a,b))              # 可解的結果
print(x[1]*c(2,3)+x[2]*c(3,1))    # 驗證結果
```

```
> print(a<-cbind(c(2,3),c(3,1)))  # 線性組合元素
     [,1] [,2]
[1,]    2    3
[2,]    3    1
> print(b<-c(4,-1))               # 線性組合向量
[1]  4 -1
> print(x<-solve(a,b))          # 可解的結果
[1] -1  2
> print(x[1]*c(2,3)+x[2]*c(3,1))  # 驗證結果
[1]  4 -1
```

圖 3-6　解線性組合結果

上圖 3-6 中第一個矩陣變數 a 表達 R^2 中的二個向量分別為 (2,3)、(3,1)，b 的線性組合形式則為 $a\%*\%x=b$，依題意本題欲求 x，solve 函式得出 x 的解分別為 –1、2，最後套入線性組合形式予以驗證，然若 solve 函式無法得出 x 的解，函式將拋出失敗訊息，即表示不存在 a 的反矩陣，亦即二個向量中存在相依性，使得線性組合結果無法展成 R^2。

事實上，決定一向量是否為其他兩向量的線性組合，經由解聯立方程，可能無限多組解，比如向量 (-4,-2) 以向量 (6,3), (2,1) 表示，代表在平面上為重疊一條線，因此有無限多組解，如下圖 3-7：

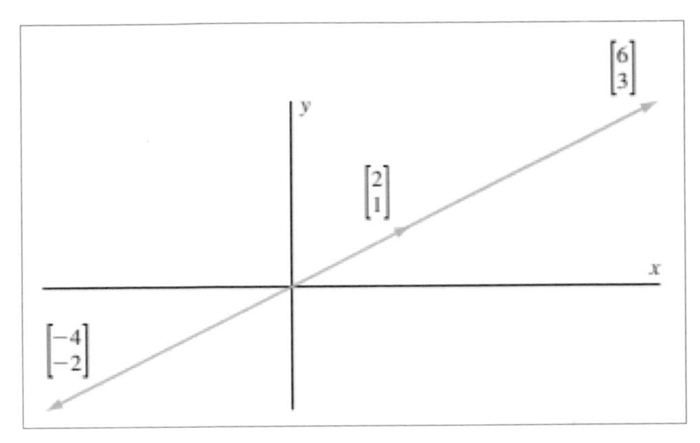

圖 3-7　向量 (–4,–2) 是向量 (6,3) 及 (2,1) 的線性組合

一向量是否為其他兩向量的線性組合，經由解聯立方程可能無解，比如向量 (3,4)，非為向量 (3,2) 及 (6,4) 表示的線性組合。因此無線性組合。如下圖 3-8。

驗證如下：

為確定 $\begin{bmatrix}3\\4\end{bmatrix}$ 是否為 $\begin{bmatrix}3\\2\end{bmatrix}$ 以及 $\begin{bmatrix}6\\4\end{bmatrix}$ 的線性組合，吾人必須解決下式線性方程組：

$3\boldsymbol{x}_1+6\boldsymbol{x}_2=3$

$2\boldsymbol{x}_1+4\boldsymbol{x}_2=4$

如果第一個方程式乘以 $-\dfrac{2}{3}$，加到第二個方程式，將會得到 $0=2$，所以**方程式無解**。

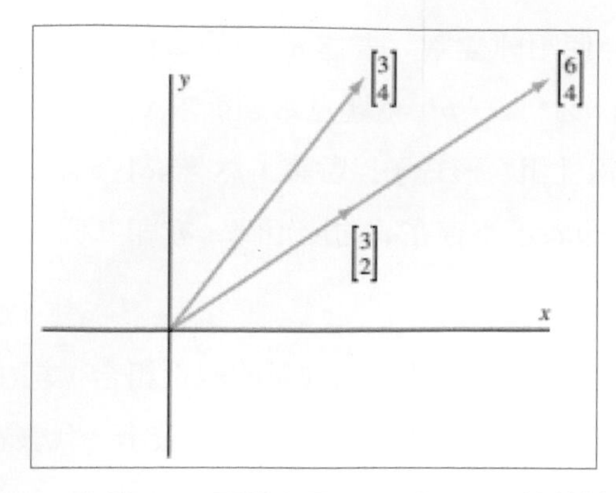

圖 3-8　向量 (3,4) 不是向量 (3,2) 及 (6,4) 的線性組合

吾人定義在 R^n 中向量 $u_1,u_2,...,u_k$ 的的線性組合為 $c_1u_1+c_2u_2+...+c_ku_k$ 的形式。其中 $c_1,c_2,...,c_k$ 為純量，對給定來自 R^n 的向量集合 S，$S=\{u_1,u_2,...,u_k\}$，吾人經常需要尋找所有 $\{\boldsymbol{u}_1,\boldsymbol{u}_2,...,\boldsymbol{u}_k\}$ 的線性組合。

實例三　描述以下 R^2 子集合的展成（span）

$S_1=\left\{\begin{bmatrix}1\\-1\end{bmatrix}\right\}$，$S_2=\left\{\begin{bmatrix}1\\-1\end{bmatrix}，\begin{bmatrix}-2\\2\end{bmatrix}\right\}$

在 S_1 向量的 span，包括所有在 S_1 向量的線性組合，因為單一向量的線性組合正好是該向量的倍數，S_1 向量的 span，包括所有$\begin{bmatrix}1\\-1\end{bmatrix}$的 1 倍數，亦即，形式$\begin{bmatrix}c\\-c\end{bmatrix}$的所有向量，對一些純量 c。該向量沿著方程式 $y=-x$，如下圖所示：

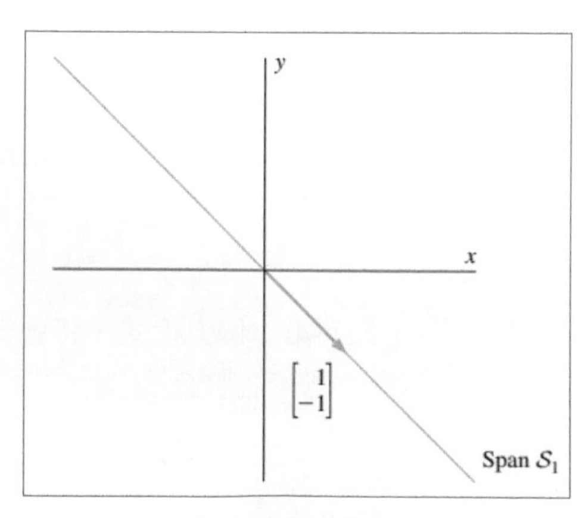

圖 3-9　S_1 向量的生成（The span of S_1）

S_2 的 span 包括所有向量$\begin{bmatrix}1\\-1\end{bmatrix}$以及$\begin{bmatrix}-2\\2\end{bmatrix}$的線性組合，此一向量有如下形式：

$$a\begin{bmatrix}1\\-1\end{bmatrix}+b\begin{bmatrix}-2\\2\end{bmatrix}=a\begin{bmatrix}1\\-1\end{bmatrix}-2b\begin{bmatrix}1\\-1\end{bmatrix}=(a-2b)\begin{bmatrix}1\\-1\end{bmatrix}$$

其中 a，b 為任一純量，吾人可以看到 S_2 與 S_1 展成有相同的向量。如下：

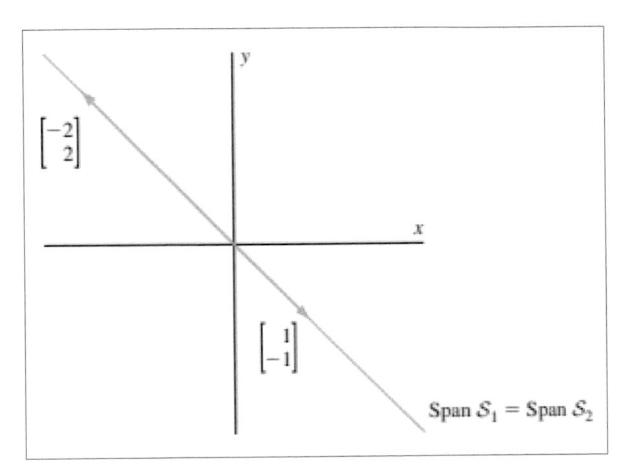

圖 3-10　S_2 向量的展成（The span of S_2）

如果吾人看到產生集合中的某些向量是其他向量的線性組合，實際上，此一向量可以移開，不會影響展成。例如，集合 $S=\{\boldsymbol{u}_1,\boldsymbol{u}_2,\boldsymbol{u}_3,\boldsymbol{u}_4\}$ 其中

$$u_1=\begin{bmatrix}1\\-1\\2\\1\end{bmatrix}，u_2=\begin{bmatrix}2\\1\\-1\\-1\end{bmatrix}，u_3=\begin{bmatrix}-1\\-8\\13\\8\end{bmatrix}，以及\ u_4=\begin{bmatrix}0\\1\\-2\\1\end{bmatrix}$$

在此一例子中，讀者可以檢驗 $\boldsymbol{u}_4$ 不是向量 $\boldsymbol{u}_1,\boldsymbol{u}_2,\boldsymbol{u}_3$ 的線性組合。

然而，此並不意味吾人不能找到在 S 中，有相同展成的更小集合。因為 $\boldsymbol{u}_1,\boldsymbol{u}_2,\boldsymbol{u}_3$ 之一向量可能是在 S 中其他向量的線性組合，可以精確表示如下式：

$$\boldsymbol{u}_3=5\boldsymbol{u}_1-3\boldsymbol{u}_2+0\boldsymbol{u}_4$$

此一方程式，使吾人可以使 $\boldsymbol{u}_1,\boldsymbol{u}_2,\boldsymbol{u}_3$ 之任一向量（除了 $\boldsymbol{u}_4$）為其他向量的線性組合。如下式：

$$-5\boldsymbol{u}_1+3\boldsymbol{u}_2+\boldsymbol{u}_3=0\boldsymbol{u}_4$$

可以依序推導如下，

$-5\boldsymbol{u}_1=-3\boldsymbol{u}_2-\boldsymbol{u}_3+0\boldsymbol{u}_4$

$\boldsymbol{u}_1=\frac{3}{5}\boldsymbol{u}_2+\frac{1}{5}\boldsymbol{u}_3+0\boldsymbol{u}_4$，即 $\boldsymbol{u}_1$ 是 $\boldsymbol{u}_2$、$\boldsymbol{u}_3$ 的線性組合，同理也可推導出 $\boldsymbol{u}_2$ 是 $\boldsymbol{u}_1$、$\boldsymbol{u}_3$ 的線性組合，$\boldsymbol{u}_3$ 是 $\boldsymbol{u}_1$、$\boldsymbol{u}_2$ 的線性組合。

吾人看到至少其中有一個向量相依於（是線性組合）其他的向量。這個想法激發了以下介紹**線性獨立**及**線性相依**的定義。

> 在向量空間 R^n 中，K 個向量 $\{\boldsymbol{u}_1,\boldsymbol{u}_2,\ldots,\boldsymbol{u}_k\}$ 的集合，若存在一些不全為零的**純量** $c_1,c_2,\ldots,c_k$，使得 $c_1u_1+c_2u_2+\ldots+c_ku_k=0$。則稱這個向量集合為**線性相依**（linearly dependent）。否則，稱 $\{\boldsymbol{u}_1,\boldsymbol{u}_2,\ldots,\boldsymbol{u}_k\}$ 為**線性獨立**（linearly independent）。
>
> 亦即，如果只有 0 向量的**線性**組合必是 $0\boldsymbol{u}_1+0\boldsymbol{u}_2+\ldots+0\boldsymbol{u}_k$。向量 $\{\boldsymbol{u}_1,\boldsymbol{u}_2,\ldots,\boldsymbol{u}_k\}$ 是**線性獨立**。

以下介紹**線性獨立**及**線性相依**的定理：

> 在向量空間 R^n 中，K 個向量 $\{\boldsymbol{u}_1,\boldsymbol{u}_2,\ldots,\boldsymbol{u}_k\}$ 的集合，為**線性相依**的**充要條件**為其中一向量可以表示成其他向量的線性組合。

實例四 $X_1=(1,1,1)$，$X_2=(1,2,3)$，$X_3=(0,1,0)$ 說明其是否為線性獨立？

將線性相依的式子改寫成

$c_1+c_2=0$

$c_1+2c_2+c_3=0$

$c_1+3c_2=0$

其唯一解為 $c_1=c_2=c_3=0$，故知 X_1、X_2、X_3 為線性獨立。

R 軟體的應用

本題依線性獨立的定義：

若 $c_1X_1+c_2X_2+c_3X_3=V$

亦即，當 $V=[0,0,0]$ 是 n 元組全為 0 的向量（簡稱 0 向量），求解 $[X_1,X_2,X_3]\begin{bmatrix}c_1\\c_2\\c_3\end{bmatrix}=[0,0,0]$ 則 $c_1 \sim c_3$ 各係數也必全為 0，吾人可利用 [實例二] 提到的線性組合形式 $Ax=b$，當 A 的反矩陣（inverse matrix, A^{-1}）存在時，$A^{-1}Ax=A^{-1}b$ $\rightarrow x=A^{-1}b$，這裡的 $b=[0,0,0]$，$x=\begin{bmatrix}c_1\\c_2\\c_3\end{bmatrix}=\begin{bmatrix}0\\0\\0\end{bmatrix}$

反矩陣定義如下：

如果存在滿足 $AB=BA=I_n$ 的 $n\times n$ 矩陣 B，（I_n 為對角元素都是 1，其它元素皆為 0 的單位矩陣），則稱 $n\times n$ 矩陣 A 是可逆的。在這種情況下，B 稱為 A 的**反矩陣**（inverse of A）。

方陣的行列式值是純量，提供關於矩陣是否可逆的資訊。

以相對簡單的 2×2 矩陣開始，對於 2×2 方陣，$A=\begin{bmatrix}a & b\\c & d\end{bmatrix}$而言，若 $ad-bc\neq 0$，吾人很快地可以求得 A 的逆矩陣 $A^{-1}=\dfrac{1}{ad-bc}\begin{bmatrix}d & -b\\-c & a\end{bmatrix}$。

其中 ad-bc 為行列式值，即 |A|，為**伴隨矩陣（adjoint matrix）**。

然後，**吾人**將其推廣到 $n\times n$ 矩陣。

反矩陣存在，其行列式必定不等於 0，利用矩陣行列式（determinant）不等於 0，表示該線性系統的唯一解（線性組合的係數）為 0 向量，即符合**線性獨立的條件**，下述程式以內建函式 det 計算行列式值來判斷：

```
a<-cbind(                    # 向量集之矩陣
  c(1,1,1),                  # x1 向量
  c(1,2,3),                  # x2 向量
  c(0,1,0))                  # x3 向量
b<-c(0,0,0)                  # 線性獨立的組合為 0 向量
det(a)                       # <>0 表示有唯一解
(x<-solve(a,b))              # 此為唯一解
```

```
> det(a)                     # <>0 表示有唯一解
[1] -2
> (x<-solve(a,b))            # 此為唯一解
x1 x2 x3
 0  0  0
```

圖 3-11　行列式不為 0 及其唯一解

上圖 3-11 行列式為 -2，且其唯一解對應 X_1、X_2、X_3 各係數為 (0,0,0)，因此判定為線性獨立。

實例五　證明下列集合 $S_1=\{(2,3),(5,8),(1,2)\}$ 為線性相依

方程式 $c_1\begin{bmatrix}2\\3\end{bmatrix}+c_2\begin{bmatrix}5\\8\end{bmatrix}+c_3\begin{bmatrix}1\\2\end{bmatrix}=\begin{bmatrix}0\\0\end{bmatrix}$。當 $c_1=2$，$c_2=-1$ 以及 $c_3=1$ 時為真，因為並非所有上述線性組合的係數均為 0，所以 S_1 線性相依。

R 軟體的應用

本題問 $[v1,v2,v3]\begin{bmatrix}c_1\\c_2\\c_3\end{bmatrix}=S\cdot x=0$ 的解是否存在非 0 的係數，亦即 $c_1 \sim c_3$ 不全為 0？若全為 0 為唯一解，則表示線性獨立，否則為線性相依。

這裡 v1~v3 向量，即題中 S_1 子空間展成集之各向量，下列程式以 *R* 內建函式 cbind 構成展成集的 2×3 矩陣，藉以計算矩陣的秩（rank）以及找出冗餘的向量。首先，使用 *R* 套件 pracma 中函式 Rank 計算該矩陣的秩，如下圖 3-13 矩陣秩 =2，小於行向量數 3，故判斷列向量必有冗餘 3−2=1 個；除去一個，則向量集（vector set）可為線性獨立。再如下程式中迴圈由上而下依序形成最簡列階梯

式（reduced row echelon form），找出 1 個冗餘的向量，如下圖 3-14 中最後一個向量（-2,1）。

令 $c_3=t$，$t \in R$ 則 $c_2=-t$，$c_1=2t$。亦即，至少存在一個 t 不等於 0，例如 $c_3=1$，則 $c_2=-1$，$c_1=2$ 使得 $S \cdot x=0$。

在最右（最後）一個向量 (-2,1) 使得本向量集合 S 為線性相依，若將向量集由左而右的順序更動，亦可能發現使得向量集成為線性相依的另外一個。

```
library(pracma)
v1<-c(2,3);v2<-c(5,8);v3<-c(1,2)
print(S<-cbind(v1,v2,v3))              # 向量集之矩陣
Rank(S)                                # 矩陣的秩
for (r in 1:(nrow(S))) {               # 依列順序使 leading variable=1
  idx <- which(S[r,]!=0)               # 找出樞紐行
  if (length(idx)==0) break            # 若無樞紐行則結束迴圈
  pc<-idx[1]                           # 樞紐行
  pe<-S[r,pc]                          # 樞紐元
  S[r,]<-S[r,]/pe                      # 樞紐列基本列運算使 leading variable=1
  prow<-S[r,]                          # 樞紐列
  S[-r,]<-S[-r,]+                      # 高斯消去法（樞紐列以外基本列運算）
    matrix(-S[-r,pc]/prow[pc])%*%prow
}
print(S)                               # 最簡列階梯式的矩陣
```

```
> print(S<-cbind(v1, v2, v3))      # 向量集之矩陣
     v1 v2 v3
[1,]  2  5  1
[2,]  3  8  2
```

圖 3-12　三個向量構成之向量集 S

```
> Rank(S)                          # 矩陣的秩
[1] 2
```

圖 3-13　矩陣秩 =2

```
> print(S)
     v1 v2 v3
[1,]  1  0 -2
[2,]  0  1  1
```

圖 3-14　最簡列階梯式

最後，求解其組合係數如圖 3-15，再將係數代入並驗證如上冗餘的 v3 是 v1 及 v2 的線性組合，亦即 S_1 是一個線性相依的向量集：

```
(x<-solve(cbind(v1,v2),v3))          # 求解線性組合係數
print(x[1]*v1+x[2]*v2==v3)           # 驗證 v3 是 v1、v2 的線性組合
```

```
> (x<-solve(cbind(v1,v2),v3))
v1 v2
-2  1
```

圖 3-15　v3 線性組合的係數

```
> print(x[1]*v1+x[2]*v2==v3)      # 驗證v3是v1、v2的線性組合
[1] TRUE TRUE
```

圖 3-16　驗證 v3 是 v1、v2 的線性組合

另外，從上述 $c_3=t$，$t \in R$ 則 $c_2=-t$，$c_1=2t$ 的關係，得到若 $c_3=1$，則 $c_2=-1$，$c_1=2$ 使得 S 這個向量集與係數 $c_1 \sim c_3$ 的積（點積）$S \cdot x=0$。同樣也可以令 c_3 為任意數，使得例如下列程式任意多組係數行向量（column vector）構成的 x 矩陣，使得 $S \cdot x=0$。這些所有可能的係數行向量所構成的向量空間，亦稱為**零核空間**（null space）。且其**秩=1**（如下程式圖 3-17）與線性獨立向量集的**秩=2**（如前述程式圖 3-13）的和便是 S 這個向量集的向量的個數。

```
print(nspace<-cbind(                 # 零核空間的任意三個向量
  c(2,-1,1),                         # c3=1 的 x 向量
  c(3,-1.5,1.5),                     # c3=1.5 的 x 向量
  c(4,-2,2)))                        # c3=2 的 x 向量
print(S%*%nspace)                    # 驗證零核空間 (null space)
Rank(nspace)                         # 零核空間的秩
```

```
> print(S%*%nspace)              # 驗證零核空間(null space)
     [,1] [,2] [,3]
[1,]    0    0    0
[2,]    0    0    0
> Rank(nspace)                   # 零核空間的秩
[1] 1
```

圖 3-17　驗證零核空間及其秩 =1

在上一節中，吾人瞭解如何以產生集合來描述子空間。為此，吾人將子空間中的每個向量寫為生成集中的向量。雖然對於給定的非零值有很多生成集合子空間，最好使用包含**儘可能少的向量的展成**集合（spanning set）。這樣的生成集合必須是**線性獨立**，稱為**子空間**的一個基底（basis）。

以下介紹向量集合構成**基底**的定義：

展成向量空間 V 的**線性獨立**的向量集合，稱為該向量空間的**基底**（basis）。

向量 $V_1, \ldots ,V_k$，是 S 的基底，如果它們相互獨立並且展成 S。

在此介紹**基底**，第 7 章**線性規劃**的主要方法是單形法（Simplex method），其基本原理即為**基底轉換**（basis transformation）。

若**向量空間** V 的**子集合** $S=<X_1,\ldots,X_k>$ 滿足下面兩個性質，則稱 S 為 V 的一個基底（basis）。

(1)　S 中的向量為**線性獨立**

(2)　$V=<S>$，亦即 S 展成 V

例如，上述 [實例五] 經過基本列運算產生的線性獨立向量集 {v1,v2} = {(2,3),(5,8)} 可為 S_1 向量空間的基底，也是 S_1 最小的展成集。

而且，以此基底的展成空間中任一向量，例如 v3 在以 {v1,v2} 為基底展成的向量空間上的座標向量（coordinate vector），也是在基底上的各分量（component），即是其線性組合之係數 (-2,1)，如上圖 3-15 此座標向量記做

$[v3]_B=(-2,1)$，基底 $B=[v1,v2]$

亦即，$v3=B[v3]_B$，亦即 $[v3]_B=B^{-1}v3$　　　(3.2.1)

R^n 常見的基底為標準基底 $\{(1,0_2,\ldots,0_n),(0_1,1,0_3\ldots,\ 0_n),\ldots,(0_1,0_2,0_3\ldots,1)\}$，例如 [實例五]$R^2$ 的標準基底為 $\{(1,0),(0,1)\}$ 在此基底下圖 3-12 之 v3 的座標為 (1,2)，標準基底的特色為各向量互相正交（orthogonal）且各向量長度（norm）均為 1，正交與向量長度請參閱後續說明。

再看看下面例子，同一個向量在非標準基底座標與標準基底座標之間的不同。

實例六　非標準基底 $B=\{(1,0),(1,2)\}$ 下，一座標為 (3,2) 的向量 x，在 R^2 標準基底下，其座標向量為何？

$[x]_B=\begin{bmatrix}3\\2\end{bmatrix}$

以純量乘法計算：（如下圖 3-19）

$x=3v_1+2v_2=3(1,0)+2(1,2)=(5,4)=5(1,0)+4(0,1)$

設 $B'=\{(1,0),(0,1)\}\rightarrow[x]_{B'}=\begin{bmatrix}1&0\\0&1\end{bmatrix}\begin{bmatrix}5\\4\end{bmatrix}=\begin{bmatrix}5\\4\end{bmatrix}=5u_1+4u_2$：（如下圖 3-18）：

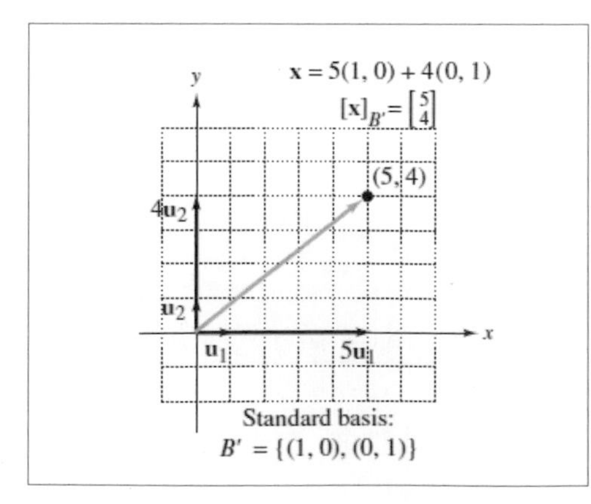

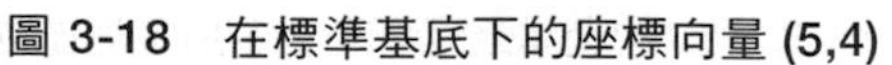
圖 3-18　在標準基底下的座標向量 (5,4)

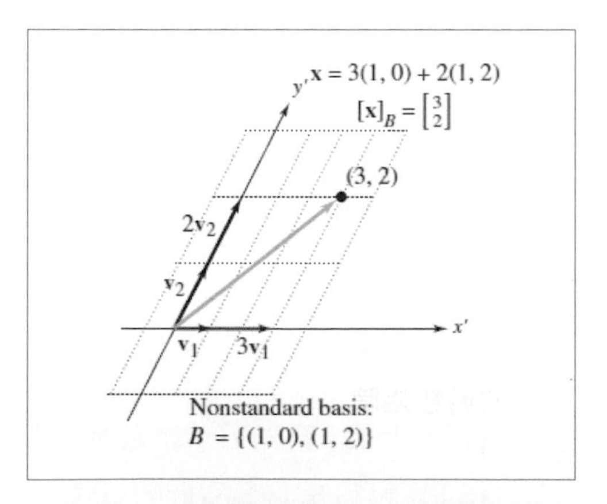

圖 3-19　非標準基底下的座標向量 (3,2)

圖 3-18 及圖 3-19 說明了同一個 x 在不同的坐標基底（Basis）下，其向量的各分量轉換。

R 軟體的應用

下列程式利用上述的 (3.2.1)，$[x]_S=B[x]_B$ 從非標準基底的座標向量換至標準基底後的座標向量：（圖 3-20）

```
B<-cbind(c(1,0),c(1,2))          # 非標準基底
xB<-c(3,2)                       # 相對於非標準基底的座標向量
(xs<-B%*%xB)                     # 相對於標準基底的座標向量
```

```
> (xs<-B%*%xB)                   # 相對於標準基底的座標向量
     [,1]
[1,]    5
[2,]    4
```

圖 3-20　非標準基底換成標準基底

再利用 $[x]_B=B^{-1}[x]_S$ 也可藉下列程式將上圖 3-20 標準基底下的座標向量，換回非標準基底的座標向量，此為座標向量隨基底變換而變換：（圖 3-21）

```
solve(B,xs)                      # 將標準基底換回非標準基底的座標向量
```

```
> solve(B,xs)          # 將標準基底換回非標準基底的座標向量
     [,1]
[1,]    3
[2,]    2
```

圖 3-21　標準基底換成非標準基底

上述實例示範一向量於非標準的基底與標準基底之間的轉移，當轉移在任意的基底之間轉移，有下述的特性：

對於任一基底 C 若存在 P 的矩陣使 $[x]_C=P[x]_B$，則稱 P 為基底 B 變換為基底 C 的**轉移矩陣**（transition matrix），且其反矩陣 P^{-1} 為基底 C 變換為 B 的轉移矩陣：

從公式 (3.2.1) 標準基底向量 $v=B[v]_B$，$v=C[v]_C \rightarrow C[v]_C=B[v]_B \rightarrow C^{-1}C[v]_C=C^{-1}B[v]_B \rightarrow [v]_C=C^{-1}B[v]_B \rightarrow [v]_C=P[v]_B$，$P=C^{-1}B$　　(3.2.2)。

實例七 **在 R^3 空間裡，若要檢查 $X_1=(1,1,1)$，$X_2=(1,2,3)$，$X_3=(0,1,0)$ 是否造成 R^3？吾人只需要在 R^3 中任意選出一個向量 $X=(a,b,c)$，看看 X 是否能用或者說，看看是否存在實數 c_1、c_2、c_3 不全為 0 使得**

$$c_1X_1+c_2X_2+c_3X_3=X$$

上式實際上可改寫成如下聯立方程式：

$$c_1+c_2 \quad =a$$

$$c_1+2c_2+c_3=b$$

$$c_1+3c_2 \quad =c$$

其解為

$$c_1=\frac{3}{2}a-\frac{1}{2}c$$

$$c_2=\frac{1}{2}(c-a)$$

$$c_3=b-\frac{1}{2}c-\frac{1}{2}a$$

故 X_1、X_2、X_3 可造成 R^3。

本實例中的向量 $X_1=(1,1,1)$，$X_2=(1,2,3)$，$X_3=(0,1,0)$，為線性獨立且 X_1、X_2，X_3 造成 R^3，故知 $\{X_1，X_2，X_3\}$ 為 R^3 的一個基底。

向量空間 V 通常有許多組基底，且每一組基底所含的向量個數都是一樣的，若基底所含的向量個數為 n，則稱 n 為 V 的維度（dimension）或 dim $V=n$，並稱 V 為 n 維向量空間（n-dimensional vector space）。

R 軟體的應用

本實例問如下程式中的 S 展成集（spanning set）可否展成整個 R^3？如下程式中 dim 函式對 S 運算知其構成一 3×3 方陣，即是問此方陣是否能以一線性組合表達每一 R^3 中的任一向量，設 V 為 R^3 中任一向量則存在 c_1~c_3 使得：

$$V=c_1X_1+c_2X_2+c_3X_3$$

亦即，$V=[X_1,X_2,X_3]\begin{bmatrix}c_1\\c_2\\c_3\end{bmatrix}$求解 $c_1\sim c_3$ 是否存在？吾人可利用 $Ax=b$ 當 A 的反矩陣存在時，$A^{-1}Ax=A^{-1}b \rightarrow x=A^{-1}b$。

也就是說上述的 $[X_1,X_2,X_3]$ 所構成的矩陣需存在反矩陣，然反矩陣存在其行列式必定不等於 0，下列利用 R 的內建函式 det 得知等於 -1，即 S 展成集可展成整個 R^3。吾人可進一步以 R 的內建函式 solve 求得 $[X_1,X_2,X_3]$ 矩陣的反矩陣 A^{-1}（如下程式中變數 invA），此 invA 與 R^3 中任一向量的內積便是其線性組合之各係數 $c_1\sim c_3$ 之值，$c_1\sim c_3$ 也是此任一向量在以 $[X_1,X_2,X_3]$ 為基底的座標（請參閱 [實例六] 的說明）。

```
print(x1<-c(1,1,1))                 # x1 向量
print(x2<-c(1,2,3))                 # x2 向量
print(x3<-c(0,1,1))                 # x3 向量
print(S<-cbind(x1,x2,x3))           # 展成集 S
dim(S)                              # 矩陣維度
det(S)                              # 行列式計算
print(invA<-solve(S))               # 矩陣反函數
```

```
> print(S<-cbind(x1,x2,x3))    # 展成集 S
     x1 x2 x3
[1,]  1  1  0
[2,]  1  2  1
[3,]  1  3  1
> dim(S)                       # 矩陣維度
[1] 3 3
> det(S)                       # 行列式計算
[1] -1
> print(invA<-solve(S))          # 矩陣反函數
   [,1] [,2] [,3]
x1    1    1   -1
x2    0   -1    1
x3   -1    2   -1
```

圖 3-22　S 為 R_3 之展成集

除了 det 函式以外，pracma 套件中的秩函式 Rank 也可預先用以判斷展成集是否存在冗餘的向量（存在線性相依向量），本題以 det 測試結果 $\neq 0$，即 R^3 的展成集成員同為 3 個。構成如圖 3-22 中 S 的方陣，故直接以 det 測試即可，若測試結

果為 0 則表示必存在冗餘向量，則無法做為 R^3 的基底（basis），至多為 R^2，甚至 R^1。

R^n 的透視

在 R^n 空間裡，其中 n 表示向量的維度。吾人可以進一步探討向量長度、內積、向量間距離、夾角等幾何問題。

> R^n 中向量 $v=(v_1,v_2,...,v_n)$ 的**長度**（length or norm）為
>
> $\|v\|=\sqrt{v_1^2+v_2^2+\cdots+v_n^2}$
>
> 長度為 1 的向量稱為單位向量（unit vector）。實際上，吾人也可將 $\|v\|$ 視為**原點到點** $(v_1,v_2,...,v_n)$ 的距離，因此，若考慮由點 $(u_1,u_2,...,u_n)$ 到點 $(v_1,v_2,...,v_n)$ 間的距離時，可由向量 $u-v$ 的長度來定義。這裡 $u=(u_1,...,u_n)$，$v=(v_1,...,v_n)$。其距離為 $d(u,v)=\|u-v\|=\sqrt{(u_1-v_1)^2+\cdots+(u_n-v_n)^2}$。

在某些向量空間，尤其是函數空間中，有純量積（scalar-valued products），稱為**內積**（inner products），它們具有點積（dot products）的重要形式性質。這些**內積**使吾人能夠擴展到向量空間的**距離和正交性**（orthogonality）等概念。**內積定義如下：**

> **歐氏內積**（Euclidean inner product）的**定義** (4)：（註 1）
>
> 若 $u=(u_1，\cdots，u_n)$，$v=(v_1，\cdots，v_n)$ 為 R^n 中的兩個向量，則其 u 和 v 內積為：$u\cdot v=u_1v_1+\cdots+u_nv_n$

註 1 (4) 內積包含兩種形式，

$u\cdot v=$ 點積（dot product）指 R^n 上的歐式內積。

$\langle u,v\rangle=$ 符合向量空間 V 上的一般內積，包括 R^n 以外的多項式、函數、矩陣等。

本書為方便以幾何意義解說，以歐式內積來代表向量內積。

滿足下列公理，設 w 為 R^n 中的另一個向量，c 為純量：

1. $u \cdot v = v \cdot u$
2. $u \cdot (v+w) = u \cdot v + u \cdot w$
3. $c(u \cdot v) = cu \cdot v$
4. $v \cdot v \geqq 0$，$v \cdot v = 0$，若且唯若 $v=0$

回想一下，依據三角不等式，在每個三角形中，任何邊的長度都小於其他兩邊長度之和。這個簡單的結果，可以用向量的**長度（norm）**來表示。參考下圖 3-23，吾人看到這個陳述是 R^2 中三角形不等式的一個結果：$\|u+v\| \le \|u\| + \|v\|$

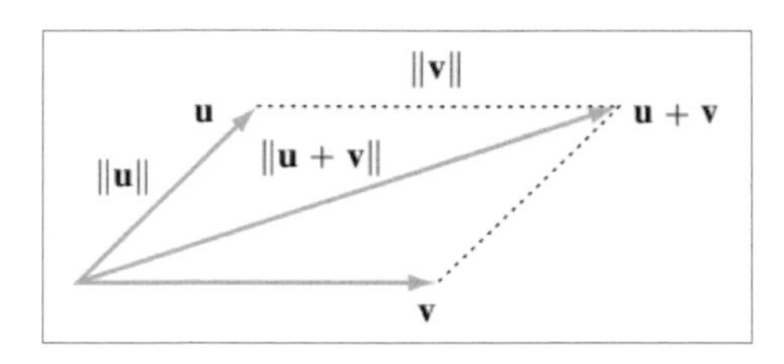

圖 3-23　三角不等式（The triangle inequality）

此三角不等式可以推廣到柯西不等式（Cauchy-Schwarz inequality），此不等式對於理解向量、內積空間以及在不同數學和物理領域中的應用都具有關鍵性的意義。

其次，由柯西不等式知 $|u \cdot v|/\|u\|\,\|v\|$ 介於 -1 與 1 之間。因此，可定義：

Cauchy-Schwarz 不等式定理：

若 u、v 為 R^n 的兩個向量，則 $|uv| \le \|u\|\,\|v\|$，即內積的絕對值 ≤ 向量長度的積。

（注意不等式左邊的符號，代表實數的絕對值，而右邊的符號代表向量的長度。）

兩個非零向量間**夾角**的**餘弦函數值**如下：

令 u 和 v 為 R^2、R^3 或 R^n 中的非零向量，令 θ 為 u 和 v 之間的夾角。接著 u、v 和 $v-u$ 確定一個三角形。（見圖 3-24）$\|v-u\|$ **代表點 u 到點 v 的距離**（因距離不具方向性，也是 v 到點 u 的距離）。應用**三角形餘弦定律**，這個三角形的邊長和 θ 的關係稱為**餘弦定律**（law of cosines）。它指出：

$\|\boldsymbol{u}-\boldsymbol{v}\|^2=\|\boldsymbol{u}\|^2+\|\boldsymbol{v}\|^2-2\|\boldsymbol{u}\|\|\boldsymbol{v}\|\boldsymbol{cos\ \theta}$，$\|\boldsymbol{u}-\boldsymbol{v}\|^2$ 表示兩向量間的距離**的平**方。

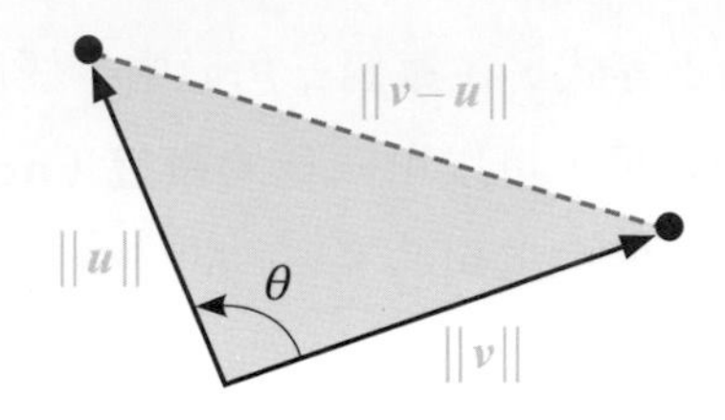

圖 3-24　餘弦定律，非零向量 u、v 和 v–u 確定一個三角形

使用餘弦定律，可以求得 u、v 間夾角 θ 的**餘弦函數值**：

若 u、v 為 R^n 中非零的向量，使用餘弦定律可導出：

$u\cdot v=\|u\|\|v\|cos\ \theta$

不難看出，兩向量的內積：$u\cdot v$ 可以理解為向量 u 在向量 v 上的投影，再乘以 v 的長度。

求得 u、v 間夾角 θ 的**餘弦函數值**為：

$$cos\ \theta=\frac{u\cdot v}{\|u\|\|v\|}，0\leq\theta\leq\pi$$

可見　$-1\leq\frac{u\cdot v}{\|u\|\|v\|}\leq 1$

u 在 v 上的向量投影（vector projection）則為：

$$\text{Proj}_v\ \mathbf{u} = \|u\| cos\ \theta = \frac{u \cdot v}{\|v\|^2}\ u = a\boldsymbol{v}$$

這裡 $a = \dfrac{u \cdot v}{\|v\|^2}$（圖 3-25、圖 3-26）

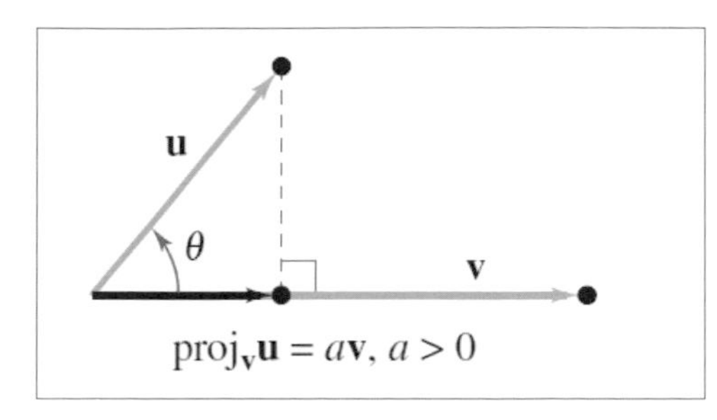

圖 3-25　夾角小於 90 度

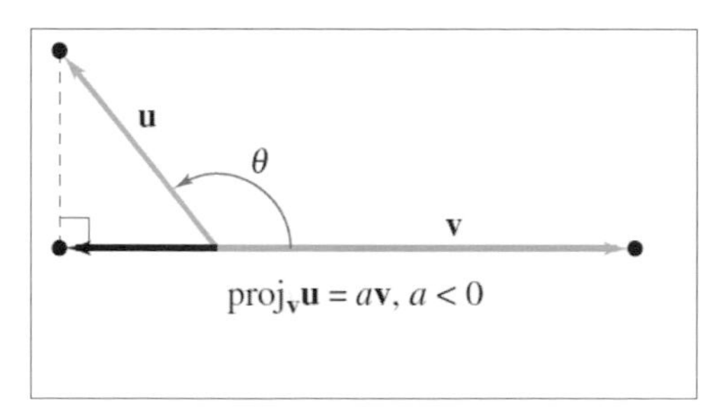

圖 3-26　夾角大於 90 度

設 u 和 v 是 $\boldsymbol{R}^2$ 中的向量。如果 v 非為零向量，則可以正交投影（orthogonally projected）u 到 v 上，如圖 3-25 所示。該向量投影以 $\text{Proj}_v\ \mathbf{u}$ 表示，並且是一個向量 v 的純量倍數，所以可以寫成 $\text{Proj}_v\ \mathbf{u} = a\boldsymbol{v}$。

如果 a > 0，如圖 3-25 所示，則 $cos\ \theta > 0$ 且 $\text{Proj}_v\ \mathbf{u}$ 的長度為

$$\|av\| = |a|\|v\| = a\|v\| = \|u\|\ \cos\theta = \frac{\|u\|\|v\|\ \cos\theta}{\|v\|} = \frac{u \cdot v}{\|v\|}$$

這意味著 $a = (u \cdot v) / \|v\|^2 = (u \cdot v) / (v \cdot v)$

所以，$\text{Proj}_v\ \mathbf{u} = \dfrac{u \cdot v}{v \cdot v}\ v = \dfrac{u \cdot v}{\|v\|^2} = a\boldsymbol{v}$

如果 $a<0$，如圖 3-26 所示，則 u 在 v 上的正交投影（orthogonal projection）可以發現使用相同的公式。

在商品推薦中，每個用戶和商品都可以被表示為一個向量，這些向量之間的相似度可以通過餘弦定律來衡量。透過使用餘弦定律計算使用者向量和商品向量之間的相似度。

餘弦相似度（Cosine Simularity）的計算公式如下：

$$\text{Similarity }(u,v)=\frac{u\cdot v}{\|u\|\,\|v\|}$$

其中 $u\cdot v$ 表示向量內積，$\|u\|$ 表示向量的歐氏長度。這個相似度的值介於 -1 和 1 之間，越接近 1 表示越相似。（有興趣讀者可參閱本系列叢書《R 語言在行銷科學應用》第五章。）

範例

在 $\boldsymbol{R}^2$ 空間裡，求出 $u=(4,2)$ 在 $v=(3,4)$ 上的正交投影（Orthogonal Projection）

所以，$\text{Proj}_v\ \mathbf{u}=\frac{u\cdot v}{v\cdot v}v=\frac{(4,2)\cdot(3,4)}{(3,4)\cdot(3,4)}(3,4)=\ \frac{20}{25}(3,4)=(\frac{12}{5}\ ,\ \frac{16}{5})$，如下圖所示

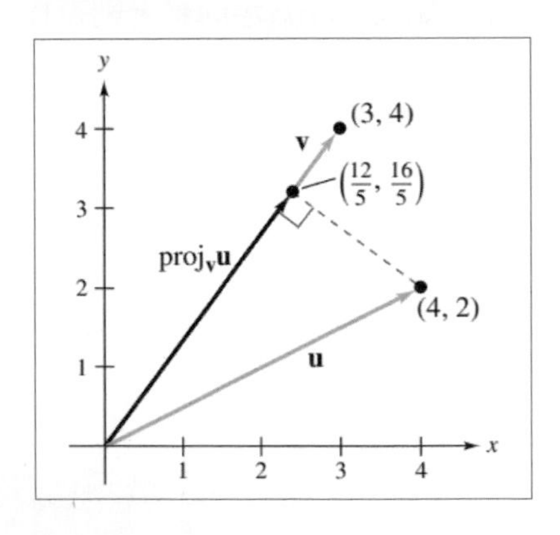

實例八　首先驗證向量的柯西不等式

$$u=\begin{bmatrix}2\\-3\\4\end{bmatrix},\ v=\begin{bmatrix}1\\-2\\-5\end{bmatrix}$$

$u \cdot v$=-12，$\|u\|=\sqrt{29}$，以及 $\|v\|=\sqrt{30}$

所以 $|u \cdot v|^2=144 \leq \sqrt{29}\,\sqrt{30}=870=(29)(30)=\|u\|^2 \cdot \|v\|^2$

取平方根，證實了這些向量的 Cauchy-Schwarz 不等式。

以手算求實例八，向量 $u=\begin{bmatrix}2\\-3\\4\end{bmatrix}$，$v=\begin{bmatrix}1\\-2\\-5\end{bmatrix}$ 之夾角。

$\|u\|=\sqrt{2^2+(-3)^2+4^2}=\sqrt{29}=5.385165$

$\|v\|=\sqrt{1^2+(-2)^2+(-5)^2}=\sqrt{30}=5.47722$

且內積 $u \cdot v=2(1)+(-3)(-2)+(4)(-5)=-12$

u 與 v 夾角的餘弦為 $\frac{u \cdot v}{\|u\|\|v\|} = \frac{-12}{\sqrt{29}\sqrt{30}}$ =-0.40683；因此 θ=114.0064°，夾角落在第二象限。

R 軟體的應用

立體（三度）空間上的兩個向量，依據前述內積定義，此二向量的內積為一純量（scalar），如下程式中變數 uv，其絕對值與二向量的長度乘積 nu*nv 的比較，**即驗證柯西不等式**，程式中可用 as.numeric 或 as.vector 將 %*% 運算子所傳回的矩陣物件轉為原生數字物件。

```
u<-c(2,-3,4)                        # u 向量
v<-c(1,-2,-5)                       # v 向量
print(uv<-as.numeric(u%*%v))        # u,v 兩個向量的內積
print(nu<-sqrt(sum(u^2)))           # u 向量的長 (norm)
print(nv<-sqrt(sum(v^2)))           # v 向量的長 (norm)
print(abs(uv)<=nu*nv)               # 驗證柯西不等式： 其內積的絕對值≤向量長度的積
```

```
> print(uv<-as.numeric(u%*%v))  # u,v 兩個向量的內積
[1] -12
> print(nu<-sqrt(sum(u^2)))     # u 向量的長(norm)
[1] 5.385165
> print(nv<-sqrt(sum(v^2)))     # v 向量的長(norm)
[1] 5.477226
> print(abs(uv)<=nu*nv)  # 驗證柯西不等式: 其內積的絕對值≤向量長度的積
[1] TRUE
```

圖 3-27　向量內積絕對值與其長度乘積驗證柯西不等式

再從前述夾角餘弦定義，如下計算並印證二向量內積與夾角關係，吾人可從幾何上解釋為：

印證二向量的內積 = 其中一向量在另一向量上的**投影**長度與此另一向量長度的乘積，如下程式：(圖 3-28)

```
print(COS<-uv/(nu*nv))          # u、v 兩向量夾角餘弦值
print(uv==nu*COS*nv)            # 二向量內積與夾角的關係
print(acos(COS)/pi*180)         # 以度表示的夾角
```

```
> print(COS<-uv/(nu*nv))         # u、v兩向量夾角餘弦值
[1] -0.4068381
> print(uv==nu*COS*nv)           # 二向量內積與夾角的關係
[1] TRUE
> print(acos(COS)/pi*180)        # 以度表示的夾角
[1] 114.0064
```

圖 3-28　u、v 二向量內積與夾角餘弦的關係

再如下，u 向量在 v 上的分量（component），如圖 3-29，可由下列計算公式得之：

```
print(as.vector(uv)/sum(v^2)*v) # u 在 v 向量上投影的向量（分量）
```

```
> print(as.vector(uv)/sum(v^2)*v) # u在v向量上投影的向量(分量)
[1] -0.4  0.8  2.0
```

圖 3-29　u 在 v 上的投影分量

實例九　**在 R^5 中，設 u=(-1,2,0,1,3)，v=(2,1,3,1,1)，驗證 Cauchy-Schwarz 不等式成立，並求 u 與 v 夾角的餘弦。**(3)

在 R^5 中，設 $u=(-1, 2, 0, 1, 3)$，$v=(2, 1, 3, 1, 1)$

則 $\|u\|=\sqrt{(-1)^2+2^2+0^2+1^2+3^2}=\sqrt{15}$

$\|v\|=\sqrt{2^2+1^2+3^2+1^2+1^2}=4$

$u\cdot v=(-1)\cdot 2+2\cdot 1+0\cdot 3+1\cdot 1+3\cdot 1=4$

將上列數值帶入 Cauchy-Schwarz 不等式

因 $4 \leq \sqrt{15} \cdot 4 \rightarrow |uv| \leq \|u\| \, \|v\|$

故 Cauchy-Schwarz 不等式成立。

又 u 與 v 夾角的餘弦為

$$\cos\theta = \frac{u \cdot v}{\|u\|\|v\|} = \frac{4}{\sqrt{15} \cdot 4} = \frac{1}{\sqrt{15}}$$

因此 $\theta = \cos^{-1}\frac{1}{\sqrt{15}} = 0.4169\pi$ 。落在第一象限。

R 軟體的應用

本實例為五維空間的向量，有別於 [實例八] 三維空間，雖具抽象之幾何意義，其定義相同，計算亦相同如下：(圖 3-30)

```
u<-c(-1,2,0,1,3); v<-c(2,1,3,1,1)        # u、v 向量
(uv<-u%*%v)                               # u,v 兩個向量的內積
(lu<-norm(u,'2'))                         # u 向量的長 (norm)
(lv<-norm(v,'2'))                         # v 向量的長 (norm)
(abs(uv)<=lu*lv)                          # 驗證柯西不等式
(COS<-(uv)/(lu*lv))                       # u、v 兩向量夾角餘弦
paste0(arcCOS<- acos(COS)/pi,'π')         # 夾角弧度或弳度 (radian)
```

```
> (uv<-u%*%v)                             # u,v 兩個向量的內積
     [,1]
[1,]    4
> (lu<-norm(u,'2'))                       # u 向量的長(norm)
[1] 3.872983
> (lv<-norm(v,'2'))                       # v 向量的長(norm)
[1] 4
> (abs(uv)<=lu*lv)                        # 驗證柯西不等式
     [,1]
[1,] TRUE
> (COS<-(uv)/(lu*lv))                     # u、v兩向量夾角餘弦
          [,1]
[1,] 0.2581989
> paste0(arcCOS<- acos(COS)/pi,'π')   # 夾角弧度或弳度(radian)
[1] "0.416871014259405π"
```

圖 3-30　驗證柯西不等式，二向量夾角弳度

同 [實例八] 內積意義的說明，吾人以下列程式印證，需注意 R 的內積計算子 %*% 傳回一矩陣，即向量內積以 %*% 計算傳回的結果為 1×1 的矩陣如上圖 3-30，比較時不論以 == 比較子或 identical、all.equal 函式將對矩陣全部元素（elements）做比較，此其一，另外數字本身亦有顯示於畫面與實際數字在計算機記憶中精度的微小差異，下列程式前兩種比較精度為最後一種 all.equal 函式的平方倍，故顯示比較結果為不相同，實則可視為相等：

```
.Machine$double.eps                # identical 與 == 精度要求
(uv==lu*COS*lv)                    # 二向量內積與夾角的關係
identical(uv,lu*COS*lv)            # 二向量內積與夾角的關係
(.Machine$double.eps^0.5)          # all.equal 精度要求
all.equal(uv,lu*COS*lv)            # 二向量內積與夾角的關係
```

```
> .Machine$double.eps          # identical 與 == 精度要求
[1] 2.220446e-16
> (uv==lu*COS*lv)              # 二向量內積與夾角的關係
      [,1]
[1,] FALSE
> identical(uv, lu*COS*lv)     # 二向量內積與夾角的關係
[1] FALSE
> (.Machine$double.eps^0.5)    # all.equal 精度要求
[1] 1.490116e-08
> all.equal(uv, lu*COS*lv)     # 二向量內積與夾角的關係
[1] TRUE
```

圖 3-31　u、v 二向量內積與夾角餘弦的關係

以下定義兩個向量是**正交**（orthogonal）或**平行**（parallel）：

設若 u、v 為 R^n 中的兩個向量，

若 $u \cdot v=0$，則稱 u 與 v **正交**（orthogonal）。

若 $|u \cdot v|=\|u\|\,\|v\|$，則稱 u 與 v **平行**（parallel）。

由前面提到的餘弦函數定義函數值為 $\cos\theta=\dfrac{u \cdot v}{\|u\|\,\|v\|}$，$0\leq\theta\leq\pi$

知，u 與 v 正交，即 $cos\ \theta=0$ 或 u 與 v 的夾角為 $\frac{\pi}{2}$。又 u 與 v 平行且同向時，$cos\ \theta=1$，若 u 與 v 平行但反向時，則 $cos\ \theta=-1$。

正交向量的用途在於它們能夠提供一種有效的表示方式，使得複雜的向量可以被分解為相對簡單的部分。這種分解在許多科學和工程領域中都非常有用，例如圖形學和物理學。在統計分析中，可簡化資料的分析，減少變數之間的相互關聯性，使得管理者能夠更清晰地理解和解釋資料。

平行向量的概念在線性代數中被廣泛應用。兩個平行向量之間存在一個比例關係，這種比例通常被稱為向量的倍數。這對於解決線性方程組、描述方向和量化相似性都非常有用。在統計分析中，主成分的方向是平行的，則它們可能涵蓋相似的信息，可以合併為更少的維度。

正交子空間的定義 (4)：

兩個 R^n 子空間 S_1、S_2，當所有在 S_1 的向量 u 與在 S_2 的向量 v 其內積 $u \cdot v=0$，則稱 S_1、S_2 互為正交子空間。

實例十　向量 $u=(3, 2, -1, 4)$，$v=(1, -1, 1, 0)$ 是否正交？ (4)

依定義，若為正交，則此二向量的內積應為 0，

$u \cdot v=(3)(1)+(2)(-1)+(-1)(1)+(4)(0)=0$

因此 u 與 v 正交。

R 軟體的應用

向量內積如下 sum 函式將兩向量依相同維度順序，相乘後相加傳回純數，亦可使用矩陣的內積運算子 %*% 傳回矩陣內積結果，均為 0，顯示兩向量正交：（圖 3-32）。

```
u<-c(3,2,-1,4)          # u 向量
v<-c(1,-1,1,0)          # v 向量
sum(u*v)                # u 與 v 內積 ( 傳回純數 )
u%*%v                   # u 與 v 內積 ( 傳回矩陣 )
```

```
> sum(u*v)              # u 與 v內積(傳回純數)
[1] 0
> u%*%v                 # u 與 v內積(傳回矩陣)
     [,1]
[1,]    0
```

圖 3-32　兩向量正交，內積 =0

實例十一　**三個 R^3 的向量分別為 $u=(1,0,1)$，$v=(1,1,0)$ 及 $w=(-1,1,1)$，子空間 $S_1=\text{span}\{u,v\}$，$S_2=\text{span}\{w\}$，S_1 及 S_2 是否互為正交子空間？** (4)

依正交子空間的定義：

$u \cdot w=1\cdot(-1)+0\cdot1+1\cdot1=0$

$v \cdot w=1\cdot(-1)+1\cdot1+0\cdot1=0$

故 S_1 及 S_2 互為正交子空間。

或以轉置矩陣表達，

$$[\mathrm{u},\mathrm{v}]^T\cdot\mathrm{w}=\begin{bmatrix}1&0&1\\1&1&0\end{bmatrix}\begin{bmatrix}-1\\1\\1\end{bmatrix}=\begin{bmatrix}1\cdot(-1)+0\cdot1+1\cdot1\\1\cdot(-1)+1\cdot1+0\cdot1\end{bmatrix}=\begin{bmatrix}0\\0\end{bmatrix}$$

R 軟體的應用

```
u<-c(1,0,1)             # u 向量
v<-c(1,1,0)             # v 向量
w<-c(-1,1,1)            # w 向量
(S1<-cbind(u,v))        # S1 子空間
(S2<-cbind(w))          # S2 子空間
(t(S1)%*%S2)            # 驗證子空間為正交
```

```
> (S1<-cbind(u,v))        # S1子空間
     u v
[1,] 1 1
[2,] 0 1
[3,] 1 0
> (S2<-cbind(w))          # S2子空間
      w
[1,] -1
[2,]  1
[3,]  1
> (t(S1)%*%S2)            # 驗證子空間為正交
  w
u 0
v 0
```

圖 3-33　S_1 及 S_2 互為正交子空間

向量空間正交與向量投影概念，常用在解決線性迴歸中最小平方問題（參閱本書第 1 章 The Method of Least Squares）上。在統計學和機器學習中常被應用於降低資料的維度，同時保留重要的訊息，以減少模型的複雜性。例如在迴歸分析中，將原始變數轉換為正交的變數，這有助於解決共線性問題，提高模型的穩定性。

當解一個線性方程組時，這個方程組有可能沒有解。如果在消去過程中，得到的是除了最後一項外，全為 0 的一行，則無須繼續該過程。簡單地得出系統無解或矛盾（inconsistent）的結論。線性問題出現矛盾方程組（inconsistent system of equations）時，如下 [實例十二]，欲解如下線性系統：

$c_0+2\cdot c_1=2.1$

$c_0+4\cdot c_1=1.6$

$c_0+6\cdot c_1=1.4$

$c_0+8\cdot c_1=1.0$

擴增矩陣：使用高斯消去法

$$\left[\left(\begin{array}{cc|c} 1 & 2 & 2.1 \\ 1 & 4 & 1.6 \\ 1 & 6 & 1.4 \\ 1 & 8 & 1.0 \end{array}\right)\right]$$

$$
=\left[\begin{pmatrix} 1 & 2 & \Big| & 2.1 \\ 0 & 2 & \Big| & -0.5 \\ 0 & 4 & \Big| & -0.7 \\ 0 & 6 & \Big| & -1.1 \end{pmatrix}\right] \quad \begin{matrix} \\ (-1)R_1+R_2\to R_2 \\ (-1)R_1+R_3\to R_3 \\ (-1)R_1+R_4\to R_4 \end{matrix}
$$

$$
=\left[\begin{pmatrix} 1 & 0 & \Big| & 2.6 \\ 0 & 2 & \Big| & -0.5 \\ 0 & 0 & \Big| & 0.3 \\ 0 & 0 & \Big| & 0.4 \end{pmatrix}\right] \quad \begin{matrix} (-1)R_2+R_1\to R_1 \\ \\ (-2)R_2+R_3\to R_3 \\ (-3)R_2+R_4\to R_4 \end{matrix}
$$

由最後兩列出現 $0\cdot c_0+0\cdot c_1=0.3$ 等號雙邊矛盾（無解），以及 $0\cdot c_0+0\cdot c_1=0.4$ 等號雙邊矛盾（無解）的結果，$A\cdot x=b$ 此線性系統無解，顯然 b 並不在 A 所在的子空間 S 上（如下圖 3-34），因此需要找出最佳近似解（best fit solution），亦即取得之解使得殘差（residual）$\|b-Ax\|$ 最小，從下圖 3-34 中 S 為一 R^2 的子空間 $S=\{(1,2),(1,4),(1,6),(1,8)\}$，向量 $b=(2.1,\ 1.6,\ 1.4,\ 1.0)$ 不屬於 S 子空間，**否則方程組 $Ax=b$ 將會有解（consistent）**。向量 b 與 S 之間有 θ 值的夾角，Ax 為 b 在 S 子空間上之投影，b 與 S 上的 Ax 之間最短的距離，即垂直虛線的 b-Ax，b-Ax 亦與 S 子空間任一向量正交，x 即為最佳近似解，$\|b-Ax\|$ 即為其殘差。

因 $b-Ax$ 所在的子空間與 A 中各行向量（column vector）所在的子空間 S 互為正交，所以如上 [實例十一] 說明，轉置矩陣 A^T 與 $b-Ax$ 的內積為 0，得下式，[實例十二] 將使用此式解線性迴歸問題：

$A^T\cdot(b-A\cdot x)=0$ ➔ $A^T\cdot A\cdot x=A^T\cdot b$

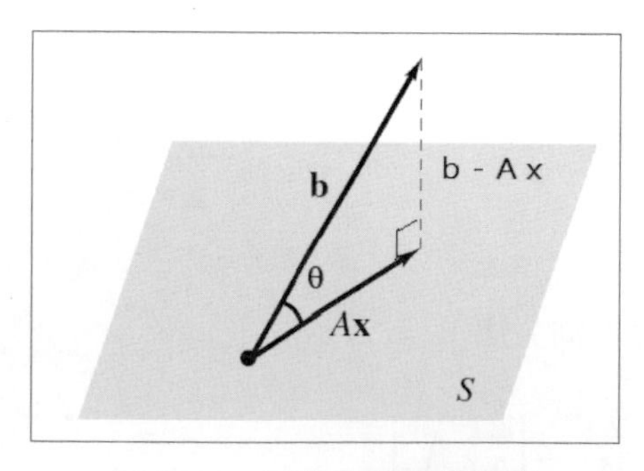

圖 3-34　正交子空間與投影

實例十二 **下表為某藥物隨著時間的經過，在人體中殘留的濃度變化，1. 使用最小平方法找出其迴歸線，2. 估計在第 5 小時時的濃度。**(4)

表 3-1 某藥物的體內濃度與經過時間的變化

經過時間（小時）	藥物濃度（ppm）
2	2.1
4	1.6
6	1.4
8	1.0

R 軟體的應用

利用 R 軟體的 solve 函式解上述之公式 $A^T \cdot A \cdot x = A^T \cdot b$ 之 x，如下程式，得出最佳近似解係數（截距、斜率），並估計第 5 小時的藥物濃度，以及殘差（誤差）平方和：（圖 3-36、圖 3-37、圖 3-38）

```
library(pracma)
x<-c(2,4,6,8)                                  # 經過小時
y<-c(2.1,1.6,1.4,1.0)                          # 藥物濃度 ppm
(A<-cbind(x0=rep(1,4),x1=x))                   # 線性方程組的 A 矩陣
(c<-as.vector(solve(t(A)%*%A,t(A)%*%y)))       # 解最近似解（迴歸線各係數）
(x5<-c[1]+c[2]*5)                              # 估計第 5 小時的藥物濃度
sum((y-A%*%c)^2)                               # 殘差平方和
```

```
> (A<-cbind(x0=rep(1,4),x1=x))                 # 線性方程組的A矩陣
     x0 x1
[1,]  1  2
[2,]  1  4
[3,]  1  6
[4,]  1  8
```

圖 3-35 常數項 x0 及時間變數（一次式）x1

```
> (c<-as.vector(solve(t(A)%*%A,t(A)%*%y))) # 解最近似解(迴歸線各係數)
[1]  2.400 -0.175
```

圖 3-36　最近似解，截距 =2.4、斜率 =-0.175

```
> (x5<-c[1]+c[2]*5)                    # 估計第5小時的藥物濃度
[1] 1.525
```

圖 3-37　估計第 5 小時的藥物濃度

```
> sum((y-A%*%c)^2)                     # 殘差平方和
[1] 0.015
```

圖 3-38　殘差（誤差）平方和

下列程式繪出含第 5 小時估計值的體內藥物濃度與時間變化迴歸線：（圖 3-39）

```
z <- c[1]+c[2]*x                 # 迴歸線對應經過時間的藥物濃度
plot(x, z, type='l')             # 繪出迴歸線
points(c(x,5),c(y,x5))           # 繪出迴歸線第 5 小時的藥物濃度以及其他時間的濃度
```

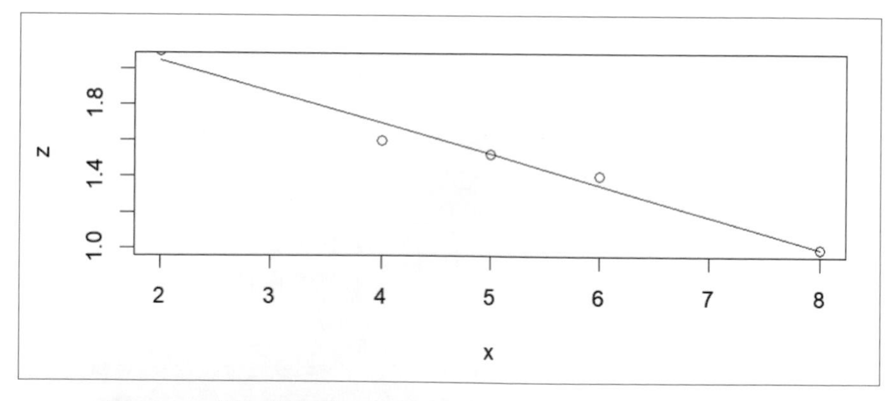

圖 3-39　體內藥物濃度與時間變化迴歸線，含第 5 小時估計值

若將 A 矩陣增加係數數量如下程式，可得完全擬合的迴歸線：

```
(A<-cbind(x0=rep(1,4),x1=x,x2=x^2,x3=x^3)) # 線性方程組的 A 矩陣
(c<-as.vector(solve(t(A)%*%A,t(A)%*%y)))   # 解最近似解（迴歸線各係數）
sum((y-A%*%c)^2)                           # 殘差平方和
```

```
z <- c[1]+c[2]*x+c[3]*x^2+c[4]*x^3      # 迴歸線對應經過時間的藥物濃度
plot(x, z, type='l')                     # 繪出迴歸線
(x5<-c[1]+c[2]*5+c[3]*5^2+c[4]*5^3)     # 估計第 5 小時的藥物濃度
points(c(x,5),c(y,x5))# 繪出迴歸線第 5 小時的藥物濃度以及其他時間的濃度
```

```
> (A<-cbind(x0=rep(1,4),x1=x,x2=x^2,x3=x^3))  # 線性方程組的A矩陣
     x0 x1 x2  x3
[1,]  1  2  4   8
[2,]  1  4 16  64
[3,]  1  6 36 216
[4,]  1  8 64 512
> (c<-as.vector(solve(t(A)%*%A,t(A)%*%y))) # 解最近似解(迴歸線各係數)
[1]  3.40000000 -0.93333333  0.16250000 -0.01041667
> sum((y-A%*%c)^2)                          # 殘差平方和
[1] 3.120537e-27
```

圖 3-40　完全擬合，殘差在忽略計算精度下 =0

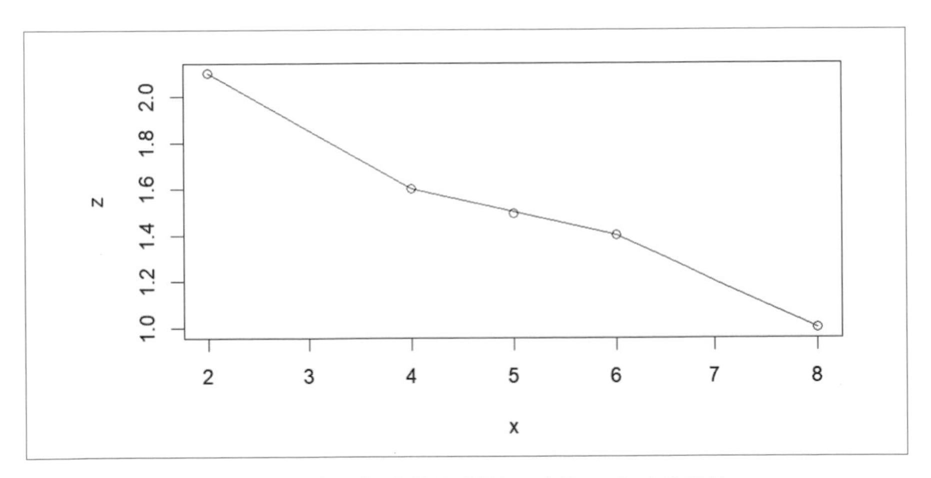

圖 3-41　完全擬合的迴歸線，含第 5 小時估計值

3-3 線性轉換（Linear transformation）

向量空間之間的函數對應關係，最重要的就是線性轉換。吾人在中學時期學習了幾種常見的線性變換，包括投影、旋轉、擴張與收縮等，都有一個對應的矩陣來描述這些動作。即一種線性變換可對應一矩陣。這在線性代數中是非常重要

觀念。例如，在 XY 平面上若要將一向量旋轉一個角度，可以將此向量乘上一個**旋轉矩陣（rotation matrix）**$A=\begin{bmatrix}\cos\theta & -\sin\theta\\ \sin\theta & \cos\theta\end{bmatrix}$，所以矩陣乘法本身即為**作變換**的意思。

在線性代數中，旋轉矩陣是用於在歐幾里德空間中執行旋轉的變換矩陣。它具有將平面上的每個向量逆時針繞著原點旋轉一個角度 θ 的特性。

線性轉換有如下定義：

設 V、W 為兩個向量空間，若函數 $T:V\to W$ 滿足：

(1) $\mathrm{T}(\mathbf{u}+\mathbf{v})=\mathrm{T}(\mathbf{u})+\mathrm{T}(\mathbf{v})$，若 $\mathbf{u}$，$\mathbf{v}\in \mathrm{V}$。

(2) $\mathrm{T}(\mathrm{c}\mathbf{u})=\mathrm{cT}(\mathbf{u})$，$\mathbf{u}\in\mathrm{V}$，c 為實數。

則稱 T 為從 V 映至 W 的線性轉換。

線性轉換的幾個性質：

(1) 若 T：$\boldsymbol{R}^3\to\boldsymbol{R}^3$ 為

$\mathbf{T}(\begin{bmatrix}\mathrm{u}\\ \mathrm{v}\\ \mathrm{w}\end{bmatrix})=\begin{bmatrix}\mathrm{ru}\\ \mathrm{rv}\\ \mathrm{rw}\end{bmatrix}$，r 為一固定實數

則 T 為一線性轉換。

若 $r>1$，吾人稱 T 為擴張轉換（dilation）。

若 $0<\mathrm{r}<1$，吾人稱 T 為收縮轉換（contraction）。

(2) 設 A 為一 $m\times n$ 矩陣。若定義 $\boldsymbol{T}$：$\boldsymbol{R}^n\to\boldsymbol{R}^m$ 為

$\mathrm{T}(\mathbf{v})=\mathrm{Av}$，$\mathrm{v}\in\boldsymbol{R}^n$

則 T 為一線性轉換。

旋轉矩陣的應用，舉例說明如下：

一向量$\begin{bmatrix}3\\4\end{bmatrix}$旋轉 30 度，吾人可計算 $A_{30^\circ}\begin{bmatrix}3\\4\end{bmatrix}$；亦即

$$\begin{bmatrix}\cos 30^0 & -\sin 30^0\\ \sin 30^0 & \cos 30^0\end{bmatrix}\begin{bmatrix}3\\4\end{bmatrix}=\begin{bmatrix}\frac{\sqrt{3}}{2} & -\frac{1}{2}\\ \frac{1}{2} & \frac{\sqrt{3}}{2}\end{bmatrix}\begin{bmatrix}3\\4\end{bmatrix}=\begin{bmatrix}\frac{3\sqrt{3}}{2}-\frac{4}{2}\\ \frac{3}{2}+\frac{4\sqrt{3}}{2}\end{bmatrix}=\frac{1}{2}\begin{bmatrix}3\sqrt{3}-4\\ 3+4\sqrt{3}\end{bmatrix}$$

因此，當向量$\begin{bmatrix}3\\4\end{bmatrix}$旋轉 30 度時，所求得向量為 $\frac{1}{2}\begin{bmatrix}3\sqrt{3}-4\\ 3+4\sqrt{3}\end{bmatrix}$。

線性轉（變）換如上述定義，是一個作用在向量上的函數 T，藉由這定義的函數使得被作用的向量轉換（變換）至另一個不同的向量空間來觀察：

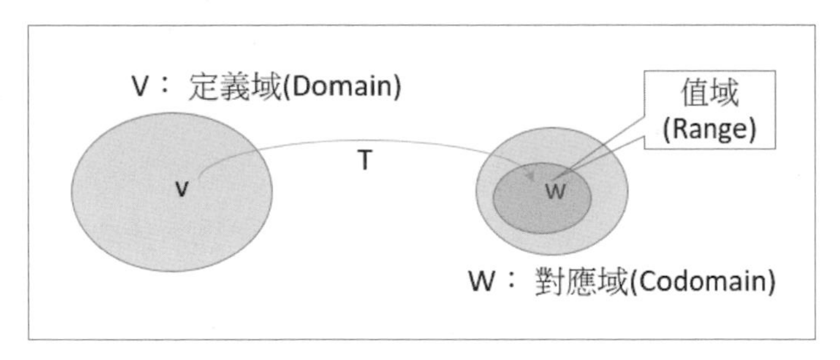

圖 3-42　線性轉換的向量與空間 (4)

上圖 3-42 中在原空間 V 裡的向量 v 為原像（preimage），w 則為經轉換至另一所在對應空間 W 裡的向量或稱為像（image）。

實例十三　定義對一個向量 $v=(v_1,v_2)$ 的線性轉換 $T(v_1,v_2)=(v_1-v_2,v_1+2v_2)$ 是二維空間 $T：R^2\rightarrow R^2$ 的線性轉換，則

1. 求 v=(-1,2) 的像 w ？
2. 求 v=(0,0) 的像 w ？
3. 當 w=(-1,11) 時，其原像 v ？ (4)

手算：（將原像向量帶入函數）

1. $w=T(v)=T(-1,2)=(-1-2, -1+2*2)=(-3,3)$
2. $w=T(v)=T(0,0)=(0-0, 0+2*0)=(0,0)$
3. $w=T(v)=T(v_1-v_2,v_1+2v_2)=(-1,11)$ 解

   $v_1-v_2=-1$ ， $v_1+2v_2=11$

   得 $v_1=3$, $v_2=4$ ，因此，$v=(3,4)$。

R 軟體的應用

首先，依題意的線性轉換 T 定義一函式，帶入向量（原像）各分量（components）為引數，並傳回計算結果向量（像）；接著再定義一函式為反向操作，將已知的向量（像）各分量為引數，並傳回計算結果向量（原像）：（圖 3-43）

```
T<-function(v1,v2){                  # 自訂一函式用以計算線性轉換 T
  return (c(v1-v2,v1+2*v2))
}
iT<-function(w1,w2){                 # 自訂一函式用以計算線性轉換 T 之原像
  (A<-rbind(c(1,-1),c(1,2)))         # 轉換矩陣 A
  return (solve(A,c(w1,w2)))         # 解原像 v
}
T(-1,2)                              # 原像 (-1,2) 向量經轉換後的像
T(0,0)                               # 原像 (0,0) 向量經轉換後的像
iT(-1,11)                            # 已知像 w 求原像 v
```

```
> T(-1,2)                   # 原像(-1,2)向量經轉換後的像
[1] -3  3
> T(0,0)                    # 原像(0,0)向量經轉換後的像
[1] 0 0
> iT(-1,11)                 # 已知像w求原像v
[1] 3 4
```

圖 3-43　線性轉換的像、已知的像找原像

上述程式需注意其中轉換矩陣 A 的構成係使用 R 的 rbind 函式，需知轉換矩陣是代表 T 對向量的函數作用，可視為 T(v)=Av，其中，v 為被作用的向量，後續實例亦常以 Av 代替 T(v)，R 的 solve 函式則是依據 R 官方文件或線上求助（在 RStudio 的 console 輸入？ solve），以已知的 b 求解未知的 x，這裡 Ax=b。

實例十四 $T：R^3 \rightarrow R^3$ 的線性轉換 $T(x_1,x_2,x_3)=(2x_1+x_2-x_3, -x_1+3x_2-2x_3, 3x_2+4x_3)$(4)

1. 求 T(1,0,0)、T(0,1,0)、T(0,0,1) 的像？
2. 以轉換矩陣表示此線性轉換？

手算：（將原像向量帶入函數）

e_1、e_2、e_3 分別表示 R^3 向量空間之標準基底，

$T(1,0,0)=T(e_1)=(2,-1,0)$

$T(0,1,0)=T(e_2)=(1,3,3)$

$T(0,0,1)=T(e_3)=(-1,-2,4)$

設向量 $x=(x_1, x_2, x_3)$，則

$$T(x) = Ax = \begin{bmatrix} 2 & 1 & -1 \\ -1 & 3 & -2 \\ 0 & 3 & 4 \end{bmatrix}\begin{bmatrix} x_1 \\ x_2 \\ x_3 \end{bmatrix} = [T(e_1), T(e_2), T(e_3)] \begin{bmatrix} x_1 \\ x_2 \\ x_3 \end{bmatrix}$$

$$A=[T(e_1), T(e_2), T(e_3)] = \begin{bmatrix} 2 & 1 & -1 \\ -1 & 3 & -2 \\ 0 & 3 & 4 \end{bmatrix}$$

線性轉換的矩陣表示法，即是先將標準基底轉換後的行向量所構成的轉換距陣與該向量的乘積，此轉換矩陣建構在標準基底下稱為**標準**線性轉換矩陣（Standard Matrix for Linear Transformation）。

R 軟體的應用

```
T<-function(x1,x2,x3){                  # 自訂一函式用以計算線性轉換 T
  return (c(2*x1+x2-x3, -x1+3*x2-2*x3, 3*x2+4*x3))
}
(Te1<-T(1,0,0))                         # 標準基底 e1 線性轉換
(Te2<-T(0,1,0))                         # 標準基底 e2 線性轉換
(Te3<-T(0,0,1))                         # 標準基底 e3 線性轉換
(A<-cbind(Te1,Te2,Te3))                 # 轉換矩陣
```

```
> (Te1<-T(1,0,0))                  # 標準基底線性轉換
[1]  2 -1  0
> (Te2<-T(0,1,0))                  # 標準基底線性轉換
[1] 1 3 3
> (Te3<-T(0,0,1))                  # 標準基底線性轉換
[1] -1 -2  4
```

圖 3-44　R^3 各個標準基底的線性轉換

```
> (A<-cbind(Te1,Te2,Te3))          # 轉換矩陣
     Te1 Te2 Te3
[1,]   2   1  -1
[2,]  -1   3  -2
[3,]   0   3   4
```

圖 3-45　對任何 R^3 向量 T 的轉換矩陣

```
x<-c(1,2,3)                    # 隨意設一向量 x
A%*%x                          # Ax 計算線性轉換的像
T(1,2,3)                       # T 函式帶入引數計算線性轉換的像
```

```
> A%*%x                                # Ax計算線性轉換的像
     [,1]
[1,]    1
[2,]   -1
[3,]   18
> T(1,2,3)                             # T函式帶入引數計算線性轉換的像
[1]  1 -1 18
```

圖 3-46　轉換矩陣與 T 函數的結果相同

實例十五 T：$R^3 \rightarrow R^2$ 的線性轉換 T(x,y,z)=(x-2y, 2x+y)，試找出標準線性轉換矩陣？

首先將標準基底向量帶入線性轉換函數 T，分別得到下列 $T(e_1)$~$T(e_3)$ 各向量，再將其構成轉換矩陣 A：設向量 v=(x, y, z)，則

手算

從找出標準基底 e_1、e_2、e_3 的像

$$T(e_1) = T\left(\begin{bmatrix}1\\0\\0\end{bmatrix}\right) = \begin{bmatrix}1\\2\end{bmatrix}$$

$$T(e_2) = T\left(\begin{bmatrix}0\\1\\0\end{bmatrix}\right) = \begin{bmatrix}-2\\1\end{bmatrix}$$

$$T(e_3) = T\left(\begin{bmatrix}0\\0\\1\end{bmatrix}\right) = \begin{bmatrix}0\\0\end{bmatrix}$$

A 的行向量包括 $T(e_1)$, $T(e_2)$ 以及 $T(e_3)$

亦即 $A = [\,T(e_1), T(e_2), T(e_3)] = \begin{bmatrix}1 & -2 & 0\\2 & 1 & 0\end{bmatrix}$

依標準線性轉換矩陣性質，同 [實例十四]，

$$T(v) = Av = [T(e_1), T(e_2), T(e_3)] \begin{bmatrix}x\\y\\z\end{bmatrix} = \begin{bmatrix}1 & -2 & 0\\2 & 1 & 0\end{bmatrix}\begin{bmatrix}x\\y\\z\end{bmatrix}$$

也可以，直接將 T 函數的 x、y、z 係數構成 A 的列向量更為簡便：

$$A = \begin{bmatrix}1 & -2 & 0\\2 & 1 & 0\end{bmatrix} \begin{matrix}\leftarrow 1x - 2y + 0z\\ \leftarrow 2x + 1y + 0z\end{matrix}$$

R 軟體的應用

首先，自訂一線性轉換函式 T 將 R^3 向量依線性轉換計算式轉換成 R^2 向量，再依序將 R^3 標準基底分別透過 T 函式換成 R^2 向量，最後依此轉換的 R^2 向量構成線性轉換矩陣 A：

```
T<-function(v){                        # 自訂一函式用以計算線性轉換 T
  return (c(v[1]-2*v[2],2*v[1]+v[2]))
}
(Te1<-T(c(1,0,0)))                     # 標準基底 e1 線性轉換
(Te2<-T(c(0,1,0)))                     # 標準基底 e2 線性轉換
(Te3<-T(c(0,0,1)))                     # 標準基底 e3 線性轉換
(A<-cbind(Te1,Te2,Te3))                # R3 到 R2 的標準線性轉換矩陣
```

```
> (Te1<-T(c(1,0,0)))          # 標準基底線性轉換
[1] 1 2
> (Te2<-T(c(0,1,0)))          # 標準基底線性轉換
[1] -2  1
> (Te3<-T(c(0,0,1)))          # 標準基底線性轉換
[1] 0 0
> (A<-cbind(Te1,Te2,Te3))    # R3到R2的標準線性轉換矩陣
     Te1 Te2 Te3
[1,]   1  -2   0
[2,]   2   1   0
```

圖 3-47　R^3 到 R^2 的 T 線性轉換矩陣

前述線性轉換實例均同為標準基底的定義域與對應域，一般的線性轉換問題則必須考慮任何的基底（包括非標準基底），如下實例。

實例十六　$T：R^2 \to R^2$ 的線性轉換 $T(x_1, x_2)=(x_1+x_2, 2x_1-x_2)$，定義域的基底 $B=\{b_1,b_2\}=\{(1,2),(-1,1)\}$，對應域的基底為 $C=\{c_1,c_2\}=\{(1,0),(1,1)\}$ 試找出轉移矩陣（transition matrix）？

首先，利用本章第 2 節座座標向量相對於基底的公式 (3.2.1)，本題即是問，對於任一在定義域基於基底 B 的原像向量 v 經線性轉換後的像，基於基底 C 的轉移矩陣 A 為何，即 $[T(v)]_c=A[v]_B$，有別於前述實例的線性轉換 T(v)=Av 均為基於標準基底的定義域及對應域，本實例則是定義域及對應域的基底皆非標準基底。

手算

任一在定義域的原像向量 $v=B[v]_B$，經過線性轉換 T 對應的像 $w=T(v)=A_1v$，則 $w=C[T(v)]_c=A_1\ B[v]_B$，這裡的 A_1 為標準線性轉換矩陣，由此，$w=C[w]_c$，得 $[w]_c=C^{-1}w=C^{-1}\ T(v)$。

吾人可將 v 置換為定義域的基底 B 的任一向量 b 亦適用，而且使用基底的線性轉換可構成轉移矩陣（參閱 [實例十五]）：

$T(b_1)=((1+2),(2*1-2))=(3,0)$

$T(b_2)=((-1+1),(2*(-1)-1))=(0,-3)$

得 $T(b)=\begin{bmatrix}3 & 0\\0 & -3\end{bmatrix}$，再以擴增矩陣 $[(C^{-1}C \mid C^{-1}\ T(b))]=[(I \mid C^{-1}\ T(b))]$ 求 $C^{-1}\ T(b)$，解得如下：

$$[C,T(b)]=\left[\begin{pmatrix}1 & 1\\0 & 1\end{pmatrix}\middle|\begin{matrix}3 & 0\\0 & -3\end{matrix}\right]$$

$$=\left[\begin{pmatrix}1 & 0\\0 & 1\end{pmatrix}\middle|\begin{matrix}3 & 3\\0 & -3\end{matrix}\right] \qquad (-1)R2+R1\rightarrow R1$$

$A=\begin{bmatrix}3 & 3\\0 & -3\end{bmatrix}$ 為 B 基底空間的原像向量轉移至 C 基底空間的轉移矩陣。

R 軟體的應用

從上述 $w=C[T(v)]_c=A_1\ B[v]_B$，亦可推得 $[T(v)]_c=C^{-1}\ A_1\ B[v]_B$，亦即 $A=C^{-1}\ A_1\ B$ 為本題解，如下程式，需注意比照 [實例十五] 以 rbind 函式將係數直接構成標準轉換矩陣 A1：（圖 3-48）

```
(B<-cbind(b1=c(1,2),b2=c(-1,1)))          # V 向量子空間的基底
(A1<-rbind(x1=c(1,1),x2=c(2,-1)))         # 標準轉換矩陣
(C<-cbind(c1=c(1,0),c2=c(1,1)))           # W 向量子空間的基底
solve(C)%*%(A1%*%B)                       # 非標準基底 V 至 W 的轉移矩陣
```

```
> (B<-cbind(b1=c(1,2),b2=c(-1,1)))    # V 向量子空間的基底
     b1 b2
[1,]  1 -1
[2,]  2  1
> (A1<-rbind(x1=c(1,1),x2=c(2,-1)))  # 標準轉換矩陣
   [,1] [,2]
x1    1    1
x2    2   -1
> (C<-cbind(c1=c(1,0),c2=c(1,1)))    # W 向量子空間的基底
     c1 c2
[1,]  1  1
[2,]  0  1
> solve(C)%*%(A1%*%B)                # 非標準基底V至W的轉換矩陣
   b1 b2
c1  3  3
c2  0 -3
```

圖 3-48　非標準基底 V 至 W 的轉移矩陣

當一個向量在同一個向量空間通過線性轉換 T：V→V 後，相對於不同的基底，其轉移矩陣也會不同，對於轉移矩陣的應用常用於判斷可否對角化（本節接下去的內容），以及獲取其特徵值和特徵向量（本章第 4 節），轉移矩陣關係如下圖 3-49：

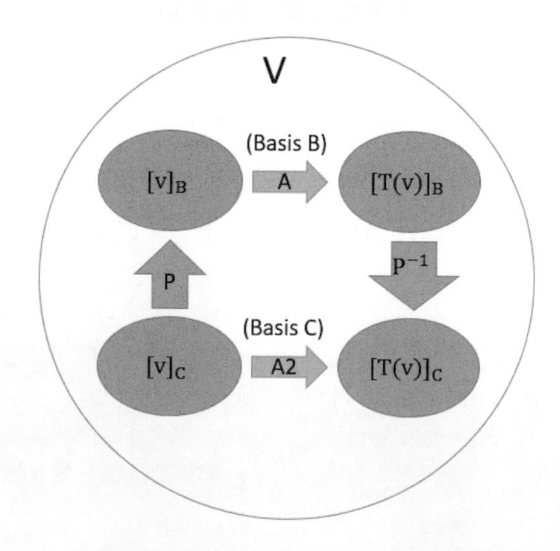

圖 3-49　相同基底的線性轉換與不同基底的轉移矩陣關係

線性轉換 T 對於 B 基底的轉換矩陣：A

線性轉換 T 對於 C 基底的轉換矩陣：A2

C 基底到 B 基底的轉移矩陣：P

B 基底到 C 基底的轉移矩陣：P^{-1}

若 P 為可逆矩陣則有 $A2=P^{-1}AP$ 的關係，而且稱 A2 與 A 互為相似矩陣。

上圖 3-49 中 $[v]_B=P[v]_C$，$[T(v)]_B=A[v]_B$，$[T(v)]_C=P^{-1}[T(v)]_B$，因此，$[T(v)]_C=P^{-1}AP[v]_C$

同樣，$[T(v)]_C=(A2)[v]_C$，

由此可得 $A2=P^{-1}AP$ 亦即 $A=P(A2)P^{-1}$ (3.3.1)

相似矩陣（similar matrices）的定義：

若一 n 階方陣 A 存在一可逆的矩陣 P，其逆（反）矩陣 P^{-1} 使得 $A'=P^{-1}AP$，則稱 A' 與 A 相似。

實例十七 **T：$R^2 \to R^2$ 的線性轉換 $T(x_1, x_2)$，基底 $C=\{c_1,c_2\}=\{(-1,2),(2,-2)\}$，基底 $B=\{b_1,b_2\}=\{(-3,2),(4,-2)\}$，設對於 B 基底的轉換矩陣 A**

$$A=\begin{bmatrix}-2 & 7\\ -3 & 7\end{bmatrix}$$

1. 求 A 在 C 基底的相似矩陣？
2. 設 v=(1,-4) 求圖 3-49 中未知各值，印證上述公式 (3.3.1) ？

手算

1. 求圖 3-49 中的 P 從公式 (3.2.2) 知 $P=B^{-1}C$（轉移矩陣從 C 到 B）

以擴增矩陣求解

$$[(B|C)] = [(B^{-1}B|B^{-1}C)] = [(I|P)] \rightarrow \left[\left(\begin{matrix} -3 & 4 \\ 2 & -2 \end{matrix}\middle|\begin{matrix} -1 & 2 \\ 2 & -2 \end{matrix}\right)\right]$$

$$= \left[\left(\begin{matrix} 1 & 0 \\ 2 & -2 \end{matrix}\middle|\begin{matrix} 3 & -2 \\ 2 & -2 \end{matrix}\right)\right] \qquad (2)R2 + R1 \rightarrow R1$$

$$= \left[\left(\begin{matrix} 1 & 0 \\ 0 & -2 \end{matrix}\middle|\begin{matrix} 3 & -2 \\ -4 & 2 \end{matrix}\right)\right] \qquad (-2)R1 + R2 \rightarrow R2$$

$$= \left[\left(\begin{matrix} 1 & 0 \\ 0 & 1 \end{matrix}\middle|\begin{matrix} 3 & -2 \\ 2 & -1 \end{matrix}\right)\right] \qquad (-1/2)R1 \rightarrow R1$$

求得 $P = \begin{bmatrix} 3 & -2 \\ 2 & -1 \end{bmatrix}$

接著求 P^{-1}，同樣以擴增矩陣求解

$$[(P|I)] = [(P^{-1}P|P^{-1}I)] = [(I|P^{-1})] = \left[\left(\begin{matrix} 3 & -2 \\ 2 & -1 \end{matrix}\middle|\begin{matrix} 1 & 0 \\ 0 & 1 \end{matrix}\right)\right]$$

$$== \left[\left(\begin{matrix} 1 & 0 \\ 0 & 1 \end{matrix}\middle|\begin{matrix} -1 & 2 \\ -2 & 3 \end{matrix}\right)\right]$$

求得 $P^{-1} = \begin{bmatrix} -1 & 2 \\ -2 & 3 \end{bmatrix}$

$$A2 = P^{-1}AP = \begin{bmatrix} -1 & 2 \\ -2 & 3 \end{bmatrix}\begin{bmatrix} -2 & 7 \\ -3 & 7 \end{bmatrix}\begin{bmatrix} 3 & -2 \\ 2 & -1 \end{bmatrix} = \begin{bmatrix} -1 & 2 \\ -2 & 3 \end{bmatrix}\begin{bmatrix} 8 & -3 \\ 5 & -1 \end{bmatrix}$$

$$= \begin{bmatrix} 2 & 1 \\ -1 & 3 \end{bmatrix}$$

A2 是 A 的相似矩陣，即存在一個 P 以及其逆矩陣 P^{-1} 使得 $A2 = P^{-1}AP$。

2. 求圖 3-49 中未知各值 ，v=(1,-4)

$$[v]_C = C^{-1}v \quad \rightarrow \quad \left[\left(\begin{matrix} -1 & 2 \\ 2 & -2 \end{matrix}\middle|\begin{matrix} 1 \\ -4 \end{matrix}\right)\right] = \left[\left(\begin{matrix} 1 & 0 \\ 0 & 1 \end{matrix}\middle|\begin{matrix} -3 \\ -1 \end{matrix}\right)\right] \rightarrow \ [v]_C = \begin{bmatrix} -3 \\ -1 \end{bmatrix}$$

$$[v]_B = P[v]_C = \begin{bmatrix} 3 & -2 \\ 2 & -1 \end{bmatrix}\begin{bmatrix} -3 \\ -1 \end{bmatrix} = \begin{bmatrix} -7 \\ -5 \end{bmatrix}$$

$$[T(v)]_B = A[v]_B = \begin{bmatrix} -2 & 7 \\ -3 & 7 \end{bmatrix}\begin{bmatrix} -7 \\ -5 \end{bmatrix} = \begin{bmatrix} -21 \\ -14 \end{bmatrix}$$

或 $\quad [T(v)]_B = B^{-1}T(v) \rightarrow \left[\left(\begin{matrix} -3 & 4 \\ 2 & -2 \end{matrix}\middle|\begin{matrix} 11 * 1 + (-4) \\ -10 * 1 + (-4) \end{matrix}\right)\right]$

$$= \left[\left(\begin{matrix} -3 & 4 \\ 2 & -2 \end{matrix}\middle|\begin{matrix} 11*1+(-4) \\ -10*1+(-4) \end{matrix}\right)\right]$$

$$= \left[\left(\begin{matrix} -3 & 4 \\ 2 & -2 \end{matrix}\middle|\begin{matrix} 7 \\ -14 \end{matrix}\right)\right] = \left[\left(\begin{matrix} 1 & 0 \\ 0 & 1 \end{matrix}\middle|\begin{matrix} -21 \\ -14 \end{matrix}\right)\right]$$

$$\rightarrow \quad [T(v)]_B = \begin{bmatrix} -21 \\ -14 \end{bmatrix}$$

$$[T(v)]_C = P^{-1}[T(v)]_B = \begin{bmatrix} -1 & 2 \\ -2 & 3 \end{bmatrix}\begin{bmatrix} -21 \\ -14 \end{bmatrix} = \begin{bmatrix} (-1)(-21) - 2*14 \\ (-2)(-21) - 3*14 \end{bmatrix}$$

$$= \begin{bmatrix} -7 \\ 0 \end{bmatrix}$$

或 $$[T(v)]_C = C^{-1}T(v) \rightarrow \left[\left(\begin{matrix} -1 & 2 \\ 2 & -2 \end{matrix}\middle|\begin{matrix} 7 \\ -14 \end{matrix}\right)\right]$$

$$= \left[\left(\begin{matrix} 1 & 0 \\ 0 & 1 \end{matrix}\middle|\begin{matrix} -7 \\ 0 \end{matrix}\right)\right] \rightarrow \quad [T(v)]_C = \begin{bmatrix} -7 \\ 0 \end{bmatrix}$$

$(A2)[v]_C = \begin{bmatrix} 2 & 1 \\ -1 & 3 \end{bmatrix}\begin{bmatrix} -3 \\ -1 \end{bmatrix} = \begin{bmatrix} -7 \\ 0 \end{bmatrix}$ 同上$[T(v)]_C$，印證了圖 3-49。

R 軟體的應用

首先，以 R 的 cbind 與 rbind 函式，將已知基底與本例的轉換矩陣 A 建立如下：(圖 3-50)

```
(B<-cbind(c(-3,2),c(4,-2)))          # B 基底
(C<-cbind(c(-1,2),c(2,-2)))          # C 基底
(A<-rbind(c(-2,7),c(-3,7)))          # T 對於 B 基底的轉換矩陣 A
```

```
> (B<-cbind(c(-3,2),c(4,-2)))          # B 基底
     [,1] [,2]
[1,]   -3    4
[2,]    2   -2
> (C<-cbind(c(-1,2),c(2,-2)))          # C 基底
     [,1] [,2]
[1,]   -1    2
[2,]    2   -2
> (A<-rbind(c(-2,7),c(-3,7)))          # T對於B基底的轉換矩陣A
     [,1] [,2]
[1,]   -2    7
[2,]   -3    7
```

圖 3-50　基底矩陣、轉換矩陣 A

依據基底轉移公式 3.2.2，$[v]_B=B^{-1}C[v]_C$ ，$P=B^{-1}C$，計算 P、P^{-1} 及 A 的相似矩陣 A2，如下：（圖 3-51）

```
(P<-solve(B)%*%C)              # C 基底變換到 B 基底的轉移矩陣 P
(iP<-solve(P))                 # P 的反矩陣 (B 基底到 C 基底的轉移矩陣)
(A2<-iP%*%A%*%P)               # T 對於 C 基底的轉換矩陣 A2(A 的相似矩陣)
```

```
> (P<-solve(B)%*%C)            # C基底變換到B基底的轉移矩陣P
     [,1] [,2]
[1,]    3   -2
[2,]    2   -1
> (iP<-solve(P))               # P的反矩陣(B 基底到C 基底的轉移矩陣)
     [,1] [,2]
[1,]   -1    2
[2,]   -2    3
> (A2<-iP%*%A%*%P)             # T對於C基底的轉換矩陣A2(A的相似矩陣)
     [,1] [,2]
[1,]    2    1
[2,]   -1    3
```

圖 3-51　A 的相似矩陣 A2

首先，建立 v 向量，接著依圖 3-49 順時鐘方向計算各未知各值：

$[v]_C=C^{-1}v$　　v 在 C 基底的座標向量（參閱公式 3.2.1）

$[v]_B=P[v]_C$　　v 經轉移矩陣在 B 基底的座標向量

$[T(v)]_B=A[v]_B$　　v 在 B 基底的座標向量經線性轉換的座標

$[T(v)]_C=P^{-1}[T(v)]_B$　　v 經過轉移矩陣及線性轉換矩陣在 C 基底的座標

驗證以 A2 轉換矩陣作用在以 C 為基底的座標向量 $[v]_C$ 即 $[T(v)]_C$，是否與上述的轉移與轉換過程 $P^{-1}AP[v]_C$ 相等：（圖 3-52）

```
(v<-c(1,-4))                   # v 在標準基底的座標向量
(vC<-solve(C)%*%v)             # v 在 C 基底的座標向量
(vB<-P%*%vC)                   # v 經轉移矩陣在 B 基底的座標向量
(TvB<-A%*%vB)                  # v 在 B 基底的座標向量經線性轉換的座標
(TvC<-solve(P)%*%TvB)          # v 經過轉移矩陣及線性轉換矩陣在 C 基底的座標
all.equal(TvC,A2%*%vC)         # 印證圖 3-49
```

```
> (v<-c(1,-4))                 # v 在標準基底的座標向量
[1]  1 -4
> (vC<-solve(C)%*%v)          # v 在C基底的座標向量
     [,1]
[1,]   -3
[2,]   -1
> (vB<-P%*%vC)                # v經轉移矩陣在B基底的座標向量
     [,1]
[1,]   -7
[2,]   -5
> (TvB<-A%*%vB)               # v在B基底的座標向量經線性轉換的座標
     [,1]
[1,]  -21
[2,]  -14
> (TvC<-solve(P)%*%TvB)       # v經過轉移矩陣及線性轉換矩陣在C基底的座標
              [,1]
[1,] -7.000000e+00
[2,]  1.421085e-14
> all.equal(TvC,A2%*%vC)      # 印證圖3-47
[1] TRUE
```

圖 3-52 印證 $[T(v)]_C=P^{-1}AP[v]_C$ 的過程

上述實例印證了 $(A2)[v]_C=[T(v)]_C=P^{-1}AP[v]_C$ 的過程，得出 A 的相似矩陣 A2，$A2=P^{-1}1\ AP$，同時也得出 $A=P(A2)P^{-1}$，若 A2 為一對角矩陣 D

使得 $A=PDP^{-1}$ (3.3.2)

則稱 D 的對角構成其特徵值、可逆的矩陣 P 為特徵矩陣（如下一節內容）。

在線性代數中，矩陣對角化可以使矩陣的計算更加簡便：

例如：可對角化矩陣 A 求 A^{100}，設 D 為其對角矩陣，

$$D=\begin{bmatrix}\lambda_1 & \cdots & 0\\ \vdots & \ddots & \vdots\\ 0 & \cdots & \lambda_n\end{bmatrix}，則\ D^{100}=\begin{bmatrix}\lambda_1^{100} & \cdots & 0\\ \vdots & \ddots & \vdots\\ 0 & \cdots & \lambda_n^{100}\end{bmatrix}$$

$A^{100}=(PDP^{-1})^n=(PDP^{-1})(PDP^{-1})\cdots\cdots=PD^{100}P^{-1}$。

在多變量統計學中，對角化矩陣可用於主成分分析（PCA），PCA 通過將一個高維度的數據集映射到低維度的子空間中，從而減少數據的維度，並且保留大部分的變異性，PCA 的核心是矩陣的對角化，通過對數據矩陣進行對角化，可以得

到數據的主成分。主成分分析其主要目的，在於萃取多變量當中的重要因素，同時簡化原多變量的個數，化繁為簡，以方便研究者分析，並且解釋多變量之間糾纏複雜的相依與互動關係。(6)

矩陣可對角化（Diagonalizable Matrix）的條件：(4)

若一個 $m \times n$ 矩陣 A 可對角化，則若且唯若此矩陣存在 n 個線性獨立的特徵向量。

線性轉換將線性系統看成一個函數，探討在不同向量空間裡的向量對應情形，廣泛應用於立體物體正確描繪於平面圖上的轉換機制。特徵值及特徵向量也是線性轉換的一個重要應用，從高維度空間如何描繪於平面圖上也都離不開下一節的特徵分解。

3-4 特徵值與特徵向量（Eigenvalues and eigenvectors）

特徵向量（eigenvectors, or Characteristic vectors）及特徵值（Eigenvalues, or Characteristic values），很常見於工程計算和多變量，因為一旦知道矩陣的特徵值、特徵向量，則這個矩陣的行列式、矩陣等等就更容易取得。在多變量統計中經常被用於分析變異共變數矩陣與相關係數矩陣的重要數學工具。

特徵向量和特徵值是線性代數中的兩個重要概念，常常用來理解矩陣或線性轉換的特性。特徵向量是指在矩陣乘法後只改變長度而不改變方向的向量，而特徵值是這種變換的比例因子。

以簡單的例子來說，想像一個矩陣作用在某個向量上，將這個向量變換成它的倍數。這個倍數就是特徵值，而受到變換影響最小的那個方向就是特徵向量。

特徵值是由德文 eigenwert 而來，英文意為恰當值（Proper value），也就是說，一個矩陣和其特徵向量相乘，恰恰等於放大特徵向量的倍數，即特徵值。(3)

倘若吾人沒有原始的資料，也沒有變異共變數矩陣 S 或相關係數矩陣 R，但僅憑藉由求出的特徵值與特徵向量，也足以勾勒出該資料的分佈情形。(4)

從歷史脈絡來看，它們起源於線性方程組的研究。細弦的振動問題是許多數學和物理學的根源。也是特徵值問題的第一個實例。考慮一根又細長又緊的彈性細弦（就像七弦琴的線）終點是固定的。如果它被輕輕撥動並鬆開，那麼弦會振動。首先是由法國數學家 Jean d'Alembert (1717-1783) 找到描述這些振動方程式以及方程式的解。(5) 19 世紀，柯西 (1789-1857) 等人對特徵值和特徵向量的正式定義和研究貢獻更為顯著。順便一提的是這位柯西與柯西不等式（Cauchy-Schwarz inequality）的柯西是同一人。

若 A 為 n 階方陣，則**線性轉換 T(x)=Ax，將** R^n 空間中的向量仍對應到 R^n 空間中。往往吾人特別關心哪一些向量 x 會與其對應之向量 Y=Ax 相平行。這些向量在許多物理、工程、多變量和經濟問題上，具有相當重要的意義。

> 若 A 為 n 階方陣，若存在一實數 λ，及一非零的向量 x，使得 $Ax=\lambda\mathbf{x}$
> 則稱 λ 為矩陣 A 的特徵值（Eigenvalues 或 Characteristic values），向量 x 為對應於 λ 的特徵向量（**eigenvector, or Characteristic vector**）。

首先，吾人已知矩陣 A 的特徵值 λ 與特徵向量 X 應滿足聯立方程式 $Ax=\lambda x$，即 $Ax=\lambda\mathbf{I}x$。這裡 **I** 是單位矩陣。

移項後，上式可變成 $(A-\lambda\mathbf{I})x=\mathbf{O}$。

此為齊次線性聯立方程式，上式有異於 x 為零向量的解，其充分必要條件為 $(A-\lambda\mathbf{I})$ 不存在反矩陣，亦即其行列式 =0。

可得以下特徵多項式、特徵方程式定義：

> 若 A 為 n 階方陣，其特徵值為 λ，滿足 $\mathbf{det}\ (\mathbf{A}-\lambda\mathbf{I})=0$
>
> $\det(A-\lambda I)=0$ 稱為 A 的特徵方程式（Characteristic equation of A）。

而 det $(A-\lambda I)$ 稱為 A 的特徵多項式（Characteristic polynomial of A）。因此矩陣 A 的特徵值是 A 的特徵方程式的實根。

Google 最有名的 PageRank 搜尋演算法就是利用特徵值和特徵向量去為查詢的網頁排序（ranking）(2) (註 2)。解釋何謂特徵值和特徵向量，吾人可以繼續往下看。

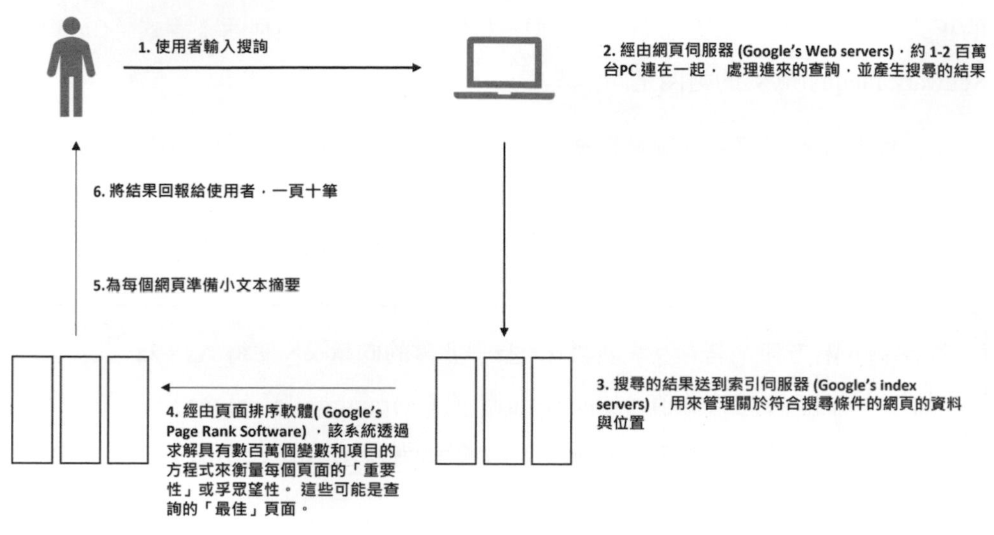

圖 3-53　Google 搜尋是如何運作的 (1)

至於 Google 搜尋是如何運作的，請參閱 [實例 22]。

註 2　1998 年佩吉（Larry Page）及布林（Sergey Brin）兩位 Standard 電腦科學系的學生，釋出第一版的 Google 搜尋引擎，如圖 3-53 所示。進一步將 Web **網頁排序**演算法的概念申請專利，可評估 Web 網頁的熱門程度。Google 搜尋引擎，標記符合使用者所輸入的關鍵字，並且提供最吻合清單。(3)

實例十八　求下列矩陣 A 的特徵值

$$A=\begin{bmatrix}1&0&0\\0&2&0\\0&0&3\end{bmatrix}$$

代入 $\det(A-\lambda I)=0$

$$f(\lambda)=\begin{vmatrix}1-\lambda&0&0\\0&2-\lambda&0\\0&0&3-\lambda\end{vmatrix}=(1-\lambda)(2-\lambda)(3-\lambda)=0$$

故特徵值為 1、2、3。

R 軟體的應用

特徵值與 A 的列無順序關係，但與特徵矩陣順序有對應關係，例如：將特徵值順序由大到小排列為 3、2、1，則特徵矩陣 P 為 $\begin{bmatrix}0&0&1\\0&1&0\\1&0&0\end{bmatrix}$，

如下程式：（圖 3-54、圖 3-55）

```
(A<-diag(c(1,2,3)))                    # 待分解矩陣（方陣）
(eig<-eigen(A))                        # 分解特徵值 / 特徵向量
(D<-diag(eig$values))                  # 對角化方陣
all.equal(A,
        eig$vectors%*%D%*%solve(eig$vectors))  # 驗證公式 (3.3.2)
```

下圖 3-54，經 R 的 eigen 函式分解 A 矩陣後的物件變數 eig 的清單裡分別為與上述直觀的特徵值順序不同，隨之特徵矩陣的列順序亦會不同，下圖 3-55 印證了 3.3.2 公式 $A=PDP^{-1}$。

```
> (A<-diag(c(1,2,3)))                # 待分解矩陣(方陣)
     [,1] [,2] [,3]
[1,]    1    0    0
[2,]    0    2    0
[3,]    0    0    3
> (eig<-eigen(A))                    # 分解特徵值/特徵向量
eigen() decomposition
$values
[1] 3 2 1

$vectors
     [,1] [,2] [,3]
[1,]    0    0    1
[2,]    0    1    0
[3,]    1    0    0
```

圖 3-54　A 矩陣分解後的物件 eig 清單

```
> (D<-diag(eig$values))              # 對角化方陣
     [,1] [,2] [,3]
[1,]    3    0    0
[2,]    0    2    0
[3,]    0    0    1
> all.equal(A,
+           eig$vectors%*%D%*%solve(eig$vectors))  # 驗證公式(3.3.2)
[1] TRUE
```

圖 3-55　以特徵值建構對角化方陣以及印證（3.3.2）

設 D 為一對角矩陣，I 為一與 D 相同維度的單位矩陣，則 $D = I^{-1}DI$，因此特徵值即是主對角線各值（含重複或 0 值）。

從上述特徵值定義 $\mathbf{det}\ (\mathbf{A} - \boldsymbol{\lambda}\mathbf{I}) = 0$，可推得三角矩陣（主對角以上三角均為 0 或以下三角均為 0 的矩陣）與對角矩陣一樣其特徵值就是主對角線各值。

實例十九　求下列矩陣 A 的特徵值與特徵向量

$$A = \begin{bmatrix} 2 & -2 & 3 \\ 1 & 1 & 1 \\ 1 & 3 & -1 \end{bmatrix}$$

手算

1. 首先應用 $\mathbf{det}\ (\mathbf{A}-\lambda\mathbf{I})=0$，計算特徵值 λ，如下：

$$\mathbf{det}\ (\mathbf{A}-\lambda\mathbf{I})=\begin{bmatrix}2-\lambda & -2 & 3\\ 1 & 1-\lambda & 1\\ 1 & 3 & -1-\lambda\end{bmatrix}=-(\lambda-1)(\lambda-3)(\lambda+2)$$

因此由 $\mathbf{det}\ (\mathbf{A}-\lambda\mathbf{I})=0$，可知 λ 值為 –2，1，3。

2. 其次應用 $(\mathbf{A}-\lambda\mathbf{I})p^i=0$，計算每一特徵值所對應之特徵向量：

$$\lambda_1=-2,\ (A-\lambda_1\mathbf{I})p^1=\begin{bmatrix}4 & -2 & 3\\ 1 & 3 & 1\\ 1 & 3 & 1\end{bmatrix}\begin{bmatrix}x_1\\ x_2\\ x_3\end{bmatrix}=0$$

以基本列運算化簡為列階梯式 $\begin{bmatrix}0 & -14 & -1\\ 1 & -11 & 0\\ 0 & 0 & 0\end{bmatrix}\begin{bmatrix}x_1\\ x_2\\ x_3\end{bmatrix}=0$，令 $x_2=s$

求得 $p^1=s\begin{bmatrix}11\\ 1\\ -14\end{bmatrix}$，$s\in R$

$$\lambda_2=1,\ (A-\lambda_2\mathbf{I})p^2=\begin{bmatrix}1 & -2 & 3\\ 1 & 0 & 1\\ 1 & 3 & -2\end{bmatrix}\begin{bmatrix}x_1\\ x_2\\ x_3\end{bmatrix}=0$$，求得 $p^2=t\begin{bmatrix}-1\\ 1\\ 1\end{bmatrix}$

，$t\in R$

$$\lambda_3=3,\ (A-\lambda_3\mathbf{I})p^3=\begin{bmatrix}-1 & -2 & 3\\ 1 & -2 & 1\\ 1 & 3 & -4\end{bmatrix}\begin{bmatrix}x_1\\ x_2\\ x_3\end{bmatrix}=0$$，求得 $p^3=u\begin{bmatrix}1\\ 1\\ 1\end{bmatrix}$

，$u\in R$

本例為三階方陣，具有三個不同的特徵值，每個特徵值均對應一個獨立的特徵向量。

R 軟體的應用

同上 [實例十八] 的解題，須注意下圖 3-56 的特徵值順序與上述手算不同，此其一，另一個不同是特徵向量係經過 eigen 函式內部已將其每一行向量單一範數（norm）化，即每一行向量長 =1，向量元素之正負號代表方向：(圖 3-56)

```
(A<-rbind(c(2,-2,3),c(1,1,1),c(1,3,-1)))  # 待分解矩陣（方陣）
(eig<-eigen(A))                           # 分解特徵值 / 特徵向量
```

```
> (A<-rbind(c(2,-2,3),c(1,1,1),c(1,3,-1)))          # 待分解矩陣(方陣)
     [,1] [,2] [,3]
[1,]    2   -2    3
[2,]    1    1    1
[3,]    1    3   -1
> (eig<-eigen(A))                        # 分解特徵值/特徵向量
eigen() decomposition
$values
[1]  3 -2  1

$vectors
          [,1]        [,2]       [,3]
[1,] 0.5773503 -0.61684937  0.5773503
[2,] 0.5773503 -0.05607722 -0.5773503
[3,] 0.5773503  0.78508102 -0.5773503
```

圖 3-56　A 矩陣分解後的物件清單

從上一節線性轉換的對角化公式 (3.3.2)$A=PDP^{-1}$ 經下列程式驗證 A 矩陣其可對角化之特性：(圖 3-57)

```
(D<-diag(eig$values))          # 對角化方陣
(P<-eig$vectors)               # 特徵向量構成轉移矩陣
P%*%D%*%solve(P)               # 驗證公式 (3.3.2)
```

```
> (D<-diag(eig$values))                 # 對角化方陣
     [,1] [,2] [,3]
[1,]    3    0    0
[2,]    0   -2    0
[3,]    0    0    1
> (P<-eig$vectors)                      # 特徵向量構成轉移矩陣
          [,1]        [,2]       [,3]
[1,] 0.5773503 -0.61684937  0.5773503
[2,] 0.5773503 -0.05607722 -0.5773503
[3,] 0.5773503  0.78508102 -0.5773503
> P%*%D%*%solve(P)                      # 驗證公式(3.3.2)
     [,1] [,2] [,3]
[1,]    2   -2    3
[2,]    1    1    1
[3,]    1    3   -1
```

圖 3-57　印證 $A=PDP^{-1}$

上述手算各特徵向量與 R 軟體單一範數各值存在 s、t、u 各值如下，s=-0.05607722，t=-0.5773503，u=0.5773503：（圖 3-58）

```
(u<-eig$vectors[,1]/c(1,1,1))        # 手算與 R 軟體結果比值 u
(s<-eig$vectors[,2]/c(11,1,-14))     # 手算與 R 軟體結果比值 s
(t<-eig$vectors[,3]/c(-1,1,1))       # 手算與 R 軟體結果比值 t
```

```
> (u<-eig$vectors[,1]/c(1,1,1))      # 手算與R軟體結果比值u
[1] 0.5773503 0.5773503 0.5773503
> (s<-eig$vectors[,2]/c(11,1,-14))   # 手算與R軟體結果比值s
[1] -0.05607722 -0.05607722 -0.05607722
> (t<-eig$vectors[,3]/c(-1,1,1))     # 手算與R軟體結果比值t
[1] -0.5773503 -0.5773503 -0.5773503
```

圖 3-58　s、t、u 各值

特徵向量單範化（normalizing）係將特徵向量除以特徵向量範數，得單一範數的特徵向量，如下程式（圖 3-59）。惟向量或與手算不同，概因手算方式以多元多次方程式解得特徵值，再據以解得特徵向量，在多維變數（矩陣維度 >3）狀況下行列式的解題步驟過於複雜；電腦程式處理則有別於手算步驟，多採其它方式。例如以冪 [方] 法（power method）、格拉姆．施密特正交化（Gram-Schmidt Orthonormalization Process）等，雖暫不在本書範疇，但有興趣的讀者可從線性代數專書著手：

```
c(1,1,1)/sqrt(sum(c(1,1,1)^2))            # 特徵值 3 的單範特徵向量
c(11,1,-14)/sqrt(sum(c(11,1,-14)^2))      # 特徵值 -2 的單範特徵向量
c(-1,1,1)/sqrt(sum(c(-1,1,1)^2))          # 特徵值 1 的單範特徵向量
```

```
> c(1,1,1)/sqrt(sum(c(1,1,1)^2))          # 特徵值3的單範特徵向量
[1] 0.5773503 0.5773503 0.5773503
> c(11,1,-14)/sqrt(sum(c(11,1,-14)^2)) # 特徵值-2的單範特徵向量
[1]  0.61684937  0.05607722 -0.78508102
> c(-1,1,1)/sqrt(sum(c(-1,1,1)^2))        # 特徵值1的單範特徵向量
[1] -0.5773503  0.5773503  0.5773503
```

圖 3-59　手算特徵向量的單範化（normalizing）

方陣 A 線性轉換矩陣與特徵值之間存在下列關係，如下程式：（圖 3-60、圖 3-61）

1. A 的行列式 = 特徵值的積
2. A 主對角線各值的和 = 特徵值的和

```
prod(eig$values)          # 特徵值的積
det(A)                    # A 矩陣的行列式
sum(eig$values)           # 特徵值的和
sum(diag(A))              # A 矩陣主對角線各值的和
```

```
> prod(eig$values)        # 特徵值的積
[1] -6
> det(A)                  # A 矩陣的行列式
[1] -6
```

圖 3-60　A 的行列式 = 特徵值的積

```
> sum(eig$values)         # 特徵值的和
[1] 2
> sum(diag(A))            # A 矩陣主對角線各值的和
[1] 2
```

圖 3-61　A 主對角線各值的和 = 特徵值的和

實例二十　設已知一線性轉換矩陣為一對稱矩陣

$$A = \begin{bmatrix} 1 & -2 & 0 & 0 \\ -2 & 1 & 0 & 0 \\ 0 & 0 & 1 & -2 \\ 0 & 0 & -2 & 1 \end{bmatrix}$$

1. 分解其特徵值及其特徵向量
2. 此矩陣可否對角化

手算

首先，A 的特徵方程式

$|\lambda I - A|$

$$\begin{bmatrix} \lambda-1 & 2 & 0 & 0 \\ 2 & \lambda-1 & 0 & 0 \\ 0 & 0 & \lambda-1 & 2 \\ 0 & 0 & 2 & \lambda-1 \end{bmatrix}$$

$=(\lambda+1)^2(\lambda-3)^2$

方程式解得**重根** –1 及 3。因此特徵值分別為 λ_1=-1 及 λ_2=-3 且**重數**（multiplicity）為 2，同 [實例十九] 將特徵值 $(A-\lambda I)p^i=0$，求得其對應的特徵向量（含 2 向量）分別為 $P_1=\{s(1,1,0,0),s(0,0,1,1),\ s\in R\}$ 及 $P_2=\{t(1,-1,0,0),t(0,0,1,-1),t\in R\}$。

B_1、B_2 中向量互相獨立，因此令 $B_1=\{(1,1,0,0),(0,0,1,1)\}$ 及 $B_2=\{(1,-1,0,0),(0,0,1,-1)\}$，分別表示 λ_1 及 λ_2 的特徵向量空間（**eigenspace**）的基底。

$\lambda_1 \neq \lambda_2$ 且 B_1、B_2 的基底向量互相獨立，因此可判定 A 可對角化。

R 軟體的應用

首先，以 rbind 函式建構線性轉換矩陣 A，接著以 eigen 函式分解其特徵值 / 特徵向量：（圖 3-62、圖 3-63）

```
(A<-rbind(c(1,-2,0,0),c(-2,1,0,0),          # 線性轉換矩陣
        c(0,0,1,-2),c(0,0,-2,1)))
(eig<-eigen(A))                              # 分解特徵值 / 特徵向量
```

```
> (A<-rbind(c(1,-2,0,0),c(-2,1,0,0),          # 線性轉換矩陣
+           c(0,0,1,-2),c(0,0,-2,1)))
     [,1] [,2] [,3] [,4]
[1,]    1   -2    0    0
[2,]   -2    1    0    0
[3,]    0    0    1   -2
[4,]    0    0   -2    1
```

圖 3-62　線性轉換矩陣 A

```
> (eig<-eigen(A))                              # 分解特徵值/特徵向量
eigen() decomposition
$values
[1]  3  3 -1 -1

$vectors
           [,1]       [,2]      [,3]      [,4]
[1,]  0.0000000 -0.7071068 0.0000000 0.7071068
[2,]  0.0000000  0.7071068 0.0000000 0.7071068
[3,] -0.7071068  0.0000000 0.7071068 0.0000000
[4,]  0.7071068  0.0000000 0.7071068 0.0000000
```

圖 3-6　特徵分解

圖 3-63 中顯示特徵值 3、-1 依絕對值逆序各重複 2 次，亦即各重數為 2，因此下列程式將其對應的特徵向量分為兩組（圖 3-64），吾人可再以 pracma 套件中的 Rank 函式確定其為線性獨立（圖 3-65），因此可知 A 矩陣可對角化，其轉移矩陣 P 如圖 3-66：

```
(P1<-cbind(eig$vectors[,1],eig$vectors[,2])) # 特徵值 =3 的特徵向量
(P2<-cbind(eig$vectors[,3],eig$vectors[,4])) # 特徵值 =-1 的特徵向量
pracma::Rank(P1)                             # 判斷 P1 線性獨立
pracma::Rank(P2)                             # 判斷 P2 線性獨立
(P<-cbind(P1,P2))                            # 轉移矩陣 P
```

```
> (P1<-cbind(eig$vectors[,1],eig$vectors[,2])) # 特徵值=3 的特徵向量
           [,1]       [,2]
[1,]  0.0000000 -0.7071068
[2,]  0.0000000  0.7071068
[3,] -0.7071068  0.0000000
[4,]  0.7071068  0.0000000
> (P2<-cbind(eig$vectors[,3],eig$vectors[,4])) # 特徵值=-1的特徵向量
          [,1]      [,2]
[1,] 0.0000000 0.7071068
[2,] 0.0000000 0.7071068
[3,] 0.7071068 0.0000000
[4,] 0.7071068 0.0000000
```

圖 3-64　特徵值 =3 的特徵向量及特徵值 =-1 的特徵向量

```
> pracma::Rank(P1)                                    # 判斷P1線性獨立
[1] 2
> pracma::Rank(P2)                                    # 判斷P2線性獨立
[1] 2
```

圖 3-65　確定不同的特徵值其特徵向量均為線性獨立

```
> (P<-cbind(P1,P2))                                   # 轉移矩陣P
           [,1]       [,2]      [,3]      [,4]
[1,]  0.0000000 -0.7071068 0.0000000 0.7071068
[2,]  0.0000000  0.7071068 0.0000000 0.7071068
[3,] -0.7071068  0.0000000 0.7071068 0.0000000
[4,]  0.7071068  0.0000000 0.7071068 0.0000000
```

圖 3-66　轉移矩陣 P

下列程式驗證對角化條件 $A=PDP^{-1}$：（圖 3-67）

```
(D<-diag(eig$values))                 # 對角化方陣
(P<-eig$vectors)                      # 特徵向量構成轉移矩陣
P%*%D%*%solve(P)                      # 驗證公式 (3.3.2)
```

```
> (D<-diag(eig$values))                 # 對角化方陣
     [,1] [,2] [,3] [,4]
[1,]    3    0    0    0
[2,]    0    3    0    0
[3,]    0    0   -1    0
[4,]    0    0    0   -1
> (P<-eig$vectors)                      # 特徵向量構成轉移矩陣
           [,1]       [,2]      [,3]      [,4]
[1,]  0.0000000 -0.7071068 0.0000000 0.7071068
[2,]  0.0000000  0.7071068 0.0000000 0.7071068
[3,] -0.7071068  0.0000000 0.7071068 0.0000000
[4,]  0.7071068  0.0000000 0.7071068 0.0000000
> P%*%D%*%solve(P)                      # 驗證公式(3.3.2)
     [,1] [,2] [,3] [,4]
[1,]    1   -2    0    0
[2,]   -2    1    0    0
[3,]    0    0    1   -2
[4,]    0    0   -2    1
```

圖 3-67　驗證 A 可對角化

事實上，對稱矩陣有下列特性：(4)

若 A 是一個 nxn 的對稱矩陣，則下列為真：

(1) A 可對角化。

(2) A 的每一特徵值均為實數。

(3) 若其中特徵值 λ 有重數 k 個，則亦具有 k 個線性獨立的特徵向量，也就是 λ 的特徵空間維度為 k。

(4) 其所有特徵向量互相正交。

(5) 其不同的特徵值對應的特徵向量亦互相正交。

實例二十一 **某種兔子成長增殖的模型如下：**

i. 兔子自出生能活過第 1 年只有一半，過第 2 年再剩一半，最長壽命 3 年。

ii. 兔子第 1 年不繁殖，第 2 年每隻繁殖 6 胎，第 3 年則繁殖 8 胎。

問題

1. 目前手上兔子各年齡數量分布：1 歲以下有 24 隻，尚未活過第 2 年的也有 24 隻，尚未活過第 3 年的則有 20 隻，試問再經過一年後兔子的各年齡層的分布數各為多少？
2. 在此增殖模型下，其各年齡層的分布比例多久後將穩定？其比例為何 ？

手算

首先令 x_0 向量表示目前的狀況：

$$x_0 = \begin{bmatrix} 24 \\ 24 \\ 20 \end{bmatrix} \qquad \begin{matrix} 0 \leqq \text{年齡} < 1 \\ 1 \leqq \text{年齡} < 2 \\ 2 \leqq \text{年齡} \leqq 3 \end{matrix}$$

為此增殖模型建立一轉換矩陣：

$$A=\begin{bmatrix} 0 & 6 & 8 \\ 0.5 & 0 & 0 \\ 0 & 0.5 & 0 \end{bmatrix}$$

1. x_1 表示再過了 1 年的狀況：

$$x_1=AX_0=\begin{bmatrix} 0 & 6 & 8 \\ 0.5 & 0 & 0 \\ 0 & 0.5 & 0 \end{bmatrix}\begin{bmatrix} 24 \\ 24 \\ 20 \end{bmatrix}=\begin{bmatrix} 304 \\ 12 \\ 12 \end{bmatrix}\begin{matrix} 0 \leqq \text{年齡} < 1 \\ 1 \leqq \text{年齡} < 2 \\ 2 \leqq \text{年齡} \leqq 3 \end{matrix}$$

2. 手算方式難以逐年計算，應以特徵分解的方法求解方能迅速取得計算的結果。

R 軟體的應用

首先，建立轉換矩陣、代表目前兔子數量的向量，接著計算其目前年齡的分布比例為 24：24：20=1.2：1.2：1（圖 3-68），接續在線性轉換矩陣作用下連續計算 1 年後（圖 3-69）及 2 年後的兔子年齡分布數量及其分布比例（圖 3-70）：

```
(A<-rbind(c(0,6,8),c(0.5,0,0),c(0,0.5,0)))     # 線性轉換矩陣
(x0<-c(24,24,20))                    # 目前各年齡兔子數量
x0/min(x0)                           # 目前兔子的年齡分布比例
(x1<-A%*%x0)                         # 1 年後兔子的年齡分布數量
x1/min(x1)                           # 1 年後兔子的年齡分布比例
(x2<-A%*%x1)                         # 2 年後兔子的年齡分布數量
x2/min(x2)                           # 2 年後兔子的年齡分布比例
```

```
> (A<-rbind(c(0,6,8),c(0.5,0,0),c(0,0.5,0)))     # 線性轉換矩陣
     [,1] [,2] [,3]
[1,]  0.0  6.0    8
[2,]  0.5  0.0    0
[3,]  0.0  0.5    0
> (x0<-c(24,24,20))              # 目前各年齡兔子數量
[1] 24 24 20
> x0/min(x0)                     # 目前兔子的年齡分布比例
[1] 1.2 1.2 1.0
```

圖 3-68　目前兔子的年齡分布數及其比例

```
> (x1<-A%*%x0)              # 1年後兔子的年齡分數量布
     [,1]
[1,]  304
[2,]   12
[3,]   12
> x1/min(x1)                # 1年後兔子的年齡分布比例
         [,1]
[1,] 25.33333
[2,]  1.00000
[3,]  1.00000
```

圖 3-69　1 年後兔子的年齡分布數及其比例

```
> (x2<-A%*%x1)              # 2年後兔子的年齡分布數量
     [,1]
[1,]  168
[2,]  152
[3,]    6
> x2/min(x2)                # 2年後兔子的年齡分布比例
         [,1]
[1,] 28.00000
[2,] 25.33333
[3,]  1.00000
```

圖 3-70　2 年後兔子的年齡分布數及其比例

觀察上圖 3-69、圖 3-70 其年齡分布比例仍朝著某方向變化，吾人以下列程式藉由迴圈最多 100 次（年）的迭代方式，俟其分布比例不再變化時停止迴圈，跳出迴圈的最後一圈不計供需 32 次即經過 32 年的繁殖（圖 3-71），則兔子年齡其數量分布及其比例（圖 3-72）：

```
v0 <- x1                                          # 初始向量代表目前數量
for (i in 1:100) {
  w <- A %*% v0                                   # 迭代轉換
  vRatios<-v0/min(v0)                             # 迭代前比例
  wRatios<-w/min(w)                               # 迭代後比例
  if (isTRUE(all.equal(wRatios,vRatios))){        # 判斷迭代前後是否相同
    break                                         # 若相同，結束迴圈
  }
  v0<-w                                           # 給予迭代值
}
```

```
print(i-1)                                    # 穩定狀態經過年數
print(v0)                                     # 穩定狀態時兔子各年齡分布數量
print(v0/min(v0))                             # 穩定狀態的年齡分布比例
```

```
> print(i-1)                  # 穩定狀態經過年數
[1] 32
```

圖 3-71　穩定比例狀態所經年數

```
> print(v0)                  # 穩定狀態時兔子各年齡分布數量
              [,1]
[1,] 763549743600
[2,] 190887434364
[3,]  47721859336
> print(v0/min(v0))          # 穩定狀態的年齡分布比例
     [,1]
[1,]   16
[2,]    4
[3,]    1
```

圖 3-72　兔子穩定比例狀態下年齡數量分布及其比例

觀察上圖 3-72 中跳出迴圈後的穩態比例為 16：4：1，吾人可藉由下列程式使用套件 expm 的矩陣指數運算子以冪 [方] 法（power method）試求再過 50 年的變化（圖 3-73）：

```
library(expm)
(x50<-A%^%50%*%v0)               # 再 50 年後兔子各年齡分布數量
(x50/min(x50))                   # 再 50 年後其穩定狀態的年齡分布比例
```

```
> (x50<-A%^%50%*%v0)        # 再50年後兔子各年齡分布數量
             [,1]
[1,] 8.596806e+26
[2,] 2.149201e+26
[3,] 5.373004e+25
> (x50/min(x50))            # 再50年後其穩定狀態的年齡分布比例
     [,1]
[1,]   16
[2,]    4
[3,]    1
```

圖 3-73　再過 50 年的兔子年齡數量分布及其比例

圖 3-73 中顯示兔子年齡分布數量變化下其分布比例仍維持 16：4：1，**穩態的比例關係是這轉換矩陣的特徵向量**，吾人可再利用如下程式計算其在此特徵向量下的特徵值：

```
(P1<-v0/sqrt(sum(v0^2)))            # 特徵向量單一範數化
(lambda1 <- t(P1) %*% A %*% P1)     # 驗證單範正交向量與特徵值關係
```

```
> (P1<-v0/sqrt(sum(v0^2)))          # 特徵向量單一範數化
           [,1]
[1,] 0.96836405
[2,] 0.24209101
[3,] 0.06052275
> (lambda1 <- t(P1) %*% A %*% P1)   # 驗證單範正交向量與特徵值關係
     [,1]
[1,]    2
```

圖 3-74　單範化的特徵向量及其特徵值的計算

本實例利用特徵值的定義 $Ax=\lambda x$

將等號兩邊同乘 x^T，$x^TAx=x^T\lambda x$

λ 為一純數，因此 $x^TAx=\lambda x^Tx$，這裡 x 已如上圖 3-74 單一範數化，故可由 $x^TAx=\lambda$ 來計算主要特徵值（圖 3-74）。

以下程式使用 eigen 函式對轉換矩陣 A 特徵分解的結果，以資比較：（圖 3-75）

```
(eig<-eigen(A))                # 特徵分解
```

```
> (eig<-eigen(A))              # 特徵分解
eigen() decomposition
$values
[1]  2 -1 -1

$vectors
            [,1]       [,2]       [,3]
[1,] -0.96836405 -0.8728716  0.8728716
[2,] -0.24209101  0.4364358 -0.4364358
[3,] -0.06052275 -0.2182179  0.2182179
```

圖 3-75　矩陣 A 特徵分解

圖 3-75 中主要特徵值為 2，其對應的特徵向量為其 $vectors 第一行，以如下程式計算其比例：

```
(P1<-eig$vectors[,1])        # 主要特徵向量 ( 單一範數 )
abs(P1)/min(abs(P1))         # 特徵向量分布比例
```

```
> (P1<-eig$vectors[,1])        # 主要特徵向量(單一範數)
[1] -0.96836405 -0.24209101 -0.06052275
> abs(P1)/min(abs(P1))         # 特徵向量分布比例
[1] 16  4  1
```

圖 3-76　主要特徵向量及其分布比例

圖 3-75、圖 3-76 中顯示的特徵值及其特徵向量比例，印證了與上述藉由冪 [方] 法迭代求得的特徵值及其特徵向量比例完全一致。

Yahoo Search、AltaVista、AskJeeves 等，都是比 Google 搜尋更早出現的對手。但面對全球網站數量爆炸式成長的情形，這些搜尋引擎的演算法，並沒有辦法滿足大多數使用者的需求，讓他們快速、方便地找到真正需要的資訊。

在 90 年代初，第一個使用「自然語言」查詢的 AltaVista 為例，搜尋引擎演算法太簡單，靠的是計算**單詞**（words）出現在文檔裡的次數。使用基於文本（text based）的排名系統來決定哪個頁面是根據文本攸關性。這種方法有很多缺點。舉例來說，如果一個人搜尋 Internet 這個關鍵字，可能會有問題。瀏覽者可能會得到一個帶有 internet 關鍵字的頁面，在顯示的頁面中沒有任何關於 internet 的資訊。由於搜尋引擎使用給定查詢中單字出現的次數，顯示搜尋次數最多的頁面是沒有意義的。(8)

現代搜尋引擎使用首先提供最佳結果的方法比舊的文字排名方法更合適。搜尋引擎中的一個最有影響力的演算法是 Google 搜尋引擎使用的 Page Rank 演算法。

PageRank 搜尋演算法就是利用特徵值和特徵向量去為查詢的網頁排序（ranking），為了說明這個演算法，我們首先將互聯網上的網頁識別為一個有向圖（directed graph），其中頁面被視為**節點**，頁面之間的超連結被視為邊（向外連接）。(8) 例如，我們有 4 個網頁，分別是 1、2、3 和 4。當網站 i 引用網站 j 時，我們在 i 和 j 之間加上一條有向邊。在我們的範例中，我們可以看到節點 1 具有除本身外與所有頁面的連接，而節點 3 僅與節點 1 具有連結。便於說明此目的的圖表如下所示。

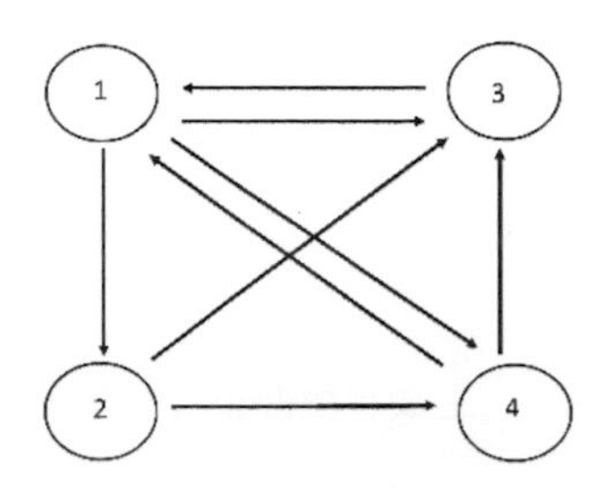

圖 3-77　網頁向外連結關係

當我們將上圖網頁結構表示成一個轉移矩陣時，這個矩陣構成了一個馬可夫鏈。（馬可夫鏈會在第八章詳加介紹）上圖使用其外連的矩陣如下，矩陣元素以 0、1 分別表示無、有連接：

$$A = \begin{bmatrix} 0 & 0 & 1 & 1 \\ 1 & 0 & 0 & 0 \\ 1 & 1 & 0 & 1 \\ 1 & 1 & 0 & 0 \end{bmatrix}$$

由於 PageRank 的靈感來自科學文章的排名，因此 PageRank 本身可以被認為是一種連結評論。該公式是迭代計算的，並且隨著網頁數量不斷增長且不連續，使用**阻尼常數**（damping constant）來減輕負擔。特徵向量和特徵值的數學運算使其收斂。使其發揮作用的因素有很多。阻尼常數最佳值為 **0.85**。(8)

實例二十二　網頁排序演算法（PageRank algorithm）

設總共有 4 個網頁編號為 1~4 如上圖 3-77，各個網頁之間的參照連結關係如下圖示，例如網頁編號 1 外連至 2,3,4 網頁，用一 4x4 矩陣表示各網頁之互相參照，矩陣中各元素 a_{ij} $i,j \in \{1,2,3,4\}$，存在 j 外連 i 其元素值為 1，例如於編號 2 外連至 3、4，則於 $a_{3,2}$ 以及 $a_{4,2}$ 元素值均為 1，反之，其他元素值為 0。

R 軟體的應用

1. 依上述網頁互相連結關係建立矩陣及標示列及行名便於檢視。
2. 再將各行總數依其連出之對應網頁平均其點選的機率，構成一機率矩陣。

```
(A<-cbind(                   # 建立一矩陣表示網頁互相連結之關係
  c(0,1,1,1),
  c(0,0,1,1),
  c(1,0,0,0),
  c(1,0,1,0)))
colnames(A)<-c(1,2,3,4)      # 為每一行命名
rownames(A)<-c(1,2,3,4)      # 為每一列命名
```

```
> (A<-cbind(               # 建立一矩陣表示網頁互相連結之關係
+    c(0,1,1,1),
+    c(0,0,1,1),
+    c(1,0,0,0),
+    c(1,0,1,0)
+ ))
     [,1] [,2] [,3] [,4]
[1,]    0    0    1    1
[2,]    1    0    0    0
[3,]    1    1    0    1
[4,]    1    1    0    0
> colnames(A)<-c(1,2,3,4)    # 為每一行命名
> rownames(A)<-c(1,2,3,4)    # 為每一列命名
```

圖 3-78　建立各網頁向外連結之矩陣

將此圖 3-78 之矩陣以行（代表各網頁向外連結）的隨機點選機率平均，構成一個依行的移轉機率分配矩陣（參閱第 8 章的正規馬可夫鏈說明）：

```
(B<-sweep(              # 將每行以行加總的連結數平均其連外之機率
  x=A,                  # A 矩陣
  MARGIN=2,             # 以行總數均分
  STATS=colSums(A),     # 各行總計數
  FUN='/'))             # 以除的方式分配出去
```

```
> (B<-sweep(            # 將每行以行加總的連結數平均其連外之機率
+    x=A,               # A 矩陣
+    MARGIN=2,          # 以行總數均分
+    STATS=colSums(A),  # 各行總計數
+    FUN='/'))          # 以除的方式分配出去
          1   2 3   4
1 0.0000000 0.0 1 0.5
2 0.3333333 0.0 0 0.0
3 0.3333333 0.5 0 0.5
4 0.3333333 0.5 0 0.0
```

圖 3-79　機率分配的轉移矩陣

如上所述阻尼常數用來使機率轉移過程快速收斂，同時也將使機率分配更接近實用，下列公式為加入阻尼常數 p 的機率轉移矩陣 M 用以代替圖 3-79 無阻尼常數的矩陣 B：(4)

$$M = pB + \frac{(1-p)}{n}E \tag{3.4.1}$$

這裡，E 為一 nxn 的矩陣每一元素皆為 1，僅用來作為純數轉成矩陣進行加法運算，亦即將 $(1-p)/n$ 平均作為隨機點選（非來自它頁的外連結而來）每一頁面的起碼機率，尤其對於新的網頁（站）更顯此機率的需要，p 則表示進入頁面之後對每一對外連結逐一點選的總機率，這裡也假設對外連結逐一點選的機率平分 p 值。

方法一：使用特徵分解法

```
p <- 0.85                     # 阻尼常數 (damping constant)
n <- nrow(B)                  # 環境總網頁數
(E<- matrix(1,n,n))           # 每一元素皆為 1 的 nxn 矩陣
(M <- p*B+ (1-p)/n*E)         # 阻尼常數調整後的轉移（遞移）矩陣
(eig<-eigen(M))               # 特徵分解
idx<- 1                       # 主要特徵值位置
(v<-eig$vectors[,idx])        # 主要特徵值對應的特徵向量
as.numeric(v/sum(v))          # 縮放尺度使總數為 1
```

```
> (E<- matrix(1,n,n))    # 每一元素皆為1的nxn矩陣
     [,1] [,2] [,3] [,4]
[1,]    1    1    1    1
[2,]    1    1    1    1
[3,]    1    1    1    1
[4,]    1    1    1    1
```

圖 3-80　E 矩陣

```
> (M <- p*B+ (1-p)/n*E)  # 阻尼係數調整後的轉移(遞移)矩陣
          1      2      3      4
1 0.0375000 0.0375 0.8875 0.4625
2 0.3208333 0.0375 0.0375 0.0375
3 0.3208333 0.4625 0.0375 0.4625
4 0.3208333 0.4625 0.0375 0.0375
```

圖 3-81　M 矩陣 (3.4.1)

eig 函式的特徵分解，其特徵值已依由大至小排序，主要特徵值固定在第一個。因此，上述程式 idx 指定為 1。

```
> (eig<-eigen(M))        # 特徵分解
eigen() decomposition
$values
[1]  1.0000000+0.0000000i -0.3065298+0.3493292i -0.3065298-0.3493292i
[4] -0.2369403+0.0000000i

$vectors
             [,1]                  [,2]                  [,3]          [,4]
[1,] 0.6964831+0i -0.7552157+0.0000000i -0.7552157+0.0000000i  0.5064856+0i
[2,] 0.2682810+0i  0.3036721+0.3460725i  0.3036721-0.3460725i -0.6056557+0i
[3,] 0.5447780+0i  0.0931532-0.2746779i  0.0931532+0.2746779i -0.3815392+0i
[4,] 0.3823004+0i  0.3583904-0.0713946i  0.3583904+0.0713946i  0.4807092+0i
```

圖 3-82　M 矩陣的特徵分解

```
> as.numeric(v/sum(v))    # 縮放尺度使總數為1
[1] 0.3681507 0.1418094 0.2879616 0.2020783
```

圖 3-83　主要特徵向量換成機率表示

圖 3-83 依序（1~4）對應的各網頁點選機率即是其 Page Rank 值。

方法二：使用馬可夫鏈解題（請參閱第 8 章詳細說明）

1. 建立馬可夫鏈物件同時為初始狀態命名。
2. 經過多次迭代得出穩定之各狀態分布，亦即各網頁之 page rank 值。同樣，環境內所有網頁的值加總為 1。

```
library(markovchain)
initStates <- c('1','2','3','4')          # 初始狀態各名稱
(markovB <- new(                          # 建構一新的物件
  'markovchain',                          # 物件類別
  states=initStates,                      # 狀態各稱
  byrow=FALSE,                            # 轉移機率逐列否
  transitionMatrix=M,                     # 指定遞移矩陣
  name=' 馬可夫鏈物件 '))                   # 給予物件名稱
(ss<-steadyStates(markovB))               # 計算穩定分布解
```

```
> (markovB <- new(          # 建構一新的物件
+    'markovchain',         # 物件類別
+    states=initStates,     # 狀態各稱
+    byrow=FALSE,           # 轉移機率逐列否
+    transitionMatrix=M,    # 指定遞移矩陣
+    name='馬可夫鏈物件'))   # 給予物件名稱
馬可夫鏈物件
 A  4 - dimensional discrete Markov Chain defined by the following states:
 1, 2, 3, 4
 The transition matrix  (by cols)  is defined as follows:
          1      2      3      4
1 0.0375000 0.0375 0.8875 0.4625
2 0.3208333 0.0375 0.0375 0.0375
3 0.3208333 0.4625 0.0375 0.4625
4 0.3208333 0.4625 0.0375 0.0375
```

圖 3-84　馬可夫鏈模型物件

```
> (ss<-steadyStates(markovB))  # 計算穩定分布解
       [,1]
1 0.3681507
2 0.1418094
3 0.2879616
4 0.2020783
```

圖 3-85　遞移矩陣的穩定分布解

比較上述各方法（圖 3-83、圖 3-85）結果相同，代表各網頁權重的 Page Rank 值在某一時點是穩定狀態，當有新的網頁加入或參照連結的變化，其 PR 值將需要隨之更新。

在 PageRank 算法中，阻尼常數（Damping Constant）通常被設置為 0.85，即用戶有一定概率（1-0.85）隨機點擊連結而不繼續瀏覽當前頁面的其他向外連結；雖然 0.85 是一個常見的默認值，但並不是絕對固定的。在某些情況下，你可能會發現其他值更適合你的特定問題或數據集。調整阻尼因子可能會影響 PageRank 分數的分佈，但一般情況下，0.85 是一個良好的起點。

需要注意的是，儘管最初的概念中 PageRank 提供了一種有效的排名方法，但現代搜尋引擎的演算法已經演變得更加複雜，引入了許多其他因素，如內容品質、使用者體驗、搜索查詢上下文等。因此，搜尋引擎結果的自然排名不僅僅依賴於 PageRank，還受到多種信號和演算法的影響，以提供更準確和個性化的搜尋結果。

2000 年初期，Google 推出首個廣告產品，稱為 Google AdWords（現在被稱為 Google Ads）。Google AdWords 是一個基於付費點擊（Pay-Per-Click Advertising, PPC）的廣告平台，允許廣告主以關鍵字為基礎投放廣告，當用戶搜尋相關的關鍵字時，廣告就會在搜尋結果頁上顯示。

今日，行銷領域的專業人士倡議的搜尋引擎行銷（Search Engine Marketing, SEM）是一種可以用人為增加搜尋引擎結果能見度的數位行銷策略。SEM 包括兩個主要元素：搜尋引擎優化（Search Engine Optimization, SEO）和付費搜尋廣告（PPC）。

本書礙於篇幅於線上程式提供方法三，藉以模擬在不同的阻尼常數設置下，迭代計算次數有何不同，以及其 PR 值有何不同，讀者可下載予以執行比較，此處略。

參考文獻

1. Friedberg, L. S. A. (2014) Elementary Linear Algebra A Matrix Approach. Pearson Education Limited. Second Edition.
2. 張保隆 (2005)。現代管理數學。台北市：華泰文化。
3. 田瑞駒 (2012)。管理數學：商用微積分的應用。台北市：新陸書局。
4. Larson, Ron. (2015) Elementary Linear Algebra. 8th Edition.
5. Bhatia, R. (2017). Vibrations and eigenvalues. Resonance, 22(9), 867-872.
6. Laudon, K. C., & Traver, C. G. (2013).E-commerce. Boston, MA：Pearson.
7. 鄧家駒 (2004). 多變量分析。台北市：華泰書局。
8. Dode, A., & Hasani, S. (2017). PageRank algorithm. IOSR Journal of Computer Engineering (IOSR-JCE), 19(1), 01-07.

04 CHAPTER 資源有限條件的極值問題：極佳化方法

在自然界中有很多現象和過程不是一個獨立存在，比如，一條彎曲連續的曲線有多長；一個人時快時慢，從甲地走到乙地，都不能用離散的物件研究，而**微積分**（calculus）的出現解決了這些問題。(1)

亙古以來，人們看到無盡大自然的變化，而讚嘆於如日出月落、潮起潮落的各種差異。**微積分**的出現也以一貫的、清晰的、嚴格的探討變化的機制，它的發現更提供一把揭露宇宙祕密的鑰匙。(2)

牛頓（Isaac Newton, 1643-1727）從人們熟悉的運動開始，考慮最簡單情況，如物件向某個方向做直線運動的**平均**速度，以及如果把這一段運動路途縮到很小，那麼使用時間也會很小，這時的**比值**，就是**瞬間**速度。另外一位被譽為最後一位秉承文藝復興精神的博學通才的數學家**萊布尼茲**（Gottfried Leibniz, 1646-1716），從另外一個角度來解釋他發現的現象：一條直線與曲線相交於兩點，如果這兩點距離無窮小，那麼就可以**近似地**認為這條直線與曲線只有一個交點，也就是**曲線**的**切線**（tangent line）。這樣就能用 y 差 (Δy) 與 x 差 (Δx) 的比例，來計算切線的傾斜程度，也就是**斜率**（slope）。這就樣不期然，兩位大師**幾乎同時獨立發現了微分**（Differentiation）。(1)

微分探討一個量如何隨著另一個量而改變的問題。其主要觀念在於**導數**（derivative），它是由速度和切線的斜率發展而來。

4-1 微分及其應用

一尺之棰，日取其半，萬世不竭。

莊子 ‧ 天下

微分是研究一個函數**在某點的變化速度**，這種變化**速度**可以用直線的斜率表示。如果我們用 $y=f(x)$ 來強調函數中的 x 是自變數，而 y 是應變數，則有下列許多常用**導數**的記法：

$$f'(x)= y' = \frac{dy}{dx} =\frac{d}{dx} f(x) = Df(x)$$

其中記號 D 和 $\frac{d}{dx}$ 稱為微分算子（differenatiation operators），因為這些微分算子代表吾人對**函數**作出求**導數**（derivative）（註 1）的動作，稱作**微分**（differenatiation）。

用符號 $\frac{dy}{dx}$ 來表示導數 $f'(x)$，此一**單變數微分**，是由萊布尼茲（Leibniz）所介紹的。特別注意，它代表的並不是一個分數，但是將**導數**視為**瞬間變化率**（instaneous rate of change）時，非常有提示性。瞬間變化率通常只稱為**變化率**，萊布尼茲的記號可寫成：

$$\frac{dy}{dx} = \lim_{\Delta x \to 0} \frac{\Delta y}{\Delta x} = \lim_{x_2 \to x_1} \frac{f(x_2)-f(\ x_1\ )}{x_2-x_1}$$

上式中 $\frac{\Delta y}{\Delta x} =\frac{f(x_2)-fX_1)}{x_2-x_1}$ 就稱為 y 對於 x 在區間 $[x_1, x_2]$ 上的平均變化率（average rate of change）。幾何上，可表示如下圖 4-1 中割線（secant line）PQ 的斜率。(3)

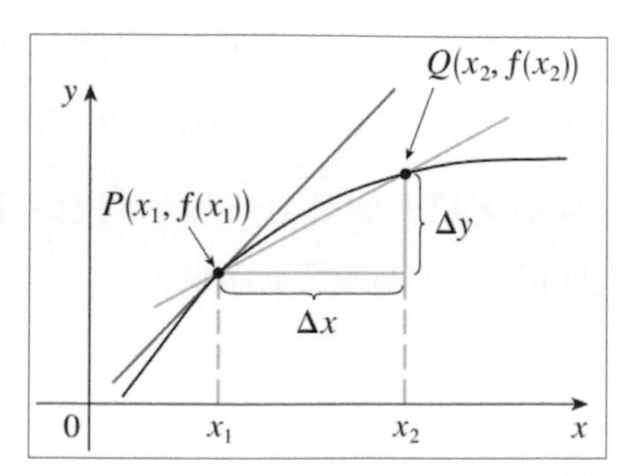

圖 4-1　平均變化率 $=m_{PQ}$，瞬間變化率 $=P$ 點的切線斜率

在求算速度時，如果讓 x_2 愈來愈靠近 x_1，也就是 Δx 趨近 0 時，所得到平均變化率的極限，稱之為 y 對於 x 在 $x=x_1$ 的瞬間變化率（ instantaneous rate of change of y with respect to x），也可以看作是曲線 $y=f(x)$ 在點 $P(x_1,f(x_1))$ 的**切線斜率**（the slope of the tangent）。

因此，

瞬間變化率 $= \lim_{\Delta x \to 0} \frac{\Delta y}{\Delta x} = \lim_{x_2 \to x_1} \frac{f(x_2)-f(x_1)}{x_2-x_1}$，這個極限就是導數 $f'(x_1)$。

導數 $f'(a)$ 可以看成曲線 $y=f(x)$ 在 $x=a$ 點上的切線斜率。這是導數的第一種詮釋。吾人可以給它另一種詮釋：導數 $f'(a)$ 是 $y=f(x)$ 對於 x 在 $x=a$ 的瞬間變化率。若以圖示來說明，可能更為清楚。也就是當導數很**大**的時候，**函數**曲線在 P 點附近比較陡；y 的變化比較快；當導數較**小**時，圖形相對來說是比較平緩，如在 Q 點，y 的變化比較慢，如下圖 4-2 所示 (3)：

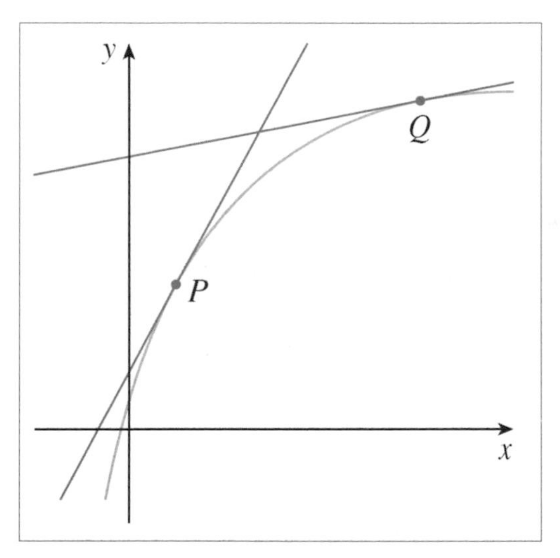

圖 4-2　*y* 在 *p* 點的變化比較快，但是在 *Q* 點的變化比較慢

(註 1) **導數及其定義**

在求切線的斜率和物體的速度時，我們使用同一種形式的極限來定義他們。

事實上，在科學、工程或經濟學上計算變化率時，如化學反應的速度和經濟學上的邊際成本，都需要下列形式的極限值。

$$\lim_{h \to 0} \frac{f(a+h)-f(a)}{h}$$

由於它的廣泛使用，所以用一個特別的名字和記號來表示這個極限，那就是**導數**。

導數定義：

假設極限 $f'(a)=\lim_{h \to 0} \frac{f(a+h)-f(a)}{h}$ 存在，就定義它為函數 f 在 a 的導數（derivative of a function f at a number a），寫為 $f'(a)$。(3)

實例一　若某公司在某銷售分析中指出：總獲利 P 元與每週產量 x（以 1,000 公斤為單位）的關係為

$$P=250x-5x^2$$

試求獲利對於產量的**變化率**為何？(4)

手算

因　$P=250x-5x^2$

所以 $\frac{dP}{dx}=250-10x$

亦即，當 $x=20$ 時，則獲利率為每 1,000 公斤產量，增加 50 元。當 $x=35$ 時，即在產量為每週 35,000 公斤時，每增加 1,000 公斤的生產量，則獲利大約減少 100 元。

R 軟體的應用

首先，據獲利函數可自訂一函式藉以計算不同產量下之獲利，再藉內建繪圖套件 graphics 之繪圖函式 curve 一窺此獲利曲線，繪出在每週產量由 0 開始的獲利曲線：（圖 4-3）

```
fx<-function(x) 250*x - 5*x^2                      # 定義獲利曲線函式
curve(expr=fx,                                     # 繪出 fx 函式曲線
      from=0,to=100,                               # x 座標起迄
      main='獲利曲線',                              # 圖標題
      xlab='產量（千公斤）',ylab='獲利（元）')         # x、y 軸標籤
```

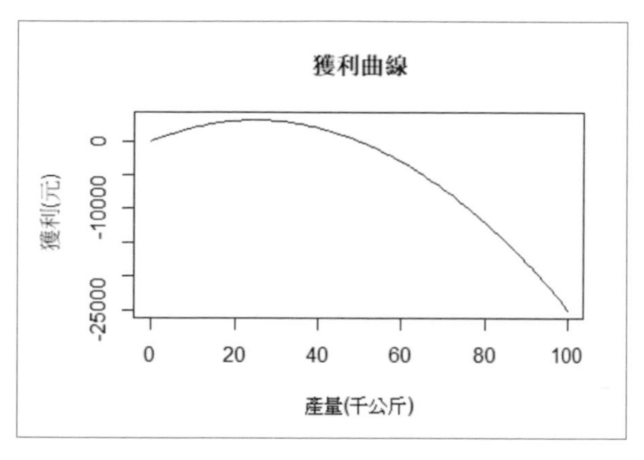

圖 4-3　每週產量下的獲利曲線

接著，透過內建函式 expression 建構本例之獲利函數物件，再將此表達式（expression）物件，再使用內建套件 stats 之函式 D 對其進行微分，微分結果為一 call 類別的物件（可用 class() 函式觀其類別），吾人可見其微分前後如下圖 4-4：

```
print(ex<-expression(250*x - 5*x^2))   # 建構函數表達式物件並印出
print(d<-D(ex,'x'))                    # 對函數物件微分，傳回 call 物件
```

```
> print(ex<-expression(250*x - 5*x^2))  # 建構函數表達式物件並印出
expression(250 * x - 5 * x^2)
> print(d<-D(ex,'x'))      # 對函數物件微分，傳回call物件
250 - 5 * (2 * x)
```

圖 4-4　expression 物件及其微分結果

圖 4-4 中微分後的函數即代表不同產量下的獲利增、減速率函數，吾人亦可如前述的 curve 函式繪出該速率函數圖（略）。

繼續以內建套件 base 之函式 eval（係 evaluate 的縮寫）計算不同的週產量 {20，35} 下的獲利速率（即該點的切線斜率，圖 4-5、圖 4-6），再以 abline 的斜截式（slope intercept form）函數繪出獲利曲線（圖 4-3）在該點之切線（圖 4-7），需注意**截距**（intercept）需從切線斜率的 m 以及切點以點斜式（point slope form）算得，有關點斜式、斜截式直線方程式，請參閱第一章線性函數。請注意：eval() 函式對於可計算的物件如上述的 expression、call 物件以外，尚有 function 以及其他的外掛套件類別，在進行這些物件的運算時期會自動參照環境變數，例如下列的 x：

```
x<-20                                   # 給予 x 值
print(m<-eval(d))                       # 將 x 值帶入微分函數計算得切線斜率
abline(a=fx(x)-m*x,b=m,col='blue')      # 繪出 x 所在切線
x<-35                                   # 給予另一個 x 值
print(m<-eval(d))                       # 將 x 值帶入微分函數計算得切線斜率
abline(a=fx(x)-m*x,b=m,col='red')       # 繪出 x 所在切線
```

```
> x<-20                  # 給予x值
> print(m<-eval(d))      # 將x值帶入微分函數計算得切線斜率
[1] 50
```

圖 4-5　微分函數在每週產量 20 的值（該點切線斜率）

```
> x<-35                  # 給予另一個x值
> print(m<-eval(d))      # 將x值帶入微分函數計算得切線斜率
[1] -100
```

圖 4-6　微分函數在每週產量 35 的值（該點切線斜率）

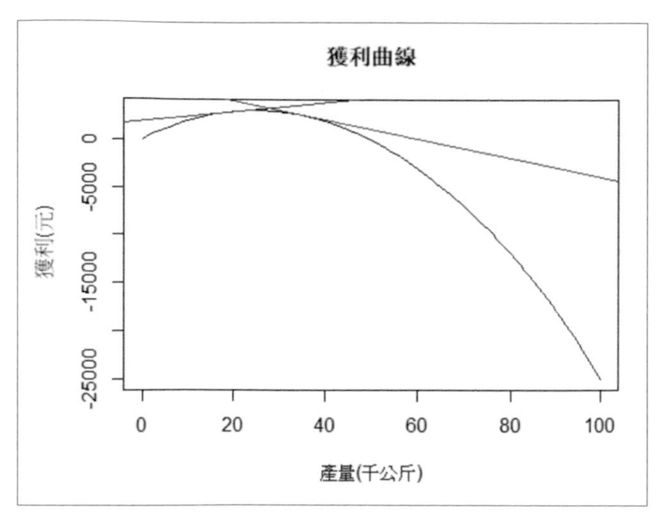

圖 4-7　產量 20 與 35 的獲利速率切線

除了上述使用內建套件以外，亦可使用外掛套件 Ryacas 這個來自 yacas 專為代數系統的 C++ 函式庫所具備之各 R 函式，如下程式中令 yac_str 將欲求得之微分函式 D(x) 直接產生微分後之函數字串，該函數字串可經 yac_expr 將其轉成 expression 物件加以後續的 eval 計算，同前一段程式（圖：略）。

```
curve(expr=fx,                # 繪出 fx 函式曲線
      from=0,to=100,          # x 座標起迄
      main='獲利曲線',          # 圖標題
      xlab='產量(千公斤)', ylab='獲利(元)')      # x、y 軸標籤
library(Ryacas)
print(cmd<-yac_str('D(x) 250*x - 5*x^2'))        # 定義微分函數式並列印
print(d<-yac_expr(cmd))       # 將指令傳回微分結果並印出該表達式物件
x<-20                         # 給予 x 值
print(m<-eval(d))             # 將 x 值帶入微分函數計算得切線斜率
abline(a=fx(x)-m*x,b=m,col='blue')               # 繪出 x 所在切線
x<-35                         # 給予另一個 x 值
print(m<-eval(d))             # 將 x 值帶入微分函數計算得切線斜率
abline(a=fx(x)-m*x,b=m,col='red')                # 繪出 x 所在切線
```

瞬間變化率的觀念應用到成本、收入和利潤等函數上，是最自然不過的，這樣的應用稱為**邊際分析**（marginal analysis），在商業上尤其重要。若 $C(x)$ 為生產

x 單位的總成本，則 $C'(x)$ 為總成本的變化率，由此可知：多製造一單位的**近似成本**（approximate cost），稱為**邊際成本**（marginal cost）$C'(x)$，換言之，即 $C'(x) \approx C(x+1)-C(x)$。

實例二　一傢俱製造商已確知生產桌子的邊際成本經常是增加的，公司決定在邊際成本達 110 元時，就停止桌子的生產。假設桌子的成本函數為

$$C(x)=0.01x^2+80x+100$$

該公司在生產多少桌子後，會停止桌子的生產？(5)

手算

因為成本函數為 $C(x)=0.01x^2+80x+100$

可求得邊際成本 $\boldsymbol{C'(x)}$ 為：

$C(x)=0.02x+80$

當 $C'(x)=110$ 時，即邊際成本達 110 元時。會停止生產，代入上式，得：

$110=0.02x+80$

解得 $x=1500$，所以公司生產 1500 張桌子後，會停止桌子的生產。

R 軟體的應用

首先，以外掛套件 Ryacas 的函式 yac_str 將成本函式 cx（字串物件）經 $D(x)$ 微分後傳回結果字串物件：（圖 4-8）

```
library(Ryacas)
cx<-'0.01*x^2+ 80*x + 100'          # 成本函數的字串形式
print(cmd<-yac_str(                  # 定義微分函數並列印結果字串
  paste('D(x)',cx)))
```

```
> print(cmd<-yac_str(                # 定義微分函數並列印結果字串
+   paste('D(x)',cx)))
[1] "0.02*x+80"
```

圖 4-8　微分的結果（邊際成本函數）

本例問邊際成本 110 元時對應的數量，吾人使用內建套件 base 求解線性等式 $ax=b$ 的函式 solve，這裡 a 為 x 的係數，b 則為常數項，如下解得產出（output）為 1500 張桌子：（圖 4-9）

```
a<-c(0.02); b<-c(110-80)          # 係數及常數項
print(output<-solve(a,b))         # 解 ax=b 線性方程式，解得產量
```

```
> print(output<-solve(a,b))       # 解ax=b 線性方程式，解得產量
[1] 1500
```

圖 4-9　邊際成本 110 元時的產量

亦可將求得的產出（output）數量帶入邊際成本函數印證，下列程式使用內建套件 base 的 eval 對 expression 物件（圖 4-10）進行計算得產出數量 1500 時的邊際成本為 110 元。請注意：程式中使用內建的 parse 函式可將字串格式的運算函數解析成 expression 物件回傳：（圖 4-11）

```
print(d<-parse(text=cmd))         # 產生 expression 物件
x<-output                         # 令 x 值即產量
eval(d)                           # 將 x 值帶入微分函數計算及傳回結果
```

```
> print(d<-parse(text=cmd))       # 產生expression物件
expression(0.02*x+80)
```

圖 4-10　微分函數的 expression 物件

```
> eval(d)                         # 將x值帶入微分函數計算及傳回結果
[1] 110
```

圖 4-11　產量 1500 時的邊際成本

最後，可一窺本例成本曲線之邊際成本曲線，如下程式：（圖 4-12）

```
fx<-function(x) eval(d)                                 # 自訂邊際成本函式
curve(expr=fx,                                          # 繪出 fx 函式曲線
      from=0,to=2500,                                   # x 座標起迄
      main='邊際成本曲線',                               # 圖標題
      xlab='桌子產量(張)',ylab='成本(元)')               # x、y 軸標籤
abline(v=output,col='red',lty=2)                        # 產出量處畫一垂直虛線
abline(h=110,col='red',lty=2)                           # 邊際成本處畫一水平虛線
```

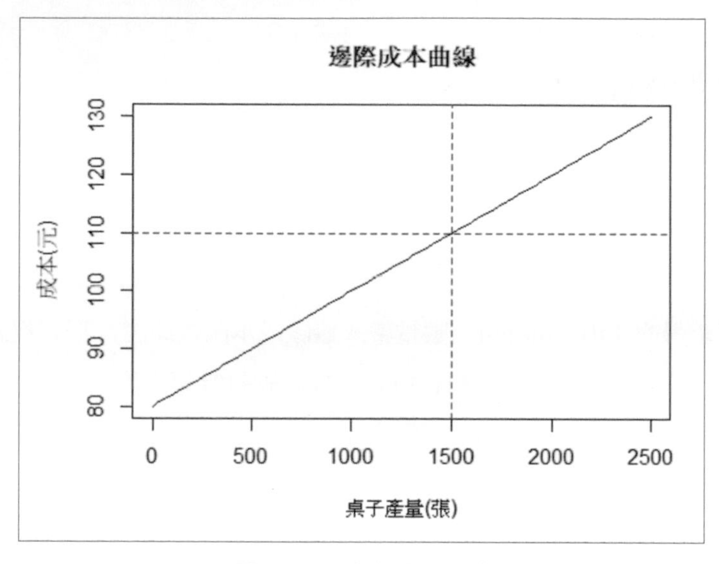

圖 4-12　邊際成本曲線

前面提到：一單位的**近似成本**（approximate cost），稱為**邊際成本**（marginal cost）$C'(x)$，換言之，即 $C'(x) \approx C(x+1)-C(x)$。同樣觀念，亦可應用到**邊際**收益（marginal revenue, MR）、**邊際**利潤（marginal profit, MP）。當邊際收益等於邊際成本，即 MR=MC，即當邊際利潤為零時，利潤達到極大化。

利潤極大化是早期西方資本主義，站在純經濟學的角度出發。企業經營往往將碳排放或汙染環境的成本**外部化**，這些**外部化成本**卻是由社會來共同承擔，沒有反映在企業個別的財務報表上。但是將成本外部化的模式不能永續，因為沒有考慮到對所有的**利害關係人**（stakeholders）的影響，為追求永續，西方也提出了

「ESG」（Environmental 環境保護、Social 社會責任、Governance 公司治理），用以評估企業是否善盡社會責任及是否重視永續發展，近年成為顯學。(6)

實例三　一位農夫想要用總長為 2400 英尺籬笆，沿著一直線的河岸圍出，一塊矩形區域，而且靠河那邊不需要籬笆。試問如何才能維持最大的面積？ (3)

手算

首先**要畫圖說明題意**。如下圖 4-13，畫的是三個可能排列 2400 英尺的情形。

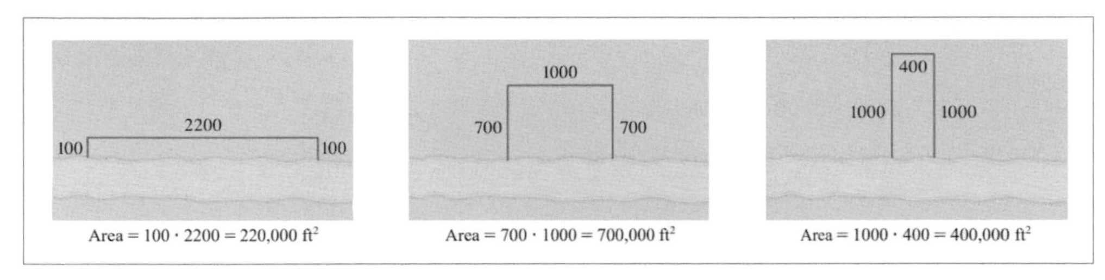

圖 4-13　三個可能排列 2400 英尺籬笆的情形

由圖可見，如果圍起來的區域是淺而寬，或深而窄時，則它的面積相對的會較小。所以，可以猜測面積最大的形狀是介於兩者之間。

圖 4-14 畫的是一般的情形，吾人欲求最大化矩形 A 的面積，而 x 和 y 分別表示矩形的深度和寬度。

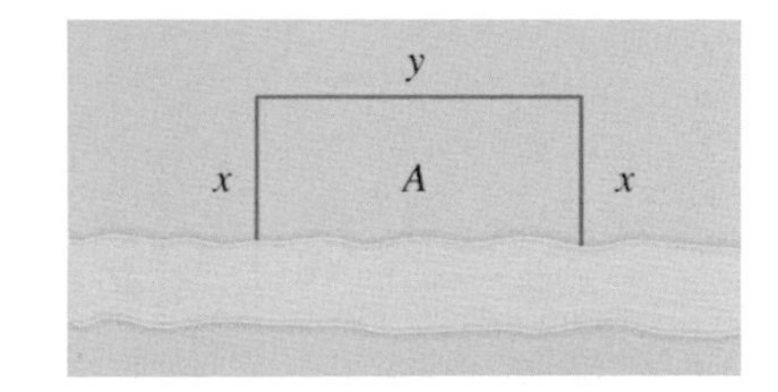

圖 4-14　一般的情形

$A=xy$

$2x+y=2400$，即 $y=2400-2x$

$A=x(2400-2x)=2400x-2x^2$

因為 $x\geq 0$ 以及 $x\leq 1200$（否則 $A<0$），所以最大化的問題為

$A(x)=2400x-2x^2$，$0\leq x\leq 1200$

由 $A'(x)=2400-4x$

為尋找**臨界數**（critical number），可解方程式 $2400-4x=0$。

而得到臨界數為 $x=600$。因為面積 A 的最大值一定發生在臨界數或**端點**（endpoint）上，且這些數所對應的函數值 分別為 $A(0)=0$，$A(600)=720{,}000$，以及 $A(1200)=0$。所以由**閉區間法**（Closed Interval Method），可知最大值為 $A(600)=720{,}000$。

另外一個方法是：觀察到對於所有 x 滿足 $A''(x)=-4<0$，A 的圖形永遠是**下凹的**（concave downward），所以局部極大值一定也是絕對極大值。

因此，矩形區域應該為 600 英尺深，和 1200 英尺寬的形狀。

R 軟體的應用

首先，以下列程式一窺不同的 x 邊長下圍成的面積分布曲線：（圖 4-15）

```
print(ex<-parse(text='2400*x-2*x^2'))        # 建構函數表達式物件並印出
fx<-function(x) eval(ex)                     # 定義面積曲線函式
curve(expr=fx,                               # 繪出 fx 函式曲線
      from=0,to=1000,                        # x 座標起迄
      main=' 面積曲線 ',                      # 圖標題
      xlab='x 邊長 ',ylab=' 面積 (A)')        # x、y 軸標籤
```

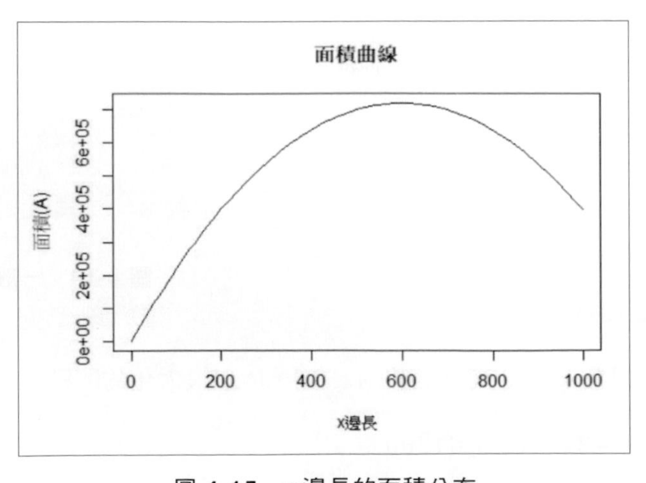

圖 4-15　x 邊長的面積分布

上圖可看出隨著 x 邊長的增加，圍成的面積先增加至最高點，後則反轉而下，為一下凹曲線。接著，同 [實例一] 使用內建套件 stats 之函式 D 將面積計算式進行微分：(圖 4-16)

```
print(d<-D(ex,'x'))          # 對函數物件微分，列印微分物件
```

```
> print(d<-D(ex,'x'))          # 對函數物件微分，列印微分物件
2400 - 2 * (2 * x)
```

圖 4-16　面積函數的導函數（微分物件）

上圖中微分物件即手算的一階導函數 $A'(x)$，若再次微分求二階導函數 $A''(x)$ 如下：(圖 4-17)

```
print(dd<-D(d,'x'))          # 對微分函數物件再微分並列印該物件
eval(dd)                     # 運算 dd 值
```

```
> print(dd<-D(d,'x'))          # 對微分函數物件再微分並列印該物件
-(2 * 2)
```

圖 4-17　二階導函數結果

上圖 4-17 二階導函數計算式不含 x 變數，因此不須指定 x 值直接以 eval 函式計算得 -4，說明了該面積函數之分布為一下凹圖如圖 4-15。

本例求極大值的 A 及其 x、y，下列程式先求得 x 再求得 A 及 y 並繪出極值 A 出現的頂點（x、y 交會處）如下：(圖 4-18、圖 4-19)

```
print(x<-solve(4,2400))              # 解最大值時 x 值，並列印出
print(A<-eval(ex))                   # 計算 x 值使面積最大值（面積函數），並列印
A/x                                  # A=xy 求 y 值
m<-eval(d)                           # 最大值時 x 值的切線斜率
abline(v=x,col='red',lty=3)          # 最大值 x 所在畫一垂直點狀線
abline(a=fx(x)-m*x,b=m,col='red',lty=3)  # x 所在的點狀切線
```

```
> print(x<-solve(4,2400))     # 解最大值時x值，並列印出
[1] 600
> print(A<-eval(ex))          # 計算x值使面積最大值(面積函數)，並列印
[1] 720000
> A/x                         # A=xy 求y值
[1] 1200
```

圖 4-18　x、A 及 y 各值

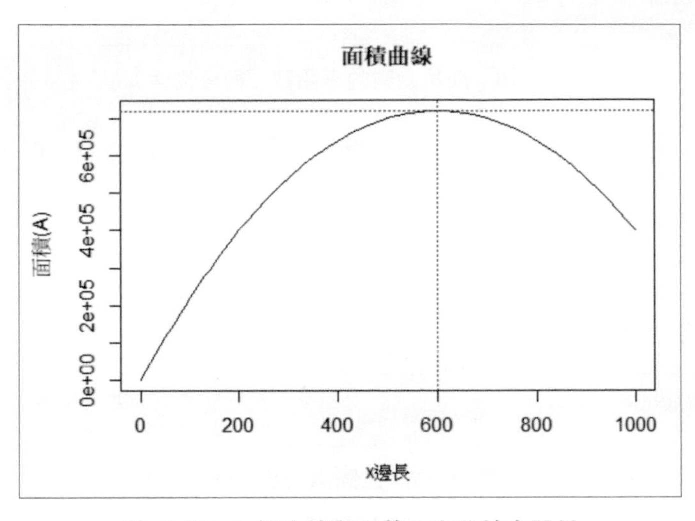

圖 4-19　A 極大值與面積分布曲線之關係

上述求解係先將目標（面積）函數化為單變數（simple variable）x，再透過對其微分求解，若維持目標（面積）函數的 x、y 不變，在限制條件（總長 2400）下同時求解，則請參閱本章第 4 節，有關拉氏乘數的應用。

實例四　某公司的資產 A（以百萬元計）隨著時間 t（以年計）而增加。假設其關係為 $A(t)=5t^2+100$，$0 \le t \le 5$ (4)

1. 試問最後三年資產的平均成長率為若干？
2. 在 $t=2$（第二年底）時，資產的成長率為若干？又其相對於 A 的成長百分比為若干？

手算

1. 前面提到，$\frac{\Delta y}{\Delta x} = \frac{f(x_2)-fX_1)}{x_2-x_1}$ 就稱為 y 對於 x 在區間 $[x_1, x_2]$ 上的平均變化率（average rate of change）。因此 最後三年資產的平均成長率：

$$\frac{\Delta A}{\Delta t} = \frac{A(5)-A(2)}{5-2} = \frac{225-120}{5-2} = 35 \text{ 百萬 / 年}$$

2. $\frac{dA}{dt}\Big|_{t=2} = 10\ t$

   $\frac{dA}{dt}\Big|_{t=2} = 20$ 百萬 / 年

   在 t=2 時，$A(t)=120$，故相對於 A 的資產成長百分比為

   $$\frac{\frac{dA}{dt}}{A} = \frac{20}{120} = 17\%$$

   本實例可以釐清平均變化率及瞬間變化率，即導數的差別。

R 軟體的應用

首先，以內建套件 base 的 parse 將資產計算式建構 expression 物件，再以自訂函式據此物件運算傳回年 (t) 所計算之資產值，下列程式一窺各年 ($t=\{0,1...5\}$) 的資產增長（累積）曲線：(圖 4-15)

```
print(ex<-parse(text='5*t^2+100'))      # 建構資產函數物件並印出
fx<-function(t) eval(ex)                # 自訂資產函數之運算函式
curve(expr=fx,                          # 繪出 fx 函式曲線
      from=0,to=5,                      # x 座標起迄
      main='資產累積曲線',                # 圖標題
      xlab='年(t)',ylab='資產(A)',        # x、y 軸標籤
```

```
> print(ex<-parse(text='5*t^2+100'))  # 建構資產函數物件並印出
expression(5*t^2+100)
```

圖 4-20　資產函數的 expression 物件

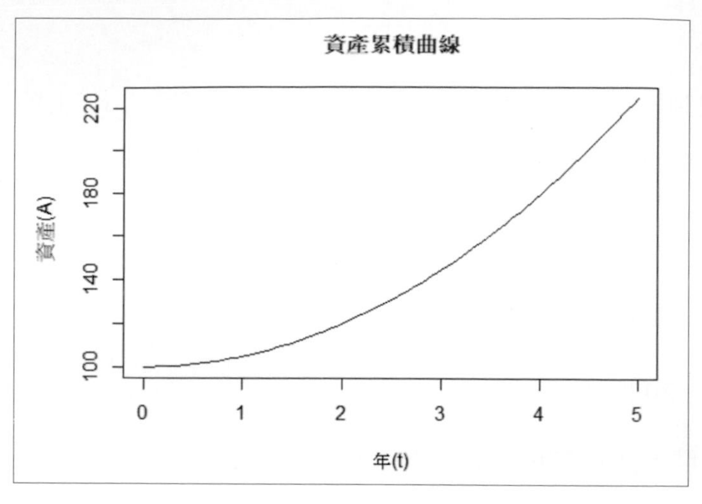

圖 4-21　資產增長（累積）

接著如下程式，將資產函數微分得資產累積速率函數：(圖 4-22)

```
print(d<-D(ex,'t'))          # 對函數物件微分，列印微分物件
```

```
> print(d<-D(ex,'t'))       # 對函數物件微分，列印微分物件
5 * (2 * t)
```

圖 4-22　資產累積速率函數

最後，利用前面自訂的 fx 函式以及內建函式 sprintf 將格式化的結果印出：(圖 4-23 ～圖 4-25)

```
sprintf('%d 百萬 / 年 ',(fx(5)-fx(2))/3)  # 最後三年 (t=3,4,5) 平均成長率
t<-2
sprintf('%d 百萬 / 年 ',t2<-eval(d))       # t=2 時資產成長率
sprintf('%f%%',t2/fx(2)*100)              # t=2 相對於資產之成長百分比
```

```
> sprintf('%d百萬/年',(fx(5)-fx(2))/3)  # 最後三年(t=3,4,5)平均成長率
[1] "35百萬/年"
```

圖 4-23　最後三年的平均資產成長率

```
> t<-2
> sprintf('%d百萬/年',t2<-eval(d)) # t=2時資產成長率
[1] "20百萬/年"
```

圖 4-24　t=2（第二年底）資產成長率

```
> sprintf('%f%%',t2/fx(2)*100)     # t=2相對於資產之成長百分比
[1] "16.666667%"
```

圖 4-25　t=2（第二年底）的資產成長百分比

4-2 微分及全微分

上一節探討的是**單變數**函數的微分。但**二變數**和**多變數**函數亦有其應用，例如成本、收入及利潤的變數通常不只一個而已。

若考慮含有 n 個自變數 x_1 ,... x_n 的函數

$y=f(x_1,\dots x_n)$

則當 x_2 ,......, x_n 固定不變時，f 可視為 x_1 的函數，依**微分**的定義，可得**導數**

$$\lim_{\Delta x_1\to 0}\frac{\Delta y}{\Delta x_1}=\lim_{\Delta x_1\to 0}\frac{f(x_1+\Delta x_1,x_2\dots x_n)-f(x_1,x_2\dots x_n)}{\Delta x_1}$$

上式可稱為 y 對 x_1 的**偏導數**或**偏導函數**（partial derivative），以符號 $\frac{\partial y}{\partial x_1}$、$\frac{\partial f}{\partial x_1}$ 表示。它所表示的是當其他變數固定不變時，當有變數 x_1 的變動對 y 所造成的影響程度。

偏導數的幾何意義

偏導函數的幾何意義與單變數函數之導函數的**幾何意義**類似。對 $z=f(x,y)$ 而言，$\frac{\partial f}{\partial y}$ 為 $f(x,y)$ 對 y 的導函數，視 x 為常數。故 $\frac{\partial f}{\partial y}$ 為面 $z=f(x,y)$ 之切線的斜率，因 x 保持不變，此切線在與 yz 平面平行的平面上，參見圖 4-26 左側圖。同理，$\frac{\partial f}{\partial x}$ 亦為 $z=f(x,y)$ 之切線的斜率，此時，y 保持不變，故切線在與 xz 平面平行的平面上，參見圖 4-26 右側圖。(5)

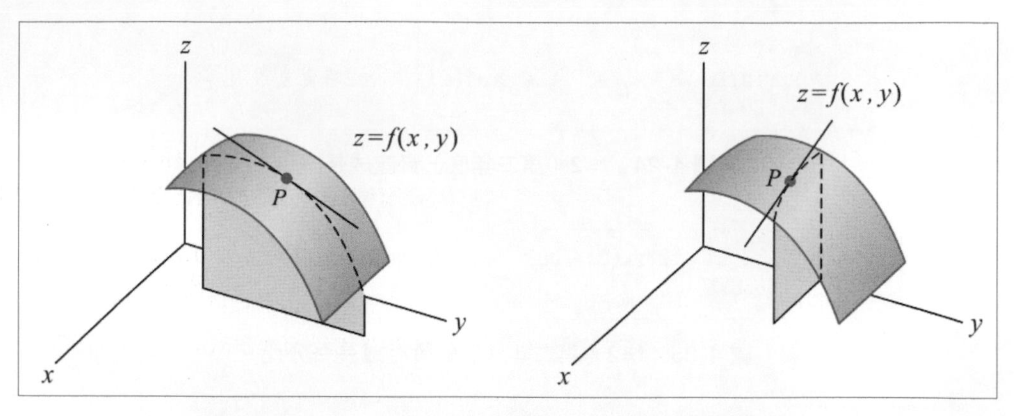

圖 4-26　當 x,y 分別保持不變下，在點 P 的切線斜率

圖 4-26 左側圖為當 x 保持不變，在點 P 的切線斜率為在 P 點的 $\frac{\partial f}{\partial y}$。圖 4-26 右側圖為當 y 保持不變，在點 P 的切線斜率為在 P 點的 $\frac{\partial f}{\partial x}$。

方向導數與梯度向量

介紹另外一種形式的導數 - 方向導數（directional derivative），有了它就可以計算多變數函數沿著任意方向的變化率。分別定義如下：

函數 f 在點 (x_0, y_0) 沿著單位向量 $\boldsymbol{u}=\langle a, b\rangle$ 的方向導數為

$$D_u f(x_0, y_0)=\lim_{h\to 0}\frac{f(x_0+ha,\, y_0+hb)-f(x_0, y_0)}{h}$$

如果極限存在。h → 0

當吾人計算函數的方向導數時，常用到下面定理：

若 f 為可微分函數，則 f 沿著任意單位向量（unit vector）$\boldsymbol{u}=\langle a, b\rangle$ 的方向導數存在，而且

$$D_u f(x, y)=f_x(x, y)a+f_y(x, y)b \quad (1)$$

上式**方向導數**又可表示成兩個向量的內積（dot product）。

即

$$D_u f(x,y) = f_x(x,y)a + f_y(x,y)b$$
$$= \langle f_x(x,y), f_y(x,y) \rangle \cdot \langle a, b \rangle$$
$$= \langle f_x(x,y), f_y(x,y) \rangle \cdot \boldsymbol{u}$$

在最後一行的內積中，第一個向量不僅出現方向導數的計算，亦常出現在其他計算。吾人給它一個特殊的名稱：**梯度向量**（gradient vector）及特殊符號：**grad** f 或 ∇f（讀作 del f）

梯度向量定義如下 (3)：

已知 f 為變數 x 和 y 的函數，f 的梯度向量 ∇f 定義為

$$\nabla f(x,y) = f_x(x,y),\ f_y(x,y) = \frac{\partial f}{\partial x}\boldsymbol{i} + \frac{\partial f}{\partial y}\boldsymbol{j}$$

方向導數 $D_u f(x,y)$ 與梯度向量 ∇f 的關係如下：

$$D_u f(x,y) = \nabla f(x,y) \cdot \boldsymbol{u}$$

吾人亦可推廣到三變數函數。對三變數函數而言，也可用類似的方法來定義方向導數 $D_u f(x,y,z)$，並將它看成是函數在單位向量 u 方向的變化率。

對三變數函數 f，梯度向量的定義為

$$\nabla f(x,y,z) = \langle f_x(x,y,z),\ f_y(x,y,z),\ f_y(x,y,z) \rangle$$

或更簡明的記號如下：

$$\nabla f = \langle f_x,\ f_y,\ f_z = \frac{\partial f}{\partial x}\boldsymbol{i} + \frac{\partial f}{\partial y}\boldsymbol{j} + \frac{\partial f}{\partial y}\boldsymbol{k} \rangle$$

三變數函數方向導數可寫成

$$D_u f(x,y,z) = \nabla f(x,y,z) \cdot \boldsymbol{u}$$

梯度向量的涵義（Significance of the Gradient Vector）

吾人可考慮雙變數函數 f 及定義域中一點 $P(x_0,y_0)$ 的情形：**梯度向量 $\nabla f(x_0,y_0)$ 為函數 f 改變最快的方向**，梯度向量也和通過 P 點的等高線 $f(x,y)=k$ 垂直，這在直覺上是正確的。因為沿著等高線變動時，函數值為常數，見圖 4-27。(3)

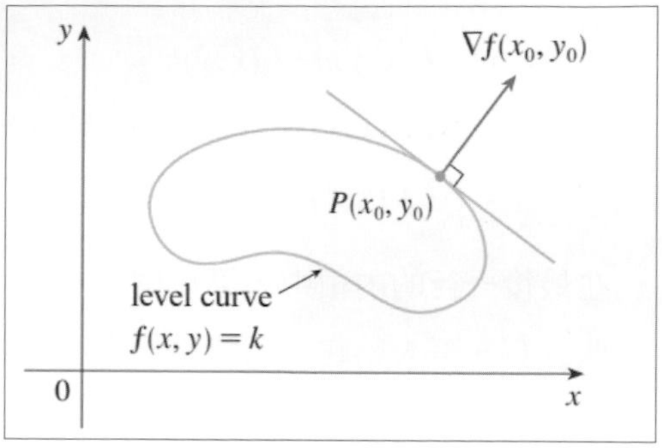

圖 4-27　梯度向量在等高線切點上互相垂直

等高線（level curves）

如果吾人考慮丘陵的**地形圖**（topographic map），崎嶇的三度空間表面是以一串的兩度空間曲線來表示。每一曲線為山之表面在某一高度的水平切割輪廓。故地形圖是山的鳥瞰圖，如下圖 4-28 所示。令 $f(x,y)$ 表示坐標點為 (x,y) 的海平面高度，那麼最陡峭的路徑就是一條處處與等高線相互垂直的路徑，見圖 4-28 (3)

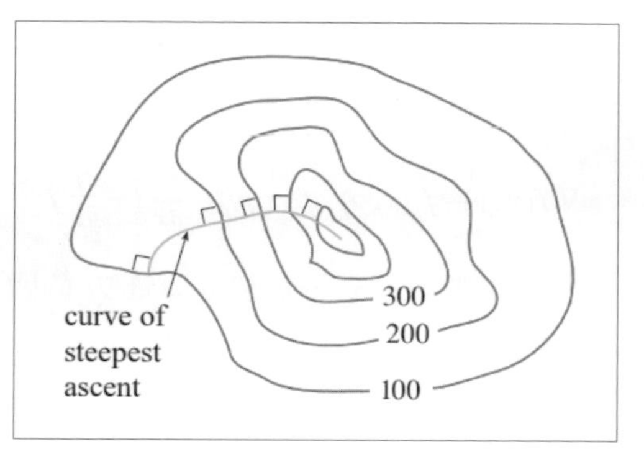

圖 4-28　丘陵的地形圖以及最陡峭的路徑

在圖 4-28，100/200/300 為高度（以呎計）。一般而言，三度空間之面 $z=f(x,y)$ 的圖形，可用**等高線**（level curves）的兩度空間曲線來表示。令 $f(x,y)$ 等於「高度」。圖中的 100/200/300 為等高線。

梯度向量的概念會用在本章 [實例十一]，求解**目標**函數及限制式中使用到。

實例五 假設銷售型號 A10 的藍牙耳機 x 個，以及型號 A20 的藍牙耳機 y 個的收益為

$$R(x,y)=100x+150y-0.03x^2-0.02y^2 \text{ 元}$$

求當銷售型號 A10 的藍牙耳機 50 個，以及型號 A20 的藍牙耳機 40 個時，收益對型號 A10 之銷售個數的變化率。(5)

手算

欲求的變化率為 $\frac{\partial R}{\partial x}\Big|_{\substack{x=50\\y=40}}$

因 $R(x,y)=100x+150y-0.03x^2-0.02y^2$

故得 $\frac{\partial R}{\partial x}=100-0.06x$

$$\frac{\partial R}{\partial x}\Big|_{\substack{x=50\\y=40}}=100-0.06(50)=97$$

答案 97 元，x 的一階導數已與 y 值無關，表示在銷售 A20 為 40 個或任意個，此時再銷售一個型號 A10 藍牙耳機，可得額外的的收益大約 97 元。

R 軟體的應用

使用內建套件 stats 的 deriv 函式對收益函數 x（A10 的銷售量）進行偏微分，再據以計算本例在 A20 指定銷售量為 40 個的前題下，A10 銷售 50 個對收益的變化率，程式中偏微對象為一以波浪號 ~ 建立的公式（formula）物件：（圖 4-29）

```
print(d<-deriv(          # 對本例的收益函數偏微
  expr=R ~ (100*x+150*y-0.03*x^2-0.02*y^2),  # 以 formula 物件當引數
  'x'))                  # 對 x 偏微分
x<-50                    # A10 的銷售量
y<-40                    # A20 的銷售量
eval(d)                  # 計算 x=50 對收益之變化率
```

```
> print(d<-deriv(                                # 對本例的收益函數偏微
+    expr=R ~ (100*x+150*y-0.03*x^2-0.02*y^2),   # 以formula物件當引數
+    'x'))                                       # 對x偏微分
expression({
    .value <- 100 * x + 150 * y - 0.03 * x^2 - 0.02 * y^2
    .grad <- array(0, c(length(.value), 1L), list(NULL, c("x")))
    .grad[, "x"] <- 100 - 0.03 * (2 * x)
    attr(.value, "gradient") <- .grad
    .value
```

圖 4-29　x 變量偏導數的 expression 物件

```
> eval(d)      # 計算x=50對收益之變化率
[1] 10893
attr(,"gradient")
      x
[1,] 97
```

圖 4-30　對 expression 物件 eval 的結果

上圖 4-29 經過 deriv 函式傳回為一 expression 物件，圖中可看出 value 計算式，以及 grad 的計算式此為 x 的偏導數，經過 eval 函式驅動運算傳回 $x=50$ 個及 $y=40$ 個時的收益額，同時，傳回在偏導數計算下即是 $x=50$ 個時其收益之變化率。

deriv 函式中 expr 的引數除了可給予上述的 formula 物件外，也可給予來自 parse 函式對 character 建構的 expression 物件，增加對程式設計的彈性，如下程式碼：(圖：略)

```
rvn<-'100*x+150*y-0.03*x^2-0.02*y^2'   # 收益函數的 character 物件
print(ex<-parse(text=rvn))             # 解析函數傳回收益函數的 expression 物件
print(d<-deriv(expr=ex,'x'))
```

吾人亦可使用外掛套件 Deriv 中的 Deriv 函式只計算收益變化率：(圖 4-31、圖 4-32)

```
library(Deriv)
print(d<-Deriv(          # 對本例的收益函數偏微
  R ~ 100*x+150*y-0.03*x^2-0.02*y^2, 'x'))       # 對 x 偏微分
```

```
rm(y)                 # 可自環境移除往下無關的 y 變數
x<-50                 # A10 的銷售量
eval(d)               # 計算 x=50 對收益之變化率
```

```
> print(d<-Deriv(     # 對本例的收益函數偏微
+    R ~ 100*x+150*y-0.03*x^2-0.02*y^2,
+    'x'))            # 對x偏微分
100 - 0.06 * x
```

圖 4-31　x 變量偏導數的 call 物件

```
> x<-50          # A10 的銷售量
> eval(d)        # 計算x=50對收益之變化率
[1] 97
```

圖 4-32　對 call 物件 eval 的結果

圖 4-31 顯示 Deriv 傳回導函數物件類別為一內有運算式的 call 物件（可用內建的 class() 函式驗證此物件類別），該運算式只需有 x 變數，故上述程式刻意移除 y 的環境變數值，驗證不影響 eval 函式執行，經 eval 驅動運算傳回 $x=50$ 個時收益變化率（圖 4-32），運算結果同圖 4-30。

實例六　設某大汽車廠生產小客車與卡車的成本函數為

$$C=0.12x^2+0.04y^2+0.04xy+320x+80y+30$$

其中 C 代表成本（以千元為單位），x、y 分別代表小客車與卡車的生產量（以千輛為單位）。

若目前的生產量為 $x=500$，$y=1000$，試求兩種汽車總生產成本，以及小客車與卡車的邊際成本（marginal cost）$\frac{\partial C}{\partial x}$，$\frac{\partial C}{\partial y}$，並解釋其意義。(4)

手算

首先，求兩種汽車**總生產成本**：

將 x,y 值，帶入 $C=0.12x^2+0.04y^2+0.04xy+320x+80y+30$ 式子，求得：

$C=0.12(500)^2+0.04(1000)^2+0.04(500)(1000)+320(500)+80(1000)+30$

$=330{,}030$。

其次，求小客車與卡車的邊際成本：

$$\frac{\partial C}{\partial x}\Big|_{\substack{x=500\\y=1000}} = 0.24\ x + 0.04\ y + 320\Big|_{\substack{x=500\\y=1000}} = 480$$

$$\frac{\partial C}{\partial y}\Big|_{\substack{x=500\\y=1000}} = 0.08\ y + 0.04\ x + 80\Big|_{\substack{x=500\\y=1000}} = 180$$

因此，當卡車生產量維持 1000（千）輛不變時，每多生產一輛小客車，總成本大約增加 480,000 元。而當小客車生產量維持 500（千）輛不變時，每多生產一輛卡車，總成本大約增加 180,000 元。

R 軟體的應用

首先，將成本函數的 character 物件經由內建套件 base 的 parse 函式解析為 expression 物件，再經 stats 套件的 deriv 函式求偏導數，以及 eval 函式驅動運算此偏導函式在卡車產量 1000 時，於小客車產量 500 時的瞬間成本變化率：（圖 4-33）

```
# 成本函數的 character 物件
C<-'0.12*x^2+0.04*y^2+0.04*x*y+320*x+80*y+30'
print(ex<-parse(text=C))    # 解析函數傳回成本函數的 expression 物件
print(d<-deriv(ex,'x'))     # 將 expression 物件對 x 偏微分傳回該導函數
x<-500         # 小客車產量
y<-1000        # 卡車產量
eval(d)        # 計算 x=500 對成本之變化率以及其成本函數值
```

```
> eval(d)       # 計算x=500對成本之變化率以及其成本函數值
[1] 330030
attr(,"gradient")
       x
[1,] 480
```

圖 4-33　小客車產量 500 時的成本變化率

上圖 4-33 說明了卡車產量 1000（千）輛下，小客車在生產量 500（千）輛時的成本變化率為 480（千）元，且其生產兩種汽車總成本為 330,030（千）元。

繼續以對 y 偏微亦得計算其小客車在生產量 500（千）輛下，卡車產量 1000（千）輛時的成本變化率為 180（千）元，且其生產兩種汽車同上圖 4-33 總成本為 330,030（千）元：(圖 4-34）

```
print(d<-deriv(ex,'y'))      # 將 expression 物件對 y 偏微分傳回該導函數
eval(d)      # 計算 y=1000 對成本之變化率以及其成本函數值
```

```
> eval(d)      # 計算y=1000對成本之變化率以及其成本函數值
[1] 330030
attr(,"gradient")
       y
[1,] 180
```

圖 4-34　卡車產量 1000 時的成本變化率

4-3 函數的極值

在微積分中，吾人經常探討函數的極值，這是指**函數在某一點或某個區間內取得的最大值或最小值**。透過研究極值，我們能夠深入了解函數的局部行為，**揭示其變化和特性**。**探討極值不僅對最佳化問題有著重要應用，同時也是理解函數整體形狀和變動的關鍵**。

探討如何求出**可微分函數**的極值，然後再將此結果推廣到**有限制**條件的極值問題。函數導數主要應用之一，在求極值，包括極大值以及極小值。在偏導數也可找出雙變數函數的極大值以及極小值。

圖 4-35 雙變數函數的高峰與低谷，可看出函數有兩個局部極大值，也就是其函數值比附近的都大，其中較大的是**絕對極大值**（absolute maximum）。同樣的，函數有兩個局部極小值，也就是其函數值比附近的都極小，其中較小的是**絕對極小值**（absolute minimum）。(3)

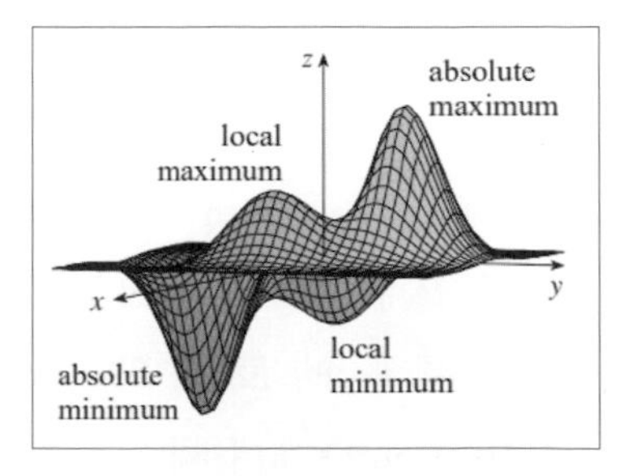

圖 4-35　變數函數的高峰與低谷

絕對極值與相對極值定義如下 (4)：

設函數 $y=f(x)$ 的定義域為 $S\subseteq R^n$（按：R^2 為二維空間的平面向量，R^3 為三維空間的立體向量，R^n 為推廣到 n 維空間 R^n 的向量；笛卡兒乘積 $R\times R\times R=\{(x,y,z)|x,y,z\in \mathrm{R}\}$ 表示所有的有序的三個實數所形成的集合，記作 R^3，R^n 為推廣到 n 維空間 R^n 的向量。)

若對於 S 中所有的 x，$f(x_0)\geq f(x)$，則稱 f 在 x_0 點有**絕對**極大值（absolute or global maximum）。若對於 S 中所有的 x，$f(x_0)\leq f(x)$，則稱 f 在 x_0 點有**絕對**的極小值（absolute or global minimum）。

若對於在 x_0 鄰近的點 x，$f(x_0)\geq f(x)$，則稱 f 在 x_0 點有**相對極大值**（relative or local maximum）。若對於在 x_0 鄰近的點 x，$f(x_0)\leq f(x)$，則稱 f 在 x_0 點有相對極小值（relative or local minimum）。(4)

設函數 f 及 f' 皆定義於區間 (a，b)。

設 x_0 在 (a，b) 內，且 $f'(x_0)=0$。

1. 若 $f''(x_0)>0$，則 f 在 x_0 點有相對極**小**值。
2. 若 $f''(x_0)<0$，則 f 在 x_0 點有相對極**大**值。

以下探討函數反曲點及極值存在條件：

若函數 f 的圖形在 x_0 點的左側為**上凹**（concave upward），（或下凹 concave downward），而在 x_0 右側為**下凹**（或上凹），則稱 x_0 為 f 圖形的**反曲點**（point of inflection）。如下圖：

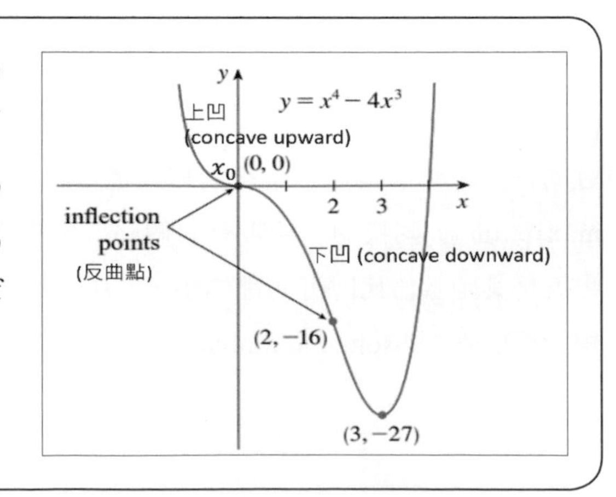

從圖中的反曲點，可得其定理（充要條件）為：

若 $f''(x_0)=0$，且 x_0 附近兩側 $f''(x_0)$ 異號，

設 $y=f(x_1,x_2,\ldots x_n)$ 為一函數。若 f 在 x_0 上有極值，則

$$\frac{\partial f}{\partial x_1}(x_0)=0,\quad \frac{\partial f}{\partial x_2}(x_0)=0,\ldots,\quad \frac{\partial f}{\partial x_n}(x_0)=0$$

可知偏導數全部為 0，只是極值的必要條件。就算已知在某一點上函數 f 的偏導數均為 0，吾人亦無法斷定 f 在此點具有極值。吾人必須還要有其他的條件，以確定極值的存在。(4)

以下探討二維變數函數的極值、鞍點求算：

設 $z=f(x,y)$，且在點 $(a，b)$ 上，

$$\frac{\partial f}{\partial x}(\mathrm{a,b})=\frac{\partial f}{\partial y}(\mathrm{a,b})=0$$

若 $\Delta=(\frac{\partial^2 f}{\partial x^2})(\frac{\partial^2 f}{\partial y^2})-(\frac{\partial^2 f}{\partial x\partial y})^2>0$，且 $\frac{\partial^2 f}{\partial x^2}>0$，則 f 在點有相對極小值。

若 $\Delta=(\frac{\partial^2 f}{\partial x^2})(\frac{\partial^2 f}{\partial y^2})-(\frac{\partial^2 f}{\partial x\partial y})^2>0$，且 $\frac{\partial^2 f}{\partial x^2}<0$，則 f 在點有相對極大值。

若 $\Delta=(\frac{\partial^2 f}{\partial x^2})(\frac{\partial^2 f}{\partial y^2})-(\frac{\partial^2 f}{\partial x\partial y})^2<0$，則 (a,b) 為一**鞍點**（saddle point），即 $f(a，b)$ 不是極值。

$\Delta=(\frac{\partial^2 f}{\partial x^2})(\frac{\partial^2 f}{\partial y^2})-(\frac{\partial^2 f}{\partial x\partial y})^2=0$，則無法作任何結論。(4)

所謂鞍點，就是沿著某一方向來看，f 在 $(a，b)$ 上具有相對極大值。但沿另一方向來看時，f 在 $(a，b)$ 上又是相對極小，如下圖：

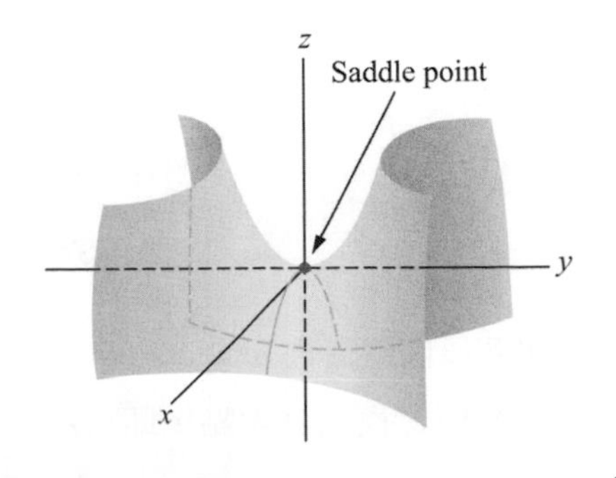

實例七 設 $f(x)=x^3+3x^2-9x-9$，試求 f 的相對極大值與相對極小值 (4)

手算

$f'(x)=3x^2+6x-9=(3x+9)(x-1)=0$

解之得 $x=1$，$x=-3$

又

$f''(x)=6x+6$，分別以 $x=1$，$x=-3$ 代人：

$f''(1)=12>0$，故 $f(1)=-14$ 為相對極小值。

$f''(-3)=-12<0$，故 $f(-3)=18$ 為相對極大值。

R 軟體的應用

首先，將本例求極值之目標函數 parse 為 expression 物件：

```
f<-'x^3+3*x^2-9*x-9'                # 本例目標函數的 character 物件
print(ex<-parse(text=f))            # 解析函數傳回該函數的 expression 物件
```

```
> print(ex<-parse(text=f))  # 解析函數傳回該函數的expression物件
expression(x^3+3*x^2-9*x-9)
```

圖 4-36 目標函數的 expression 物件

再將此 expression 求一階導函數：

```
print(d<-D(ex,'x'))                 # 將 expression 物件對 x 微分傳回該一階導函數
```

```
> print(d<-D(ex,'x'))    # 將expression物件對x微分傳回該一階導函數
3 * x^2 + 3 * (2 * x) - 9
```

圖 4-37 目標函數一階導函數

接著以內建套件 base 的 polyroot 函式解該導數的根，該函式可對於實係數或複係數多項式找出其零點，即可能的極值所在，**需注意給予係數的順序**，分別是

常數項、一次、二次等等：

```
print(rts<-polyroot(c(-9,6,3)))   # 給予一元多項式的係數解其根
```

```
> print(rts<-polyroot(c(-9,6,3)))     # 給予一元多項式的係數解其根
[1]  1+0i -3+0i
```

圖 4-38　一階導數的根即極值之所在

上圖 4-38 顯示有重根，且虛數部分均為 0，顯示極值存在於 $x=1$ 與 $x=-3$，欲知何處為極大、極小，繼續求二階導函數（圖 4-39）以及在 $x \in \{1,-3\}$ 時的二階導數值（圖 4-40），程式中使用內建函式 Re 讀取重根的實數部分：

```
print(d2<-D(d,'x'))                # 將一階導函數再微分得二階導函數
sapply(Re(rts),function(x) {       # 將將一階導函數解得的根帶入二階導函數
  eval(d2)
})
```

```
> print(d2<-D(d,'x'))      # 將一階導函數再微分得二階導函數
3 * (2 * x) + 3 * 2
```

圖 4-39　二階導函數

```
> sapply(Re(rts),function(x) {  # 將將一階導函數解得的根帶入二階導函數
+   eval(d2)
+ })
[1]  12 -12
```

圖 4-40　二階導數值

上圖 4-40 顯示於 $x=1$ 目標函數曲線為上凹（concave upward）處，$x=-3$ 則為下凹（concave downward）處，如下 R 程式將目標函數曲線繪出，並標示極值處以及目標函數之極值（極大、極小）：

```
y<- function(x) (eval(ex))                        # 目標函數之自訂函式
x<-seq(min(Re(rts))-2,max(Re(rts))+2,0.1) # x 區間值
plot(                                             # x 區間的曲線圖
  x=x,                                            # x 軸資料（向量）
  y=y(x),                                         # y 軸經自訂的 y 函式計算
```

```
  type='l')                                             # 繪製線圖
sapply(Re(rts),function(x) {                            # 將解得的根與目標函數值標示於曲線
  abline(v=x,col='red',lty=2)                           # 將將一階導函數解得的根繪垂直線
  points(x=x,y=y(x),
         col='red',                                     # 紅色
         pch=16,                                        # 實心圓形
         cex=1.5)                                       # 預設大小倍數
  text(x,y(x),paste0('(',x,',',y(x),')'),adj=c(-0.5,0.3))
  y(x)                                                  # 傳回值
})
```

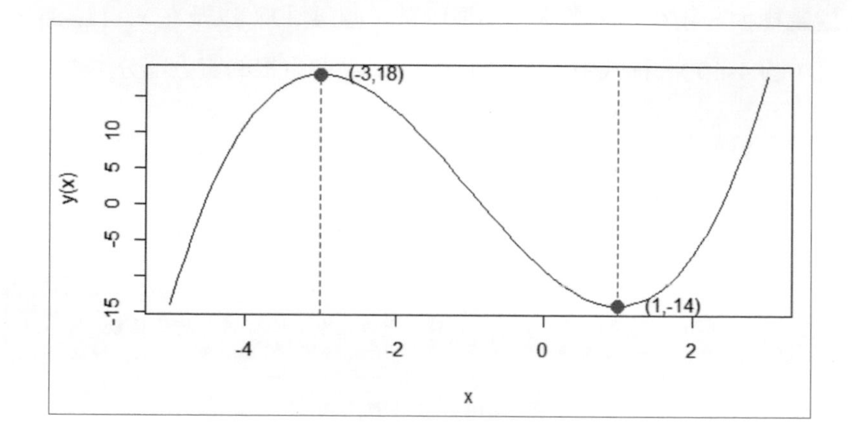

實例八 某廠商所製造產品的需求函數為 $q=90-2p$，其中 q 為產量，p 為產品的單位價格。若廠商的成本函數為 $C=q^3-39.5\ q^2+120q+125$，試問廠商應生產多少單位可使利潤最大以及最小？(4)

手算

由需求函數，求得 $p=\frac{1}{2}(90-q)=45-\frac{q}{2}$

廠商總收益函數為：

$R=p\cdot q=(45-\frac{q}{2})\ q=45q-\frac{1}{2}q^2$

廠商利潤函數 $\pi=R-C=-q^3+39q^2-75q-125$

由 $\frac{d\pi}{dq}=0$，得 $-3q^2+78q-75=0$

其解為 $q=1$ 及 $q=25$

又 $\frac{d^2\pi}{dq^2}=-6q+78$

$$\frac{d^2\pi}{dq^2}\Big|_{q=1}=72>0$$

$$\frac{d^2\pi}{dq^2}\Big|_{q=25}=-72<0$$

故當產量 q 為 25 單位時，代入廠商利潤函數 $\pi=R-C$，求得廠商所獲得利潤（$\pi=R-C=6750$）為最大；當產量 q 為 1 單位時，廠商所獲得利潤（$\pi=R-C=-162$ 元）為最小。

R 軟體的應用

首先，將本例求極值之利潤函數 parse 為 expression 物件，並求其一階導函數：

```
P<-'-q^3+39*q^2-75*q-125'   # 本例目標利潤函數的 character 物件
print(ex<-parse(text=P))    # 解析函數傳回該函數的 expression 物件
print(d<-D(ex,'q'))         # 將 expression 物件對 q 微分傳回該導函數
```

```
> print(d<-D(ex,'q'))    # 將exoression物件對q微分傳回該導函數
39 * (2 * q) - 3 * q^2 - 75
```

圖 4-42　利潤函數之一階導函數

接著以內建套件 base 的 polyroot 函式解該導數的根，即可能的極值所在，需注意給予係數的順序，分別是常數項、一次、二次等等：

```
print(rts<-polyroot(c(-75,78,-3)))    # 給予一元多項式的係數解其根
```

```
> print(rts<-polyroot(c(-75,78,-3)))    # 給予一元多項式的係數解其根
[1]  1+0i 25+0i
```

圖 4-43　一階導數的根即極值之所在

上圖 4-43 顯示有重根，且虛數部分均為 0，顯示極值存在於 $q=1$ 與 $q=25$，欲知何處為極大、極小，繼續求二階導函數（圖 4-44）以及在 $q\in\{1,25\}$ 時的二階導數值（圖 4-45）：

```
print(d2<-D(d,'q'))                    # 將一階導函數再微分得二階導函數
sapply(Re(rts),function(x) {           # 將將一階導函數解得的根帶入二階導函數
  q<-x
  eval(d2)})
```

```
> print(d2<-D(d,'q'))     # 將一階導函數再微分得二階導函數
39 * 2 - 3 * (2 * q)
```

圖 4-44　二階導函數

```
> sapply(Re(rts),function(x) {  # 將將一階導函數解得的根帶入二階導函數
+   q<-x
+   eval(d2)
+ })
[1]  72 -72
```

圖 4-45　二階導數值

上圖 4-45 顯示於 $q=1$ 目標函數曲線是上凹處，$q=25$ 則為下凹處，如下程式將目標函數曲線繪出，並標示極值處以及目標函數之極值（極大、極小）：

```
p<- function(x){                       # 目標函數之自訂函式
  q<-x                                 # ex 的變數值
  return (eval(ex))
}
q<-seq(0,max(Re(rts))+5,0.1)           # 生產數量區間值
plot(                                  # 數量區間的曲線圖
  x=q,                                 # x(生產數量)軸資料(向量)
  y=p(q),                              # y 軸經自訂的 p 函式計算
  type='l',                            # 繪製線圖
  main='目標利潤曲線',                  # 圖標題
  xlab='生產數量', ylab='利潤')          # x、y 軸標籤
sapply(X=Re(rts),function(x) {         # 將解得的根與目標函數值標示於曲線
  abline(v=x,col='red',lty=2)          # 將將一階導函數解得的根繪垂直線
  points(x=x,y=p(x),
         col='red',                    # 紅色
```

```
       pch=16,                          # 實心圓形
       cex=1.5)                         # 圓點大小倍數
  text(x,p(x),
      paste0('(',x,',',p(x),')'),adj=c(-0.5,0.3))
  p(x)    # 傳回值
})
```

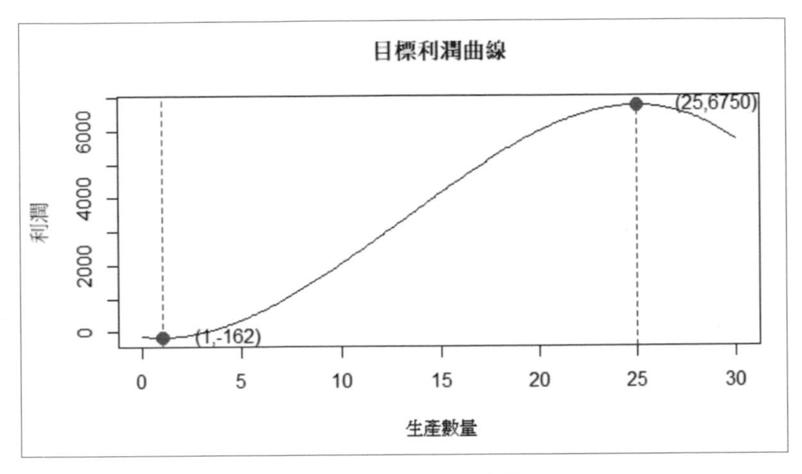

圖 4-46　利潤曲線圖

由上圖 4-46 顯示，生產量 25 單位時，利潤 6750 元為最大值，生產數量 1 單位時，利潤為 -162 元為最小值。

實例九　一儲存盒製造商計畫生產一批頂部開口的盒子，底部為正方形。每個盒子的體積為 100 立方呎，底部材料的成本為每平方呎 8 元，側邊的材料則為每平方呎 5 元，求使材料成本最低的盒子尺寸。(5)

手算

首先要畫圖說明題意。如下圖 4-47，畫的是底部為正方形，長度 x；側邊高度 h，各乘其每平方呎成本，得總材料成本為

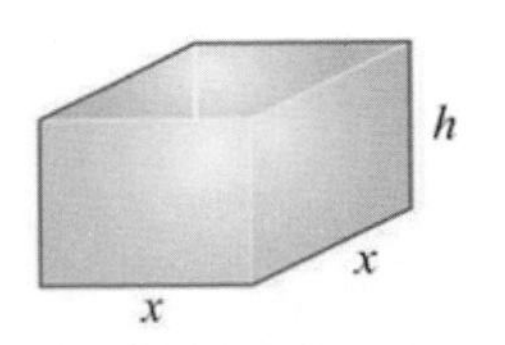

圖 4-47　頂部開口的儲存盒長、寬、高

$$C=8x^2+5(4)xh=8x^2+20xh \text{ 元} \quad (2)$$

盒子的體積為長・寬・高

$$100 = x^2 h \tag{3}$$

$h = \frac{100}{x^2}$，代入成本函數式 (2)，

得 $C = 8x^2 + \frac{2000}{x}$ (4)

就式 (4)，求一階微分，得 $C' = 16x - \frac{2000}{x^2}$

考慮 $C' = 0$，以求臨界值，分別解得 $x = 5$，$h = 4$。

因 $C''(x) = 16 + \frac{4000}{x^3}$，且 $C''(5) = 48 > 0$，由二階導函數判定法，知 C 在 $x = 5$ 時為相對極小值，又因 x 必須大於 0，故 $C''(x) > 0$。亦即，$C = 600$ 不僅為相對極小值，亦為絕對極小值。

R 軟體的應用

首先，依題意將目標函數（材料成本）以字串（即 character 物件）表示如下，並如前面實例將此字串物件解析為 expression 物件：（圖 4-48）

```
# x: 底邊長 z:高 =100/x^2
C<-'8*x^2+5*4*x*100/x^2'
print(ex<-parse(text=C)) # 解析函數傳回該函數的 expression 物件
```

```
> print(ex<-parse(text=C))  # 解析函數傳回該函數的expression物件
expression(8*x^2+5*4*x*100/x^2)
```

圖 4-48　目標函數的 expression 物件

上圖 4-48 顯示目標函數為單變數函數。

接著，藉由外掛套件 Deriv 的 Deriv 函式求得 ex 物件的導數物件 dx，如下：

```
library(Deriv)
print(dx<-Deriv(ex,c('x'))) # 將 expression 物件對 x 微分傳回該導數
```

```
> print(dx<-Deriv(ex,c('x'))) # 將expression物件對x微分傳回該導數
expression(16 * x - 2000/x^2)
```

圖 4-49　對 x 微分結果

再將圖 4-49 之導函數令其 =0 以求極值，將等號兩邊取對數，化簡為線性函數，如下式（5.9.1）：

$$16*x-2000/x^2=0 \rightarrow \ln(16)+\ln(x)=\ln(2000)-2\ln(x)$$
$$\rightarrow 3\ln(x)=\ln(2000)-\ln(16) \quad (5.9.1)$$

令上式的 $\ln(x)$ 為未知數的 X 以內建函式 solve 解 $a\%*\%x=b$ 的 x，這裡 a 為 $\ln(x)$ 的係數，b 為常數項，x 即代表 $\ln(x)$ 的 X：（圖 4-50）

```
print(X<-solve(a=3,b=log(2000)-log(16))) # 解 a%*%x=b 的 x
```

```
> print(X<-solve(a=3,b=log(2000)-log(16))) # 解a%*%x=b 的x
[1] 1.609438
```

圖 4-50　解得 ln(x) 值

將上圖 4-50 解得之 $\ln(x)$ 藉由內建指數函式 exp 還原為目標函數的 x：（圖 4-51）

```
print(x<-exp(x))  # 將 ln(x) 還原成目標函數的 x
```

```
> print(x<-exp(X))  # 將ln(x) 還原成目標函數的x
[1] 5
```

圖 4-51　目標函數的 x

由圖 4-51 得知 $x=5$ 處存在目標函數之極值，吾人需進一步以二階導函數判斷為極大或極小值：（圖 4-52）

```
print(dxx<-Deriv(dx)) # x的二階導函數
eval(dxx)             # 二階導數值
```

```
> print(dxx<-Deriv(dx)) # x的二階導函數
expression(16 + 4000/x^3)
> eval(dxx)  # 二階導數值
[1] 48
```

圖 4-52　二階導數求值

上圖 4-52 顯示二階導數值 48>0，為存在於上凹曲線處 $x=5$ 呎，其為極小值，如下最低成本 600 元：（圖 4-53）

```
print(z<-100/x^2)              # 紙箱高度
print(c<-eval(ex))             # 最低成本
```

```
> print(z<-100/x^2)      # 紙箱高度
[1] 4
> print(c<-eval(ex))     # 最低成本
[1] 600
```

圖 4-53　目標函數值（最低成本）

吾人將上述解題過程，以下列繪圖程式的結果加以說明、印證：

```
fc <- function(x,z) {                          # 自訂函式計算目標函數值
  eval(ex)
}
X<-seq(0,x+5,0.1)                              # 底部 x 區間值
plot(                                          # x 區間的曲線圖
  x=X,                                         # x（底部長寬）軸資料
  y=fc(X),                                     # y 軸（成本）經自訂的 p 函式計算
  type-'l',                                    # 繪製線圖
  main='目標成本曲線',                          # 圖標題
  xlab='底部長寬', ylab='成本',                 # x、y 軸標籤
  ylim=c(eval(ex)-400,eval(ex)+400)            # y 軸刻度限制
)
abline(h=eval(ex),col='red',lty=2)             # 最低目標成本處
abline(v=x,col='red',lty=2)                    # 谷底 x 值
points(x=x,y=c,                                # 極值處
       col='red',                              # 紅色
       pch=16,                                 # 實心圓形
       cex=1.5)                                # 預設大小倍數
```

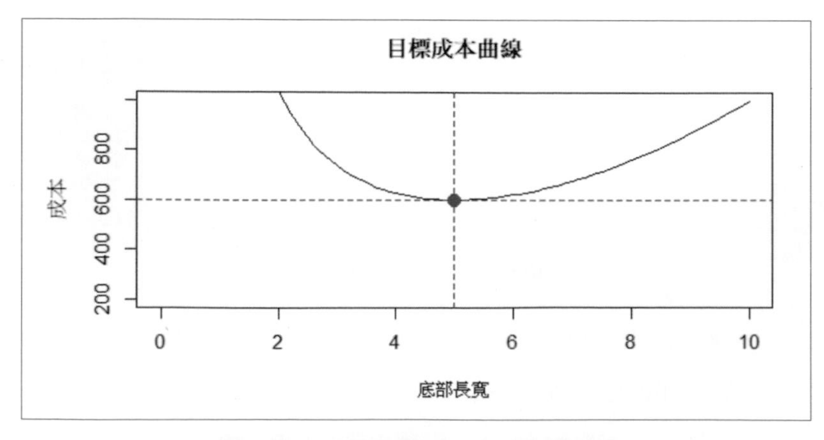

圖 4-54　目標函數 (C) 的曲線與極值

綜上過程，紙箱在底部正方形長度 5 呎，高度為 4 呎時單位材料成本最低，為 600 元。

實例十 **某水族箱製造廠要製造可盛 64 立方呎水的矩形大水族箱，若底座材料的成本為每立方呎 20 元，側邊材料的成本為每立方呎 10 元。求使材料成本最低的尺寸。** (5)

手算

令長度、寬度及高度分別為 x 呎、y 呎及 z 呎，見圖 4-55。

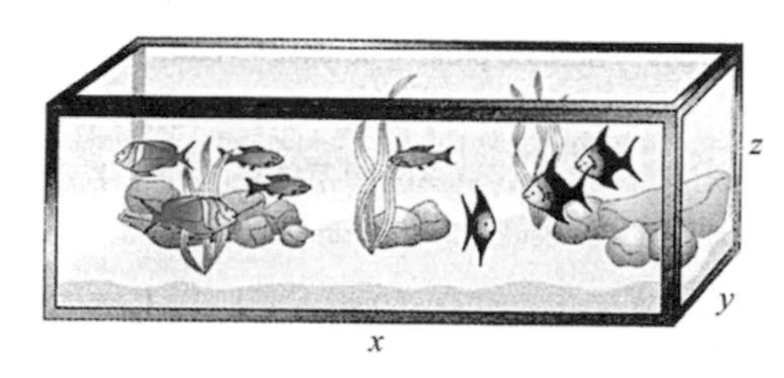

圖 4-55　長度、寬度及高度分別為 x 呎、y 呎及 z 呎的水族箱

其底部的面積為 xy 平方呎，因每立方呎成本為 20 元，故成本為 $20xy$。

同理，另有兩個分別的側邊面積分別為 xz 及 yz，故總面積為 $2xz+2yz$，因側邊材料的成本為每立方呎 10 元，故四側邊的成本為 $10(2xz+2yz)$。

材料的總成本為

$$C(x,y,z)=20xy+10(2xz+2yz)$$

化簡後 $$=20xy+20xz+20yz \tag{5}$$

可用體積來為**三維**變數函數改成**二維**變數函數，即由

$xyz=64$，得 $z=\dfrac{64}{xy}$，代入式 (5)，就成二維變數的成本函數：

$$C(x,y)=20xy+20x\cdot\frac{64}{xy}+20y\cdot\frac{64}{xy}$$

化簡後 $$C(x,y)=20xy+\frac{1280}{y}+\frac{1280}{x}$$

$$=20xy+1280y^{-1}+1280x^{-1}$$

以 $\frac{\partial C}{\partial x}=0$ 及 $\frac{\partial C}{\partial y}=0$，使函數極小，

$$\begin{cases}\frac{\partial C}{\partial x}= 20y+(-1)(1280)x^{(-1-1)}=20y-\frac{1280}{x^2}=0\\ \frac{\partial C}{\partial y}= 20x+(-1)(1280)y^{(-1-1)}=20x-\frac{1280}{y^2}=0\end{cases} \tag{6}$$

由 (6) 式第一個方程式，得 $y=\frac{64}{x^2}$，代入第二個方程式，得

$20x-\frac{1280}{\left(\frac{64}{x^2}\right)^2}=0$，或 $x-\frac{x^2}{64}=0$

得 $x=4$

$x=4$ 代入原方程式組中任一方程式（$\frac{\partial C}{\partial x}=0$ 或 $\frac{\partial C}{\partial y}=0$），

以方程式 $20y-\frac{1280}{x^2}=0$，求得 $y=4$

最後由體積 $xyz=64$，或 (4)(4) $z=64$，可得 $z=4$。

長度、寬度及高度都是 4 呎時，水族箱成本最小。

R 軟體的應用

首先，將目標函數化簡為雙變數，藉以求極值：

```
obj<-'20*x*y+10*(2*x*64/(x*y)+2*y*64/(x*y))'  # 本例目標成本函數
print(ex<-parse(text=obj))        # 解析函數傳回該函數的 expression 物件
```

```
> print(ex<-parse(text=obj))  # 解析函數傳回該函數的expression物件
expression(20*x*y+10*(2*x*64/(x*y)+2*y*64/(x*y)))
```

圖 4-56　目標函數的 expression 物件

本例欲求目標函數之極小值，即是找出一與 x、y 平面平行的切面上極值點存在之兩線如圖 4-26，下列程式將目標函式對 x、y 變數分別做一階偏微分，得如下 dx、dy 一階導函數物件：（圖 4-57）

```
library(Deriv)
print(dx<-Deriv(ex,c('x')))    # 對 x 微分傳回導函數
print(dy<-Deriv(ex,'y'))       # 對 y 微分傳回導函數
```

```
> print(dx<-Deriv(ex,c('x')))   # 對x微分傳回導函數
expression({
    .e1 <- x * y
    10 * (128/.e1 - y * (128 * x + 128 * y)/.e1^2) + 20 * y
})
>
> print(dy<-Deriv(ex,'y'))   # 對y微分傳回導函數
expression({
    .e1 <- x * y
    10 * (128/.e1 - x * (128 * x + 128 * y)/.e1^2) + 20 * x
})
```

圖 4-57　x、y 一階導函數

上圖 4-57 中 expression 的 .el 變數，將其帶入 x、y 之一階導函數計算式，並均令其 =0 以解兩計算式之交會點（即極值處），可化簡如下：

例如：第一式

$$2y = -128/xy + (128xy + 128y^2)/(xy)^2$$
$$= (-128xy + 128xy + 128y^2)/(xy)^2$$
$$= 128y^2/(xy)^2$$
$$= 128/x^2$$

同樣，第二式 $2x = 128/y^2$

將上述二式對數化簡，以便以線性函數解題：

1. $\ln(2y) = \ln(128/x\hat{}2) \rightarrow \ln(2) + \ln(y) = \ln(128) - 2\ln(x)$

   $\rightarrow 2\ln(x) + \ln(y) = \ln(128) - \ln(2)$

注意：該式 $\ln(x)$、$\ln(y)$ 的係數，分別為 (2，1)。

2. $\ln(2x) = \ln(128/y^2) \rightarrow \ln(2) + \ln(x) = \ln(128) - 2\ln(y)$

   $\rightarrow \ln(x) + 2\ln(y) = \ln(128) - \ln(2)$

注意：該式 $\ln(x)$、$\ln(y)$ 的係數，分別為 (1，2)。

下列程式將此二式中的 $\ln(x)$ 與 $\ln(y)$ 視為線性變數之 x 與 y，得以內建套件 base 中的 solve 函式解 a%*%x=b 的 x 向量（即 $\ln(x)$ 與 $\ln(y)$），接著以內建函式 exp 得到 x、y 的解（極值處）：

```
coeif<-rbind(                    # 對數化簡的 ln(x)、ln(y) 係數矩陣
  c(2,1),                        # 第一式 ln(x)、ln(y) 係數
  c(1,2))                        # 第二式 ln(x)、ln(y) 係數
print(matx<-solve(               # 解線性函數向量 ln(x)、ln(y)
  a=coeif,                       #  a 矩陣
  b=c(log(128)-log(2),log(128)-log(2))     # b 向量
))
print(xy<-exp(matx))             # 向量 ln(x)、ln(y) 反函數運算
```

```
> print(matx<-solve(   # 解線性函數向量ln(x)、ln(y)
+   a=coeif,         #  a矩陣
+   b=c(log(128)-log(2),log(128)-log(2))    # b 向量
+ ))
[1] 1.386294 1.386294
> print(xy<-exp(matx))   # 向量ln(x)、ln(y)反函數運算
[1] 4 4
```

圖 4-58　先解 ln(x)、ln(y)，再解 x、y

圖 4-58 解得極值於 $x=4$、$y=4$ 之處，欲知該極值為極大或極小，吾人可以使用檢驗式判斷：

$$D=f_{xx}(x0,y0)\cdot f_{yy}(x0,y0)-f_{xy}(x0,y0)^2 \tag{4.10.1}$$

這裡，$f_{xx}(x0,y0)$：代表 x 二階導函數在 $(x0,y0)$ 的值，$f_{yy}(x0,y0)$：代表 y 二階導函數在 $(x0,y0)$ 的值，$f_{xy}(x0,y0)$ 則是先微 x 再微 y 的導函數在 $(x0,y0)$ 的值。

極值條件：

若 D>0 且 $f_{xx}(x0,y0)>0$，則目標函數在 $(x0,y0)$ 有極小值

若 D>0 且 $f_{xx}(x0,y0)<0$，則目標函數在 $(x0,y0)$ 有極大值

若 D<0 則目標函數在 $(x0,y0)$ 處為曲面的鞍部

若 D=0 則此檢驗無定論

如下程式，試以上述檢驗方式印證：(圖 4-59)

```
x<-xy[1]; y<-xy[2]                   # 目標函數的 x、y 之解
print(dx2<-Deriv(dx,'x'))            # x 二階偏導函數
print(dy2<-Deriv(dy,'y'))            # y 二階偏導函數
print(dxy<-Deriv(dx,'y'))            # 將 x 一階導函數再對 y 微分得二階導函數
```

```
fxx<-eval(dx2); fyy<-eval(dy2)      # x、y 二階偏導函數值
fxy<-eval(dxy)                      # xy 二階偏導函數值
print(D<- fxx*fyy-fxy^2)            # 判斷是否有極小值
print(fxx)                          # 判斷是否有極小值
```

```
> print(D<- fxx*fyy-fxy^2)    # 判斷是否有極值
[1] 1200
> print(fxx)                  # 判斷是否有極小值
[1] 40
```

圖 4-59　D>0、fxx>0

上圖 4-59 顯示 $D>0$ 且 $fxx>0$ 依上述條件判斷圖 4-58 求得知 x、y 處具極小值。

吾人據以求得目標函數（成本）極小值為 960 元、水族箱 x、y、z 均為 4 呎：（圖 4-60）

```
print(c<-eval(ex)) # 目標函數值（極小值）
print(64/x/y)     # 水族箱高度
```

```
> print(c<-eval(ex)) # 目標函數值(極小值)
[1] 960
> print(64/x/y)    # 水族箱高度
[1] 4
```

圖 4-60　成本最小值、水族箱高度

吾人可如上述解題過程，以下列繪圖程式的結果加以印證、說明，程式中變數 C 經 outer 函式將 X、Y 範圍採一對一經 fc 函式計算目標函數值（z 軸），構成座標矩陣（圖 4-61），再使用內建套件 graphics 的 persp 函式對此座標矩陣繪出 3D 圖（圖 4-62）：

```
X<-2:6; Y<-2:6                      # 繪製 x、y 軸範圍
fc <- function(x,y) {               # 自訂函式計算目標函數值
  eval(ex)
}
print(C<-outer(                     # 依 x、y 軸範圍計算 z 軸（成本），構成矩陣
  X=setNames(X,X),                  # 列表示長的範圍
```

```
  Y=setNames(Y,Y),                     # 列表示寬的範圍
  fc))                                 # 面積函數
par(mar=c(2,0,0,0))                    # 調整環境參數（圖邊界）
res<-persp(x=X, y=Y, z=C,              # 繪製目標函數分布圖座標（3D)
           col='#ABBC9A',              # 顏色
           theta=30,                   # 水平左轉（順時鐘）30 度
           phi=-10,                    # 垂直向後傾斜 10 度
           zlim=c(500,1500),           # z 軸（成本）座標範圍
           ticktype='detailed',        # 各軸刻度依陣列資料明細標示
           zlab='c     \n\n',          # z 軸標籤
           cex.lab=1.5)                # 各軸標籤文字放大 1.5 倍
library(grDevices)
points(trans3d(x,y,c,                  # 疊加繪出極值以實心圓點標示
               pmat=res),              # 分布圖座標
       col='red',                      # 顏色
       pch=16,                         # 實心圓點
       cex=1.5)                        # 圓點放大 1.5 倍
lines(trans3d(x=X,y=y,c,               # 疊加繪出極值處 x 偏微分切線
              pmat=res),
     col='red')
lines(trans3d(x=x,y=Y,c,               # 疊加繪出極值處 y 偏微分切線
              pmat=res),
     col='red')
```

```
> print(C<-outer(  # 依x、y軸範圍計算z軸(成本)，構成矩陣
+   X=setNames(X,X),    # 列表示長的範圍
+   Y=setNames(Y,Y),    # 列表示寬的範圍
+   fc))      # 面積函數
         2         3         4         5        6
2 1360.000 1186.6667 1120.0000 1096.0000 1093.333
3 1186.667 1033.3333  986.6667  982.6667 1000.000
4 1120.000  986.6667  960.0000  976.0000 1013.333
5 1096.000  982.6667  976.0000 1012.0000 1069.333
6 1093.333 1000.0000 1013.3333 1069.3333 1146.667
```

圖 4-61　outer 函式構成的矩陣

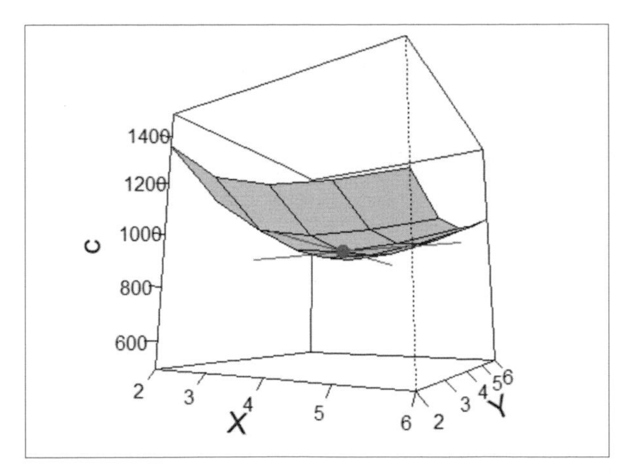

圖 4-62　目標函數 (C) 的曲面與 x、y 偏導數交會點 (極值處)

4-4 拉氏乘數（ Lagrange multiplier ）

前面所討論的皆屬於**沒有限制條件下**的極限值問題，但是**實際的應用中，卻經常面臨有限制的極值問題**。例如，汽車工程師的目標可能是使汽車設計中的風阻最小（wind drag）。然而，由於消費者對豪華和吸引力的需求，尤其是製造成本等方面的限制，新車的設計受到了嚴重的限制。又如企業決策者必須在有限的資源、預算及時間中求取最大的銷售利潤。

拉氏乘數是一種用於解決**限制條件**下極值問題的工具。這種方法的基本思想是引入一個或多個拉氏乘數，將原始最佳化問題轉換為一個擴展的拉氏函數的極值問題。這個擴展函數包括了原始目標函數以及**限制**條件，透過對這個函數進行**偏導數**的計算，我們可以找到滿足**限制**條件的極值點。

這些問題如用數學式子來表示，通常可以寫成：

$$
\begin{aligned}
&\text{max or min} \quad f(x_1, \ldots, x_n) \\
&\text{subject to} \quad g_1(x_1, \ldots, x_n) = b_1 \\
&\qquad\qquad\quad\; g_2(x_1, \ldots, x_n) = b_2 \\
&\qquad\qquad\quad\; \vdots \qquad\qquad\quad \vdots \\
&\qquad\qquad\quad\; g_m(x_1, \ldots, \boldsymbol{x_n}) = b_m
\end{aligned}
$$

亦即，在滿足 $g_i(x_1, \dots, x_n) = b_i$，$i = 1, \dots, m$ 的條件下，求函數 f 的極大值或極小值。(4)

在**數學極佳化**（optimization）中，**拉氏乘數法**是一種尋找受等式約束的函數的局部極大值和極小值的策略。它是以數學家拉格朗日 (Joseph-Louis Lagrange, 1736-1813) 的名字命名的。拉氏大部分**靠自學**，但很快地受到偉大數學家 Leonhard Euler 的注意，19 歲時被任命為 Royal Artillery School 數學教授。(7) 其**基本思想是將一個有限制的問題轉換成一種形式，使無限制問題的導數檢驗仍然可以應用**。

以下為由兩個自變數，一個限制式的問題來說明求解的方法。

Max $z = f(x, y)$

s.t. $g(x, y) = b$

若由限制式 $g(x, y) = b$ 解出 x 或 y，則可將 x 或 y 代入目標函數 $f(x, y)$ 中，使之成為單一變數的函數。

但是當 $g(x, y)$ 不屬於上述這簡單形式時，將無法由 $g(x, y) = b$，以代入法或線性代數解出 x 或 y，因此必須另闢蹊徑求解。這時引進新變數 λ，稱為**拉氏乘數**（Lagrange multiplier），拉氏乘數是一種尋**找受等式限制的函數**的局部極大值和極小值的策略 (1)。L 為變數 x、y、λ 的函數，稱為**拉氏函數**（Lagrangian function）。具有**極值**條件為：

$$\frac{\partial L}{\partial x} = \frac{\partial f}{\partial x} - \lambda \frac{\partial g}{\partial x} = 0 \tag{7}$$

$$\frac{\partial L}{\partial y} = \frac{\partial f}{\partial y} - \lambda \frac{\partial g}{\partial y} = 0 \tag{8}$$

$$\frac{\partial L}{\partial \lambda} = b - g(x,y) = 0 \tag{9}$$

式 (9) 為原問題的限制條件。可知原問題的最佳解亦滿足式 (7)、(8)，**拉氏**函數極值存在的必要條件。

實例十一　若利用一根 20 公尺長的繩子圍成一長方形。試問長與寬應各為多少時，長方形的面積會最大？(4)

手算

設 A 表示長方形的面積，x、y 分別代表長方形的長與寬。依題意，其數學型式為：

$$\text{Max}\quad A=xy \tag{10}$$

$$\text{s.t.}\quad x+y=10 \tag{11}$$

由 (11) 式，可解出 $y=10-x$，代入 (10) 式，得

$A=x(10-x)=-x^2+10x$

A 為**單一**變數 x 的函數，可由

$\frac{dA}{dx}=-2x+10=0$，求得 $x=5(y=10-5=5)$

又因 $\frac{d^2A}{dx^2}=-2<0$

故知，當長與寬均等於 5 時，長方形的面積 A＝25 為最大。

R 軟體的應用

依題意設長、寬各為 x、y 公尺，依限制條件為雙變數 ($n=2$) 解題，吾人固然可以使用代入法，如上述之手算解題，但為因應繼續更為複雜的多變數甚至多限制式，以下本例將使用拉氏乘數的 lambda 為**第 $n+1$ 個變數**，將問題以三個變數 ($n+1=3$) 的方程組 (3×3) 線性代數解題。

首先，將目標函數自訂如下 f，再視其 x、y 在限制式下可能的範圍，繪出目標函數在 3D 空間上的曲面圖，同時將本例限制式的線圖及其在目標函數曲面上之垂直投影繪出：（圖 4-63）

```
library(Deriv)
f<-function(x,y) x*y                # 目標函式（面積函數）
X<-0:10; Y<-0:10                    # x（長）、y（寬）範圍
```

```
A=outer(X, Y,f)                       # 依 x、y 軸範圍計算 z 軸（面積），構成矩陣
par(mar=c(2,0,0,0))                   # 調整環境參數（圖邊界）
res<-persp(x=X, y=Y, z=A,             # 繪製目標函數分布圖座標 (3D)
        col='#ABBC9A',                # 顏色
        theta=60,                     # 水平左轉（順時鐘）60 度
        phi=-10,                      # 垂直向後傾斜 10 度
        zlim=c(0,120),                # z 軸（面積）座標範圍
        ticktype='detailed',          # 各軸刻度依陣列資料明細標示
        zlab='面積    \n\n',          # z 軸標籤
        cex.lab=1.5)                  # 各軸標籤文字放大 1.5 倍
lines(trans3d(                        # 疊加限制條件在 3D 上的線圖
        x=X,y=10-X,z=0,
        pmat=res), col='red')
lines(trans3d(                        # 限制式在目標函數曲面上之投影
        x=X,
        y=10-X,
        z=f(X,10-X),                  # 限制條件下的 z 座標值（面積）
        pmat=res), col='red')
```

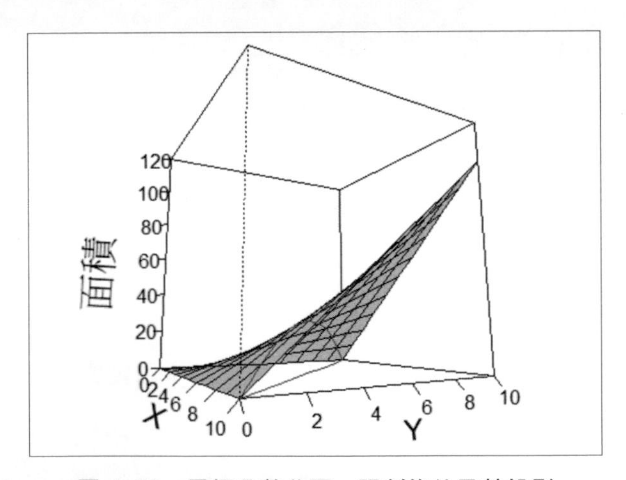

圖 4-63　目標函數曲面、限制條件及其投影

上圖 4-63 **目標**函數與**限制**條件相交為一下凹曲線，並且於極值（頂點）處有下列特徵：設目標函數為 $f(x,y)=xy$，限制函數為 $g(x,y)=x+y-10$ 則

$$f(x,y)=g(x,y)$$

$$\nabla f(x,y)=\lambda\cdot\nabla g(x,y) \tag{4.11.1}$$

讀作：gradient of $f=\lambda\cdot$gradient of g，各為 f 與 g 的梯度向量與其函數在空間各點垂直，關於梯度向量詳細可參閱第 2 節 偏微分及微積分專書說明。

將式 (4.11.1) 移項後兩邊積分，得另一函數稱為拉式函數（Lagrangian function）：

$$L(x,y,\lambda)=\mathrm{f}(x,y)+\lambda\mathrm{g}(x,y) \tag{4.11.2}$$

式 (4.11.2) 的 λ 取代了 (4.11.1) 移項後的 $-\lambda$，其梯度向量等式：

$$\nabla L(x,y,\lambda)=\nabla\mathrm{f}(x,y)+\lambda\nabla\mathrm{g}(x,y)=0,0 \tag{4.11.3}$$

吾人以下列程式使用拉式乘數 λ（lambda）原理對 (4.11.1) 解題，[實例十二] 之後則以 (4.11.2) 及 (4.11.3) 解題。首先，自訂限制條件函式 g，接著對目標函數 f 及 g 的 x、y 偏微：

```
g<-function(x,y) x+y-10                 # 限制條件函數
print(fxy<-Deriv(f,c('x','y')))  # 目標函數對 x、y 偏微
print(gxy<-Deriv(g))                    # 限制函數對 x、y 偏微
```

```
> print(fxy<-Deriv(f,c('x','y')))  # 目標函數對x、y偏微
function (x, y)
c(x = y, y = x)
> print(gxy<-Deriv(g))             # 限制函數對x、y偏微
function (x, y)
c(x = 1, y = 1)
```

圖 4-64　目標函數、限制式偏微

上圖 4-64 顯示的結果各為目標函數及限制式的**梯度**向量（gradient vector）代表各自在 x、y 軸上的分量（component），依據拉式乘數原理，圖 4-64 的各分量存在 lambda 倍數關係，例如，目標函數 x 的一階導數 $=y$，限制函數的 x 一階導數 $=1$，因此可以下式表示其關係：

(1) $y=$lambda*1

同樣，目標函數 y 的一階導數 $=x$，限制函數 y 的一階導數 $=1$，得另一方程式：

(2) x=lambda*1

最後，加上限制式：

(3) $x+y-10=0$

將上述三個變數的 3×3 方程組以內建函式 solve 解線性方程如下：

```
print(S<-solve(         # 解線性方程組，求 x、y、lambda 的解
  a=rbind(              # 係數矩陣
    setNames(c(0,1,-1),c('x','y','lambda')), # 給予係數項名稱
    c(1,0,-1),
    c(1,1,0)
  ),
  b=c(0,0,10)           # 常數項向量 (rhs)
))
```

```
     x      y lambda
     5      5      5
```

圖 4-65　x、y、lambda 變數解

上圖 4-65 顯示 x、y 皆為 5 公尺時為面積極值，最後，計算其面積極值（圖 4-66），並繪出該極值於圖 4-63 交會下凹線頂端（圖 4-67）：

```
print(z<-unname(f(S['x'],S['y'])))      # 目標函數極值
points(trans3d(                          # 疊加繪出極值以實心圓點標示
      x=S['x'],y=S['y'],z=z,
      pmat=res),
   col='red',
   pch=16,                               # 實心圓點
   cex=1.2)                              # 標示點放大倍數
```

```
> print(z<-unname(f(S['x'],S['y'])))
[1] 25
```

圖 4-66　面積最大值

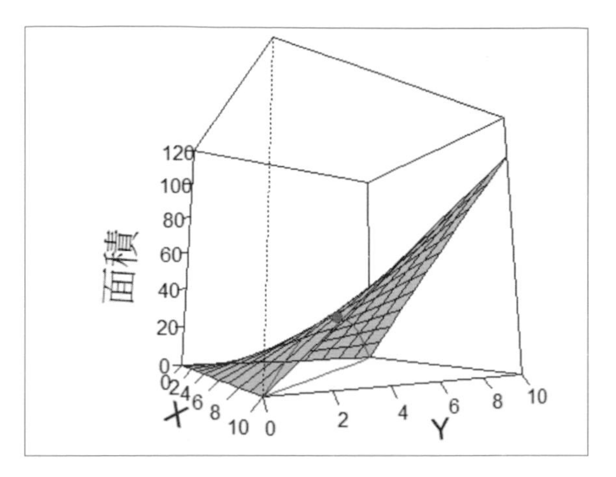

圖 4-67　目標函數在限制條件下極大值

實例十二　**假設某公司生產的產品，其銷售額 s 與電視廣告時間（分鐘）t 及報紙廣告篇幅（行）n 的關係為 $s=f(t,n)=t^3n$。若公司廣告預算為 400,000 元，電視廣告每分鐘費用為 40,000 元，而報紙廣告每行為 400 元，試問該公司應如何選擇廣告媒體以使銷售量最大？** (4)

依題意，其數學模型為

$$\text{Max} \quad s=t^3n$$

$$\text{s.t} \quad 40000t+400n=400000$$

設拉氏函數為

$$L(t,n,\lambda)=t^3n+\lambda(400000-40000\text{t}-400n)$$

$$\frac{\partial L}{\partial t}=3nt^2-40000\lambda=0$$

$$\frac{\partial L}{\partial n}=t^3-400\lambda=0$$

$$\frac{\partial L}{\partial \lambda}=400000-40000t-400n=0$$

由上三式可解出

$t=7.5$，$n=250$，$\lambda=1.05$

而 $s=(7.5)^3(250)=105,469$ 元

該公司在某段時間內，應同時在電視上做 7.5 分鐘的廣告，在報紙上登 250 行的廣告，可使得銷售額最大。

由拉式乘數 $\lambda=1.05$，可知的廣告預算由原先的 400,000 元增加到 400,001 元時，公司商品的銷售和大約可增加 1.05 元。顯然此時增加廣告預算是件明智之舉。

R 軟體的應用

首先，以 R 內建套件 base 的函式 parse 將拉氏函數建構 expression 物件，然後以外掛套件 Deriv 的 Deriv 函式對 expression 中各變數加以微分得各變數的一階偏導數：（圖 4-68）

```
L<-parse(text='t^3*n+lambda*(400000-40000*t-400*n)') # 目標函數
library(Deriv)
print(Ltnl<-Deriv(L))    # 將目標函數對 x、y 及 lambda 分別求一階導函數
```

```
> print(Ltnl<-Deriv(L))   # 將目標函數對x、y分別求一階導函數
expression(c(t = 3 * (n * t^2) - 40000 * lambda, n = t^3 - 400 *
    lambda, lambda = 4e+05 - (400 * n + 40000 * t)))
```

圖 4-68　目標函數的一階偏導數

從上圖 4-68，可知極值點需滿足各變數一階偏導數皆為 0 的多元多次方程組，本例可以使用如上手算以帶入法解題，但 R 提供更為方便的函式，外掛套件 rootSolve 的 multiroot 函式，其使用牛頓法（Newton's method）解根，遞迴次數隨著起始點越是靠近最終解次數也越少，讀者可自行改變下列 start 引數的起始向量加以比較迭代次數：（圖 4-69）

```
sn<-function(x){  # 自訂一函式計算 t、n、lambda 變數對各方程式的結果
  t<-x[1]
```

```
  n<-x[2]
  lambda<-x[3]
  one<-3 * (n * t^2)-40000*lambda
  two<-t^3-400*lambda
  three<-40000*t+400*n-400000
  return(c(one,two,three))
}
library(rootSolve)
print(ss<-multiroot(          # 解非線性方程組的 t、n、lambda 變數解
  f=sn,                       # 自訂之函式計算各方程式的結果
  start=setNames(c(10,10,10),c('t','n','lambda'))))# 遞迴運算之起始值
```

```
> print(ss<-multiroot(   # 解非線性方程組的t、n、lambda變數解
+   f=sn,         # 自訂之函式計算各方程式的結果
+   start=setNames(c(10,10,10),c('t','n','lambda')))) # 遞迴運算之起始值
$root
         t          n     lambda
  7.500000 250.000000   1.054688

$f.root
            n             t             t
-1.140143e-07  6.882033e-10 -9.313226e-09

$iter
[1] 6

$estim.precis
[1] 4.133856e-08
```

圖 4-69　多變數根求解結果

上圖 4-69 經過 6 次迭代（ss$iter），解得 $t=7.5$、$n=250$、lambda=1.054688

吾人尚需判斷此極值為極大或極小，使用 (4.10.1) 檢驗式判斷的判斷式求值：

```
t<-ss$root['t'];n<-ss$root['n'];lambda<-ss$root['lambda'] # 變數解
print(Ltt<-Deriv(Deriv(L,'t'),'t'))
print(Lnn<-Deriv(Deriv(L,'n'),'n'))
print(Ltn<-Deriv(Deriv(L,'t'),'n'))
unname(eval(Ltt)*eval(Lnn)-eval(Ltn)^2)      # 計算 (4.10.1) 之 D 值
```

```
> unname(eval(Ltt)*eval(Lnn)-eval(Ltn)^2)     # 計算(5.10.1)之D值
[1] -28476.56
```

圖 4-70　極值判別式 D 值

上圖 4-70 顯示判別式得值 <0，知其位於**鞍部**（saddle），**需進一步與拉氏函數上其他點的目標值比較**：（圖 4-71）

```
f<-function(t,n) t^3*n          # 目標函式（銷售額函數）
f(t=1,n=1000-100*1)             # 代入 t=1 及 n=1000-100t
```

```
> f(t=1,n=1000-100*1)          # 代入t=1及n=1000-100t
[1] 900
```

圖 4-71　任一限制函數上一個點的目標函數值

上圖 4-71 得知在限制條件下 $t=1$, $n=1000-100t$ 的目標值為 900，將繼續與極值比較，得知該極值為極大或極小。

最後，計算銷售額在限制條件下之極值，亦即 3D 空間上 f、g 曲面於交會曲線之最高點（此處略，可參閱圖 4-67）：（圖 4-72）

```
unname(eval(parse(text='t^3*n')))   # 銷售額極大值
```

```
> unname(eval(parse(text='t^3*n')))
[1] 105468.7
```

圖 4-72　銷售額極大值

比較圖 4-71、圖 4-72 得知銷售額於 $t=7.5$，$n=250$ 時，銷售額為最大值 $=105468.7$ 元。

實例十三　**中美不銹鋼廠每年產能 f 為直接人力 x 和機器設備資金 y 的函數，且 $f(x,y)=5\sqrt{x\cdot y}$，假設直接人工每人每日成本為 4 單位，工廠每年分配於直接人工薪水及機器設備資金總金額，固定為 60,000 單位，一年以 300 工作天計，求應使用多少直接人數及設備資金，可使產能最大，且 λ 意義為何？** (7)

手算

依題意知

$\text{Max}\ f(x,y)=5\sqrt{(x\cdot y)}$

s.t. $300\cdot 4x+y=60{,}000$

亦即在 $g(x, y)=1200x+y-60000=0$ 的條件下，產能 f 最大。

設拉氏函數為：

$L(x,y,\lambda)=5\sqrt{(x\cdot y)}+\lambda(1200x+y-60000)$，求解 x、y、λ

$$\frac{\partial L}{\partial x} = \frac{5}{2}\, x^{-\frac{1}{2}}y^{\frac{1}{2}} + 1200\lambda = 0 \tag{12}$$

$$\frac{\partial L}{\partial y} = \frac{5}{2}\, x^{\frac{1}{2}}\, y^{-\frac{1}{2}} + \lambda = 0 \tag{13}$$

$$\frac{\partial L}{\partial \lambda} = 1200x+y-60000 \tag{14}$$

由 (12)(13) 式，知 $1200\ \frac{X^{\frac{1}{2}}}{y^{\frac{1}{2}}} = \frac{y^{\frac{1}{2}}}{x^{\frac{1}{2}}}$

即 $1200\ x=y$ (15)

式 (15) 代入 (14) 得

$x=25$，$y=30000$，$\lambda=-0.07$

因此，

1. 當直接人力 25 人，機器設備資金為 30,000 單位時，有最大產能 f，$f=4330$。
2. 因 $\lambda=-0.07$，即當工廠分配於直接人力薪水及設備資金的總金額增加 1 單位時，f 函數增加 0.07 單位。

R 軟體的應用

同 [實例十二]，首先求拉氏函數的梯度向量（圖 4-73），令其各分量皆為 0，藉由自訂函式 sn，再經由 multiroot 求解 x、y、lambda 之 3×3 方程組（圖 4-74）：

```
L<-parse(text='5*sqrt(x*y)+lambda*(1200*x+y-60000)') # 拉氏函數
library(Deriv)
print(Lxy<-Deriv(L))    # 拉氏函數的梯度向量，見本章 (4.11.3) 式
sn<-function(X){  # 自訂一函式計算 x、y、lambda 變數對各方程式的結果
  x<-X[1]
  y<-X[2]
  lambda<-X[3]
  xv<-1200 * lambda + 2.5 * (y/sqrt(x * y))
  yv<-2.5 * (x/sqrt(x * y)) + lambda
  lambdav<-1200 * x + y - 60000
  return(c(xv,yv,lambdav))
}
library(rootSolve)
print(ss<-multiroot(     # 解非線性方程組的 x、y、lambda 變數解
  f=sn,start=setNames(c(1,1,1),c('x','y','lambda'))))
```

```
> print(Lxy<-Deriv(L))   # 拉氏函數的梯度向量(5.11.3)
expression({
    .el <- sqrt(x * y)
    c(x = 1200 * lambda + 2.5 * (y/.el), y = 2.5 * (x/.el) +
        lambda, lambda = 1200 * x + y - 60000)
})
```

圖 4-73　拉氏函數的梯度向量

上圖 4-73 中 .el 為 expression 物件中之變數，求解時須將此變數代入各 x、y、lambda 分量之函數，例如上述自訂函式 sn 中的 xv 變數計算式代入後 =1200 * lambda+2.5*(y/sqrt(x * y))。

```
> print(ss<-multiroot(      # 解非線性方程組的x、y、lambda變數解
+    f=sn, start=setNames(c(1,1,1),c('x','y','lambda'))))
$root
             x              y         lambda
 2.500000e+01   3.000000e+04  -7.216878e-02

$f.root
       lambda              x              x
 5.760072e-09   4.759748e-12  -3.179593e-09

$iter
[1] 11

$estim.precis
[1] 2.981475e-09
```

圖 4-74 x、y、lambda 方程組解根結果

上圖 4-74 顯示在限制條件下存在極值，其根分別為 x=25、y=30000，lambda=-0.07216878，吾人在計算極值前須辨認其極值為極大或極小值：(圖 4-75)

```
x<-ss$root['x'];y<-ss$root['y'];lambda<-ss$root['lambda']   # 變數解
print(Lxx<-Deriv(Deriv(L,'x'),'x'))
print(Lyy<-Deriv(Deriv(L,'y'),'y'))
print(Lxy<-Deriv(Deriv(L,'x'),'y'))
unname(eval(Lxx)*eval(Lyy)-eval(Lxy)^2)     # 計算 (4.10.1) 之 D 值
```

```
> unname(eval(Lxx)*eval(Lyy)-eval(Lxy)^2)    # 計算(5.10.1)之D值
[1] 0
```

圖 4-75 極值判斷式計算結果

上圖 4-75 顯示經由 (4.10.1) 判斷式計算結果 =0，無法以此方式判定，需進一步於極值處附近取點（符合限制條件）加以比較目標函數值，藉以判斷極值屬性，自訂一函式計算目標函數值，以 $x=20$、$y=60000-1200*x=60000-1200*20$ 代入該函式，其結果與極值點（圖 4-74）的目標函數值比較得如下圖 4-76：

```
f<-function(x,y) eval(parse(text='5*sqrt(x*y)'))# 目標函式計算
f(x=20,y=60000-1200*20)                      # 代入 x=20 及 y=60000-1200*x
unname(eval(parse(text='5*sqrt(x*y)')))      # 極大值
```

```
> f(x=20, y=60000-1200*20)          # 代入x=20及y=60000-1200*x
[1] 4242.641
> unname(eval(parse(text='5*sqrt(x*y)'))) # 極大值
[1] 4330.127
```

圖 4-76　極值點與附近限制條件上之任意點之目標函數值

上圖 4-76 顯示極值點的目標函數值大於附近限制條件上之任意點 (x=20,y=60000−1200*20)，判斷得結論 $x=25$、$y=30000$ 為最大值，且於該處瞬間增速 (lambda)=-0.07216878 。

實例十四　**某農場種植三種作物，當種植 1000 單位的 x、y、z 作物，其利潤可以 $p(x、y、z)=4x+8y+6z$ 模型來表示。其產量限制式為 $x^2+\ 4y^2+2z^2\leq 800$，試求出該企業最大利潤。並以 $x^2+4y^2+2z^2\leq 801$ 限制式，重新計算該問題。以計算結果，詮釋 λ 的意義。**(8)

手算

以下式 $\nabla P(x、y、z)=\langle 4,8,6\rangle$ 開始，注意：本題為三維變數，本題沒有臨界點（critical *point*）。

亦即，極值必須在限制區域的邊界上，滿足限制方程式：

$g(x、y、z)=x^2+4y^2+2z^2-800=0$。

以拉氏乘數方程式為 $\nabla P(x、y、z)=\lambda\nabla g(x、y、z)$

或 $\langle 4,8,6\rangle=\lambda(2x,8y,4z)=(2\lambda x,8\lambda y,4\lambda z)$

解得　$4=2\lambda x$，$8=8\lambda y$ 以及 $6=4\lambda z$

$x=\frac{2}{\lambda}$，$y=\frac{1}{\lambda}$，以及 $z=\frac{3}{2\lambda}$

將 x、y、z 的值，代入限制方程式：

$g(x、y、z)=x^2+4y^2+2z^2-800=0$

得 $800=(\frac{2}{\lambda})^2+4(\frac{1}{\lambda})^2+2(\frac{3}{2\lambda})^2=\frac{25}{2\lambda^2}$

求得 $\lambda=\frac{1}{8}$

注意：$x=\frac{2}{\lambda}=16$，$y=\frac{1}{\lambda}=8$，以及 $z=\frac{3}{2\lambda}=12$

對應的利潤為

$$P(16,8,12)=4(16)+8(8)+6(12)=200$$

注意觀察：當 $\lambda=-\frac{1}{8}$，會得到利潤函數最小值。若右側值的常數改為常數801，解 λ 時，發生差異：

當 $801=\frac{25}{2\lambda^2}$

解得 $\lambda\approx 0.12492$，$x=\frac{2}{\lambda}\approx 16.009997$，$y=\frac{1}{\lambda}\approx 8.004998$

以及 $z=\frac{3}{2\lambda}\approx 12.007498$，

如此最大利潤 $P(16,8,12)=4(16.009997)+8(8.004998)+6(12.007498)$
≈ 200.12498

有趣的是：觀察增加的利潤：

$P(16.009997, 8.004998, 12.007498)-P(16, 8, 9)\approx 200.12496-200=0.12496=\lambda$

讀者可能從這個觀察中有所懷疑，實際上，拉氏乘數 λ 給了關於生產限制下的利潤瞬間變化率。

R 軟體的應用

首先，認知三元 / 三維變數乃至於多元 / 多維變數的拉氏函數解題過程，與前面數例並無不同，只需將拉氏函數如下求其梯度向量，並據以建構一函式並求解各分量（x、y、z、lambda）方程式：（圖 4-77）

```
L<-parse(text='4*x+8*y+6*z+lambda*(x^2+4*y^2+2*z^2-800)')# 拉氏函數
library(Deriv)
print(Lxy<-Deriv(L))     # 拉氏函數的梯度向量，見本章 (4.11.3) 式
```

```
> print(Lxy<-Deriv(L))   # 拉氏函數的梯度向量(5.11.3)
expression(c(x = 2 * (lambda * x) + 4, y = 8 + 8 * (lambda *
    y), z = 4 * (lambda * z) + 6, lambda = 2 * z^2 + 4 * y^2 +
    x^2 - 800))
```

圖 4-77　拉氏函數的梯度向量 ⟨x,y,z,λ⟩

上圖 4-77 中 expression 物件顯示其拉氏函數的梯度向量的 x、y、z、lambda 各分量結果，吾人依（4.11.3）接著自訂一函式，再經由 multiroot 函式對 x、y、z、lambda 方程組解根，注意其中 C 參數表示限制式之常數向，對應於 multiroot 給予之引數 800：（圖 4-78）

```
sn<-function(X,C){# 自訂一函式計算 x、y、z、lambda 變數對各方程式的結果
  x<-X[1]; y<-X[2]; z<-X[3]                # 傳入 x、y、z 值
  lambda<-X[4]                             # 傳入 lambda 值
  v1<-2 * (lambda * x) + 4                 # 拉氏函數的 x 方向導數值
  v2<-8 + 8 * (lambda * y)                 # 拉氏函數的 y 方向導數值
  v3<-4 * (lambda * z) + 6                 # 拉氏函數的 z 方向導數值
  v4<-2 * z^2 + 4 * y^2 + x^2 - C          # 拉氏函數的 lambda 方向導數值
  return(c(v1,v2,v3,v4))                   # 傳回各值
}
library(rootSolve)
print(ss<-multiroot(          # 解非線性方程組的 x、y、z、lambda 變數解
  f=sn,C=800,start=setNames(c(1,1,1,1),c('x','y','z','lambda'))))
```

```
> print(ss<-multiroot(    # 解非線性方程組的x、y、z、lambda變數解
+   f=sn,C=800,start=setNames(c(1,1,1,1),c('x','y','z','lambda'))))
$root
     x       y       z lambda
16.000   8.000 12.000 -0.125

$f.root
      lambda       lambda       lambda            z
1.243450e-14 4.440892e-15 1.332268e-14 2.273737e-13

$iter
[1] 11

$estim.precis
[1] 6.439294e-14
```

圖 4-78　C=800 時 x、y、z、lambda 方程組解根結果

上圖 4-78 顯示解得之 *x*、*y*、*z*、lambda 各值，將之分別帶入拉氏函數中限制式及利潤函數，求得在限制條件 =800 之下利潤最大值 =200：

```
x<-ss$root['x'] # 變數解
y<-ss$root['y']
z<-ss$root['z']
lambda<-ss$root['lambda']
unname(eval(parse(text='x^2+4*y^2+2*z^2')))  # 限制式
unname(eval(parse(text='4*x+8*y+6*z')))       # 利潤極大值
```

```
> unname(eval(parse(text='x^2+4*y^2+2*z^2'))) # 限制式
[1] 800
> unname(eval(parse(text='4*x+8*y+6*z'))) # 利潤極大值
[1] 200
```

圖 4-79　限制條件 =800 與利潤最大值

吾人同樣可藉由改變上述的 C 值，例如下列程式給予 801，求得 x、y、z、lambda 各值（圖 4-80）：

```
print(ss<-multiroot(     # 解非線性方程組的x、y、z、lambda變數解
  f=sn,C=801,start=setNames(c(1,1,1,1),c('x','y','z','lambda'))))
x<-ss$root['x'];y<-ss$root['y'];z<-ss$root['z'];lambda<-ss$root
['lambda']
unname(eval(parse(text='x^2+4*y^2+2*z^2')))  # 限制式
unname(eval(parse(text='4*x+8*y+6*z')))       # 利潤極大值
```

```
> print(ss<-multiroot(     # 解非線性方程組的x、y、z、lambda變數解
+   f=sn,C=801,start=setNames(c(1,1,1,1),c('x','y','z','lambda'))))
$root
         x          y          z     lambda
16.0099969  8.0049984 12.0074977 -0.1249219

$f.root
      lambda       lambda       lambda            z
1.376677e-14 4.440892e-15 1.598721e-14 4.547474e-13

$iter
[1] 11

$estim.precis
[1] 1.222356e-13
```

圖 4-80　C=801 時 x、y、z、lambda 方程組解根結果

```
> unname(eval(parse(text='x^2+4*y^2+2*z^2'))) # 限制式
[1] 801
> unname(eval(parse(text='4*x+8*y+6*z'))) # 利潤極大值
[1] 200.125
```

圖 4-81　限制條件 =801 與利潤最大值

圖 4-81 顯示在限制條件 =801 下 lambda=-0.1249219 與圖 4-78 之 -0.125 有所誤差，隨著限制條件趨近於 800 則 lambda 亦隨之接近 -0.125 這瞬間的梯度速率（猶如二度空間的曲線上一點的斜率），讀者不妨將 C=800.5 代入上式一試，得解 lambda=-0.124961。

4-5 極佳化方法的應用

當我們面對複雜的問題時，不免會思考是否存在一種方法，能夠以最有效率的方式找到最佳解決方案，並成功達成目標？這正是極佳化方法所追求的目標。透過數學、演算法和模型建構，極佳化方法不僅提供了解決問題的強大工具，同時能夠優化各種系統的效能。極佳化方法的應用甚多，以下舉在管理實務上常被提到的經濟訂購量（economic order quantity, EOQ）與價格訂定兩種。

經濟訂購量

在有效的供應鏈設計中，管理者所面臨的兩個相互衝突的壓力：低庫存，可以避免額外的存貨持有成本，但高庫存，則可減少訂購及設置成本。

存貨持有成本（holding or carrying cost）是資金成本與手上持有項目之變動成本，比如：儲存及控制、稅金、保險及短缺等的加總。訂購成本（ordering cost）是準備向供應商採購的成本或準備生產訂單的成本。設置成本（setup cost）則是為了生產不同品項而更換機台所產生的成本。吾人將探討所有存貨中會直接受到批量影響的週期存貨（cycle inventory）。**要平衡上述兩個互相衝突**，並且決定商品最佳的週期存貨水準，而找出經濟訂購量是一個好的出發點，其圖示如下。

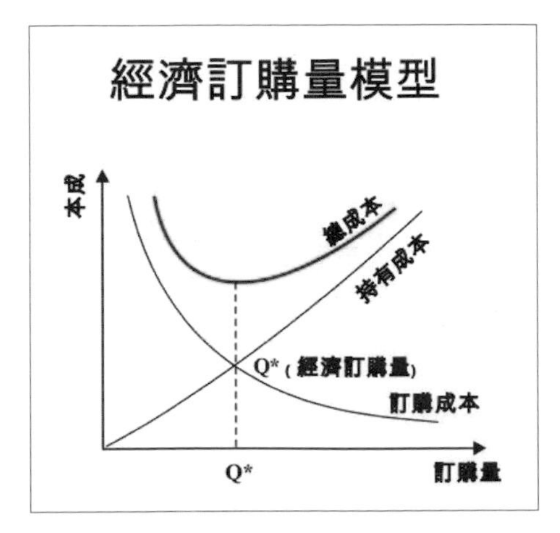

圖 4-82　年度持有、訂購及總成本的關係

以下介紹**經濟訂購量模式**（economic order quantity, EOQ），可用來決定總成本最小的最適訂購量。(3)

q= 一次訂購量，為一決策變數

d= 全年的需求量，為已知常數

c= 每次訂購的訂購成本，為已知常數

h= 每單位貨品的全年倉儲成本，為已知常數

假設需求率（demand rate）是均勻固定的，即每天需求量是固定不變的。又**假設前置時間**為 0，且不允許缺貨發生。（按：EOQ 其他假設：如每一批量大小不受限制、存貨持有成本及每次訂購及設置成本固定、每一項物品的決策是獨立的、前置時間是已知且固定的。）

由於全年所需的訂購次數為 $\frac{d}{q}$，每次訂購成本為 c，故全年訂購成本為 $\frac{cd}{q}$。另外，當訂購貨品剛到達時，存貨量最大（等於 q），而存貨量最低是為 0，因此平均每天的存貨量等於 $\frac{d}{2}$，如圖 4-83 所示，故全年的倉儲成本為 $h \cdot \frac{d}{2}$。訂單間隔時間（time between order, TBO）為收到（或下訂）q 單位補貨訂單的平均間隔時間。當使用 EOQ，並且以月份來表示時間時，TBO 為：$TBO_{EOQ} = \frac{EOQ}{d}$（12 月/年）。

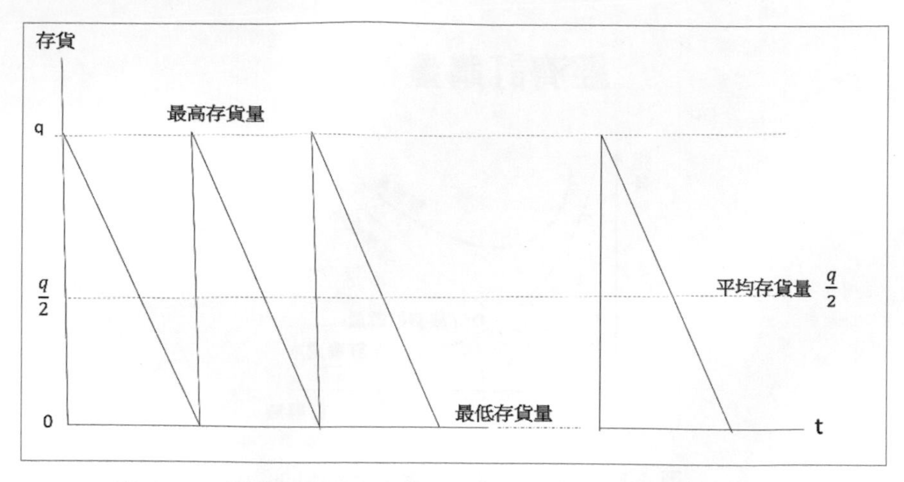

圖 4-83　訂購貨品到達後時，最大、最低及平均每天的存貨量

將全年訂購成本加上全年倉儲成本，即得全年的**總成本**。

$$C=c\cdot\frac{d}{q}+h\cdot\frac{q}{2}$$

利用一階導數為 0 的條件，

$$\frac{dc}{dq}=-\frac{cd}{q^2}+\frac{h}{2}=0$$

求得 $q^*=\sqrt{\frac{2cd}{h}}$，

當 $q^*=\sqrt{\frac{2cd}{h}}$，$\frac{d^2c}{dq^2}=\frac{2cd}{q^3}>0$

因此，當每次訂購量為 $q^*=\sqrt{\frac{2cd}{h}}$ 時，總成本為最小，且最小總成本為 $C^*=\sqrt{2chd}$。

實例十五　**某百貨公司專櫃經銷之防刮手機保護膜，每年的需求量估計為 10,000 個，若每次訂購成本為 90 元，防刮手機保護膜的單價為 200 元，且年倉儲成本約為商品價值的 10%，試問經濟訂購量為若干？ 訂單間隔時間（time between order, TBO）？** (4)

手算

每件手提箱每年的倉儲成本 $h=(200)(10\%)=20$ 元。

又由題意知：

d=10000

c=90

故經濟訂購量 $q^*=\sqrt{\frac{2cd}{h}}=\sqrt{\frac{(2)(90)(10000)}{20}}=300$

總成本為 $C=\sqrt{2(90)(20)(10000)}=6000$ 元

由經濟訂購量，可將每人所需的訂購次數求出。每年訂購次數

$n=\frac{d}{q^*}=\frac{10000}{300}=33.3$

亦即，每隔天 $t=\frac{365}{33.3}=10.9\approx 11$ 天，即應訂購一次。

R 軟體的應用

首先，建立目標（成本）函數，再將此目標函數以外掛套件 Deriv 的 Deriv 函式對 q 偏微取得的偏導數，再經外掛套件 Ryacas 的 yac_str 函式傳回偏導數的文字（character）結果，使方便後續程式替代已知數：（圖 4-84）

```
C<-'c*d/q + h*q/2'                    # 目標函數
library(Ryacas)
library(Deriv)
print(Cq<-yac_str(                    # 求目標函數 C 的 q 偏導函數（字串）
  paste('Deriv(q) ',C)))
```

```
> print(Cq<-yac_str(            # 求目標函數的q偏導函數(字串)
+   paste('Deriv(q) ',C)))
[1] "h/2-(c*d)/q^2"
```

圖 4-84　成本函數對 q 的偏導數

接著藉內建套件 stringr 的 str_replace_all 函式，將偏導數的已知數置換，得如下圖 4-85 的 $f(q)$：

```
c<-90                                # 每次訂貨成本
d<-10000                             # 一年需求量
h<-200*10/100                        # 每單位庫存持有成本
library(stringr)
print(Cq<-str_replace_all(Cq,        # 置換偏導函數字串之已知值
               c('c'=as.character(c),
                 'd'=as.character(d),
                 'h'=as.character(h))))
```

```
> print(Cq<-str_replace_all(Cq,  # 置換偏導函數字串之已知值
+                c('c'=as.character(c),
+                  'd'=as.character(d),
+                  'h'=as.character(h))))
[1] "20/2-(90*10000)/q^2"
```

圖 4-85　偏導數置換已知值

令上圖 4-85 之函數 =0 以求最小成本下的 q 值即 EOQ，吾人以內建套件 base 的 solvc 解 1/q^2 的線性方程式，亦即將 $1/q^2$ 視為一變數，如下程式：

```
print(eoq<-q<-sqrt(      # 經濟批量 ( 解線性函數 =0 的 q)
 1/solve((90*10000),20/2)))
```

```
> print(eoq<-q<-sqrt(     # 經濟批量(解線性函數=0的q)
+    1/solve((90*10000),20/2)))
[1] 300
```

圖 4-86　經濟批量 (E.O.Q)

將圖 4-86 中的 q、eoq 二變數值以及前述之其他變數值，算出存貨總成本，一年進貨次數及每次到貨之週期天數等：

```
print(TC<-eval(parse(text=C)))    # 存貨總成本
print(n<-ceiling(d/eoq))          # 一年進貨次數
print(t<-floor(365/n))            # 到貨週期天數
```

```
> print(TC<-eval(parse(text=C)))  # 存貨總成本
[1] 6000
> print(n<-ceiling(d/eoq))  # 一年進貨次數
[1] 34
> print(t<-floor(365/n))    # 到貨週期天數
[1] 10
```

圖 4-87　存貨總成本，一年進貨次數及到貨週期天數

綜上所述，經濟訂購量為 300（圖 4-86），一年總成本為 6000，年訂購次數進位後為 34 次，依此到貨週期則為每 10 天到貨 1 次。一年進貨次數 =33.3 次 ≈34 實務上，偏向於取整數。到貨週期天數，實務上，為保守起見，偏向於取整數。

經濟訂購量（EOQ）有其使用時機，如採用**存貨式生產（make-to-stock）策略**，且商品有**相對穩定需求**下，一般常用在消耗品生產，以及上游供應商採取連續性生產，則使用 EOQ 的機會較多。EOQ 作為訂貨政策的挑戰在於：那些參數，如資料源頭的收集問題（例如訂購成本，持有成本），取得不易之故，且付出心力很大。很多使用者退而求 lot for lot（逐批批量法）。

另外，存貨持有成本及每次訂購及設置成本為已知，且相對穩定下採用，而不是一體適用。

實例十六　波音公司生產的噴射客機的定價 (4)

波音 707 是波音的首款噴射機，美國波音公司在 1950 年代研發的首款四引擎噴射機，載客量為 140 至 189 人，採用後掠翼、引擎吊艙等新式設計。雖然 707 並非世上首款噴射機，但其卻是第一款取得成功的噴射民航客機，並因此支配了 1960 至 1970 年代的民航市場，開啟了「噴射機時代」。使波音在 1997 年取代道格拉斯公司（McDonnell Douglas Corporation, MCD），（按：簡稱為麥道，是一家美國飛機製造商和國防承包商，它製造了一系列著名的民用和軍用飛機。1997 年 8 月被併入波音公司）成為最大的民航飛機製造商之一，並在之後發展出各型號 7X7 噴射機，而 727、737 和 757 都是以 707 的機身為基礎。

波音飛機公司生產的噴射客機在 **1955 年時面臨價格訂定的問題**。當時波音 707 在市場上唯一的競爭對手是道格拉斯（Douglas）的 DC- 8。由於兩種飛機性能非常接近，如果一方提高售價，則另一方的市場佔有率必會增加。因此在價格上，兩家公司應做適當的配合。假設價格是影響需求的為變數，站在波音的立場，當然是希望能以高價格及早回收投入的資金。但是價格愈高，則購買意願愈低。因此在使公司利潤為最大的目標下，如何訂定最適的價格是波音公司所欲解決的。

假設已知變數如下：

π = 利潤，

p = 波音 707 的價格，為決策變數，

N= 市場上 707 與 DC-8 的總需求量，為 p 的函數，

x = 波音 707 的銷售量，

C= 成本，為 x 的函數，

h = 波音 707 的市場占有率。

而且，已知這些變數間的關係為：

$$\boldsymbol{\pi}=p\cdot x(p)-\mathrm{C}(x(p))$$

$$x(p)=\mathrm{h}\cdot N(p)$$

波音公司依據資料，得出成本函數：

$C(x)=50+1.5x+8x^{0.75}$，其中第一項為固定成本 50（百萬），第二、三項代表變動成本。又假設已知市場需求函數為：

$$N(p)=-78p^2+655p-1125$$

手算：

其導數為 $\frac{dN}{dp}=-156p+665$

最適價格 p^* 應滿足

$$\frac{d\pi}{dp}=+p\ \frac{dx}{dp}+x-\ \frac{dc}{dx}\frac{dx}{dp}=0$$

$$=p\cdot h\ \frac{dN}{dp}+hN-(1.5+6x)\cdot h\ \frac{dN}{dp}$$

或 $p=(1.5+6x^{-0.25})-\dfrac{-78p^2+665p+1125}{-156p+665}$

由於上式中 x 亦為 p 的函數，在代數上解出 p 值將是件相當困難的事 。然而若以試誤（try and error）的方式在計算機上執行，卻是相當方便的。

今以數種市場占有率，$h=0.25$、0.5、0.75、1 分別利用不同的 p 值，透過以上變數間的關係式，計算出 $N(p)$、$x(p)$、π、$\dfrac{d\pi}{dp}$ 等數值，其結果如表 4-1。

表 4-1　在不同市場占有率下，計算出相關數值

h	p	$N(p)$	$x=hN(p)$	x	$\frac{d\pi}{dp}$	$\frac{d^2\pi}{dp^2}$
0.25	5.09	188.12	47.03	-24.83	1.88	-105.46
0.25	5.10	186.72	46.68	-24.82	0.83	-105.99
0.25	5.11	185.31	46.33	-24.82	-0.24	-106.50
0.25	5.12	183.88	45.97	-24.83	-1.30	-107.00
0.5	4.98	202.47	101.23	46.97	4.43	-228.43
0.5	4.99	201.24	100.62	47.01	2.14	-229.96
0.5	5.00	200.00	100.00	47.02	-0.16	-231.48
0.5	5.01	198.74	99.37	47.00	-2.49	-232.97
0.75	4.94	207.22	155.41	132.49	4.45	-356.56
0.75	4.95	206.06	154.45	132.52	0.87	-358.08
0.75	4.96	204.88	143.66	132.51	-2.74	-361.57
0.75	4.97	203.68	152.76	132.46	-6.36	-364.05
1.00	4.91	210.62	210.62	225.91	7.01	-485.16
1.00	4.92	209.50	209.50	225.96	2.14	-488.71
1.00	4.93	208.37	208.37	225.96	-2.77	-492.22
1.00	4.94	207.22	2207.22	225.90	-7.71	-495.71

由於最適價格 p^* 應滿足 $\frac{d\pi}{dp}=0$，所以在各種不同市場占有率下，最適價格，可列如下：

表 4-2　在各種不同市場占有率下，最適價格

h	p^*	x	$\pi(p)$
0.25	5.11	46.33	-24.81
0.5	5.00	100.00	47.02
0.75	4.95	154.54	132.52
1.00	4.92	209.50	225.96

根據上表，波音公司不僅可以訂立波音 707 的最適價格，也可依據上表的第三行 x，訂定公司的銷售計畫。

R 軟體的應用

本例波音 707 目標函數為總利潤 = 銷售總金額 - 總銷售成本。如上述，為一合成函數（又稱複合函數 Function composition），先將函數依先後順序宣告如下各 function 物件，h、p 各代表其市場占比及價格，為使在不同的市場占比下給出最適價格，使總利潤達到最大。吾人可用第 2 節　偏微分之技巧於 p 的導數方向找出使利潤最佳化，藉以配合其市場占比形成價格計劃與策略。請注意：R 為一區分大小寫（case sensitive）之軟體，程式中為簡短計，變數常以縮寫甚而單一字母命名。下列程式對自變數以小寫字母命名（例如：價格 p），函數則一致為大寫（例如：總利潤 P），與上述題意所列各函數對照時，不區分大小寫：

```
library(Ryacas)
N<-function(p) -78*p^2+655*p-1125        # 市場總需求量
X<-function(p,h) h*N(p)                  # 銷售量
C<-function(x) 50+1.5*x+8*x^0.75         # 銷售成本
P<-function(p,h) p*X(p,h)-C(X(p,h))      # 總利潤
```

首先，可將目標函數（總利潤）在不同的 h（市場占比）、p（價格）下的 3D 分布，有一概括的理解，下列程式使用內建套件 base 的 outer 函式，藉由自訂函式 pf 依據可能的市占 (h) 及相對應的價格 (p) 範圍，產生一 3D 繪圖所需的矩陣 M

（前後 6 筆資料圖 4-88、圖 4-89），同時也產生後續藉以分析萃取的 data.frame 物件 df（圖 4-91）：

```
df<-data.frame()                      # 初始一環境變數 (data frame 物件)
Pf<-function(p,h){                    # 計算利潤函數、填入 df 物件各欄
  Pph<-P(p,h)                         # 總利潤
  df<<-rbind(                         # 於環境變數 df 上新增 p 與 h 組合的紀錄
    df,                               # 在 df 物件上
    data.frame(                       # 建構一筆新的 row
      h=h,                            # 市場占有率
      p=p,                            # 價格
      N=N(p),                         # 市場總需求量
      X=X(p,h),                       # 波音 707 銷售量
      C=C(X(p,h)),                    # 成本
      Profit=Pph                      # 總利潤
    ))
  return (Pph)
}
p<-seq(4.5,5.5,0.01)                  # 定價範圍
h<-seq(0.25,1,0.1)                    # 市場占有率
head(M<-outer(                        # 依 p、h 軸範圍計算 P 軸（利潤），構成矩陣
  setNames(p,c(p)),                   # 列表示定價範圍
  setNames(h,c(h)),                   # 行表示市占率範圍
  Pf),6)                              # 列印最前 6 筆
tail(M,6)                             # 列印最後 6 筆
```

```
> head(M<-outer( # 依p、h軸範圍計算P軸(利潤)，構成矩陣
+   setNames(p,c(p)),    # 列
+   setNames(h,c(h)),
+   Pf),6)      # 列印最前6筆
          0.25      0.35      0.45     0.55     0.65      0.75     0.85     0.95
4.5  -41.83033 -18.90040  7.527073 36.48906 67.41552  99.93266 133.7781 168.7584
4.51 -41.32560 -18.22278  8.372429 37.49841 68.58596 101.26186 135.2641 170.3995
4.52 -40.82651 -17.55403  9.205519 38.49197 69.73701 102.56796 136.7232 172.0099
4.53 -40.33318 -16.89429 10.026153 39.46952 70.86839 103.85066 138.1551 173.5893
4.54 -39.84571 -16.24373 10.834141 40.43082 71.97981 105.10963 139.5595 175.1372
4.55 -39.36420 -15.60247 11.629296 41.37564 73.07101 106.34455 140.9359 176.6532
```

圖 4-88　M 矩陣最前 6 筆

```
> tail(M,6)      # 列印最後6筆
          0.25      0.35      0.45     0.55     0.65     0.75      0.85     0.95
5.45 -31.25080 -11.59717 10.218434 33.60073 58.19735 83.77723 110.17818 137.2806
5.46 -31.63263 -12.27162  9.226484 32.27325 56.52036 81.73942 107.77009 134.4942
5.47 -32.02500 -12.96249  8.211936 30.91677 54.80782 79.65936 105.31296 131.6518
5.48 -32.42782 -13.66967  7.174912 29.53144 53.05987 77.53720 102.80691 128.7536
5.49 -32.84097 -14.39303  6.115553 28.11740 51.27666 75.37310 100.25213 125.7998
5.5  -33.26433 -15.13244  5.034010 26.67481 49.45837 73.16724  97.64879 122.7905
```

圖 4-89　M 矩陣最後 6 筆

從上圖 4-88、圖 4-89 市場佔比大於 0.45 皆可創造利潤，低於 0.35 則均屬虧損，同時在各市場佔比之下利潤在價格兩端皆呈下降趨勢，進一步繪出利潤曲面圖如下程式：

```
par(mar=c(2,0,0,0))                        # 調整環境參數（圖邊界）
res<-persp(x=p, y=h, z=M,                  # 繪製目標函數分布圖（3D）
           col='#ABBC9A',                  # 顏色
           theta=40,                       # 水平左轉（順時鐘）40 度
           phi=-2,                         # 垂直向後傾斜 2 度
           zlim=c(min(M)-50,max(M)+50),    # z 軸（利潤）座標範圍
           ticktype='detailed',            # 各軸刻度依陣列資料明細標示
           xlab='價格',                    # x 軸標籤
           ylab='市佔率',                  # y 軸標籤
           zlab='利潤\n\n',                # z 軸標籤
           cex.lab=1)                      # 各軸標籤文字放大倍數
```

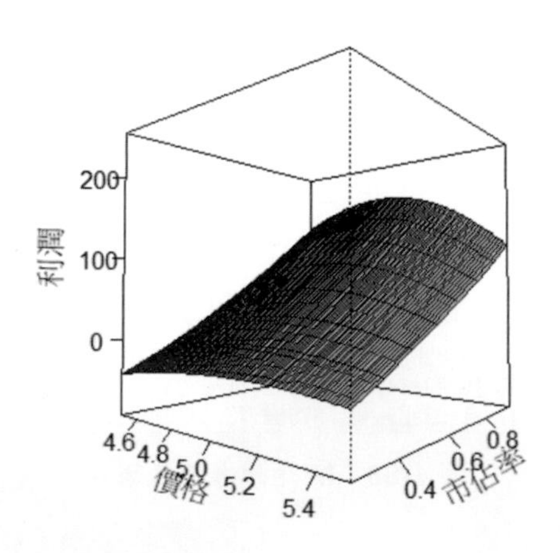

圖 4-90　波音 707 在不同的 p、h 下利潤曲面圖

上圖 4-90 顯示在利潤 =0 之處應有一損益平衡點，同樣在市場占比最高處亦有一總利潤最高點：

```
library(data.table)
print(as.data.table(df),3)                        # df 的前後 3 筆
df[which(df$Profit>0 & df$Profit<0.05),]  # 找出損益平衡點
df[which(df$Profit==max(df$Profit)),]      # 找出總利潤最高點
```

```
> print(as.data.table(df),3)    # df 的前後3筆
        h    p        N         X        C     Profit
  1: 0.25 4.50 243.0000  60.75000 315.2053 -41.83033
  2: 0.25 4.51 242.5222  60.63055 314.7694 -41.32560
  3: 0.25 4.52 242.0288  60.50720 314.3191 -40.82651
 ---
806: 0.95 5.48 122.0288 115.92736 506.5283 128.75361
807: 0.95 5.49 120.0222 114.02109 500.1760 125.79978
808: 0.95 5.50 118.0000 112.10000 493.7595 122.79049
```

圖 4-91 df 物件之各欄及最前、最後 3 筆

```
> df[which(df$Profit>0 & df$Profit<0.05),] # 找出損益平衡點
       h    p        N        X        C      Profit
171 0.35 5.19 173.4342 60.70197 315.0301 0.01317374
> df[which(df$Profit==max(df$Profit)),] # 找出總利潤最高點
       h    p        N        X        C   Profit
751 0.95 4.93 208.3678 197.9494 769.1119 206.7787
```

圖 4-92 損益平衡及利潤最高點

圖 4-91 顯示構成總利潤除了市估率、價格以外尚有其他配合條件包括 N 總需求量（707 加 DC-8）、X（707 產量）以及 C 需要滿足的成本投入等。圖 4-92 指出市佔比的交互影響，損益平衡點並非價格最低、利潤最大也非價格最高。

吾人應用對 p 偏微目標函數，藉以找出圖 4-90 曲面的脊樑骨作為市占與價格配合的銷售策略：

```
library(Deriv)
print(Pp<-Deriv(P,c('p'))) # 求目標函數對 p(價格)的偏導數
```

```
> print(Pp<-Deriv(P,c('p'))) # 求目標函數對p(價格)的偏導數
function (p, h)
{
    .e1 <- X(p, h)
    .e2 <- .e1^0.25
    h * (655 - 156 * p) * (p - (0.375 + 0.75 * ((1.5 * .e2 +
        8)/.e2))) + .e1
}
```

圖 4-93　利潤函數在價格 (p) 的偏導數

圖 4-93 顯示 Pp 變數為一函式（function）物件，下列程式自訂一函式 SS 藉此 Pp 函式在已知 h 條件下使利潤最高的 p（價格），其中使用到內建套件 stats 的 uniroot 函式解單根（即最適價格 p），接著，將各個市佔比 h 之下如上圖 4-91 般建構最適價格路線圖 4-94：

```
SS<-function(x) {        # 自訂函式求以知 h 值，p 的最佳解使目標利潤最大
  ss<-uniroot(           # p 的偏導數求根
    f=Pp,                # 目標函數對 p 變數的一階偏導數
    interval=c(min(p),max(p)),   # p 參數之起迄值
    h=x                  # Pp 函式的 h 參數值
  )
  return (ss$root)
}
f<-function(h){          # 自訂一函式針對不同的市場占比，產生最適價格表
  df<-data.frame()       # 初始一局部變數 (local variable)
  for (x in h){
    px<-SS(x)            # 最佳定價
    df<-rbind(           # 於局部變數 df 上新增 p 與 h 組合的紀錄
      df,                # 在 df 物件上
      data.frame(        # 建構一筆新的 row
        h=x,             # 市場占有率
        p=px,            # 價格
        N=N(px),         # 市場總需求量
        X=X(px,x),       # 波音 707 銷售量
        C=C(X(px,x)),    # 成本
        Profit=P(px,x) ))   # 總利潤
  }
  return (df)
}
print(df2<-f(h))         # 列印在各種不同市場占有率下，最適價格表
```

```
> print(df2<-f(h))    # 列印在各種不同市場占有率下，最適價格表
     h        p        N         X        C     Profit
1 0.25 5.107798 185.6189  46.40473 261.8438 -24.817830
2 0.35 5.049664 193.5996  67.75988 340.5779   1.586721
3 0.45 5.013160 198.3416  89.25370 416.1861  31.256895
4 0.55 4.987387 201.5642 110.86032 489.6109  63.292415
5 0.65 4.967880 203.9345 132.55743 561.3671  97.162324
6 0.75 4.952415 205.7715 154.32862 631.7806 132.518798
7 0.85 4.939741 207.2492 176.16180 701.0759 169.117673
8 0.95 4.929091 208.4714 198.04782 769.4169 206.778900
```

圖 4-94　在各種不同市場占有率下，最適價格

上圖 4-94 所列為依據市占於 0.25 起至 0.95 每增加 0.1 的最適價格表，其他市占比率亦可重複使用自訂函式 f 列出：

```
print(f(c(0.5,1.0))) # 列印在 0.5 及 1.0 市場占有率下，最適價格表
```

```
> print(df2<-f(c(0.5,1.0))) # 列印在0.5及1.0市場占有率下，最適價格表
    h        p        N        X        C    Profit
1 0.5 4.999288 200.0889 100.0445 453.1333  47.01785
2 1.0 4.924363 209.0084 209.0084 803.2695 225.96358
```

圖 4-95　0.5 及 1.0 市場占有率下，最適價格表

由圖 5-92 及圖 5-93 觀察，市占率越大 (h)，其最適價格可使總利潤（Profit）越高。

最後，將圖 4-94 各點在 3D 圖（圖 4-90）上標示出來，並連成其最適價格之最大利潤路線圖：（圖 4-96）

```
points(trans3d(         # 繪出各市場占比 (h) 下最適價格 (p) 各點
  x=df2$p, y=df2$h, z =P(df2$p,df2$h),
  pmat=res),
  col='red',
  pch=16,               # 實心圓點
  cex=1.1)
lines (trans3d(         # 繪出 p 與 h 使利潤最大的趨勢線
  x=df2$p, y=df2$h, z =P(df2$p,df2$h),
  pmat=res),
  col='red')
```

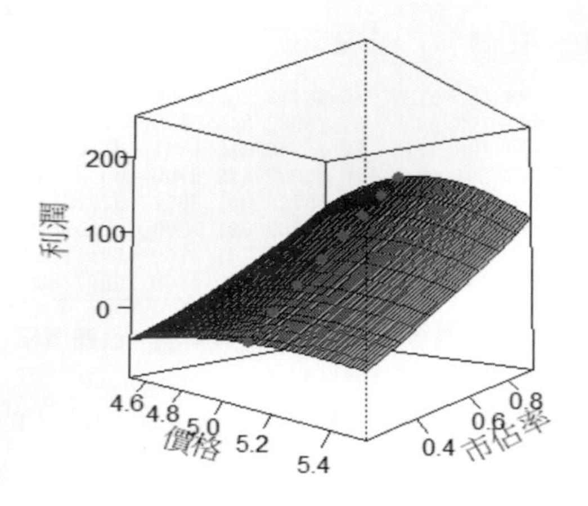

圖 4-96　最適價格與最大利潤路線

由圖 5-94 最大利潤路線圖的脊樑骨，再度觀察出：市占率越大 (*h*)，則總利潤（Profit）越高。此一思維，促使波音在 1997 年購併 MDC。

媒體經常引用的合併的兩個好處是：建立「更好的軍用和商用飛機之間的平衡」，由於兩家公司的互補的（complementary）產品線，並涉及波音公司將利用 MDC 的產能和勞動力來幫助滿足，其目前的訂單積壓和預期即將對商用飛機的激增需求。

合併公佈後不久，歐盟的空巴（Airbus）就投訴，1997 年 7 月 4 日，一個由歐盟成員國反壟斷執法部門負責人，組成 15 名成員的顧問小組，一致建議歐洲委員會（European Commission）阻止合併。隨後是美國前總統柯林頓（Clinton）總統威脅如果合併被阻止，將祭對歐盟貿易的制裁，雙方極度緊張。最後，波音公司最後一刻做出各種讓步，達成和解，委員會同意在 7 月 23 日的會議上批准合併，但須符合波音同意的「承諾」(undertakings)，如波音放棄 Northrop 等 3 家主要供應商獨家供應協議，讓其參與空巴巨型客機 A3XX 的風險分攤等「管轄權和禮讓問題」(jurisdictional and comity issues)。(10, 11)

售價（price , 在本實例簡稱 p）終會影響到市占率（market share, 在本實例簡稱 h ），就以 MDC 配置有 3 具發動機的廣體客機 MD-11 為例，技術問題、開發成本超支、單位成本增加和交期延誤，這些成本終究會反應到售價上，也導致

MDC 的 A-12 Avenger II 計劃，於 1991 年 1 月 13 日被國防部終止合同，引發多年的訴訟。

客機屬於工業性產品，台積電（TSMC）專注生產由客戶所設計的晶片亦然，其定價策略，是根據台積電提供給客戶的價值，並與客戶進行充分的溝通，而非根據市場反應，不會受到其他同業影響。2021 年僅針對部分成熟製程小調一些，2022 年才全線調漲 5~20%，並以成熟製程漲幅較大。以 2022 年漲價策略來看，台積電縮小了先進製程與成熟製程價差，將促使客戶加速導入更先進製程，可達到優化產品結構的效果；而 2023 年則再上調約 6%，也讓公司可以在維持毛利率 53% 以上目標上更有底氣。(11)

但在消費性產品，由成本反應的售價並非唯一考慮因素，還要考量差別定價、折扣定價、心理定價、促銷定價、地理性定價，使得定價策略更為專業。

參考文獻

1. 王遠山 (2018)。一本書講透數學 Mathematics。知青頻道。
2. 翁秉仁 (2015)。微積分乙。國立臺灣大學出版中心。
3. Stewart, J. (2012).Calculus. Cengage Learning. 或見王慶安 / 陳慈芬 / 鍾文鼎 (2018) 譯。台中市：滄海書局。
4. 張保隆（2005）。現代管理數學。台北市：華泰文化。
5. Daniel D. Benice.（2018）.Applied calculus. Cengage Learning. 或見王景南 / 陳杏菉 / 葉承達 / 顏嘉良譯。台北市：高立圖書。
6. 施振榮（2022 年 5 月 24）。追求永續，王道思維與 ESG 相呼應。聯合報。
7. 柳克婷 / 劉明德 (2000)。管理數學。台北市：文京圖書公司。
8. Smith, R. T., & Minton, R. B. (2002). Fundamentals of calculus. McGraw Hill.
9. Brian Coleman(1997) Clinton Hints at U.S. Retaliation If EU Blocks Boeing Merger.The Wall Street Journal.
10. Stock, E. J. (1999). Explaining the Differing US and EU Positions on the Boeing/McDonnell-Douglas Merger：Avoiding Another Near-Miss.U. Pa. J. Int'l Econ. L.,20, 825.
11. 王怡茹 (2023)。台積電今年成長寄望下半場，底氣從何來？商業周刊。MoneyDJ 理財網。

05 CHAPTER COVID-19 陽性、偽陽性議題：機率與統計

機率的目的在了解隨機現象發生的可能性，以為管理決策參考，並為統計推論做準備。機率理論結合前面談到的矩陣，也做為第八章馬可夫鏈的基礎。

一般而言，我們可以把統計問題分成兩類：敘述統計和推論統計，前者主要目的在於將大量數據整理、摘要和呈現，以簡明、易懂的方式描述資料的基本特性。透過敘述性統計，我們能夠對數據集的中心趨勢、變異性、分佈形狀等進行全面的分析，而不需要深入進行推論或假設檢驗，如果我們的興趣只限於手頭現有的資料，而不準備把結果用來推論群體則稱為敘述統計。反之，對手頭現有資料（即樣本）的處理，導致預測或推論群體的統計稱為推論統計。

另一方面，針對敘述統計中「統計實驗」的各種可能結果，賦予一個數字的隨機變數（random variables），有各種機率分配，可能是離散（discrete）的，可能是連續的。經由隨機變數的機率密度函數可以了解各種可能事件出現的機率，進而了解整個「統計實驗」以作為管理決策的參考。

當吾人探討 COVID-19 測試結果時，機率和統計的概念變得至關重要。想像一個人接受 COVID-19 測試，吾人可能關心的是，如果測試呈陽性，這個人實際患有 COVID-19 的機率有多大？這牽涉到機率的計算，特別是陽性預測值的估計，這是在接受測試的人中，測試呈陽性的人確實患有 COVID-19 的機率。

然而，測試結果也可能包含**偽陽性**和偽陰性。**偽陽性**是指未感染者被誤報為陽性的情況，而**偽陰性**是指實際感染者被誤報為陰性。這涉及到統計概念，如測試的靈敏度（sensitivity）和特異度（specificity），這些數據有助於評估測試的可靠性和精確性。其論述請見本章第 2 節 [實例 9]。

5-1 敘述性統計

統計學（Statistics）這個字源自意大利字 stato，意思是「**state**」（**邦國**），而 statista 這個字則是指涉及國家事務的人。然而，今天統計學的應用已不再侷限於關於國家的資訊，也延伸至**幾乎所有跟人類有關的領域**。而且不再只侷限於數字的資訊（numerical information）。所謂的資料（data），也包括摘要資料，用有意義的方式呈現以及分析。(1)

資料可以是**非計量**尺度，或稱為**屬性**變數（qualitative variable）；或稱為分類變數（categorical variable），也可以是**計量**尺度，或稱為**屬量**變數（quantitative variable）。

屬性變數只是單純紀錄一種特性。即使用數字來區分某個屬性變數的不同類別，其數字指定是隨意的（arbitrary），例如公寓坐向，若朝東，以 1 表示，朝北以 4 表示。而屬量變數，可用數字描述，且其代數運算有意義，例如公寓房間數、租金，租金可以是**平均**的。

一般而言測量值有四種測量尺度，依照**數字所提供的資訊量**，由弱而強可以下表 5-1 表示。

表 5-1　四種尺度的比較：從非計量尺度到計量尺度

尺度	尺度類別	基本比較	例子	平均數	顯著性檢定
名目 （nominal scale）	非計量尺度 （non- metric scale）	本身	男 – 女 使用者 – 非使用者 職業	眾數	卡方 (x^2) McNemar Cochran Q
順序 （ordinal scale）		次序	偏好次序 社會階層 成績名次 品質等級	中位數	Mann-Whitney U 檢定 Kruskal-Wallis 檢定 等級相關
區間 （interval scale）	計量尺度 （metric scale）	區間的比較	溫度 平均成績（GPA） 對品牌的態度分數	算數平均數	z 檢定 t 檢定 變異數分析 相關
比率 （ratio scale）		絕對大小的比較	銷售數量 購買者人數 購買機率 所得 重量	幾何平均數 調和平均數	z 檢定 t 檢定 變異數分析 相關

以下先從任何一位參加過大學聯考和學力測驗的高中生都知道的**百分位數**說起。

百分位數與四分位數（Percentiles and Quartiles）

給定一組數字觀察值（numerical observations），吾人可按其大小排序，經過排列後，就可以定義該資料集的邊界。如果你的成績為上四分位數（upper quartile）90 個百分位數，表示 90% 參加考試的人成績比你低。**百分位數**的定義如下：

有一群數據，將數據數字**由小到大**排列，其第 p 個百分位數，表示整體中有 ***p*% 個**數字比此數小，其所在位置是 $(n+1)p/100$ ，其中 n 是樣本數（sample size）。

某些百分位數比其他百分位數重要，因為他們將**資料的分配分割成 4 等份**，這就是四分位數。**四分位數**（quartiles）是將資料分成 4 等份（第 1 個 1/4、第 2 個 1/4、第 3 個 1/4、第 4 個 1/4）的百分位數。分別定義如下：

第一個四分位數（Q_1）是第 25 個百分位數，即有 1/4 的數據點（data point）比它小，又稱為**下四分位數**（lower quartile）。第二個四分位數（Q_2）是第 50 個百分位數，即有 1/2 的資料點比它小，有一個特別的名字 - **中位數**（median），又稱為**中四分位數**（middle quartile）。第三個四分位數（Q_3）是第 75 個百分位數，即有 3/4 的資料比它小，又稱為**上四分位數**（upper quartile）。**四分位數間距**（interquartile range, IQR）是第 3 個四分位數（Q_3）減第 1 個四分位數（Q_1），是一種資料的**分散測度**（measure of dispersion）。

實例一 **一家大型百貨公司收集旗下售貨員的銷售業績，下面是 20 位售貨員的銷售業績：9,6,12,10,13,15,16,14,14,16,17,16,24,21,22,18,19,18,20,17，找出此一資料集的第 50 個百分位數，以及第 90 個百分位數。** (1)

手算

首先吾人將數據**由小到大**排列：

6,9,10,12,13,14,14,15,16,16,16,17,17,18,18, 19,20,21,22,24 為了發現第 50 個百分位數，必須決定其位置 (n+1)p/100=(20+1)50/100 =10.5。位於第 10 及第 11 個的觀察值都是 16，亦即**第 50 個**百分位數是 16。

同樣地，第 90 個百分位數位於 (n+1)p/100=(20+1)90/100 =18.9，第 18 個觀察值是 21，第 19 個觀察值是 22；所以，**第 90 個**百分位數是 21.9，因為 21+(22-21)(0.9) =21.9。

R 軟體的應用

R 彙總函式 summary 根據給予的物件類別所相對應的彙總方法（method）回傳彙總結果，以下給予本例原始資料（raw data）的向量物件 x：

```
x<- c(9,6,12,10,13,              # 銷售業績
      15,16,14,14,16,
      17,16,24,21,22,
      18,19,18,20,17)
sum_x<-summary(x)                # 五數彙總及平均數
print(sum_x)                     # 列印順序統計彙總
```

```
> print(sum_x)   # 列印順序統計彙總
  Min. 1st Qu.  Median    Mean 3rd Qu.    Max.
  6.00   13.75   16.00   15.85   18.25   24.00
```

圖 5-1　五數彙總、平均數

經過 summary 函式彙總結果如上圖 5-1，除了平均值 15.85 以外，五數分別為最小觀測值、第一個四分位數、第二個四分位數（或中位數）、第三個四分位數、最大觀測值等，彙總結果除了概括了解觀測值的分散狀況外，平均值與中位數的比較大小，亦可據以說明觀測值的分布平均、左偏、右偏等之**偏態**（**skewness**）。

分位數常用在**盒鬚圖**（Box Whisker Plot）的繪製上，**盒鬚圖**是一種依據五個彙總量數，即最小值、第一四分位數 (Q_1)、中位數 (Q_2)、第三四分位數 (Q_3)，以及最大值，所畫出的一種統計圖形，可以很有效的表示資料的分配情形，還可以了解資料是否偏斜，並找出離群值（outlier）。盒之左與右的長度比較，也代表觀測值分布的左偏或右偏程度。至於如何解釋圖 5-2 觀測值分布的左偏或右偏程度？盒鬚圖的盒子是由 Q_1，Q_2，Q_3 三條線組成，若中位數 Q_2 靠中，表示資料是對稱的；若中位數靠右邊，表示資料相當**左偏**（left-skewed）；若中位數靠左邊，表示資料相當**右偏**（right-skewed）。

```
boxplot(x,horizontal=TRUE)   # 盒鬚圖 (Box Whisker Plot)
```

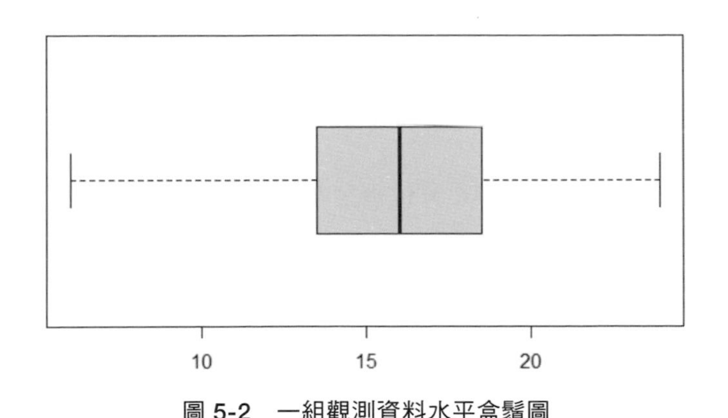

圖 5-2　一組觀測資料水平盒鬚圖

圖 5-2 中位數略為靠右邊，表示資料略為左偏。圖 5-2 shape 盒子代表 50% 的資料集中在 18.25-13.75=4.5 的 IQR（參閱上述的定義），即第三四分位數 (Q_3) 減去第一四分位數 (Q_1)；而 IQR 只佔全距之 25%，計算如下程式及圖 5-3：

```
unname(                          # IQR 對全距的佔比
  (sum_x['3rd Qu.']-sum_x['1st Qu.'])/
    (sum_x['Max.']-sum_x['Min.']))
```

```
> unname(                          # IQR對全距的佔比
+   (sum_x['3rd Qu.']-sum_x['1st Qu.'])/
+     (sum_x['Max.']-sum_x['Min.']))
[1] 0.25
```

圖 5-3　IQR 對全距的佔比

依據百分位數定義及公式，首先須將資料排序後再經過公式計算決定各百分位數所對應的數據點，同樣的每個順序數據點也必對應其百分位數，吾人可利用 R 內建 stats 套件中**經驗累積分布**函數（Empirical Cumulative Distribution Function, ECDF）之函式 ecdf 來將原始觀測資料，在經驗分布函數（Empirical Distribution Function）的定義下，計算出每一觀測值對應的百分位置：

```
ecdf(x)(x)        #   每個數據點對應於百分位數統計數
```

```
> ecdf(x)(x)      #   每個數據點對應於百分位數統計數
 [1] 0.05 0.10 0.15 0.20 0.25 0.35 0.35 0.40 0.55 0.55 0.55 0.65 0.65 0.75 0.75
[16] 0.80 0.85 0.90 0.95 1.00
```

圖 5-4　經驗累積分布函數計算各觀測值的百分位

經驗累積分布函數的定義與百分位數定義相似，除了「等號」：

$$F_n(t) = \frac{\text{觀測值} \leq \text{t 的個數}}{n}$$

```
plot(x=ecdf(x))                    #   繪出每個數據點的百分位數
abline(h=0.25,col='red',lty=2)  # 累積分布 0.25
abline(h=0.75,col='red',lty=2)  # 累積分布 0.75
abline(h=0.9,col='red',lty=2)   # 累積分布 0.9
abline(v=sum_x['3rd Qu.'],       # 百分位 75%（第 3 四分位數）
       col='blue',lty=2)
abline(v=sum_x['1st Qu.'],       # 百分位 25%（第 1 四分位數）
       col='blue',lty=2)
```

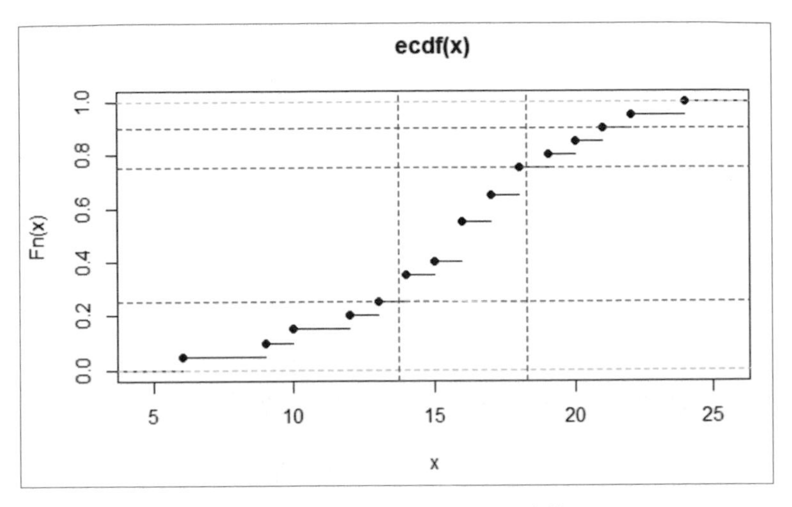

圖 5-5　每個數據點的百分位數

上圖 5-5 中垂直之兩虛線分別代表上述彙總圖 5-1 之第一及第三四分位數的位置（橫虛線在 $F_n(x)$ 軸的位置），兩線之間包含著 50%（14~18）個觀測值，最上方橫虛線代表累計至 90% 百分位置，表示其觀察值 t 介於範圍起於 21 至小於 22（即 $21 \le t < 22$）均為 90% 百分位置。

百分位數的計算在統計領域仍有分歧，無統一的計算公式，R 軟體 stats 套件之 quantile 函式提供根據 Rob J. Hyndman and Yanan Fan 兩位作者解析來自市面統計軟體的 9 種的計算方法，區分觀測值為離散型（discrete）或連續型（continuous）資料，有如下 type 可指定 1~9，其中 type 7 為 quantile 函式預設值 (2)，讀者可自行參閱 R 線上 help。

Type 1~3 適用於離散型；

Type 4~9 適用於連續型，

以下程式為直接應用該函式帶入 type 6 的四、五、十分位數的計算結果：

```
print(q_4<-quantile(x=x,probs=seq(0,1,0.25),type=6))    # 四分位數
print(q_5<-quantile(x=x,probs=seq(0,1,0.2),type=6))     # 五分位數
print(q_10<-quantile(x=x,probs=seq(0'1,0.1),type=6))    # 十分位數
```

```
> print(q_4<-quantile(x=x, probs=seq(0, 1, 0.25), type=6))  # 四分位數
   0%   25%   50%   75%  100%
 6.00 13.25 16.00 18.75 24.00
> print(q_5<-quantile(x=x, probs=seq(0, 1, 0.2), type=6))   # 五分位數
  0%  20%  40%  60%  80% 100%
 6.0 12.2 15.4 17.0 19.8 24.0
> print(q_10<-quantile(x=x, probs=seq(0, 1, 0.1), type=6))  # 十分位數
  0%  10%  20%  30%  40%  50%  60%  70%  80%  90% 100%
 6.0  9.1 12.2 14.0 15.4 16.0 17.0 18.0 19.8 21.9 24.0
```

圖 5-6　type 6 的各種百分位數 (四、五、十)

以下自訂二函式 f_6 與 f_7 分別代表 type 6 與 type 7 的百分位數之計算（包括最小與最大觀察值），與上述 R 內建之 quantile 函式做一比較：

1. 當 $(n+1)*p$ 為整數位置 j 時，即順序觀測值之第 j 筆資料。
2. 當 $(n+1)*p$ 為不為整數位置時取其相鄰兩位置，即 j 與 $j+1$ 之加權平均值，type 6、7 加權方式有所不同：

   Type 6：$p*(x[j+1]-x[j])$

   Type 7：$p*x[j]+(1-p)*x[j+1]$

```
n<- length(x)                     # 資料元素個數
x<-sort(x)                        # 將各資料由小到大排序
f_6<-function(prob){              # type 6 百分位數計算
  index<-min((n+1)*prob,n)  # 百分位置不超過總觀測個數
  if(index%%1!=0){                # 判斷為非整數
    j<-floor(index)
  }else{
    j<-index
  }
  j<-max(1,j)                     # 百分位置不小於 1
  wmean<-if (is.na(prob*(x[j+1]-x[j]))) 0 else prob*(x[j+1]-x[j])
  return (x[j]+wmean)             # 回傳加權平均值
}
f_7<-function(prob){              # type 6 百分位數計算
  index<-min((n+1)*prob,n)
  if(index%%1!=0){                # 判斷為非整數
    j<-floor(index)
  }else{
```

```
    j<-index
  }
  j<-max(1,j)
  y<-1-prob
  return (if(j<=1 | j>=n) x[j] else (1-y)*x[j]+y*x[j+1])
}
seq_4<-setNames(seq(0,1,0.25),names(q_4))          # 四分位
seq_5<-setNames(seq(0,1,0.2),names(q_5))           # 五分位
seq_10<-setNames(seq(0,1,0.1),names(q_10))         # 十分位
sapply(seq_4,f_6)                                  # type 6 之四分位數
sapply(seq_5,f_6)                                  # type 6 之五分位數
sapply(seq_10,f_6)                                 # type 6 之十分位數
```

```
> sapply(seq_4, f_6)      # type 6之四分位數
   0%    25%    50%    75%   100%
 6.00 13.25 16.00 18.75 24.00
> sapply(seq_5, f_6)      # type 6之五分位數
  0%  20%  40%  60%  80% 100%
 6.0 12.2 15.4 17.0 19.8 24.0
> sapply(seq_10, f_6)     # type 6之十分位數
  0%  10%  20%  30%  40%  50%  60%  70%  80%  90% 100%
 6.0  9.1 12.2 14.0 15.4 16.0 17.0 18.0 19.8 21.9 24.0
```

圖 5-7　type 6 四、五、十百分位數

比較圖 5-7 與圖 5-6 結果相同，再比較下列 type7 程式的結果圖 5-8 其中 4 分位數與 summary 函式圖 5-1 的結果亦吻合，說明了 summary **雖未指定計算的 type，但預設為 type 7**，R 軟體隨著時間不斷演化，未來或許其固有的（legacy）的函式（尤指 base 套件，例如 summary）也將提供 type 的選項：

```
sapply(seq_4,f_7)       # type 7 之四分位數
sapply(seq_5,f_7)       # type 7 之五分位數
sapply(seq_10,f_7)      # type 7 之十分位數
```

```
> sapply(seq_4, f_7)      # type 7之四分位數
   0%    25%    50%    75%   100%
 6.00 13.75 16.00 18.25 24.00
> sapply(seq_5, f_7)      # type 7之五分位數
  0%  20%  40%  60%  80% 100%
 6.0 12.8 15.6 17.0 19.2 24.0
> sapply(seq_10, f_7)     # type 7之十分位數
  0%  10%  20%  30%  40%  50%  60%  70%  80%  90% 100%
 6.0  9.9 12.8 14.0 15.6 16.0 17.0 18.0 19.2 21.1 24.0
```

圖 5-8　type 7 四、五、十百分位數

實例二 **同上的一家大型百貨公司收集旗下售貨員的銷售業績，求下四分位數、中四分位數、上四分位數及四分位數間距（IQR）。** (1)

手算

下四分位數的位置在第 (21)(0.25)=5.25 個觀察值。因為，第 5 個觀察值是 13，第 6 個觀察值是 14；所以，下四分位數是 13.25，因為 13+(14−13)(0.25) =13.25。中四分位數在 [實例一] 已算過了，等於 16。

上四分位數的位置在第 (21)(0.75)= 15.75 個觀察值。因為，第 15 個觀察值是 18，第 16 個觀察值是 19；所以，上中位數是 18.75，因為 18+(19−18)(0.75)=18.75。四分位數間距（IQR）等於 18.75 - 13.25=5.5。

R 軟體的應用

除了 [實例一] 使用帶有 type 加權平均方式的 quantile 函式，或依據定義自訂函式來計算四分位數，如本實例求解的下四分位數、中四分位數、上四分位數或其他百分位數外，內建套件 stats 的 IQR 函式亦可直接計算 IQR 的結果，如下沿用 [實例一] 變數 x：

```
IQR(x)            # 預設為 type 7 的 IQR
IQR(x,type=6)   # 指定計算 type 6 的 IQR
```

```
> IQR(x)          # 預設為type 7 的IQR
[1] 4.5
> IQR(x, type=6)  # 指定計算type 6 的IQR
[1] 5.5
```

圖 5-9　type 6、7 的 IQR

亦即，若採 type=6，其四分位數間距（IQR）等於 5.5；若採內建套件 stats 的 IQR 函式的預設 type，type=7，則其 IQR=4.5。

集中傾向測度（Measures of Central Tendency）

除了之前提到**中位數**（median）可以量度觀察值的位置（location）和集中程度（centrality）之外，另外還有兩個常用的集中傾向測度。一種稱為**眾數**（mode），另外一種稱為**算術平均數**（arithmetic mean），或稱為**平均**（mean），分別定義如下：

眾數（mode）是資料集裡**出現最頻繁**的數字。

平均數是一組資料的平均，等於所有觀察值的總和除以觀察值個數：

令觀察值記作 $x_1, x_2, \ldots, x_n$。也就是用 x_1 表第一個觀察值，x_2 表第二個觀察值等等，而 x_n 表第 n 個觀察值。**樣本平均數**（sample mean）用 $\bar{x}$ 表示，定義如下：

$$\bar{x} = \frac{\sum_1^n x_i}{n} = \frac{x_1 + x_2 + \cdots + x_n}{n}$$

當資料集包括了整個母體，可以用符號 μ 表示平均數，而不用 $\bar{x}$。

母體平均數（population mean）的定義如下：

$$\mu = \frac{\sum_1^N x_i}{N}$$

實例三 **同上的一家大型百貨公司收集旗下售貨員的銷售業績 9,6,12,10,13,15,16,14,14,16,17,16,24,21,22,18,19,18,20,17，求觀察值的平均數及眾數。**

$$平均數\ \bar{x} = \frac{x_1 + x_2 + \cdots + x_{20}}{20}$$

= (6+9+10+12+13+14+14+15+16+16+16+17+17+18+18 +19+20+21+22+24) /20=317/20=15.85。

而眾數（mode）是 16，因其出現頻率最高。

R 軟體的應用

1. 沿用 [實例一] 變數 x，平均數除了 [實例一] 使用的 summary 函式（圖 5-1）中的 Mean 值外，內建套件 base 提供了直接計算觀察值平均的函式 mean：

```
print(mean(x))        # 列印平均值
```

```
> print(mean(x))
[1] 15.85
```

圖 5-10　觀測資料之平均值

2. R 並未直接提供眾數計算之函式，吾人可選擇方便的內建函式 table，首先對整體觀測值建構列聯表（Contingency table），列聯表常用於統計學中變量（variable）的次數分布，再從列聯表中取其頻率次數（frequency）最高者即眾數：

```
print(x_table<-table(x))      # 依觀察值建構列聯表
xcont<-c(x_table)             # 列聯表
print(as.numeric(names(xcont[which.max(xcont)])))   # 眾數
```

```
> print(x_table<-table(x))    # 依觀察值建構列聯表
x
 6  9 10 12 13 14 15 16 17 18 19 20 21 22 24
 1  1  1  1  1  2  1  3  2  2  1  1  1  1  1
> xcont<-c(x_table)           # 列連表
> print(as.numeric(names(xcont[which.max(xcont)])))  # 眾數
[1] 16
```

圖 5-11　列聯表中取眾數

變化測度（Measure of Variability）

變化測度在觀察資料集變化（variability）或分散（dispersion）的程度，變化測度有四分位數間距（IQR）、全距、變異數、標準差，除 IQR 外，分別定義如下：

一組觀察值的**全距**（range）等於最大觀察值（maximum）減最小觀察值（minimum）。

一組觀察值的**變異數**（variance）是全部資料點與平均數之平均平方偏離（average squared deviation）。當資料是一組**樣本**，**變異數**用 S^2 表示，其平均是偏離平方和（ sum of the squared deviation）**除以 *n*–1**，定義如下：

$$S^2 = \frac{\sum_{i=1}^{n}(x_i-\bar{x})^2}{n-1}$$

當資料是整個**母體**時，**變異數**用 σ^2 表示，且平均是偏離平方和除以 N，定義如下：

$\sigma^2 = \frac{\sum_{i=1}^{N}(x_i-\mu)^2}{N}$，其中 μ 是母體平均數，N 是母體大小（population size）。

一組資料的**標準差**是該組資料變異數的**正平方根**（positive square root）。

樣本標準差（sample standard deviation）：

$$s = \sqrt{S^2} = \sqrt{\frac{\sum_{i=1}^{n}(x_i-\bar{x})^2}{n-1}}$$

母體標準差（population standard deviation）：

$$\sigma = \sqrt{\sigma^2} = \sqrt{\frac{\sum_{i=1}^{N}(x_i-\mu)^2}{N}}$$

描述資料的分布程度，有三種方法。**全距**（range）是很自然的選擇，但顯然**對極值非常敏感**。相反的，四分位數間距（inter-quartile range, IQR）**不受極值的影響**。這是指資料的第 3 個四分位數減第 1 個四分位數，或稱資料的第 25 個百分位數與的 75 個百分位數之間的距離，因此包含了「中間一半」(central half）的數字。最後，標準差是使用的最廣的測量值，它也是技術上**最複雜**的測量值，但實際上只適用於對稱良好的資料，因為它也會受到**離群值**（outlier）的過度影響。

實例四 **一家大型百貨公司收集旗下售貨員的銷售業績 9,6,12,10,13,15,16,14,14,16,17,16,24,21,22,18,19,18,20,17，求觀察值的全距、變異數及標準差。**(1)

手算

全距 = 最大觀察值減最小觀察值 =24−6=18。

另外求變異數及標準差，先以如下表 5-2，顯示各個數字如何減去平均，然後平方並加總。最後一行的底下，加總所有與平均偏離的平方。最後這個總和除以 $n-1$，得到 S^2，即樣本變異數。取其平方根就得到 s，即樣本標準差。

表 5-2　樣本變異數的計算

x	$X-\bar{x}$	$(x-\bar{x})^2$
6	6 – 15.85 = -9.85	97.0225
9	9 – 15.85 = -6.85	46.9225
10	10 – 15.85 = -5.85	34.2225
12	12 – 15.85 = -3.85	14.8225
13	13 – 15.85 = -2.85	8.1225
14	14 – 15.85 = -1.85	3.4225
14	14 – 15.85 = -1.85	3.4225
15	15 – 15.85 = -0.85	0.7225
16	16 – 15.85 = 0.15	0.0225
16	16 – 15.85 = 0.15	0.0225
16	16 – 15.85 = 0.15	0.0225
17	17 – 15.85 = 1.15	1.3225
17	17 – 15.85 = 1.15	1.3225
18	18 – 15.85 = 2.15	4.6225
18	18 – 15.85 = 2.15	4.6225
19	19 – 15.85 = 3.15	9.9225
20	20 – 15.85 = 4.15	17.2225
21	21 – 15.85 = 5.15	26.5225
22	22 – 15.85 = 6.15	37.8225
24	24 – 15.85 = 8.15	66.4225
	0	378.5500

樣本變異數等於第三行的總和 378.55，除以 n-1：$S^2=378.55/(20-1)=19.923684$。標準差是變異數的平方根：$s=\sqrt{19.923684}=4.4635954$。或是準確至第二位小數點，即 s=4.46。

R 軟體的應用

R 的內建函式如下，沿用 [實例一] 變數 x 及使用 range、sd、var 等函式，分別可直接得出答案，圖 5-12：

```
range(x)      # 全距
sd(x)         # 樣本標準差 ( 均方差 )
var(x)        # 樣本變異數 ( 方差 )
```

```
> range(x)     # 全距
[1]  6 24
> sd(x)        # 樣本標準差
[1] 4.463595
> var(x)       # 樣本變異數
[1] 19.92368
```

圖 5-12　觀察值之全距、標準差與變異數

吾人亦可用直方圖（請參閱下一實例前的說明），佐以標準差，來表達觀測資料的分布狀況，如下程式與圖 5-13：

```
print(h<-hist(                                  # 用 R 內建的 hist 函式繪圖
  x,                                            # 給予觀測資料
  breaks=seq(0,24,3),                           # 組距依據
  main= "觀測值分布 ( 直方圖 )",                  # 圖標題
  xlab= "觀察值", ylab= "觀測值個數",             # x、y 軸標籤
  xlim=c(0,25), ylim=c(0,10)))                  # 指定 x、y 軸的範圍
abline(v=mean(x),col='red',lty=2)
abline(v=mean(x)-sd(x)/2,col='blue',lty=2)
abline(v=mean(x)+sd(x)/2,col='blue',lty=2)
par(new=TRUE)                                   # 疊加另一圖層
plot(
  x=h$mids,
  y=h$counts,
```

```
type='l',
xlab= "", ylab= "",                          # x、y 軸標籤
xlim=c(0,25), ylim=c(0,10))                  # 限制 x、y 軸的範圍
```

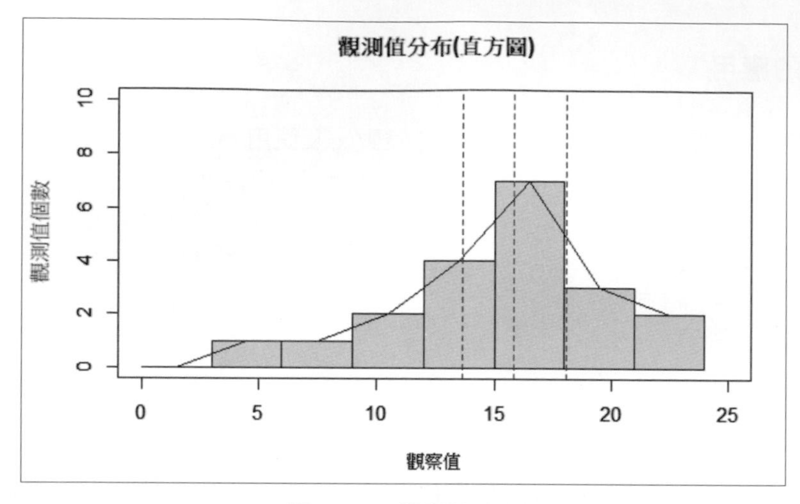

圖 5-13　觀察值分布

上圖 5-13 三垂直虛線，中間代表平均值，兩側虛線則是 1 個標準差的範圍。

集群資料與直方圖（Grouped Data and Histogram）

集群資料（grouped data）時常發生。例如 [實例一]，有 3 點成一群的，其值是 16，另有 2 點成一群的，其值分別是 14、17 與 18。資料收集者通常先會把資料分集群，並會先設定群界，以方便收集資料。組別及資料頻率圖（直方圖）定義如下：

某指定群界內的所有資料是**一組別**（class）。當資料被群化成數組時，吾人可繪出資料的**頻率分配**（frequency distribution）。這樣的頻率圖稱為**直方圖**（histogram）。直方圖是由不同高度的**直條**（bar）構成，每一**直條**的高度代表該組資料的頻率。

實例五 **一家電的老闆紀錄大減價最後一天，有 184 位來店顧客的全部消費，資料被分割成如下數群組：0 美元到小於 100 美元，100 美元到小於 200 美元，依此類推，最後是 500 美元到小於 600 美元。各組及其頻率顯示如表 5-3，求其直方圖，分別以絕對頻率（absolute frequency）與相對頻率（relative frequency）表示。**(1)

表 5-3　來店顧客消費的組別及頻率

X	$f(x)$	$f(x)$
消費組別	頻率（顧客人數）	相對頻率
0 美元到比 100 美元小	30	0.163
100 美元到比 200 美元小	38	0.207
200 美元到比 300 美元小	50	0.272
300 美元到比 400 美元小	31	0.168
400 美元到比 500 美元小	22	0.120
500 美元到比 600 美元小	13	0.070
	184	1.000

繪出絕對頻率（absolute frequency）如下：

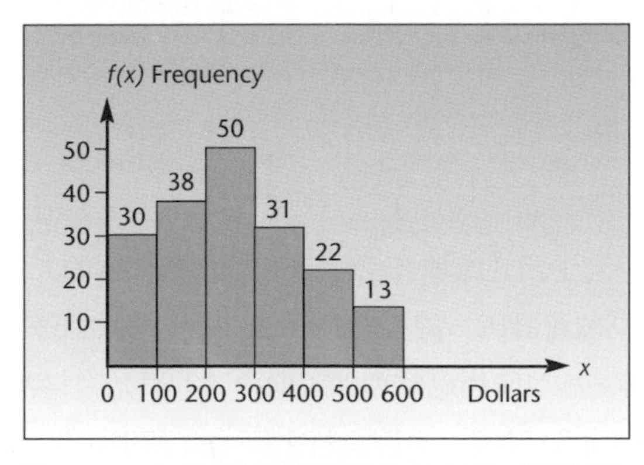

圖 5-14　來店顧客消費資料的直方圖 - 絕對頻率

絕對頻率（absolute frequency）可視為群組內資料點的**個數（counts）**。參考**表 5-3**，繪出相對頻率表直方圖，如下：

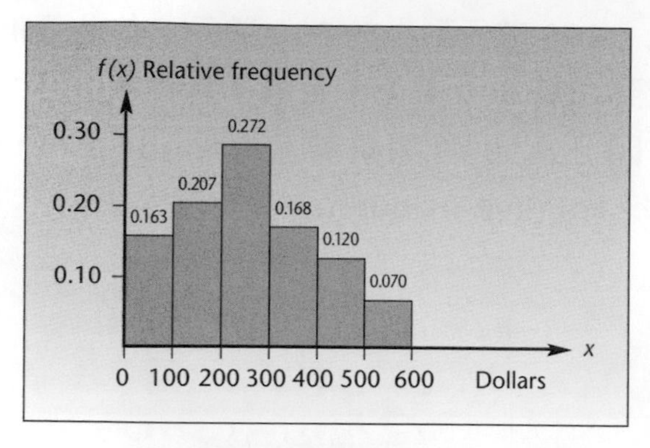

圖 5-15　來店顧客消費資料的直方圖 - 相對頻率

絕對頻率的直方圖與**相對**頻率的直方圖有相同**形狀**（shape）只是 $f(x)$ 軸的標籤變了。相對頻率即為加起來等於 1 的**比例**（proportions），或者視為**機率**（probability）。

R 軟體的應用

直方圖為數據頻次（frequency）分布情況的圖形表達，有下列特點：

1. 數據由左到右、由小而大，依觀察值總範圍連續分割，通常等距分割數據範圍（bin），計算其各 bin 觀察值的發生頻率或相對頻率，包括 0 的次數。
2. 垂直方形條狀高度符合尺度標示，各條圖之間由於是連續分割因此沒有間隙（頻率 0 則高度為 0）。

統計圖通常視觀察資料不經加工前為原始資料（raw data），選擇正確的函式可以直接將原始資料交予函式處理（例如 graphics 套件中的 hist 函式），即可獲得繪圖物件及繪出預期的統計圖，除此之外，外掛套件例如下列程式中的 actuar、Histogram-Tools 等，亦可將經過整理加工的中間非原始資料物件（例如 grouped data），藉以產生預期的統計圖，本例資料來自 184 位消費者的消費紀錄，若為加工前的原始資料，可直接套用 hist 函式繪圖，但若已經過**連續數字範圍群組化**的頻率資料，則首需轉成群組物件（如下 grouped.data）：

```
library(actuar)
print(gdata<- actuar::grouped.data(            # 建構群組化資料並列印
  Group=c(0,100,200,300,400,500,600),          # 群組界線（含最小、最大）
  Frequency=c( 30,38, 50, 31, 22, 13),         # 每組對應頻次
  right=FALSE))                                # 右邊界不是閉區間
h<-graphics::hist(                             # 產生直方圖物件並繪出
  x=gdata,                                     # 群組資料
  main= "消費值頻率（直方圖）",                    # 圖標題
  freq=TRUE,
  xlab= "消費值", ylab= "頻率次數")              # x、y 軸標籤
```

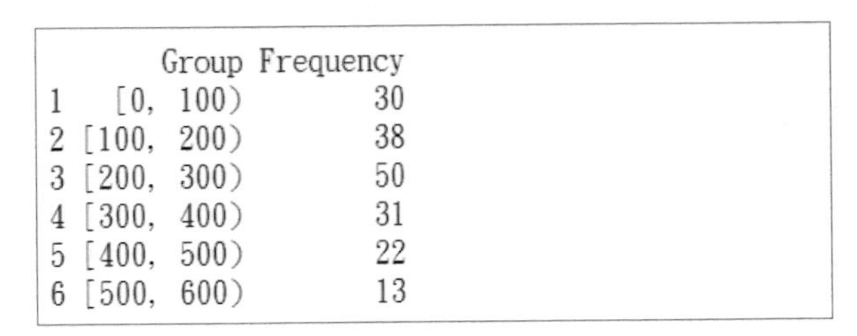

```
       Group Frequency
1   [0, 100)        30
2 [100, 200)        38
3 [200, 300)        50
4 [300, 400)        31
5 [400, 500)        22
6 [500, 600)        13
```

圖 5-16　群組物件 (gdata) 內容

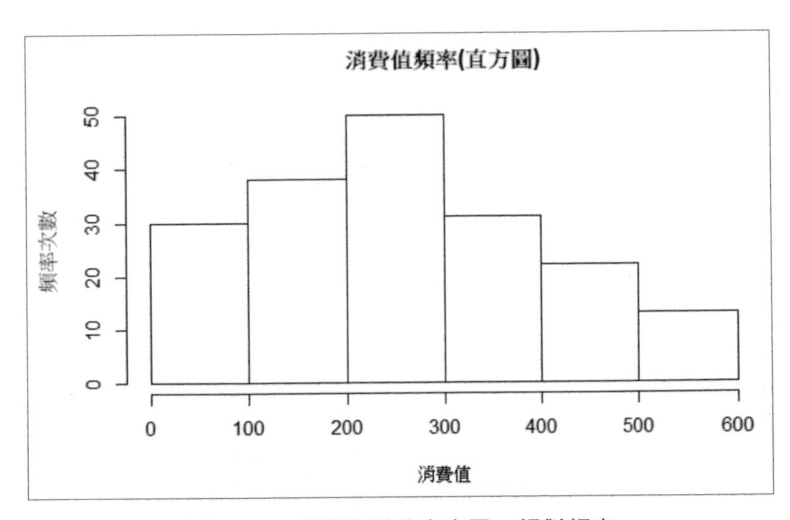

圖 5-17　消費資料的直方圖 - 絕對頻率

須注意上圖 5-16 群組物件之各組配合表 5-3 各組區間為左閉右開，例如第一組 [0,100）表示 $0 \leq x < 100$ 各值，簡而言之各組之邊界值只屬於左邊或右邊組之一，端視 grouped.data 的 right 引數。

相對頻率可將上述程式的 Frequency 引數改以比列尺度，或使用外掛套件 HistogramTools 如下程式，程式中 PlotRelativeFrequency 借用上述已產生的繪圖物件，以及繪圖相關參數：

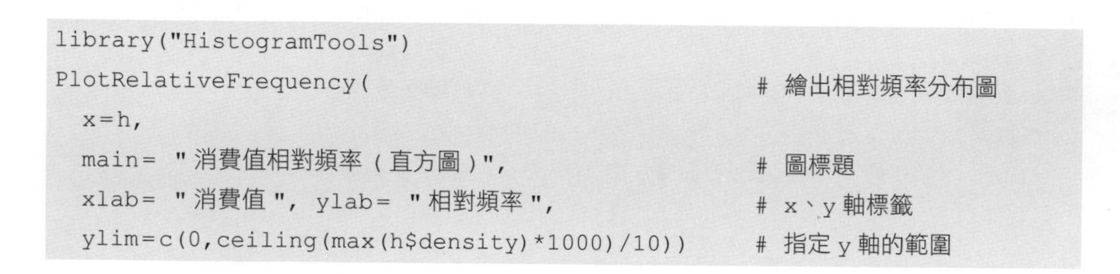

```
library("HistogramTools")
PlotRelativeFrequency(                              # 繪出相對頻率分布圖
  x=h,
  main= "消費值相對頻率（直方圖）",                  # 圖標題
  xlab= "消費值", ylab= "相對頻率",                  # x、y 軸標籤
  ylim=c(0,ceiling(max(h$density)*1000)/10))         # 指定 y 軸的範圍
```

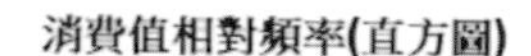

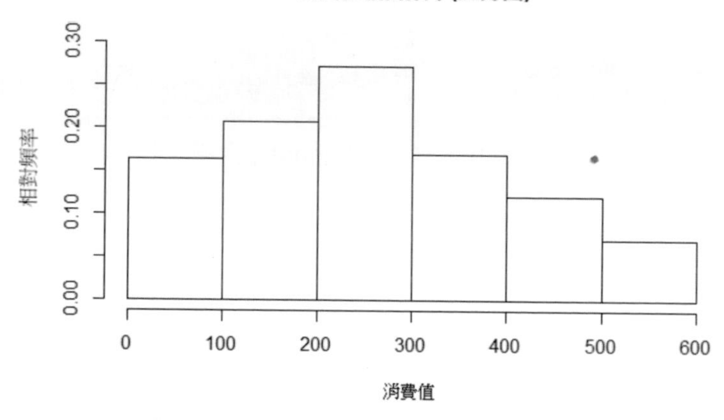

圖 5-18　消費資料的直方圖 – 相對頻率

除了使用上述函式，吾人亦可藉長條圖（Bar Chart）之函式，以及有序分隔為類組的條狀高度，去除長條圖各類組間隙，繪出同圖 5-19 之相對頻率直方圖：

```
bar<-barplot(                                # 繪製長條圖
  height=h$counts/sum(h$counts),             # 高度值（相對頻率）
  col='white',                               # 條圖填入顏色
  space=0,                                   # 條圖間隔
```

```
  main= "消費值相對頻率（直方圖）",          # 圖標題
  xlab= "消費值", ylab= "相對頻率")        # x、y 軸標籤
axis(1,at=c(0,bar+0.5),labels=eval(parse(text=h$xname)))   # x 軸標記
```

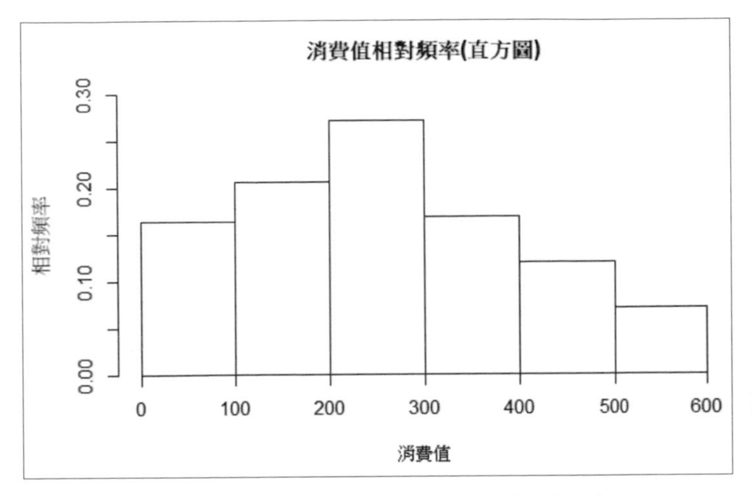

圖 5-19　長條圖函式的直方圖 – 相對頻率

呈現資料的圖形法（Methods of Displaying Data）

除了前面提到使用**直方圖**呈現數據發生的頻率，亦有其他呈現資料的方法，如頻率多邊形（frequency polygon）、累加頻率圖（cumulative frequency plot）、圓餅圖（Pie chart）、長條圖、肩形圖、時間圖。分別介紹於下。

頻率多邊形

頻率多邊形類似直方圖，除了它沒有矩形，只有各區間的中點及該區間的頻率或相對頻率，（相對頻率多邊形，relative frequency polygon）成比例的高度構成點（x,y），其最右邊與最左邊的點高度都是 0。

累加頻率圖又稱為**肩形圖**（ogive）。一個累加相對頻率的肩形圖，由 0 開始漸增至 1.00。

圓餅圖（Pie chart）

是一種簡單的、描述性的資料呈現。若要用比例來呈現數量，圓餅圖是最有效方式。整個圓餅代表 100% 的總量，每一薄片的大小代表某一分類在總量中所佔的比例。

長條圖（Bar chart）

是我們不強調個類別的比例，**長條圖**（使用橫向或塑向的矩形）通常可以用來呈現分類的資料，其測量尺度可以是**名目的**（norminal）和**順序的**（ordinal）。

實例六 **一家披薩店每週的銷售業績相對頻率，如下表 5-4，以千元計，分別繪製頻率多邊形、肩形圖。**(1)

表 5-4 披薩店每週的銷售業績，以千元計

銷售業績	相對頻率（Relative Frequency）
6 – 14	0.20
15 – 22	0.30
23 – 30	0.25
31 – 38	0.15
39 – 46	0.07
47 – 54	0.03

手算解題

以手工繪製相對頻率多邊形，頻率值位在各區間的中點，而其高度等於該區間的相對頻率。最後在該圖的右邊界 (54+(54–46)/2=58) 與左邊界 (6–(14–6)/2=2) 各加一點，其高度是 0。雖然這兩個 0 沒有出現在上表 5-4 的資料集中，多邊形始於相對頻率為 0，結束於相對頻率為 0。披薩銷售業績的相對頻率多邊形，如圖 5-20。

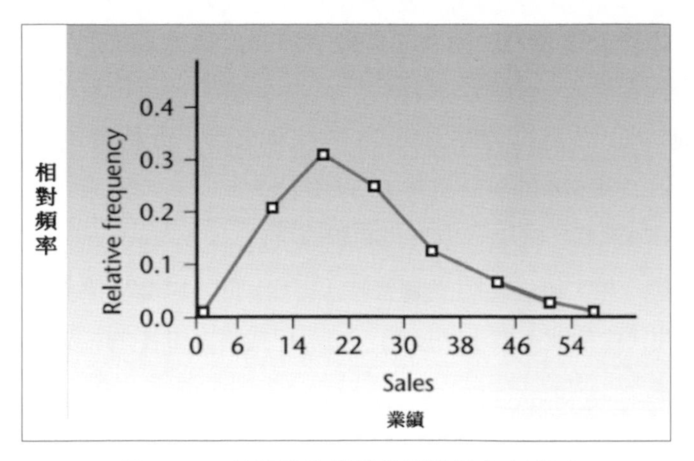

圖 5-20　披薩銷售業績的相對頻率多邊形

以手工繪製披薩銷售業績的**肩形圖**（ogive）是一種累加頻率圖，一個累加相對頻率的肩形圖由 0 開始，漸增至 1.00，即數據的總和。披薩銷售業績的肩形圖，如圖 5-21。

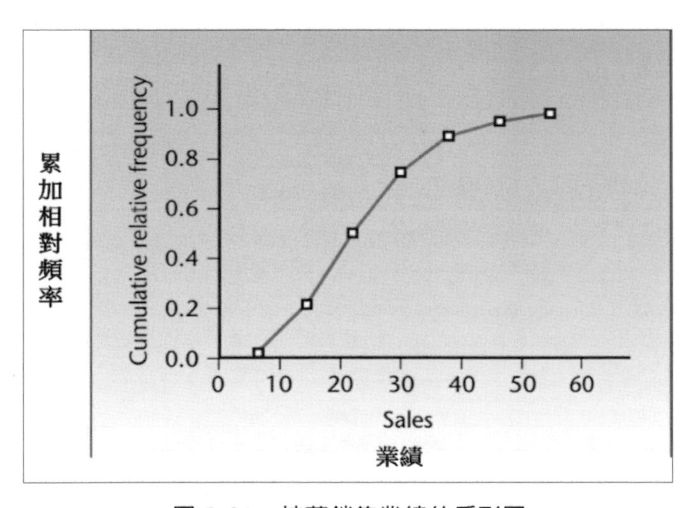

圖 5-21　披薩銷售業績的肩形圖

R 軟體的應用

頻率多邊形與 [實例五] 的直方圖都是**順序統計量**（order statistic）的處理，對於觀察值的發生依順序由小到大的連續型統計圖，而多邊形圖所構成的面積與其所構成之直方圖各條直方面積的加總實為相等（圖 5-22）。因此吾人設計多邊形圖時，須將最左與最右兩端的線條延伸至直方圖外（如圖 5-22 之 2 與 58 兩個高度為 0 的延伸點），且延伸點 2 與 58 的計算來自平分組距（表 5-4 的組距為 8，平分後為 4）。表 5-4 的統計量為 6~54 共分 6 組，平均組距（class interval）來自 (54 – 6)/6 = 8，並且將第一組之後的組界（class boundary）調整與前一組無縫相鄰。例如第一組、第二組組界調整為（6,14] 與（14,22] 使其相連，其中小括號（表示開區間，中括號] 表示閉區間，如下程式將表 5-4 的相對頻率之直方圖與多邊形繪於一處：

```
b<-c(6, 14, 22, 30, 38, 46, 54)              # 各組邊界
x<-sapply(seq(1,length(b)-1,1),              # 求各組中心點
          function(x)  (b[x]+b[x+1])/2)
x<-c(min(b)-4,x,max(b)+4)            加上首尾兩端之延伸（平分組內距之一半）
y<-c(0.2,  0.3,  0.25, 0.15, 0.07, 0.03)  # 各組相對頻率
plot(                                        # 繪出多邊形之各點及連線
  x=x,                                       # x 軸（中心點）向量資料
  y=c(0,y,0),                                # y 軸各值向量
  xlab= "銷售額", ylab= "相對頻率",           # x、y 軸標籤
  xaxt='n',                       # 不標示尺度
  type="b")                       # 點與線
axis(side=1,                      # 標示 x 軸尺度
     at=c(min(x),b,max(x)),       # 尺度位置
     labels=c(min(x),b,max(x)))  # 尺度文字（標籤）
par(new=TRUE)                     # 疊加另一圖層
library(actuar)
gdata<- actuar::grouped.data(     # 建構群組化資料（左開右閉）
  Group=b,                        # 群組界線（含最小、最大）
  Frequency=y)                    # 每組對應頻次
h<-graphics::hist(                # 產生直方圖物件並繪出
  x=gdata,                        # 群組資料
  main="頻率多邊圖與直方圖",        # 圖標題
  yaxt='n',                       # 抑制 y 軸尺度繪出
  xaxt='n',                       # 抑制 x 軸尺度繪出
  xlab='',ylab='',                # 無 x、y 軸名稱標籤
  xlim=range(x))                  # 指定 x 軸的範圍
polygon(                          # 繪出填色之多邊形
  x=x,                            # 多邊形 x 範圍
  y=c(0,y,0),                     # 多邊形 y 範圍
  col='#00800060') # 多邊形填入之顏色與透明度（最後二碼）
```

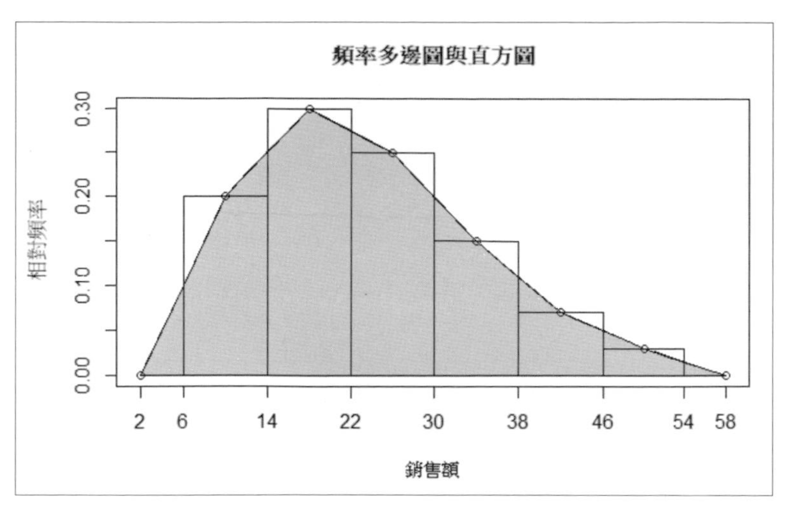

圖 5-22　相對頻率多邊形與其直方圖

圖 5-22 中填入顏色的**多邊形**即是相對頻率多邊形圖，且其面積總和與相對頻率直方圖的面積總和相等。

肩形曲線為將上述之多邊形，依序累計各組之 y 軸值繪出之曲線如圖 5-23，如此的曲線圖可以從 y 軸上的**分位點**（例如四分位），對應於 x 軸的中位數等及其他分位數。

```
library(purrr)
plot(                                          # 繪出肩形曲線
  x=b,                                         # 群組邊界值（對應累計值）
  y=c(0,accumulate(y,`+`)),                    # 累計相對頻率（從 0 開始到 1）
  main='肩形曲線 - 相對頻率',                   # 圖標題
  xlab='銷售金額', ylab='相對頻率累計',          # x、y 軸標籤
  xlim=c(0,60),                                # 指定 x 軸的範圍
  xaxt='n',                                    # 抑制 x 軸尺度繪出
  type='b',                                    # 繪製點與線
  col='#123456')                               # 點與線顏色
axis(side=1,                                   # 標示 x 軸尺度
     at=seq(0,60,10),                          # 尺度值位置
     labels=seq(0,60,10))                      # 尺度文字（標籤）
```

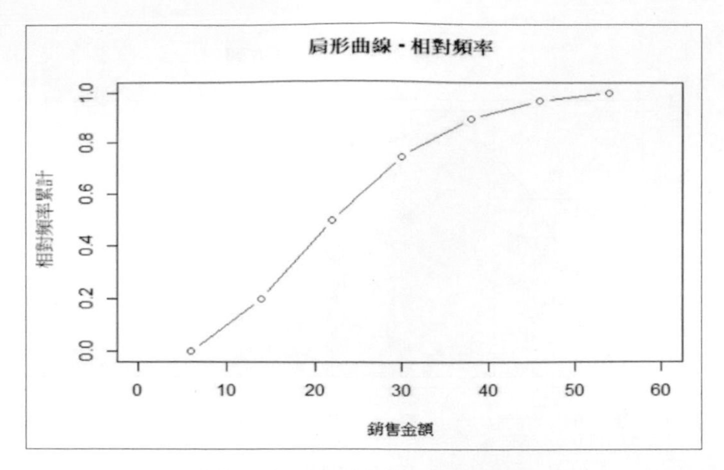

圖 5-23　肩形曲線－相對頻率

有人用 x 軸來表示月份每天日期，y 軸表示業績目標，在左下角與右上角之間，拉一條對角線，表示給定的業績目標，若累加後的點在對角線之上，代表實際業績有達成，反之，則實際業績落後，極為實用。

分位數的應用除了在業績目標外，也可將不同的時間、地點、批量的肩形圖，**重疊繪於一處加以比較差異**，下述程式則示範同一批資料，累計頻率由大至小同繪於一處（圖 5-24），同一 x 軸所對應的二處 y 值（相對頻率）的和為 1，其兩線交叉處所對應之 x 軸即為**中位數**（median）。

```
par(new=TRUE)                        # 疊加另一圖層
plot(                                # 繪出肩形曲線
  x=b,                               # 群組邊界值（對應累計值）
  y=c(rev(cumsum(rev(y))),0),        # 累計相對頻率（從 1 開始到 0)
  xlim=c(0,60),                      # 指定 x 軸的範圍
  xaxt='n', yaxt='n',                # 抑制 x、y 軸尺度繪出
  xlab='',ylab='',                   # 無 x、y 軸名稱標籤
  type='b',                          # 繪製點與線
  col='#654321')                     # 點與線顏色
```

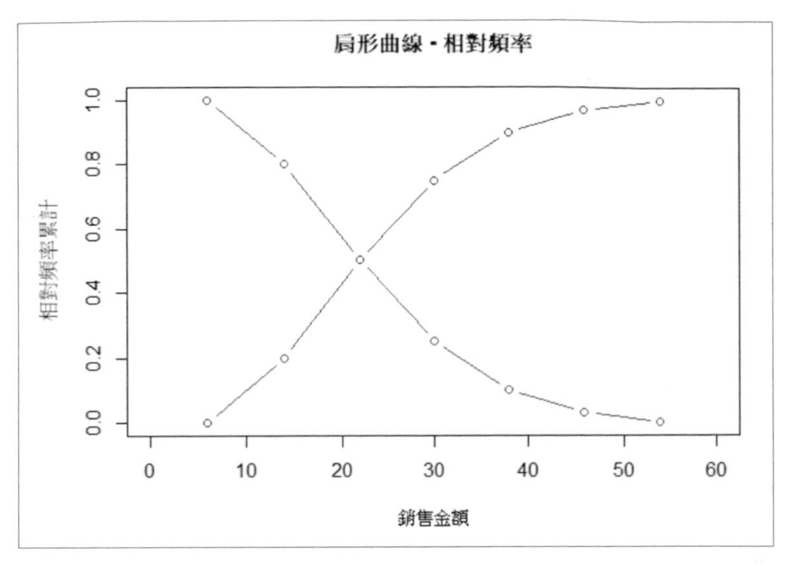

圖 5-24　同一批資料左右肩形曲線－相對頻率

實例七　餐廳的經理關心顧客抱怨。

附近餐廳的經理關心餐館的顧客僅較少數會有忠誠度，顧客抱怨在升高，蒐集到資料如下表 5-5，分別繪製圓餅圖及橫向長條圖。

表 5-5　客戶抱怨統計

抱怨項目	次數
服務生粗魯	12
服務緩慢	42
冷餐點	5
餐桌狹窄	20
氣氛不佳	10

餐廳的經理必須找出方法與議題，讓他的員工了解可使用的方法，如圓餅圖及橫向長條圖。以七個分析品質問題的基本品質工具來說，尚有檢核表、散布圖、直方圖、柏拉圖（Pareto chart）、特性要因圖（cause and effect diagram）。其中柏拉圖、特性要因圖，可參考本書作者《R 語言在管理領域的應用》一書。

R 軟體的應用

圓餅圖或長條圖對象為**類別的**統計量，圓餅圖將各類統計量之佔比在一個圓周弧度 $2\pi(360^{\circ})$，依比例切割成各自傘形面積，以下程式將資料由大而小，自圓餅上方開始**逆時鐘（預設）方向**依序填滿圓餅（圖 5-25），調色盤與圖例配合，各傘形面積之文字標示改以佔比值（%）：

```
cdata<-data.frame(                          # 各分類之觀察值
  item=c('服務生粗魯','服務緩慢','冷餐點','餐桌狹窄','氣氛不佳'),
  freq=c(12,42,5,20,10))
x<-cdata[rev(order(cdata$freq)),]          # 由大至小依次數排序
dev.off()                                   # 重置繪圖參數至預設值
par(mar=c(1, 1, 1, 1))                      # 設定繪圖邊界共四個邊（底、左、上、右）
library(RColorBrewer)
cp <- brewer.pal(nrow(cdata), "Set3") # 取出調色盤 5 種顏色
pcent<- paste0(round(100*x$freq/sum(x$freq), 1),'%') # 佔比
pie(                                        # 繪製圓餅圖
  x=x$freq,                                 # 給予抱怨次數資料
  labels=pcent,                             # 抱怨佔比 (%)
  border='white',                           # 邊界線顏色白色
  col=cp,                                   # 使用的調色盤
  radius=0.8,                               # 圓餅的縮放比例
  main="")                                  # 不印圖標題
legend(                                     # 列印圖例
  x='topright',                             # 圖例位置
  y=x$item,                                 # 圖例項目文字
  cex=0.8,                                  # 文字大小
  fill=cp)                                  # 圖例各顏色
```

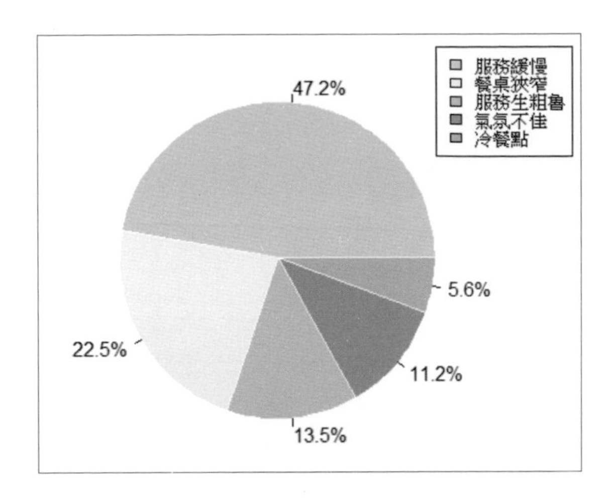

長條圖分垂直方向與水平方向之條圖，條圖之間因其屬於名目尺度（參閱表 5-1），不似**直方圖**對象為連續型資料（continuous data），故條圖之間留有間隙，下列程式為**水平式**（橫式）長條圖，橫條順序由下往上堆疊（圖 5-26）：

```
dev.off()                       # 重置繪圖參數至預設值
par(mar=c(5, 6, 4.1, 2.1))      # 設定繪圖邊界共四個邊（底、左、上、右）
barplot(                        # 產生長條圖
  height=x$freq,                # 給予繪圖高度資料
  names.arg=x$item,             # 分析類別名稱
  horiz=TRUE,                   # 橫式長條圖
  main='客戶抱怨統計',            # 圖標題
  xlab="次數",ylab='',           # x 軸標籤，無 y 軸名稱標籤
  las=1,                        # 座標軸文字方向 (0~3)，讀者可自行嘗試
  cex.names=0.7)                # 座標軸文字大小
title(                          # 額外加入軸標籤文字
  ylab="抱怨項目",               # y 軸標籤
  line=4.5,                     # 與圖的邊界距離
  cex.lab=1.2)                  # 標籤文字大小
```

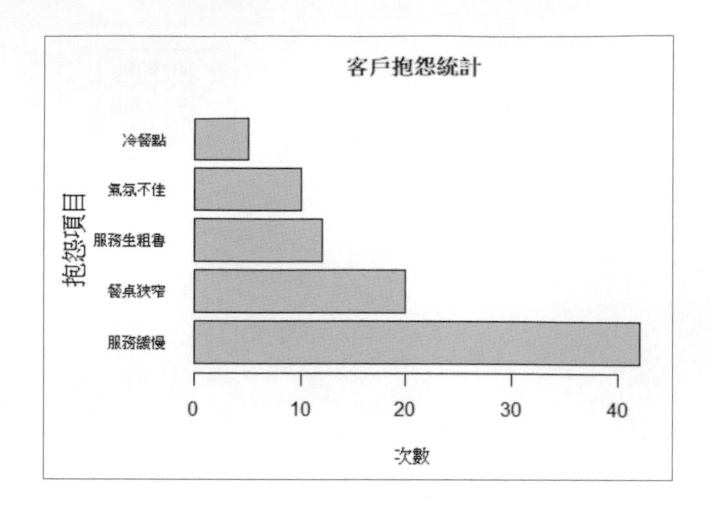

呈現類別資料時，圓餅圖可以讓人看到每一類別相對於整塊餅的大小，但是在資料視覺上很容易感到混淆，尤其是如果在同一張圖中顯示**太多的類別**，或是使用會使圖形扭曲的三度空間表示。這時候根據長條圖的高度或是長度來相互比較，會較清楚。

對使用圖表的警語（A Caution about Graphs）

一張圖抵過一千字的說明，但圖片有時卻會騙人，這往往就是可以「用統計撒謊」（lying with statistics）的地方：透過數字拉長或壓縮（stretched or compressed）尺度，或選擇不恰當的統計指標，如平均值和中位數被選擇性地使用，目的是讓資料顯示您想要的任何內容，在解讀統計資料時，需要謹慎對待，因為圖表也可能因為特定的呈現方式而產生誤導或模糊真相的效果。這是僅用敘述統計法來做資料分析，與統計推論（statistical inference）間的一項重要的**爭論**（argument）。統計檢定比用眼睛看來的客觀，而且不易出現欺騙的情況，只要假設能夠成立，統計推論工具可以讓我們客觀的評估所有看到的現象。

5-2 機率

機率是一種不確定（uncertainty）的測度。用一個數字表現我們對發生某不確定事件的信心程度。今天我們所知道的機率理論大部分是由歐洲數學家研發出來的。

歐洲的機率理論發展與賭徒息息相關，這些人在歐洲知名的賭場如蒙地卡羅（Monte Carlo）等地追逐金錢。許多的機率論與統計學的書本都會提到一位法國賭徒 Chevalier de Mere 的故事，他曾與法國數學家布蘭卡．帕斯卡（Blaise Pascal）一同研究贏得某種機會遊戲（game of chance）的機率，de Mere 提出擲骰子的問題，這個問題後來成為機率理論的奠基之一。並導致歐洲機率學的發展。(1)

直至今日，機率是分析不確定狀況時不可或缺工具，它是推論統計（inferential statistics）的基礎，也是各領域中發生機會量化的計算基礎，如品質管制及其他社會科學、自然科學及應用科學等。

機率可分為**主觀**（subjective）機率及**客觀**（objective）機率，前者是基於對狀況的認知，以猜測或直覺評估事件發生的機率，比如醫生認定病人復原的機率；後者是所謂的**長期相對頻率**機率，比如調查 1,000 位顧客中喜歡一種新的調味的比例。

在機率理論會用到集合（set）及其相關運算，如集合的交集、聯集、空集合（empty set）、補集合（complement）、樣本空間（sample space）、事件（event）、互斥事件、統計實驗、機率公理、排列、組合等，請參考相關教科書。以下介紹**條件**（conditional）機率與**總機率**定理（Theorem of total probability）：

條件機率

前面提到主觀機率是根據你所擁有的資訊而定，所以可以在事件 B 發生的條件之下，定義事件 A 的機率。此一**條件機率**定義如下：

假設 $P(B)$ 不等於 0，且已知發生事件 B，則事件 A 發生的條件機率是：

$$P(A|B)=\frac{P(A\cap B)}{P(B)}$$

$P(A|B)$ 間的垂直槓「|」，讀作「已知」（given）或「端看事件而定」（conditional upon）。

由條件機率定義可以衍生出兩個重要觀念：一為總機率定理，二為**貝氏**定理。

總機率定理（Theorem of Total Probability）

用來評估哪些不易直接計算機率的事件，如果可以先計算已發生的相關事件的條件機率，就會變得簡單多了。為便於貝氏定理的推廣，以下先定義總機率定理如下：

「事件」$B_1,B_2,...,B_n$ 是「樣本空間」S 的一組「分割」（partition）

$$P(A)=\sum_{i=1}^{n} P(A\cap B_i)$$
$$=\sum_{i=1}^{n} P(A|B_i)P(B_i)$$

「事件」B 與「事件」B' 是最簡單的一種「分割」。可以最簡單的說明**總機率**定理：$P(A)=P(\boldsymbol{A}\cap\boldsymbol{B})+\boldsymbol{P}(\boldsymbol{A}\cap\boldsymbol{B'})$。從下圖 5-27 更一般化的分割 B 為 $B_1,B_2,...,B_n$。

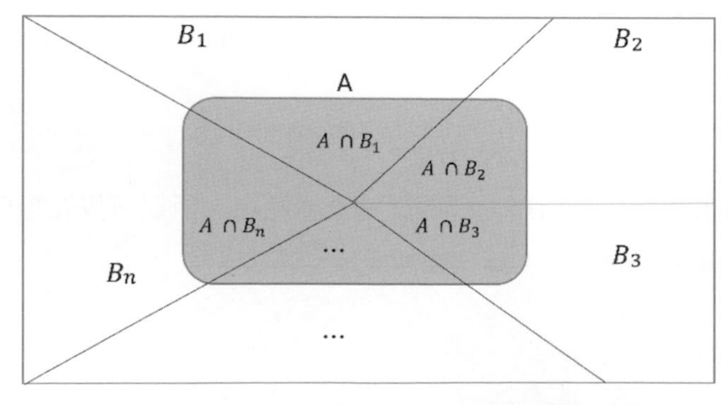

圖 5-27　分割 $\boldsymbol{B}$ 為 $\boldsymbol{B_1,B_2,...,B_n}$ 與總機率定理

總機率定理可推導得到下式：

$$P(A) = \sum_{i=1}^{n} P(A \cap B_i)$$
$$= \sum_{i=1}^{n} P(A|B_i)P(B_i)$$

事實上，**總機率**定理指的是 $P(A)= \sum_{i=1}^{n} P(A \cap B_i)$。將「機率」$P(A \cap B_i)$ 表示成「條件機率」$(A|B_i)$ 乘上「機率」$P(B_i)$，是因為從題目中，這兩類機率很容易求得。

實例八 **班上 30 位同學中有 2/3 是男生，80% 男生是手機重度使用者（heavy user），40% 女生是手機重度使用者。則隨機挑選一人，其為手機重度使用者的機率為何？**

手算

首先定義「事件」

M = 所挑選的人是男性

H = 所挑選的人是手機重度使用者

本題求算 $P(H)$=?

已知 $P(M)=2/3$；$P(H|M)=80\%$；$P(H|M')=40\%$，其中，$P(H|M)$ 及 $P(H|M')$ 是「條件機率」。

根據「**總**機率定理」，

$$P(\mathrm{H}) = P(H \cap M) + P(H \cap M')$$
$$= P(H|M) \cdot P(M) + P(H|M') \cdot P(M')$$
$$= (80\%) \cdot \frac{2}{3} + (40\%) \cdot \frac{1}{3}$$
$$= 2/3$$

從這個例子，吾人可以感受到總機率定理，含有**加權平均**的意義，而 $P(M)$、$P(M')$ 的和為 1，而機率 $P(M)$、$P(M')$ 就扮演「權重」的角色。

R 軟體的應用

依題意將樣本對象與變數整理如下表：

	男	女
全班	2/3	1/3
手機重度使用	8/10	4/10

已知個別的條件機率下，固然可將上述使用 R 軟體，如一般計算機來計算總機率，然吾人原始的觀察結果可能來自問卷等方式，調查個別的學生而獲得之原始資料（raw data），因此試將還原這 30 位學生原始資料樣貌如下程式：

前 1-16 筆都是男生及手機重度使用者（heavy user）。17- 20 筆為男生及手機輕度使用者（light user）。21-24 為女生及手機重度使用，25-30 為女生及手機輕度使用者。

```
library(prob)
library(data.table)
print(
  data.table(x<-data.frame(                              # 創建原始資料並列印
  studentID=1:30,                                        # 學生編號 1 ~ 30
  gender=c(rep('male',20),rep('female',10)),             # 男女生
  addict=c(rep('heavy',16),rep('light',4),               # 男生各依賴程度
           rep('heavy',4),rep('light',6)))               # 女生各依賴程度
  ),5)    # 列出前後 5 筆
```

```
    studentID gender addict
 1:         1   male  heavy
 2:         2   male  heavy
 3:         3   male  heavy
 4:         4   male  heavy
 5:         5   male  heavy
---
26:        26 female  light
27:        27 female  light
28:        28 female  light
29:        29 female  light
30:        30 female  light
```

圖 5-28　原始調查資料（前後 5 筆）

接著使用 R 外掛套件 prob 之 probspace 函式展開產生機率空間（probability space），再使用 Prob 函式藉以計算條件機率、總機率等：

```
print(ps <- probspace(x))        # 依原始資料展開機率空間並列印
```

```
   studentID gender addict      probs
1          1   male   high 0.03333333
2          2   male   high 0.03333333
3          3   male   high 0.03333333
4          4   male   high 0.03333333
5          5   male   high 0.03333333
6          6   male   high 0.03333333
7          7   male   high 0.03333333
8          8   male   high 0.03333333
9          9   male   high 0.03333333
10        10   male   high 0.03333333
11        11   male   high 0.03333333
```

圖 5-29　機率空間

圖 5-29 為從圖 5-28 的原始資料多出一欄 probs，該欄位值在**均勻**分配（uniform distribution）的假設下，將 30 位同學的總機率 =1，予以均勻分配為 0.03333333。

首先可用下列程式驗證題意，使用條件機率函式 Prob 計算機率空間中符合條件欄位 gender='male'，機率事件 addict='heavy' 的機率（圖 5-30）為 0.8，同本例之題意亦即前述手算中的 $P(H|M)$：

```
Prob(                             # 從機率空間依事件與前題條件過濾與計算機率
  ps,                             # 機率空間
  event=addict == 'heavy',        # 事件（重度）
  given=gender == 'male')         # 條件（男生）
```

```
> Prob(                      # 從機率空間依事件與前題條件過濾與計算機率
+   ps,                      # 機率空間
+   event=addict == 'heavy',    # 事件(重度)
+   given=gender == 'male')    # 條件(男生)
[1] 0.8
```

圖 5-30　男生的重度使用機率

再使用條件機率函式 Prob 計算機率空間中，依本例題意計算所有學生中 'heavy' 的機率（圖 5-31），亦即前述手算中的 P（H）：

```
Prob(                            # 從機率空間依事件與前題條件過濾與計算機率
  ps,                            # 機率空間
  event=addict == 'heavy',                    # 事件（重度）
  given=gender %in% c('male','female'))   # 條件（男生及女生）
```

```
> Prob(                          # 從機率空間依事件與前題條件過濾與計算機率
+   ps,                          # 機率空間
+   event=addict == 'heavy',     # 事件(重度)
+   given=gender %in% c('male','female'))   # 條件(男生及女生)
[1] 0.6666667
```

圖 5-31　所有學生之重度使用機率

上圖 5-31 該函式的條件以 %in% 的運算子（operator）同時將男生及女生的重度使用者得出機率子空間，Prob 函式傳回機率子空間的機率加總同前述手算的結果為 0.6666667。

貝氏定理（Bayes Theorem）

前面所談的機率都是**事前機率**（prior probability），在事件未發生前根據機率理論，求算某事件發生的機率。**貝氏定理**（Baye's theorem）則是求**事後機率**（posterior probability），屬於一種**條件機率**。貝氏定理利用試驗所得結果，再回去修正原先的事前機率，定義如下：

設 $B_1, B_2, \ldots, B_n$「事件」構成「樣本空間」A 的一個分割，如圖 5-27 所示。則事件 A 發生的條件下，發生 B_i 機率：

因為 $P(B_i|A) = \dfrac{P(B_i \cap A)}{P(A)}$

$$= \frac{P(B_i \cap A)}{P(B_1 \cap A) + P(B_2 \cap A) + \cdots P(B_n|A)}$$

$$= \frac{P(B_i)P(A|B_i)}{P(B_1)P(A|B_1) + P(B_2)P(A|B_2) + \cdots + P(B_n)P(A|B_n)}$$

得 $P(B_i|A) = \frac{P(B_i)P(A|B_i)}{\sum_{j=1}^{n} P(B_j)P(A|B_j)}$

此即**貝氏定理**公式。

貝氏定理的一種解釋是：當分割 $B_1, B_2, \ldots, B_n$ 代表所有可能「互斥」「狀態」時，$P(B_1), P(B_2), \ldots, P(B_n)$ 表示這些狀態發生的可能性，**當我們觀察事件 A 發生之後**，我們會對這些狀態有發生的機率做些修改，而得到 $P(B_1|A)$, $P(B_2|A), \ldots, P(B_n|A)$。

通常 $P(B_1), P(B_2), \ldots, P(B_n)$ 稱為「事件」$B_1, B_2, \ldots, B_n$ 的「**事前**機率」（prior probabilities），**觀察事件 A 發生的額外訊息後**，$P(B_1|A)$, $P(B_2|A), \ldots, P(B_n|A)$ 稱為**事後**機率（posterior probabilities）。

貝氏方法（Bayesian approach）在最近 50 年才紅起來，但它的基本原則可以追溯到 1763 英格蘭南方溫泉小鎮 Tunbridge wells 的一位長老派教會**牧師**托馬斯貝氏（Reverend Thomas Bayes）。在其死後，家人才發表其論文。貝氏所屬的長老教會是基督教新教（Protestant）的一派，即卡爾文（Calvin）派，貝氏也是業餘數學家。(3)

雖然貝氏統計非常實用，但得到學術界的認可，卻有一段折騰，由於以「**實驗設計**」聞名的費雪（Sir Ronald Fisher 1890-1962）只承認**客觀**機率，對於貝氏統計的**主觀**機率進行嚴厲的批判，以至於貝氏統計曾一度在 1930 年代遭到棄用。(3)

貝氏方法的貢獻 (3)

其一，用**機率**來表達吾人對這世界缺乏的知識，或者，用來表達對正在發生的事一無所知。貝氏表示：機率不只可用於受隨機機遇可能影響的未來事件，也可用於某些人可能知之甚詳，但我們**不知情的真實事件，即所謂認識不確定性**（epistemic uncertainty）。

吾人被確定（fixed），但未知的事物所包圍，而有認識不確定性，譬如：苦思偵探小說中兇手是誰（whodunnit）、討論嬰兒可能的性別、在媒體上看到移民或失業可能人數的估計值。所有這些都是世界上已經存在的事實或數量，只是吾人不知道答案。從貝氏角度來看，用機率來表示吾人對這些事實和數字的無知是可行的。

這些機率取決於吾人當下的知識。所以，這些**貝氏**機率必然是主觀的（subjective），它們取決於**吾人和外在世界**的關係，而不是世界本身的屬性。這些機率應該會隨著吾人接收到**新的資訊**而產生變化。

其二，讓吾人能夠**根據新的證據，不斷的修改當下的機率**。這就是**貝氏**定理（Bayes'theorem）。本質上，提供從經驗中找答案的正式機制。這對於來自英國溫泉小鎮默默無聞的牧師來說，是非凡的成就。**貝氏**留下的遺產是很基礎的洞見：資料不會自己說話，吾人的外在知識，甚至吾人的判斷，都扮演核心的角色。這似乎和科學過程不相容，但是背景知識和理解，當然一直是從**資料**找答案的要素，不同之處在於：**貝氏**方法中，是以正式的、數學的方式加以處理。(3)

因果關係時間軸的逆機率（Inverse probability）

我們可以**由因向果**來計算「正向機率」（direct probability），也可以反轉過來**由果向因**以計算所謂的「**逆機率**」（inverse probability）。在 1950 年代之前，**貝氏**的想法被稱為「**逆向機率**」，即由結果找原因的條件機率。

劍橋大學統計學權威 David Spiegelhalter 在《統計的藝術》書中舉一個令人驚訝的範例 (3)：

實例九　假設運動競賽的興奮劑（doping）篩選測試宣稱有「95% 正確」，表示 95% 的興奮劑服用者和 95% 的未服用者分類正確。假設每 50 名運動員中有 1 名確實在任何時候都服用興奮劑。如果某運動員的檢測呈陽性，那麼他們真正服用興奮劑的機率是多少？ (3)

這類可能深具挑戰性的問題，當然最好是用**期望頻率樹**（expected frequency tree）來處理，如下圖 5-32 所示，採**由因向果**來計算「正向機率」。期望頻率樹一開始時有 1,000 名運動員，其中 20 名服用興奮劑，980 名沒有服用，有服用興奮劑的運動員，除了 1 人，其餘都被檢測出來（20 人中的 **95%** = 19 人），但是沒有服用興奮劑的，也有 49 人檢測呈陽性（980 人中的 **95%** =931 人，980 − 931 =49 人）。因此我們預期總共有 68 人 (19+49) 的檢測呈陽性，其中 19 人真正服用興奮劑。因此，**如果某人檢測呈陽性，這個人真正服用興奮劑的可能性只有 28%** (19/68)，其他 72% 的**陽性是假指控**（false accusations）。

雖然藥物檢測可以宣稱「**95% 準確**」，但檢測呈陽性的大多數人，事實上並未服用，不難想像，這種看似矛盾的現象，在現實生活中可能引發的問題，比如運動員因為沒有通過藥物檢測，遭人隨意指責。

在「95% 準確」下檢驗結果為：

陰性人數 932= 真陰性 + 偽陰性 =980×0.95+20×0.05=931+1

陽性人數 68= 真陽性 + 偽陽性 =20×0.95+980×0.05=19+49

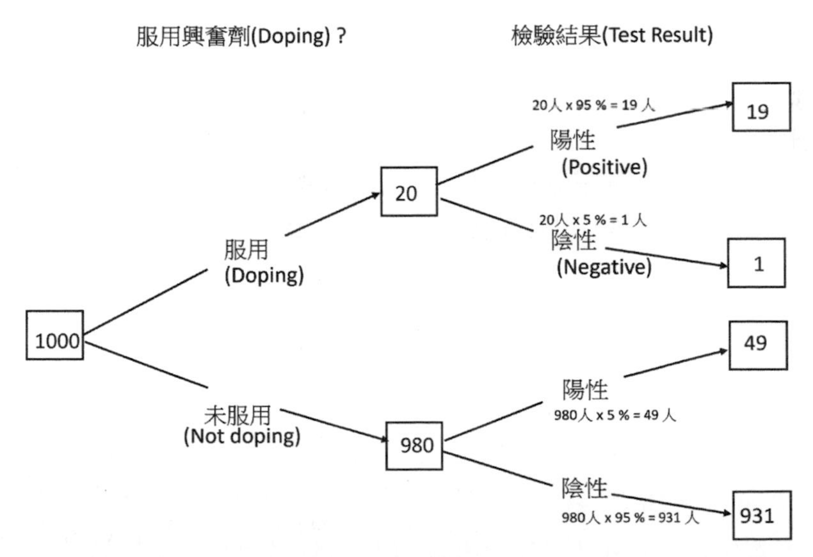

圖 5-32 運動競賽中，服用興奮劑的期望頻率樹。顯示如果每 50 名運動員中有 1 名服用興奮劑，而且篩檢測試「95% 準確」，吾人預期 1,000 名運動員的篩檢結果會是如何。

思考這一個過程的一個方法是：吾人把樹狀「**次序倒置**」（Reversing the order），先做檢驗，接著揭露真相，如下圖 5-33 所示：

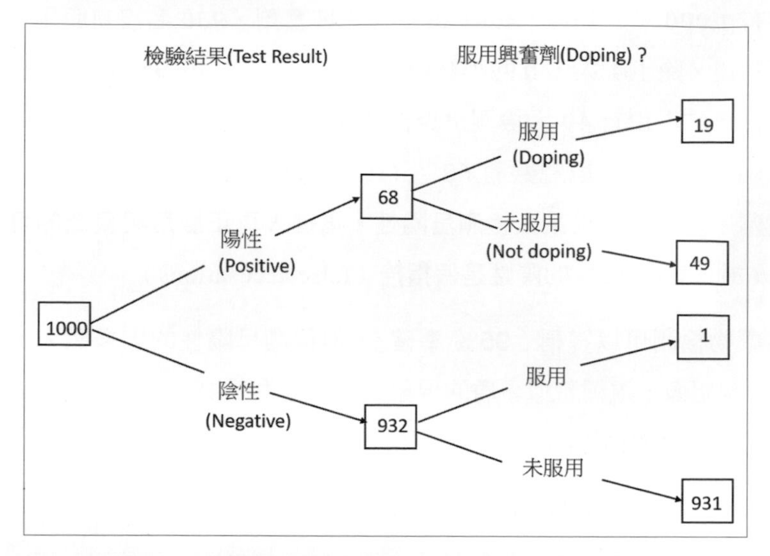

圖 5-33　運動員服用興奮劑的「倒置的」期望頻率樹

圖 5-33 運動員服用興奮劑的「倒置的」（Reversed）期望頻率樹，先顯示檢測結果，再揭露運動員的真實行為。

這棵「**倒置樹**」（reversed tree）最後的結果，數字完全相同，但顯示出尊重我們理解事物的時間順序（temporal order）——從檢測，然後得出是否服用興奮劑的真相；而不是基於因果關係（causation）的實際時間軸——先服用興奮劑，再作檢測。這種「**顛倒次序」正是貝氏定理所要做的事**。在 1950 年代之前，貝氏定理的想法被稱為**逆機率**（inverse probability）。

R 軟體的應用

除了上述樹狀，按比例分解再以逆機率求算以外，吾人可更簡便直接以**貝氏定理**公式求算。解題之前首先如圖 5-27 需先辨識問題的 B 與 A，在檢驗結果具有 0.95 準確率之下，本例中的樣本相關的事件機率整理如下表。運動員佔比為事前機率，檢驗結果在準確率 0.95 的事後機率下，服用 (D) 或未服用 (ND) 的運動員，其真陽性或真陰性均只佔 0.95，而剩餘的 0.5 則分別是偽陰性或偽陽性：

		實際服用興奮劑	
		服用 (D)	未服用 (ND)
運動員		1/50=0.02	49/50=0.98
檢驗結果	P（陽性）	0.95（真陽性）	1-0.95=0.05（偽陽性）
	N（陰性）	1-0.95=0.05（偽陰）	0.95（真陰性）

如上表，定義事件：

D：運動員服用興奮劑比例

ND：運動員未服用興奮劑比例

P：檢驗呈陽性比例（真陽性、偽陽性）

N：檢驗呈陰性比例（偽陰性、真陰性）

本例問：某運動員的檢測呈陽性，那麼他們真正服用興奮劑的機率，**亦即求算** $P(D|P)$？

手算

已知 $P(D)=0.02$

$P(ND)=0.98$

$P(P|D)=0.95$

$P(P|ND)=0.05$

根據**總機率**定理

$$P(P)=P(P\cap D)+P(P\cap ND)$$
$$=\mathrm{P}(P|D)\times P(D)+P(P|ND)\times P(ND)$$
$$=(0.95)(0.02)+(0.05)(0.98)$$
$$=0.068$$

根據**貝氏定理**

$$P(D|P)=\frac{P(D\cap P)}{P(P)}$$

$$= \frac{P(P|D)\times(D)}{P(P)}$$

$$= \frac{(0.95)(0.02)}{0.068} = 0.2794118$$

使用 R 固然可如一般計算機計算根據**總機率**定理、**貝氏定理**手算如上式，為 $P(D|P)$ 與 $P(ND|P)$ 求解，也可使用外掛套件 LaplacesDemon 之 BayesTheorem 函式給予相應引數得出解答，首先依上表建構本例資料物件（圖 5-34）：

```
library(LaplacesDemon)
x<- rbind(                                        # 建構本例資料物件
  athlete=setNames(c(0.02,0.98),c('B1','B2')),    # 運動員是否服藥比例
  A1=c(0.95,0.05),                                # 檢驗為陽性的真、偽比例
  A2=c(0.05,0.95))                                # 檢驗為陰性的偽、真比例
print(x)                                          # 列印本例資料物件
```

```
> print(x)      # 列印本例資料物件
          B1   B2
athlete 0.02 0.98
A1      0.95 0.05
A2      0.05 0.95
```

圖 5-34　運動員服藥比例及 0.95 正確率

上圖 5-34 中 B 代表運動員佔比，屬事前機率，A 則是事後機率的檢驗結果：

接著套用 BayesTheorem，如下得出真陽性、偽陽性之機率（圖 5-35）：

```
print(PrAB<- BayesTheorem(        # 求檢驗呈陽性時真確、不真確機率
  PrA=x['athlete',],              # 運動員是否服藥比例（事前機率）
  PrBA=x['A1',]))                 # 檢驗結果與運動員是否服藥的比例（事後機率）
```

```
> print(PrAB<- BayesTheorem(     # 求檢驗呈陽性時真確、不真確機率
+   PrA=x['athlete',],          # 運動員是否服藥比例(事前機率)
+   PrBA=x['A1',]))             # 檢驗結果與運動員是否服藥的比例(事後機率)
       B1        B2
0.2794118 0.7205882
```

圖 5-35　檢驗呈陽性之真陽性機率 (B1)、偽陽性 (B2) 機率

同樣根據 A2 亦可求算檢驗呈陰性時之偽陰性機率 (B1)、真陰性 (B2) 機率（略）。

此例說明了，母體在服用的比例甚低（相對於未服用）的事前機率狀況下，即使所謂正確性高達 95% 的檢測劑，其檢測結果即使是陽性反應，事實上誤判（偽陽性）的比例高出正確判斷（真陽性）的比例甚多，因此，是否再次檢測以提升正確率，或採進階檢測方法值得探究。

臨床醫學上常用的兩個指標為靈敏性（sensitivity）和特異性（specificity）。靈敏性也稱為真陽性率，是指有病的偵測率，所以是越高越好。公式為真陽性 /（真陽性 + 偽陰性），衡量了陽性樣本被正確分類的比率。而特異性也稱為真陰性率，是沒有病的偵測率，公式為真陰性 /（真陰性 + 偽陽性），衡量了陰性樣本被正確分類的比率。靈敏性和特異性可以作為診斷工具一致性的指標，數值愈高愈好。有興趣讀者可參閱本系列叢書《R 語言在行銷科學應用》第五章〈商品推薦〉內文的「混淆矩陣」節次。

運動員服用興奮劑的例子顯示，知道檢測呈陽性，服用興奮劑的**機率（28%）**和服用興奮劑，檢測呈陽性的機率（95%）很容易混淆。在後面事件已發生的條件下，反問前面的事件發生的機率。既然前面的事件都已經發生過了，還要再問事件發生的機率，這看似沒有什麼道理的思維，結果卻深刻地影響了後來統計學的發展。

實例十 **醫生在為病人診斷的時候，基本上，就是觀察病人的一些症狀（symptoms），然後試圖找出所患的疾病（disease）。但是經常不同的疾病，卻具有部分相同的症狀，因此醫生必須在幾個可能的疾病中，決定一個最符合症狀的疾病。假設中醫臨床上發現 d_1、d_2、d_3 等 3 種疾病，可能產生下面一種或兩種以上症狀：多汗、噁心欲嘔、眩暈、耳鳴。若 10,000 個病歷中患有 3 種疾病的患者，如下表 5-6。求一個罹患有三高疾病、梅尼爾氏症、過敏性鼻炎的患者，如果有 S_1、S_2、S_3、S_4 等任意一個或兩個以上的症狀時，患有 d_1、d_2、d_3 等 3 種疾病的機率各是多少？** (4)

（按：中醫與西醫較大的區別可以說在於辨「證型」與辨「疾病」。中醫在辨別症狀之「病因病機」，而西醫在辨別「疾病」，所以有所謂的「同病異治」的說法，雖然同樣疾病，但是因為證型不同採取不同治療方針。）

手算

表 5-6　10,000 個病歷中患有 d_1、d_2、d_3 等疾病的人數

	患有 d_i 疾病的人數	患 d_i 疾病的人數比率 $P(D_i)$	患有 d_i 疾病，且具有一種或兩種以上症狀的人數
患三高疾病 d_1	3,750	0.375	3,000
患過敏性鼻炎疾病 d_2	2,250	0.225	2,050
患梅尼爾氏疾病 d_3	4,000	0.400	3,500
患 d_i 疾病的總人數 (A)	10,000	1.000	

首先，令症狀

S_1= 多汗

S_2= 噁心欲嘔

S_3= 眩暈

S_4= 耳鳴

1. 定義「事件」

$$\begin{cases} D_1 = \text{患有三高 } d_1 \text{ 的人} \\ D_2 = \text{患有過敏性鼻炎 } d_2 \text{ 的人} \\ D_3 = \text{患有梅尼爾氏症 } d_3 \text{ 的人} \\ A \ = \text{患有一種或兩種以上病狀的人} \end{cases}$$

2. 從上表 5-6 及條件機率可得

$$\begin{cases} P(D_1)=0.375 \quad ,P(A\cap D_1)=\frac{3000}{10000}=0.3 \\ P(D_2)=0.225 \ ,P(A\cap D_2)=\frac{2050}{10000}=0.205 \\ P(D_3)=0.400 \ , \quad P(A\cap D_3)=\frac{3500}{10000}=0.35 \\ P(A|D_1)=\frac{P(A\cap D_1)}{P(D_1)}=\frac{0.3}{0.375}=0.8 \\ P(A|D_2)=\frac{P(A\cap D_2)}{P(D_2)}=\frac{0.205}{0.225}=0.911 \\ P(A|D_3)=\frac{P(A\cap D_3)}{P(D_3)}=\frac{0.35}{0.4}=0.875 \end{cases}$$

3. 根據「總機率定理」可算出

$$\begin{aligned} P(A)&=P(A\cap D_1)+P(A\cap D_2)+P(A\cap D_3) \\ &=P(A|D_1)P(D_1)+P(A|D_2)P(D_2)+P(A|D_3)P(D_3) \\ &=(0.8)(0.375)+(0.911)(0.225)+(0.875)(0.4) \\ &=0.855 \end{aligned}$$

4. 根據「**貝氏**定理」可算出

$$\begin{aligned} P(D_1|A)&=\frac{P(D_1\cap A)}{P(A)}=\frac{P(A|D_1)P(D_1)}{P(A)} \\ &=\frac{(0.8)(0.375)}{0.855}=0.351 \end{aligned}$$

$$\begin{aligned} P(D_2|A)&=\frac{P(D_2\cap A)}{P(A)}=\frac{P(A|D_2)P(D_2)}{P(A)} \\ &=\frac{(0.911)(0.225)}{0.855}=0.24 \end{aligned}$$

$$\begin{aligned} P(D_3|A)&=\frac{P(D_3\cap A)}{P(A)}=\frac{P(A|D_3)P(D_3)}{P(A)} \\ &=\frac{(0.875)(0.4)}{0.855}=0.409 \end{aligned}$$

即一個罹患有三高疾病、過敏性鼻炎、梅尼爾氏症病狀的患者，如果具有 s_1、s_2、s_3、s_4 等任意一個或兩個以上的病症時，則此患者罹患三高病狀 d_1 的機率是 0.351，罹患過敏性鼻炎病 d_2 的機率是 0.24，罹患梅尼爾氏症狀 d_3 的機率是

0.409，因此，在未進一步檢查的情況下，該中醫生應診斷此病人患有梅尼爾氏症病狀 d_3。以上辨證鑑別診斷條件不足時，需要更多問診或把脈。

倘若以手工計算耗時費力，不若 R 程式的快速、精確。

R 軟體的應用

首先依上表 5-6 建構本例資料物件，如下程式：（圖 5-36）

```
library(LaplacesDemon)
x<- data.frame(                # 建構本例資料物件
  d1=c(3750,3000),             # d1 病患數及其中有症狀者數
  d2=c(2250,2050),             # d2 病患數及其中有症狀者數
  d3=c(4000,3500))             # d3 病患數及其中有症狀者數
rownames(x)<-c('patients',     # 第一列為病患數
               'symptons')     # 第二列為其有症狀者數
print(x)                       # 列印本例資料物件
```

```
> print(x)     # 列印本例資料物件
           d1   d2   d3
patients 3750 2250 4000
symptons 3000 2050 3500
```

圖 5-36　各疾病之觀察統計資料

接著下列程式將圖 5-36 數量以機率表示：

```
print(xdist<- rbind(                         # 計算並印出各疾病機率及其有症狀機率
  x['patients',]/sum(x['patients',]),        # 患 d1~d3 疾病機率，
  x['symptons',]/x['patients',]))            # 患 d1~d3 疾病者有症狀之機率
```

```
            d1        d2    d3
patients 0.375 0.2250000 0.400
symptons 0.800 0.9111111 0.875
```

圖 5-37　各疾病機率及其有症狀機率

再以下列程式使用外掛套件 LaplacesDemon 之 BayesTheorem 函式，以貝氏理論解出在呈現症狀如上述者得到各種疾病之機率：

```
print(PrDA<- BayesTheorem(                    # 求有症狀時患各疾病 (d1~3) 之機率
  PrA=xdist['patients',],                     # 各疾病機率
  PrBA=xdist['symptons',]))                   # 各疾病下有症狀之機率
```

```
$d1
[1] 0.3508772

$d2
[1] 0.2397661

$d3
[1] 0.4093567
```

圖 5-38　有症狀時各疾病之機率

貝氏統計在判斷過濾垃圾郵件的應用

貝氏統計（Bayesian statistics）近年來成為**機器學習**技術的基礎理論，而受到重視，**貝氏**定理也應用於「利用**已知事件**的發生機率來推測未知事件的機率」，得以幫助**未知事件**做分類。

然而若直接採用**貝氏**定理，會造成計算成本大幅增加，**因而吾人會將各事件簡化為相互獨立事件**，如此可將**貝氏**定理簡化，而讓計算成本降低，這種由簡化版的**貝氏**定理所產生的分類器稱為**「單純貝氏分類器」**（Naïve Bayes classifiers, NB classifier）。為什麼稱為單純呢？因為現實中，事件的發生並非完全相互獨立，彼此之間可能有所影響，各自獨立的假設未免太過單純，所以稱為**「單純貝氏定理」**。這種假設雖然與現實有所差距，但不失為一種可行的方法。(5)

由於這個假設，NB classifier 在**高維度和複雜的數據集**上表現良好。近年應用在過濾垃圾郵件上也有一定程度的準確性。可用條件機率幫助判斷過濾垃圾郵件。(5)

什麼是垃圾郵件（Spam）

垃圾郵件指的是沒有經過收件人同意，就大量發送的電子郵件，內容往往包含廣告、惡意軟體（malware）、病毒（virus）或網路釣魚（phishing）。

1990 年代晚期，**垃圾訊息機器人**（Spambots）**灌爆許多電子郵件**信箱，2000 年 Luis von Ahn（馮安）發現在登入過程中辨識有波浪起伏，如 SMWM 難以閱讀的字母，只要是人，幾秒之內就能夠破解這道題目，但若是電腦就會被難倒。von Ahn 發明 Captcha（Completely Automated Public Turing Test to Tell Computers and Human Apart，**驗證碼人機驗證**），旨在「能夠分析電腦和人的完全自動化公共圖靈測試」，確保只有擁有正確密碼的真人可以存取帳戶，藉此杜絕從遠端以數位方式登入的行為。這項機制的運作原理在於，電腦可以建立扭曲的圖片及處理回應，但無法以真人思維方式閱讀或解決這類問題，因此無法通過**人機驗證**（Captcha）測驗。(6)

Captcha 主要用於區分「人」跟「機器人」。在 2003 年由卡內基梅隆大學的 Luis Von Ahn 與其團隊共同開發，這些**扭曲的文字**用於防止有心人士一次寄送大量的垃圾郵件，以及黃牛用電腦程式搶佔演唱會與運輸工具的票券。

如何判斷是**垃圾郵件**？這個每家公司的作法差不多，常用的是關鍵字、寄件者地址、寄件者 IP 等，但最新的方式幾乎都是用機器學習的方式。郵件防護系統，如 Mail gateway，其實就是郵件過濾伺服器或郵件閘道。

以**關鍵字**為例，以下是幾個常見的垃圾郵件特徵：(5)

前面提到**過濾垃圾郵件**使用的**單純貝氏**分類法，基本上也是利用相同的方法來計算，舉例來說，「威而鋼」（Viagra）一詞不僅可能在醫療機構，和製藥公司人員的正式郵件中會提到，甚至也可能出現在朋友之間開玩笑的郵件中。以這個例子來思考「含有威而鋼一詞的郵件 ⇒ 垃圾郵件」**的命題，也應被判定為「偽」**。

然而，如果一封郵件出現多次「威而鋼」，使用頻率高於一般用法時，則包含此用語的郵件將被歸為**垃圾郵件**，而應該被過濾掉，我們可以用下式求出：

$$\text{P（垃圾郵件｜多次威而鋼）} = \frac{(P\text{（垃圾郵）} \times \text{P（多次威而鋼｜垃圾郵件）}}{\text{（多次威而鋼）}}$$

若是**計算出來的機率達到一定數值以上**（例如 ≥ 90%），**應被自動歸類為垃圾郵件**，像這樣經過簡單運算而做出大致正確的推測，是非常有用的單純貝氏分類法。總而言之，藉由導入機率與**貝氏**定理後，就能夠讓機器學習做出雖然不見得完全正確，但仍屬合理的推測判斷。

垃圾郵件有時也會暗藏一些 HTML 連結，當使用者開信時，就會自動下載間諜軟體。在日本，郵件內容含有「グラビア」字樣，因有奇特的文字效果，衍生出「性感寫真」的含意，常被歸類為垃圾郵件。「グラビア」其實正確的意思是「凹版印刷」，源自外來語 Gravure，借用凹版印刷印出來的艷麗相片海報而來的外來語。

實例十一　假定調查的 100 封郵件，其中 70 封是垃圾郵件，剩下的 30 封是一般郵件，接著，再此 70 封垃圾郵件之中，有 40 封含有「グラビア」字樣。另外，30 封的平常郵件中，10 封含有「グラビア」字樣。 (5)

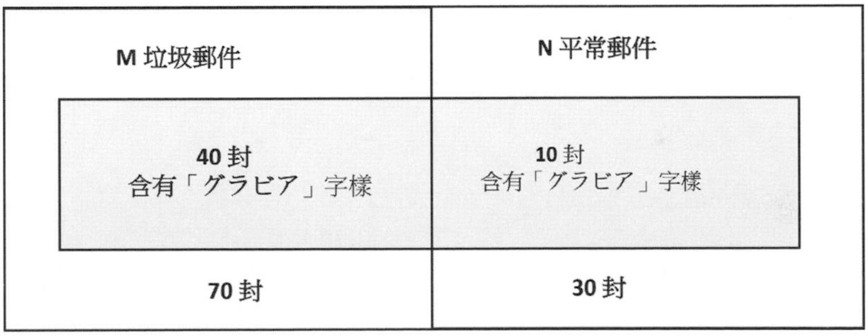

M 垃圾郵件	N 平常郵件
40 封 含有「グラビア」字樣	10 封 含有「グラビア」字樣
70 封	30 封

圖 5-39　收到一封郵件時，此郵件含有「グラビア」的文字的比率

那麼，當接到含有「グラビア」字樣的一封郵件時，試計算它是垃圾郵件的機率？

手算

先定義事件：

M：收到一封郵件時，此郵件是垃圾郵件

N：收到一封郵件時，此郵件不是垃圾郵件

G：收到一封郵件時，此郵件含有「グラビア」的文字

由「貝氏定理」

$$P(M|G)=\frac{P(M\cap G)}{P(G)}=\frac{P(G|M)P(M)}{P(G)}$$

此處 $P(G)=\frac{40+10}{100}=\frac{50}{100}$，$P(M)=\frac{70}{100}$，$P(G|M)=\frac{40}{70}$

因此 $P(M|G)=\frac{\frac{40}{70}\ x\ \frac{70}{100}}{\frac{50}{100}}=\frac{40}{50}=0.8$

亦即，含有「グラビア」字樣的郵件 8 成是垃圾郵件。也有人統計過，網路上流通的郵件，大約是 75%。

R 軟體的應用

本例同前面 [實例九]、[實例十] 使用套件 LaplacesDemon 的 BayesTheorem 函式直接解題，首先須將原始 100 封的各類數字轉換成比例（樣本機率）數字，如下程式：

```
library(LaplacesDemon)
x<- rbind(                                       # 建構本例資料物件
  spam=setNames(c(70,30),c('M','N')),  # 垃圾郵件百分比 (%)
  W=c(40,10),                                    # 含特定文字比例 (%)
  Wo=c(30,20))                                   # 不含特定文字比例 (%)
print(x<-rbind(                                  # 本例資料轉成比例並列印
  x['spam',,drop=FALSE]/sum(x[1,]),     # P(B) drop=FALSE 表示保留行名
  t(t(x[c(2,3),])/x[1,])))                # P(A|B)
```

```
             M         N
spam 0.7000000 0.3000000
W    0.5714286 0.3333333
Wo   0.4285714 0.6666667
```

圖 5-40　垃圾分類的比例以及其中含特定文字的比例

接著將代表總機率中權重（比例加總 =1）的垃圾分類為 BayesTheorem 的 PrA 引數，亦將其對應下的條件機率（事後機率）為 PrBA 引數，經函式計算結果如下程式：（圖 5-41）

```
print(PrAB<- BayesTheorem(          # 求有特定文字下為垃圾郵件之機率
  PrA=x['spam',],                   # 垃圾與非垃圾郵件之機率
  PrBA=x['W',]))                    # 垃圾分類下特定文字出現的機率
```

```
> print(PrAB<- BayesTheorem(      # 求有特定文字下為垃圾郵件之機率
+   PrA=x['spam',],          # 垃圾與非垃圾郵件之機率
+   PrBA=x['W',]))           # 垃圾分類下特定文字出現的機率
  M   N
0.8 0.2
```

圖 5-41　含該特定文字為垃圾 (M)、非垃圾 (N) 的機率

5-3 隨機變數、常態分配及抽樣分配

第 1 節　提到的敘述性統計中「統計實驗」的各種可能結果，賦予一個數字，是為**隨機**變數（random variables）。

母體中元素的測量值是隨機變數，經由機率分配來瞭解隨機變數的變化情形。而機率分配有離散隨機變數的機率分配，如二項分配（binomial distribution）、卜瓦松分配（poisson distribution），有連續隨機變數的機率分配，如常態分配。**統計推論**就是經由一個機率的敘述來量化**抽樣誤差**。(8) 因此，機率是研習**統計學**的基礎。

隨機變數

隨機試驗是對某一隨機現象的觀察，所觀察的出象（outcome）。如是一個可重複，而不可預測卻又有跡可循的出象，則稱為**隨機變數**（random variables）。從數學上來講，隨機變數是一個函數，由樣本空間 S 到實數軸 R 的對應。**樣本空間 S** 是這個函數的定義域，而實數軸 R 是其對應域。簡單的說，就是針對樣本空間中的每一個「樣本點」ω 賦予一個數字，如下圖 5-42 表現**隨機變數 X** 這個函數 (8)：

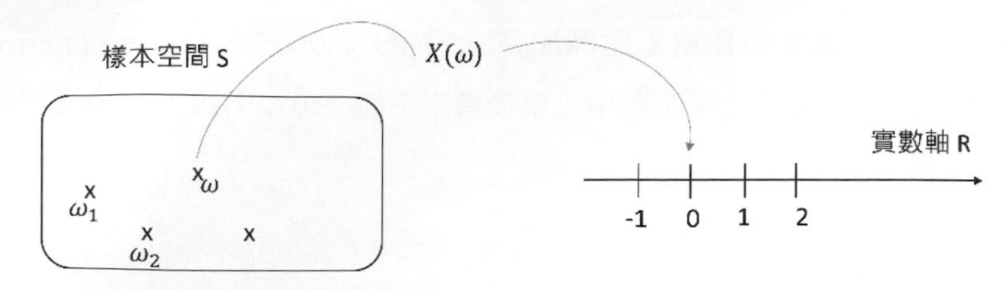

圖 5-42　隨機變數的定義域與對應域

可見隨機變數帶有機率分佈，在實務上，譬如某品檢員以隨機抽樣方式，抽驗 3 個製成品，以 C 表示合格品（conforming），N 表不合格品（non-conforming），連抽 3 次，合格品及不合格品共有 $2^3=8$ 種可能性組合。則樣本空間 $S=\{CCC,CCN,CNC,NCC,CNN,NCN,NNC,NNN\}$。若品檢員對不合格的個數感興趣，以 X 表不合格品的個數，則 $X=0,1,2,3$，分別相對於**隨機試驗**中四個基本出象：無不合格品、一個不合格品、二個不合格品、三個不合格品，分別以 e_0,e_1,e_2,e_3 表示，即樣本空間 $S_1=\{e_0,e_1,e_2,e_3\}$，在隨機**試驗**前，X 將會是哪一個數值並不確定，因此該變數為「**隨機**」。如下圖 5-43，表示**隨機變數 X** 這個函數。

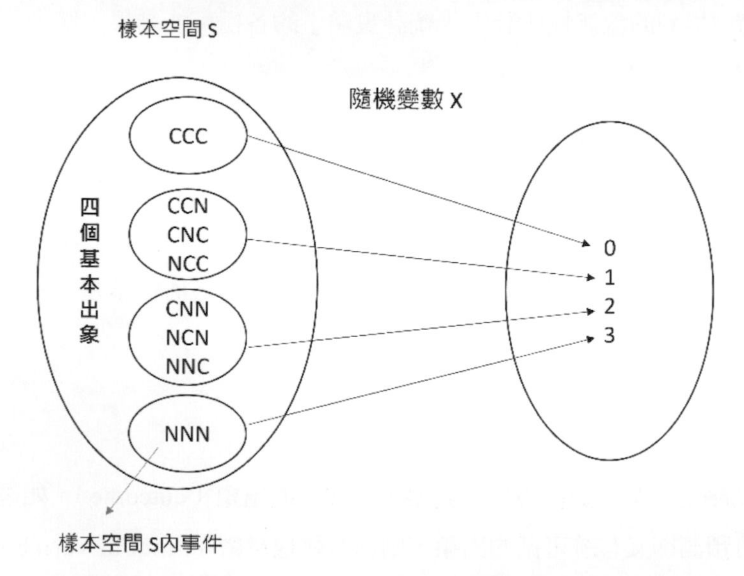

圖 5-43　隨機變數 X 函數，C 表示合格品，N 表不合格品

定義域的四個基本出象，其對應域以實數軸 0,1,2,3 來表示：

0 表示：0 個不合格品，即 $e_0=\{X=0\}$，

1 表示：1 個不合格品，即 $e_1=\{X=1\}$，

2 表示：2 個不合格品，即 $e_2=\{X=2\}$，

3 表示：3 個不合格品，即 $e_3=\{X=3\}$。

隨機變數的機率分配

使用隨機變數，而不直接使用統計實驗出象的好處之一，是因為隨機變數是一個函數，可以加、減、乘。因為這些緣故，因此，在代數和其他數學領域發展的結果，可以自由地用於幫助我們解決機率和統計問題。

隨機變數可分為離散型（discrete）的及連續型（continuous）的隨機變數，前者的樣本空間是可數的（countable），後者的樣本空間是不可數的（uncountable）離散型隨機變數定義如下：

離散隨機變數 X 的機率分配，是隨機變數 X 的不同數值，及其相關機率，通常可以公式取代詳細的列舉。

離散隨機變數的機率分配，並須滿足下列條件：

$0\leq P(x_i)\leq 1, i=1,2,\ldots,k$ 其中，k 表樣本數

$\sum_{i=1}^{k} P(x_i)=1$

隨機變數的平均數也稱為**期望值**（expectation）。常見的離散隨機變數的機率分配有均勻分配、二項分配、多項分配、超幾何分配、多維超幾何分配、幾何分配、負二項分配、卜瓦松分配。以下說明離散隨機變數的二項分配以及卜瓦松分配，在介紹二項分配之前，先定義百努利試驗及百努利程序，分別定義如下：

百努利試驗（Bernoulli trial）（註1）

每次試驗結果只有兩種：成功或失敗。

百努利程序（Bernoulli process）

百努利程序是一連串的「百努利試驗」所構成，而且具有以下兩個條件：每次「百努利試驗」中成功的機率維持不變。

任何兩次「百努利試驗」是「統計獨立」，亦即試驗間沒有任何牽連。

二項分配：

在具有 n 次**百努利試驗**的**百努利程序**中，成功次數的機率分配。

X 的機率函數：

$f_X(x)=P(X=x)=\binom{x}{n}\,p^x(1-p)^{n-x}$，$x=0,1,2,\ldots,n$

其中：

隨機變數 X 代表 n 次**百努利試驗**中，成功的次數

n 表示**試驗**的次數

p 表示**試驗**成功的機率

二項分配平均數與變異數

如果 X 是一個二項隨機變數，與一個由 n 次試驗組成的二項試驗相關，成功機率為 p，失敗機率為 q，則 X 的平均數與變異數為

$\mu=E(X)=np$

$Var(x)=npq=np(1-p)$

註1 瑞士數學家百努利（Jacob Beroulli, 1654-1707）在17世紀的試驗。擲一枚硬幣，如果正面在上，取值為1，反面在上，取值為0。稱為百努利試驗，其呈現二項分配。

實例十二 一機器人投籃 10 次，每次進球機率固定為 0.4，而且任何兩次投籃的結果是統計獨立，求進球數的平均數與變異數。

手算

令 X 代表 10 次投籃的進球數。

則 X 具有參數為 $n=10$ 及 $p=0.4$ 的「二項分配」。所以

$E(X)=np=(10)(0.4)=4$

$Var(x)=np(1-\mathrm{p})=(10)(0.4)(0.6)=2.4$

R 軟體的應用

吾人除了可以用 np 以及 $np(1-\mathrm{p})$ 直接計算期望值與變異數之外，亦可依據上述二項分配**定義**，X 的機率函數公式，而自訂一函式如下 fx，其中亦使用計算排列組合（permutation and combination）中的組合內建函式 choose，再將 X 的樣本空間據以計算其機率，得如下圖 5-44：

```
x<-0:10                                # 樣本空間
n<-10                                  # 實驗次數
p<-0.4                                 # 每次成功機率
fx<- function(x){                      # 自訂二項分配機率密度函式
  choose(n,x)*p^x*(1-p)^(n-x)}
print(distr<-sapply(x,fx))             # 機率密度分布計算與列印
```

```
> print(distr<-sapply(x, fx))     # 機率密度分布計算與列印
 [1] 0.0060466176 0.0403107840 0.1209323520 0.2149908480 0.2508226560 0.2006581248
 [7] 0.1114767360 0.0424673280 0.0106168320 0.0015728640 0.0001048576
```

圖 5-44　二項分配的成功次數 (0~10) 機率密度

從圖 5-44，可驗證其總和＝1。滿足離散隨機變數的機率分配條件：

1. $0 \le P(x_i) \le 1, i=1,2,\ldots,k$，其中 k 表樣本數
2. $\sum_{i=1}^{k} P(x_i)=1$

吾人亦可直接使用**內建**套件 stats 的 dbinom 函式代替自訂函式，也將得到相同之結果，如下程式：(圖：略)

```
print(distr<-sapply(          # 機率密度分布計算與列印
  X=x,                        # 樣本空間
  FUN=dbinom,                 # 使用內建的函式
  size=n,                     # dbinom 的參數 size 及其引數
  prob=p))                    # dbinom 的參數 prob 及其引數
```

接著以下程式藉**內建**套件 stats 的 weighted.mean 計算 10 次投籃，在每次成功機率 0.4 下，其成功次數之期望值（圖 5-45），並將該二項分配的成功次數機率分布繪出，並標示其期望值之所在：(圖 5-46)

```
print(Ex<-weighted.mean(x,distr))        # 計算期望值並列印
plot(                                    # 列印機率密度函式圖形
  x=x,                                   # x 軸（樣本空間）
  y=distr,                               # y 軸（成功次數之機率）
  type='b',                              # 點與線
  main='機率密度分布',                   # 圖標題
  xlab='成功次數', ylab='機率')          # x、y 軸標籤
abline(v=Ex,col='red',lty=2)             # 於期望值處標示垂直虛線
```

```
> print(Ex<-weighted.mean(x,distr))    # 計算期望值並列印
[1] 4
```

圖 5-45　10 次投籃成功次數期望值

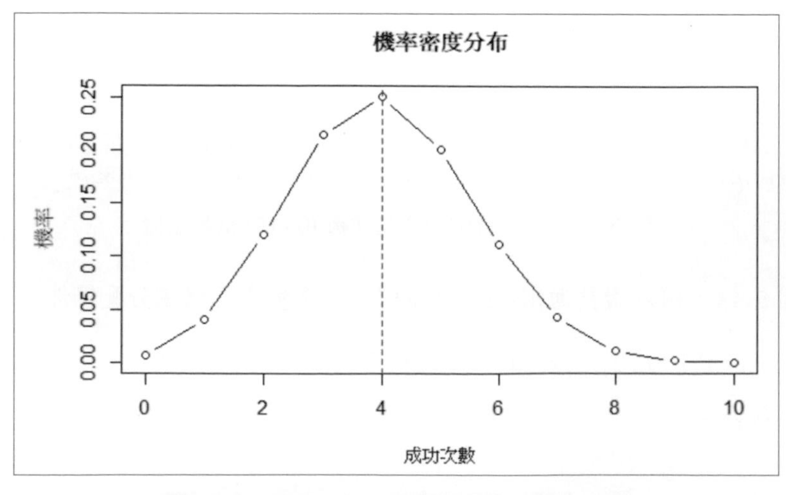

圖 5-46　投籃 10 次其成功次數之機率分布

進一步可藉外掛套件 purrr 之 accumulate 累積函式將相對於的累積分布圖形繪出：

```
library(purrr)                          # 使用此套件
plot(                                   # 繪出機率累積分布函數 (CDF) 圖形
  x=x,                                  # x 軸 ( 樣本空間 )
  y=accumulate(distr,`+`),              # y 軸 ( 成功次數之累積機率 )
  type='b', # 點與線
  main=' 機率累積分布 ',                   # 圖標題
  xlab=' 成功次數 ', ylab=' 機率 ')         # x、y 軸標籤
```

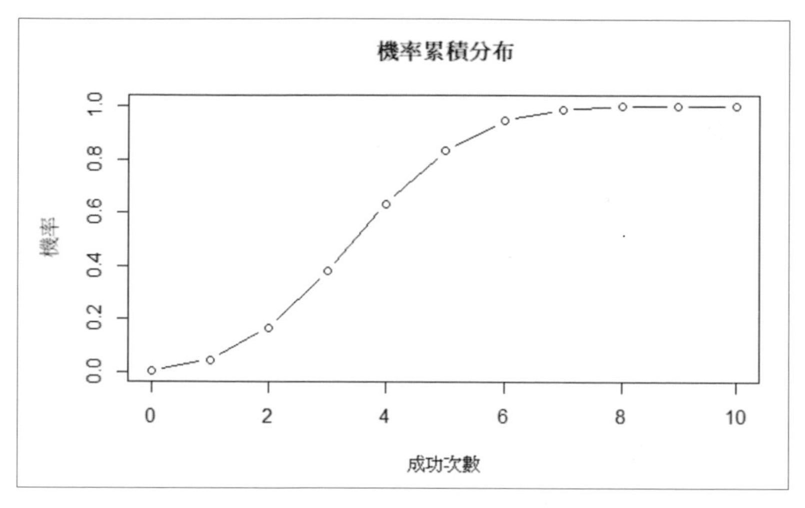

圖 5-47　投籃 10 次其成功次數之累積機率分布

圖 5-47 在期望值 4 之處累積速度到達頂峰，最終漸進累積 =1，在這圖上也可如第一節於機率的 y 軸找到**相關的分位數**。

在 R 語言沒有專為二項分配的變異數提供函式之前，吾人可依本章 [實例四] 變化測度的定義，如下計算在其成功次數（樣本空間範圍）的變異數作為其變化測度的衡量，對於離散型（discrete）隨機變數：

$\sum_{i=1}^{n} P(X=x_i)(x_i-\mu)^2$

這裡，n 為樣本空間總數，x_i 為樣本空間各值，μ 是平均數（或期望值），$x_i-\mu$ 為各離差，計算如下程式：

```
sum(distr*(x-Ex)^2)       # 變異數
```

```
> sum(distr*(x-Ex)^2)      # 變異數
[1] 2.4
```

圖 5-48　依變異數公式定義計算

依變異數的定義，離差平方的期望值即是其變異數，吾人亦可以 weighted.mean 計算離差平方的期望值：

$Var(X)=E[(X-\mu)^2]$，在這裡 $(X-\mu)^2$，表示所有離差平方

```
weighted.mean((x-Ex)^2,distr)     # 變異數
```

```
> weighted.mean((x-Ex)^2,distr)    # 變異數
[1] 2.4
```

圖 5-49　離差平方的期望值（變異數）

當 n 夠大，且 p 很小時，二項分配趨近於卜瓦松分配。如果百努利試驗繼續拋擲不偏（balanced）的硬幣。執行更多的百努利試驗，那麼每一種結果的百分比將越來越接近正面 50% 及反面 50%。因此，對 n 大以及 p 接近 0.5 的「百努利程序」，吾人可以用「常態分配」去趨近「二項分配」。

這是一個很驚人的事實，法國數學家棣美弗（Abraham de Moivre）在 1733 年針對二項分配的特殊情況，**首次證明了中央極限定理**（Central Limit Theorem）。但是，不只是二項分配會隨著樣本數增加，而傾向於呈現**常態曲線**，也就是無論原始的每個測量值是從何種型態的母體分佈抽樣出來，樣本數夠大的話，其**平均數**都可視為從常態分配抽取。

如果我們觀察**萬事萬物，機率從何處而介入？**

當極端事件接二連三發生，例如飛機失事和自然災害發生頻仍，人們自然而然地傾向於認為它們在某種意義上互有關聯。

為了評估一天之內至少發生七起凶殺案的「集群」有多罕見，吾人可以檢視英格蘭及威爾斯兩地區 2013 年 4 月到 2016 年 3 月，這三年（計 1,095 天）的

資料，發生了 1,545 件凶殺案。平均一天 1,545/1,095＝1.41 件凶殺案。這段期間，沒有過一天發生七件或更多殺人案，但因此就做出不可能發生這樣的事情的結論，未免天真幼稚。如果吾人能夠建立每天凶殺案件數量合理的機率分布，那麼吾人就**可以回答這個問題**。(3)

但是，建立機率分配的理由是什麼？記錄一個國家每天發生的殺人案件只是一個事實，沒有抽樣，也沒有明顯的隨機因素，產生每個不幸的事件。這只是個極其複雜和不可預測的世界。但是不管我們個人對機遇或運氣抱持什麼樣的哲學。把這些事件視為由**機率驅動**的某種**隨機程序**所產生，證明是有幫助的。(3)

想像一下：我們有大量的人口，每個人成為兇殺案受害者的機率很小，這類資料可由卜瓦松分配（Poisson distribution）的觀測值來代表。卜瓦松分配最初是由法國數學家西蒙．德尼．卜瓦松（ Siméon Denis Poisson）在 1830 年發表，用於表示每年**錯誤判決有罪**（wrongful convictions）的型態。從那以後，它被用於萬事萬物建模，從每個星期中彩券的數量，到每年被馬踢死的普魯士（Prussian）軍官人數，所在都有。在這些情況中，某事件發生的機會數目很多，但事件發生的機率很小，這使得**卜瓦松分配的應用性極高**。(3)

卜瓦松分配（Poisson distribution）

卜瓦松分配是 1837 年法國數學家卜瓦松首先提出，假設在連續區間或時間內事件發生的次數，進一步假設在特定時間與位置發生兩個以上現象的機率是可被忽視的。

卜瓦松分配是卜瓦松實驗產生的，有以下三個特性：

1. 任意兩個等長區間發生事件的機率是一樣的。
2. 事件發生的次數和區間長度成正比。
3. 各區間發生事件的機率是獨立的。

卜瓦松分配摘要如下：

若 X 為單位時間（或空間）內某現象出現的次數，則

X 隨機變數的機率函數：

$$f(x)=\frac{e^{-np}\mu^{x}}{x\,!}=\frac{e^{-\mu}\mu^{x}}{x\,!},\ x=0,1,2,....$$

稱為**參數**為 μ 的卜瓦松分配，其中 μ 表示單位時間或空間內，該現象平均發生的次數。

X 的平均數與變異數為：

$E(x)=\boldsymbol{np}=\boldsymbol{\mu}$

$Var(x)=\boldsymbol{np}=\boldsymbol{\mu}$

其中

$f(x)$ = 一段時間（或一區域）內某事件發生 x 次的機率

n = 時段的長度或面積（體積）

p = 某事件發生率，或單位面積（體積）發現某物質的個數

μ = 一段時間（或一區域）內發生次數的期望值或平均數

$e = 2.71828$

描述一種資料時，平均數和變異數等名詞稱為**樣本統計量**（sample statistic），或簡稱為**統計量**（statistic）。也可以說，利用樣本觀測值所計算的算式，稱為統計量，最常見的樣本統計量有為樣本平均數及樣本變異數兩個。

而描述母體平均數和變異數等名詞時，稱為**母體參數**（population parameter）或簡稱為參數。卜瓦松分配的參數為 μ，亦即**卜瓦松分配只取決於他的平均數** μ。統計量的標準差通常稱為**標準誤差**（standard error），為了和樣本所來自的母體分配之標準差有所區別。利用小樣本所計算的**樣本統計量**，去估計大母體的

參數，這個動作稱為**推論**（inference），推論時就會產生**誤差**（error）。例如，利用 $\bar{x}$ 估計 μ 時，$\bar{x}$ 不會等於 μ，而 $|\bar{x}-\mu|$ 即代表誤差。誤差通常又稱為抽樣誤差（sampling error）(8)。推論統計部分請參閱統計學專書。

當 n 夠大，且 p 很小時，二項分配趨近於卜瓦松分配。如果平均值夠大，則卜瓦松分配會近似常態分配。

亦即，二項分配所描述的是在百努利試驗中，某事件或現象發生的次數。但是當 n 很大時，二項分配的機率將無法計算。卜瓦松分配不僅在 n 很大時，可作為二項分配的近似分配，而且可用來描述某段時間，或面積、體積內某機遇現象發生的次數。例如，描述某保險公司一個月內防癌險的理賠件數、高速公路上一天發生車禍的次數。

實例十三　史上第一個卜瓦松（Poisson）分配應用著名的普魯士軍隊（Prussian Army）遭馬踢致死的例子 (9)

表 5-7 是 1875~1894 這 20 年間，針對普魯士軍隊（Prussian Army）每年因遭馬踢死而喪命的士兵人數，累積調查 200 個部隊的結果的古典實例。這個案例，不是以個人，而是以一個部隊為單位，由袋中取出球，取到紅球，就意味有人被馬踢到而死亡。20 年間，平均一個部隊共有 12 人死亡，相當於一個部隊每年（表示此例的單位時間為 1 年）有人死亡。因此，此時的理論值（預測）就用 $\mu=0.6$。以這個表來看，一年有 2 個人死亡的部隊數，實際上有 22 個，而預測值是 19.7 個。

表 5-7　平均一個軍團一年間的死亡人數

X	0	1	2	3	4	合計
實際的部隊數	109	65	22	3	1	200
理論值	109.8	65.9	19.7	3.9	0.6	199.9

手算

平均一個部隊數一年間的死亡人數，有兩人的機率：

$$f(2)=\frac{e^{-\mu}\mu^{x}}{x\ !}=\frac{e^{-(0.6)}[(0.6)]^{2}}{2!}=\frac{2.71828^{-(0.6)}[(0.6)]^{2}}{2!}=0.0988$$

平均一個部隊數一年間的死亡人數內有 0 人的機率：

$$f(0)=\frac{e^{-\mu}\mu^{x}}{x\ !}=\frac{e^{-(0.6)}[(0.6)]^{0}}{0!}=\frac{2.71828^{-(0.6)}(1)}{1!}=0.5488119$$

有 0 人死亡的部隊數 $f(0)=0.548819$，亦即有 0 人死亡的部隊數為 200 人 ×0.5488119=109.7624 人；同樣的，有 2 人死亡的部隊數為 200 人×0.0988=19.7 人。

依此類推，一年從 0 個到 4 個死亡的部隊數為 199.9，理論值與實際死亡的部隊數 200 人，十分接近。

R 軟體的應用

依據卜瓦松分配定義之 X 隨機變數的機率函數，自訂一函式如下 fx 來計算樣本空間的機率分配，其中亦使用計算階層的**內建**函式 factorial 如下：

```
avg<- 12/20                              # 平均數
x<-setNames(0:4,0:4)                     # 樣本空間（發生人數）
fx<- function(x){                        # 自訂卜瓦松分配機率密度函式
  (exp(-avg)*avg^x)/factorial(x)}
print(distr<-sapply(x,fx))               # 機率密度分布計算與列印
```

```
> print(distr<-sapply(x, fx))          # 機率密度分布計算與列印
          0           1           2           3           4
0.548811636 0.329286982 0.098786094 0.019757219 0.002963583
```

圖 5-50　發生人數 (X) 的機率分布

吾人亦可直接使用**內建**套件 stats 的 dpois 函式代替自訂函式，也將得到相同圖 5-50 之結果，如下程式：（圖：略）

```
print(distr<-dpois(          # 使用內建卜瓦松密度函式
  x=x,                       # 各分位數
  lambda=avg))               # 平均發生速率
```

接著以下程式藉**內建**套件 stats 的 weighted.mean 計算發生（死亡）人數 0~4 人，在平均 0.6 人 / 年的機率分布下，其發生人次之期望值（圖 5-51），並將該卜瓦松分配的發生人次機率分布繪出，並標示其期望值之所在：（圖 5-52）

```
print(Ex<-weighted.mean(x,distr))          # 計算期望值並列印
plot(                                      # 列印機率密度函式圖形
  x=x,                                     # x 軸（樣本空間）
  y=distr,                                 # y 軸（成功次數之機率）
  type='b',                                # 點與線
  main='機率密度分布',                     # 圖標題
  xlab='成功次數', ylab='機率')            # x、y 軸標籤
abline(v=Ex,col='red',lty=2)               # 於期望值處標示垂直虛線
text(Ex,0,"(期望值)")                      # 於圖內標示文字
mtext(round(Ex,1),side=1,line=0.2,at=Ex)  # 於圖外邊界標示文字
```

```
> print(Ex<-weighted.mean(x,distr))    # 計算期望值並列印
[1] 0.5982211
```

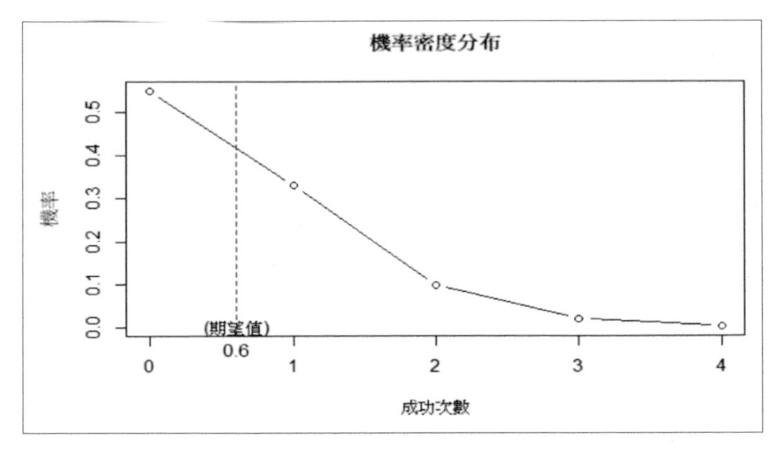

圖 5-52　0~4 人次的機率分布

由於這裡 X 只限 0~4，上圖 5-51 計算的期望值因而接近依上述卜瓦松分配摘要所述 =0.6，若將 X 隨機變數增加則更接近 0.6，甚至 =0.6，例如 X：{0~40}。

繼續計算在實際部隊總數 200 下，預測各可能發生死亡的人數（0~4）的各部隊數：

```
print(200*distr)        # 實際部隊總數下預測發生人數
```

```
> print(200*distr)        # 實際部隊總數下預測發生人數
          0           1           2           3           4
109.7623272  65.8573963  19.7572189   3.9514438   0.5927166
```

圖 5-53　預測總數 200 個部隊其每年各發生人數的部隊數

進一步可藉外掛套件 purrr 之 accumulate 累積函式將相對於上圖 5-54 的累積分布圖形繪出：

```
library(purrr)
plot(                                         # 繪出機率累積分布函數 (CDF) 圖形
  x=x,                                        # x 軸 ( 樣本空間 )
  y=accumulate(distr,`+`),                    # y 軸 ( 發生 ( 死亡 ) 人數之累積機率 )
  type='b',                                   # 點與線
  main=' 機率累積分布 ',                       # 圖標題
  xlab=' 發生 ( 死亡 ) 人數 ', ylab=' 機率 ') # x、y 軸標籤
  ylab=' 機率 ')                              # y 軸標籤
```

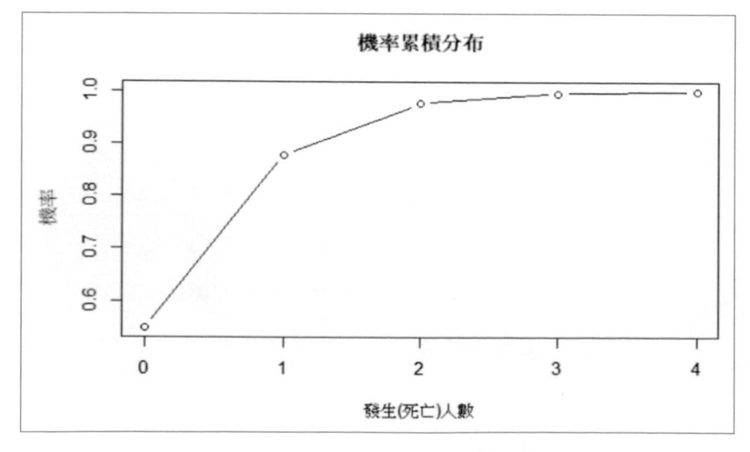

圖 5-54　0~4 人次的累積機率分布

同本章 [實例十二] 圖 5-48、圖 5-49 二種計算變異數計算如下：

```
sum(distr*(x-Ex)^2)                # 變異數
weighted.mean((x-Ex)^2,distr)      # 變異數
```

```
> sum(distr*(x-Ex)^2)      # 變異數
[1] 0.5919363
> weighted.mean((x-Ex)^2,distr)   # 變異數
[1] 0.5921699
```

圖 5-55　二種計算方法之變異數值

上圖 5-55 同上述期望值計算 X 只限 0~4，若將隨機變數增加則更接近 0.6 甚至 =0.6，亦即變異數 = 期望值。符合前面的定義：卜瓦松分配 X 的平均數與變異數皆為 μ。

二項分配與卜瓦松分配的關係：將 n 加大至 400 年，機率由前述的期望值 0.6 計算其機率 ($p=\mu/n=0.6/400=0.0015$)，使用同 [實例十二] 的二項式分配機率密度函式 dbinom 計算樣本空間相同的 x 之二項分配：(圖 5-56)

```
n<-400                        # 設經過 400 年
print(distr<-sapply(          # 機率密度分布計算與列印
  X=x,                        # 樣本空間
  FUN=dbinom,                 # 使用內建的函式
  size=n,                     # dbinom 的參數 size 及其引數
  prob=0.6/n))                # dbinom 的參數 prob 及其引數
```

```
> print(distr<-sapply(    # 機率密度分布計算與列印
+    X=x,                 # 樣本空間
+    FUN=dbinom,          # 使用內建的函式
+    size=n,              # dbinom的參數size及其引數
+    prob=0.6/n))         # dbinom的參數prob及其引數
          0           1           2           3           4
0.548564479 0.329633137 0.098790903 0.019688923 0.002935592
```

圖 5-56　發生次數 0~4 之二項分配機率

上圖 5-56 近乎卜瓦松機率分配圖 5-50，說明了若繼續增加年數 n，終將使得在極小機率 p，n 隨著增大使得卜瓦松分配與二項式分配相同。

如上所述，卜瓦松分布「適合用來分析**鮮少發生**的獨立隨機事件的分配模式」。人生是一連串的選擇，而每個選項都存在某種機率。這個例子，就是人生受**機率**支配的證據。(10)

以下說明連續型（continuous）的隨機變數的**常態分配**：

常態分配（Normal distribution）是描述**連續**隨機變數**最重要**的機率分配。譬如，科學測量降雨量等隨機變數，其值大都集中在中間，少數分佈在兩端，如此的隨機變數皆適合以常態分配來描述。

除測量降雨量外，其他比如體重、收入、身高等方面的測量，至少原則上可以盡量地細密，因此可以視為**連續**的量值，母體分佈是平滑的，典型的例子是**鐘型**曲線（bell-shaped curve）或常態分佈，這是**高斯**（Carl Friedrich Gauss）於 1809 年**因為天文學和測量時的測量誤差**，首次詳細探討的。高斯的推導不是根據經驗觀測，而是**測量誤差**的一種理論形式，用於證明他的統計方法是正確的。(3)

常態分配摘要如下：

常態分配（Normal Distribution）定義

設 X 為一連續隨機變數，其服從常態分配，則其機率密度函數（p.d.f.）為

$$f(x)=\frac{1}{\sigma\sqrt{2\pi}}\,e^{-(x-\mu)^2/2\sigma^2}\text{，}-\infty<x<\infty$$

其中，$\mu=$ 平均數（期望值）

$\sigma=$ 標準差

$\pi=3.14159$

$e=2.71828$

記作 $X\sim N(\mu,\sigma^2)$，即平均數為 μ，變異數為 σ^2

常態分配曲線對稱於中心點 μ。

$f(x)$ 滿足機率密度函數的兩性質：

1. $f(x)>0$

2. $\int_{-\infty}^{\infty} f(x)dx = \int_{-\infty}^{\infty} \frac{1}{\sqrt{2\pi\sigma^2}} e^{-(x-\mu)^2/2\sigma^2}$

因常態分配曲線對稱於中心點，所以平均數 = 中位數 = 眾數 =μ。

68–95–99.7 原則（68- 95-99.7 rule）

有許多常態曲線，每條曲線均由其**平均值**和標準差來描述。所有常態曲線均具有許多特性。特別地，標準差是**常態分配**的自然度量單位。以下規則反映了這一事實：

1. 任一常態隨機變數落入離平均值一個標準差的機率是 0.6826，或大概是 68 %
2. 任一常態隨機變數落入離平均值二個標準差的機率是 0.9544，或大概是 95 %
3. 任一常態隨機變數落入離平均值三個標準差的機率是 0.9974，或大概是 99.7 %

68–95–99.7 原則，如下圖 5-57：

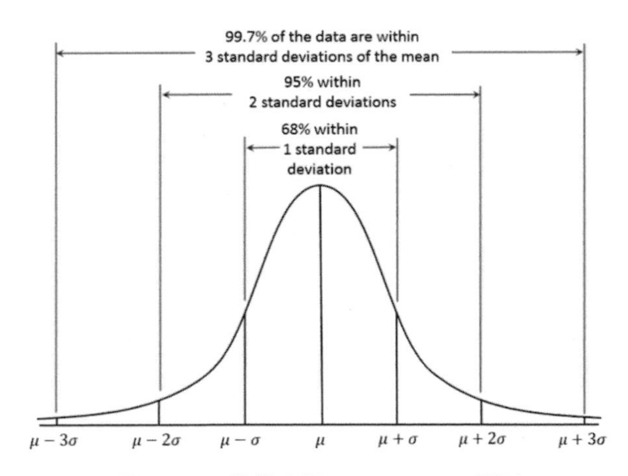

圖 5-57　常態分配 68–95–99.7 原則

由於**中央極限定理**（Central limit theorem）的性質，常態分配具有顯著的地位。它廣泛用於模擬自然現象，例如身高或體重的變化以及噪音和誤差。**中央**極限定理乃是一堆具有相同機率分配的「獨立」隨機變數和，會具有近似「常態分配」的機率分配。

在統計上，68–95–99.7 原則是在常態分布中，距平均值小於一個標準差、二個標準差、三個標準差以內的百分比，更精確的數字是 68.27%、95.45% 及

99.73%。若用數學用語表示，其算式如下，其中 X 為常態分布隨機變數的觀測值，μ 為分布的平均值，而 σ 為標準差：

$$Pr\,(\mu-1\sigma \leq X \leq \mu+1\sigma) \approx 0.6827$$

$$Pr\,(\mu-2\sigma \leq X \leq \mu+2\sigma) \approx 0.9545$$

$$Pr\,(\mu-3\sigma \leq X \leq \mu+3\sigma) \approx 0.9973$$

標準常態分配（Standard Normal Distribution）定義

設 Z 為服從平均數為 0，標準差為 1 之常態分配，則其服從標準常態分配，記作 $Z \sim N(0,1)$，其 p.d.f. 為 $f(z)= \frac{e^{-\frac{z^2}{2}}}{\sqrt{2\pi}}$

標準常態分配的重要性，源自於**任意常態隨機變數**皆可轉換（transform）成為**標準常態**隨機變數，一般統計書籍都會附有**標準**常態分配的「累積機率函數」以供查表。

吾人想轉換隨機變數 X，其中 $X \sim N(\mu,\sigma^2)$，標準常態隨機變數 $Z \sim N(0,1^2)$。在數學上將曲線壓縮使其寬度為 1，即標準常態隨機變數之標準差 =1，就是將隨機變數除以自己的標準差。如此一來，曲線下面的總面積維持不變，且所有機率也跟著調整。於是，先將 X 減去 μ，接著將結果除以 σ，則由 X 到 Z 的數學轉換於焉完成。

由 X 到 Z 的數學轉換（transformation）：

$$Z= \frac{x-\mu}{\sigma}$$

吾人亦可以轉過來（inverse），將標準常態隨機變數轉換成平均數 μ，標準差 σ 的隨機變數 X。轉換方程式如下：

由 Z 到 X 的數學逆轉換（inverse transformation）：

$$X=\mu+Z\sigma$$

實例十四 **電子公路收費站（Electronic Turnpike Fare）。假設車內電子儀器對收費站訊號的反應時間，是一個平均 160 微秒（microseconds），標準差 30 微秒的常態隨機變數。該儀器對訊號的反應時間介於 100 至 180 微秒的機率是多少？** (1)

手算

分別用原尺度及轉換後的 z 尺度，其機率陳述如下：

$$P(100<X<180)=P\left(\frac{100-\mu}{\sigma}<\frac{X-\mu}{\sigma}<\frac{180-\mu}{\sigma}\right)$$

$$P(100<X<180)=P\left(\frac{100-160}{30}<Z<\frac{180-160}{30}\right)$$

經查一般統計書籍的「**標準**常態分配面積」附表，得知：

$$=P(-2<Z<0.6666)=0.4772+0.2475=0.724$$

R 軟體的應用

不須轉成標準常態分配再經查表，可直接使用 stats 套件下 pnorm 直接計算。

首先，說明累積分布與機率密度的關係，本例為連續機率分配樣本空間，所測量觀察之數字之間距可以非常微小，下列程式試著模擬如此的樣本空間，使用**內建**套件 stats 的 dnorm 函式，在指定的平均值 160 與標準差 30 的條件下，據以構成常態機率分配，再依據此分配結果進而繪出其樣本範圍之常態分佈圖，如下：

```
dx<-0.1                                   # 各樣本微小距離
x<-seq(0,300,dx)                          # 樣本空間
distr<-dnorm(x, mean=160, sd=30)          # 使用內建的函式計算機率密度分布
plot(                                     # 列印機率密度函式圖形
  x=x,                                    # x 軸（樣本空間）
  y=distr,                                # y 軸（機率分配）
  type='l',                               # 點與線
  main='常態分配機率密度分布',              # 圖標題
```

```
  xlab='反應時間（微秒）', ylab='機率', # x、y 軸標籤
  xaxt='n',                              # 抑制 x 軸尺度繪出
  xlim=c(0,300))                         # 指定 x 軸的範圍
axis(side=1, at=seq(0,300,20))
abline(v=100,col='blue',lty=2)           # 於期望值處標示垂直虛線
abline(v=180,col='blue',lty=2)           # 於期望值處標示垂直虛線
polygon(                                 # 繪出填色之多邊形
  x=c(100,x[which(x>=100 & x<=180)],180),       # 多邊形 x 範圍
  y=c(0,distr[which(x>=100& x<=180)],0),        # 多邊形 y 範圍
  col='#00800060') # 多邊形填入之顏色與透明度（最後二碼）
```

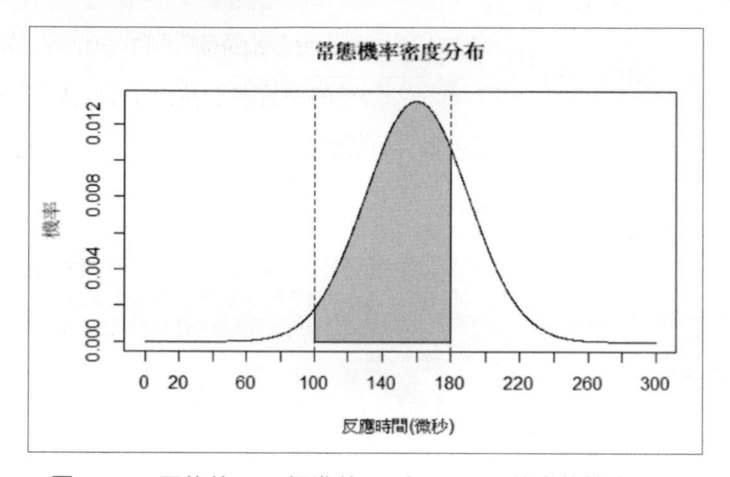

圖 5-58　平均值 160 標準差 30 在 0~300 的常態機率分布

本例求介於 100 至 180 毫秒間的機率，即是圖 5-58 機率密度曲線下塗色之面積，也是 100 至 180 毫秒間之累積分布，下列程式以 *dx* 在 0.1 間距下計算面積近似值：

```
sum(distr[which(x>=100& x<=180)]*dx)   # 計算累積機率（近似平滑）
```

```
> sum(distr[which(x>=100& x<=180)]*dx)  # 計算累積機率(近似平滑)
[1] 0.7253794
```

圖 5-59　dx=0.1 的累積機率

隨 *v* 積分布趨於精準，唯計算資源耗用亦將更趨巨大，使用**微積分**計算方式，套件 stats 之 pnorm 將是最佳選擇，如下程式：

```
pnorm(180,mean=160,sd=30)-      # 計算累積機率分布
  pnorm(100,mean=160,sd=30)
```

```
> pnorm(180, mean=160, sd=30)-      # 計算累積機率分布
+   pnorm(100, mean=160, sd=30)
[1] 0.7247573
```

圖 5-60　100 至 180 毫秒的累積機率

實例十五　**電腦微處理器半導體內的雜質（impurities）濃度，是一個平均數 127 ppm（parts per million），標準差 22 的常態隨機變數。能被客戶接受的半導體，其雜質濃度必須低於 150ppm。請問有多少比率的半導體可以被接受？** (1)

手算

$$P(X<150)=P(\frac{X-\mu}{\sigma}<\frac{150-\mu}{\sigma})=P(Z<\frac{150-127}{22})$$

同樣的，經查一般統計書籍的「**標準**常態分配面積」附表，得知：

$$=P\ (Z<1.045)=0.5+0.3520=0.8520$$

也就是說，隨機選出一個半導體，被接受機率是 85.2%。

R 軟體的應用

（步驟同上 [實例十四] 請參閱其說明）

```
dx<-0.1                               # 各樣本微小距離
x<-seq(0,260,dx)                      # 樣本空間
distr<-dnorm(x, mean=127, sd=22) # 使用內建的函式計算機率密度分布
plot(                                 # 列印機率密度函式圖形
  x=x,                                # x 軸（樣本空間）
  y=distr,                            # y 軸（機率分配）
  type='l',                           # 點與線
```

```
  main='常態機率密度分布',                # 圖標題
  xlab='雜質濃度(ppm)',                   # x 軸標籤
  xaxt='n',                               # 抑制 x 軸尺度繪出
  xlim=c(0,260),                          # 指定 x 軸的範圍
  ylab='機率')                            # y 軸標籤
axis(side=1, at=seq(0,260,50))
abline(v=150,col='blue',lty=2)  # 於期望值處標示垂直虛線
polygon(                                  # 繪出填色之多邊形
  x=c(0,x[which(x<150)],150),             # 多邊形 x 範圍
  y=c(0,distr[which(x<150)],0),           # 多邊形 y 範圍
  col='#00800060')                        # 多邊形填入之顏色與透明度（最後二碼）
```

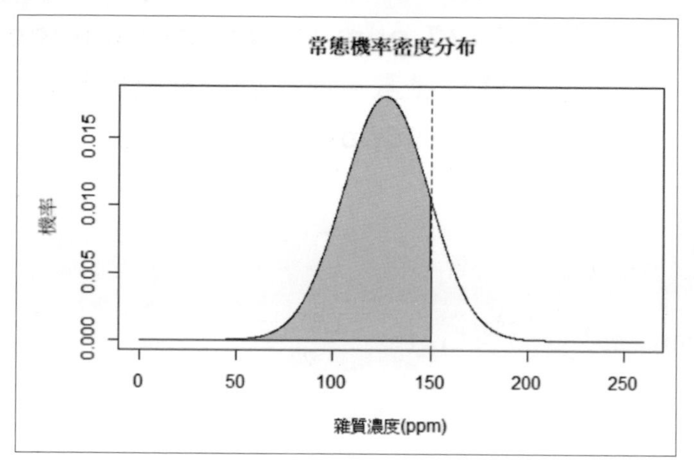

圖 5-61　平均 127ppm，標準差 22 之常態機率密度分布

本例求介於 150ppm 以下的機率，即是圖 5-61 機率密度曲線下塗色之面積，也是 150ppm 以下之累積分布，如下程式：

```
pnorm(150,mean=127,sd=22)    # 計算累積機率分布
```

```
> pnorm(150, mean=127, sd=22)
[1] 0.8520935
```

圖 5-62　150ppm 以下累積機率

在很多情況下，吾人不能取得母體元素的底策，在這種情形下，仍然可以從**隨機**（randomize）實驗中的某些部分，得到一組**隨機樣本**，以估計母體**參數**，如汽車平均每加侖可跑里程數，以下介紹**抽樣**分配。

抽樣分配（Sampling distribution）

抽樣分配的定義及性質如下：

> 抽樣分配從指定母體中，抽取相同大小的**隨機**樣本計算，統計量的抽樣分配是該統計量所有可能值的機率分配。
>
> **樣本**平均數$\overline{X}$的期望值是
>
> $E(\overline{X})=\mu$
>
> **樣本**平均數的標準差等於
>
> $\text{SD}(\overline{X})=\sigma_X=\sigma/\sqrt{n}$

樣本平均數$\overline{X}$（讀為 X bar）的期望值等於母體平均數μ，樣本平均數$\overline{X}$的標準差等於母體標準差，除以樣本數的方根。以樣本平均數$\overline{X}$去估計母體平均數μ時，需要用$\overline{X}$的機率分配來量化抽樣誤差$|\overline{X}-\mu|$的大小。例如，$P(|\overline{X}-\mu|<0.5)=90\%$。要寫出這樣的機率敘述，需要用上$\overline{X}$的機率分配。(8)

吾人知道$\overline{X}$抽樣分配的兩個參數：分配的平均數及分配的標準差。那麼抽樣分配的形狀為何呢？若從母體本身是常態分配（平均數μ與標準差σ）抽樣，樣本平均數$\overline{X}$有著與母體同樣大小的中心μ，但其寬度（標準差）是母體分配寬度的$\frac{1}{\sqrt{n}}$，吾人可繪出一個常態分配母體，及不同樣本數的$\overline{X}$抽樣分配，如下圖 5-63。

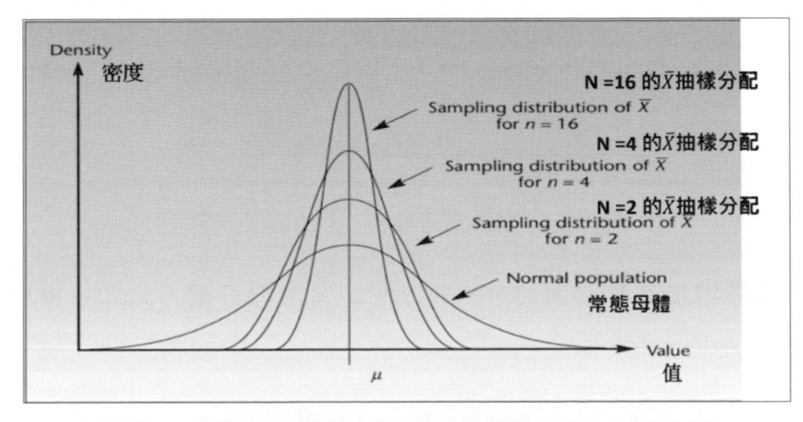

圖 5-63　常態分配母體與不同樣本數之樣本平均的抽樣分配

$\overline{X}$ 的抽樣分配與母體有相同的 μ，這個事實很重要。長遠來看，樣本平均的平均等於母體的平均，$\overline{X}$ 這個統計量的分配中心落在它所希望的參數上，這件事實使得 $\overline{X}$ 是 μ 的**好估計式**（good estimator）。另一個事實是 $\overline{X}$ 的標準差是母體標準差的 $\frac{1}{\sqrt{n}}$，亦即 $\frac{\sigma}{\sqrt{n}}$，意思是：若樣本數遞增，$\overline{X}$ 的標準差會跟著遞減，這使得 $\overline{X}$ 越來越接近 μ。

當樣本數增加，會發生甚麼事？下圖 5-64 顯示 $\overline{X}$ 的抽樣分配的模擬結果：從樣本數 $n=5$，到 $n=20$ 及大樣本數 n 的極限分配（limiting distribution），即當樣本數增加至無限大時 $\overline{X}$ 的 分配。由圖 5-64，吾人再次了解 $\overline{X}$ 的極限分配即為常態分配。

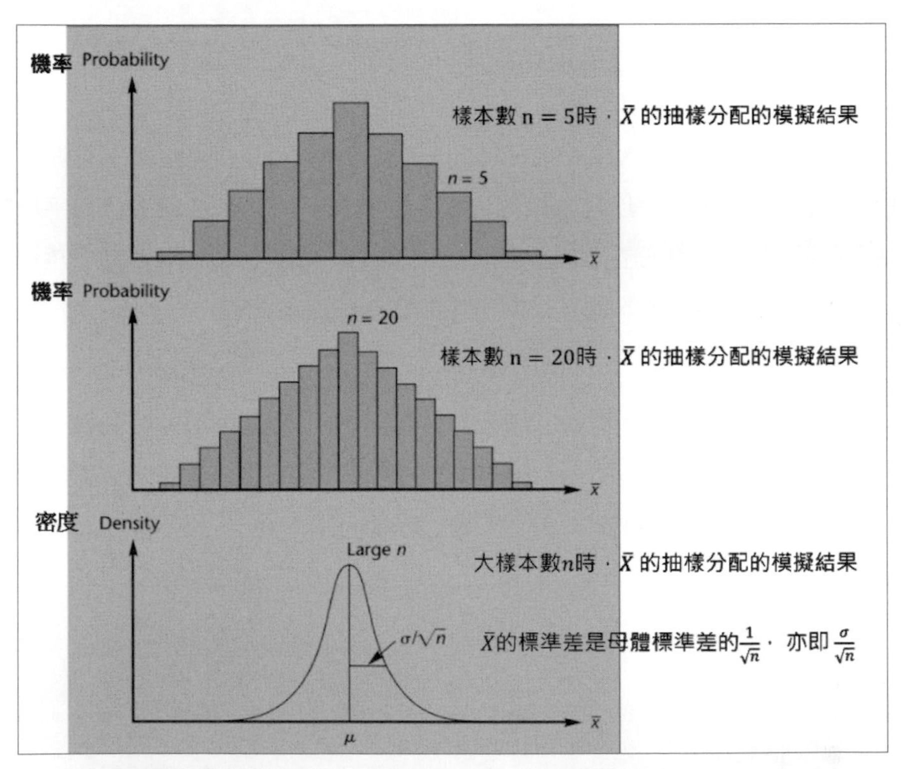

圖 5-64　樣本數遞增下，$\overline{X}$ 的抽樣分配

當**樣本數增加至無限大**時，$\overline{X}$ 的分配即為**常態分配**，此即**中央極限定理**（Central limit theorem）。

前面提到法國數學家棣美弗（Abraham de Moivre）在 1733 年**針對二項分配的特殊情況**，首次證明了中央極限定理。無論原始的每個測量值是從何種型態的母體分佈抽樣出來，樣本數夠大的話，其平均數都可視為從常態分佈抽取。這樣一來樣本平均數會等於原始分佈的平均數，樣本標準差和原始母體分佈的標準差有簡單的關係，**中央極限定理**簡述於下：

從一個平均 μ 與標準差 σ 的母體抽樣，若樣本數持續增加得夠大，樣本平均的抽樣分配會接近一個有著平均數 μ，且標準差 $\sigma/\sqrt{n}$ 的常態分配，則

$Z_n = \frac{\bar{X}-\mu}{\sigma/\sqrt{n}} \rightarrow N(0,1)$，當 $n \rightarrow \infty$，或樣本數 n 夠大（large enough）

中央極限定理說，「當樣本數 n 逼近無限大」（as n goes to infinity），即 $n \rightarrow \infty$，$\overline{X}$ 的極限分配變成常態分配（無論母體分配為何），下圖 5-65 顯示數個母體分配及其樣本數不同時，$\overline{X}$ 的抽樣分配其結果。

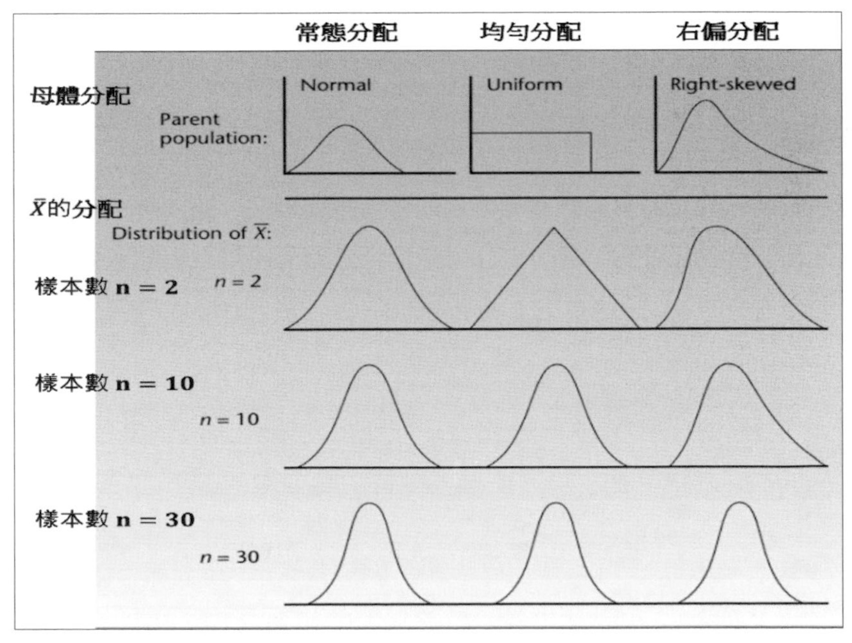

圖 5-65　中央極限定理的效果：各種不同母體分配及與不同樣本數之 $\overline{X}$ 的抽樣分配

從圖 5-65 可看到中央極限定理的效果：顯示各種不同母體與各種不同樣本數的 $\overline{X}$ 抽樣分配。

實例十六 **Mercury 公司製造出一個 2.4 公升 V6 快艇引擎。該公司的工程師相信這種引擎的平均馬力是 220 匹，而標準差是 15 匹馬力。一位有意購買的買主，想抽樣 100 個引擎，則樣本平均 $\overline{X}$ 比 217 匹馬力小的機率是多少？** (1)

手算

$$P(\overline{X} < 217) = P(Z < \frac{217-\mu}{\sigma/\sqrt{n}})$$

$$= P(Z < \frac{217-220}{15/\sqrt{100}}) = P(Z < -2) = 0.0228$$

因此，假設母體平均數真的是 220 匹馬力，而且標準差是 15 匹馬力，其樣本平均比 217 匹馬力小的機率相當小，為 2.28%。

R 軟體的應用

首先，將已知母體平均數與標準差的母體模擬創造，藉以後續解題說明，母體可為任何一種機率分布型態，但為方便配合已知的平均數與標準差，下列程式隨機從常態分配的產生器建構出 1 萬筆的母體：

```
Ex<-220                            # 母體平均數
sigma<-15                          # 母體標準差
N<-10000                           # 母體大小
set.seed(123)                      # 設置可重現隨機取樣
smpl<-rnorm(N,mean=Ex,sd=sigma)    # 產生隨機母體
mean(smpl)                         # 驗證母體平均數
sd(smpl)*sqrt((N-1)/N)             # 驗證母體標準差
```

```
> mean(smpl)                    # 驗證母體平均數
[1] 219.9644
> sd(smpl)*sqrt((N-1)/N)  # 驗證母體標準差
[1] 14.9788
```

圖 5-66　1 萬筆的母體平均數及其標準差

圖 5-66 以 mean 函式驗證母體平均數，以樣本標準差函式 sd 轉換成母體標準差驗證，雖與題意的 220 匹馬力以及標準差是 15 匹馬力未能恰好一模一樣，乃是隨機取樣的自然結果。

將母體以直方圖觀其頻率分布，如下程式：(圖 5-67)

```
hist(                              # 母體的常態分佈圖（直方圖）
  x=smpl,                          # 母體
  col ="#00800060")                # 塗色
abline(v=Ex,col='red',lty=2)       # 於母體平均數處標示垂直虛線
```

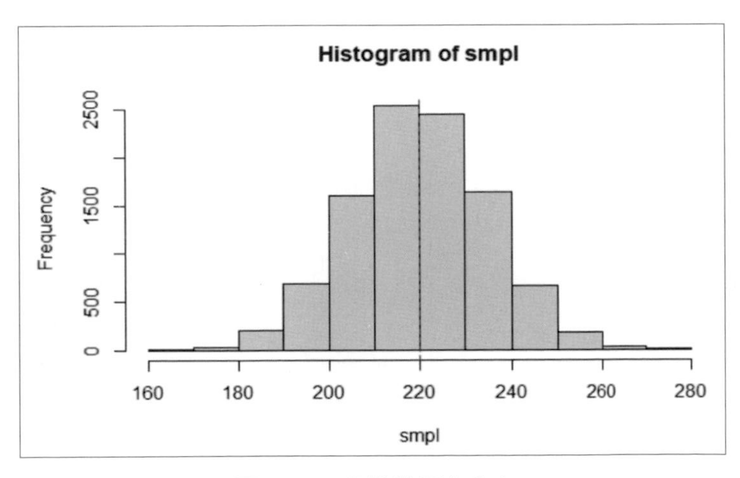

圖 5-67　母體的頻率分布

繼續再以不同的樣本抽樣數（10,30,100）在各 2000 批次抽樣下，分別列出其 $\overline{X}$ 的分布圖，如下程式：(圖 5-68)

```
n<-c(10,30,100)          # 抽樣數
k<-2000                  # 抽樣批次
par(mfcol=c(1,3))        # 設置繪圖排列（一列三行）
```

```
for (i in n){
  x<-c()                                        # 樣本平均數初始直
  for (j in 1:k){                               # 每批抽樣 100 的樣本平均數
    x[j]<-mean(sample(smpl,i,replace=FALSE))
  }
  h<-hist(                                      # 樣本平均數的分布圖（列印）
    x=x,                                        # k 批次樣本平均數
    xlim=c(200,240),
    col ="#00800060")                           # 塗色
  abline(v=220,col='red',lty=2)                 # 依題意標示平均值 220 處垂直虛線
}
sum(h$density[which(h$mids<=217)])              # 計算直方圖條圖面積機率近似值
par(mfcol=c(1,1))                               # 重置繪圖排列為預設值（一列一行）
```

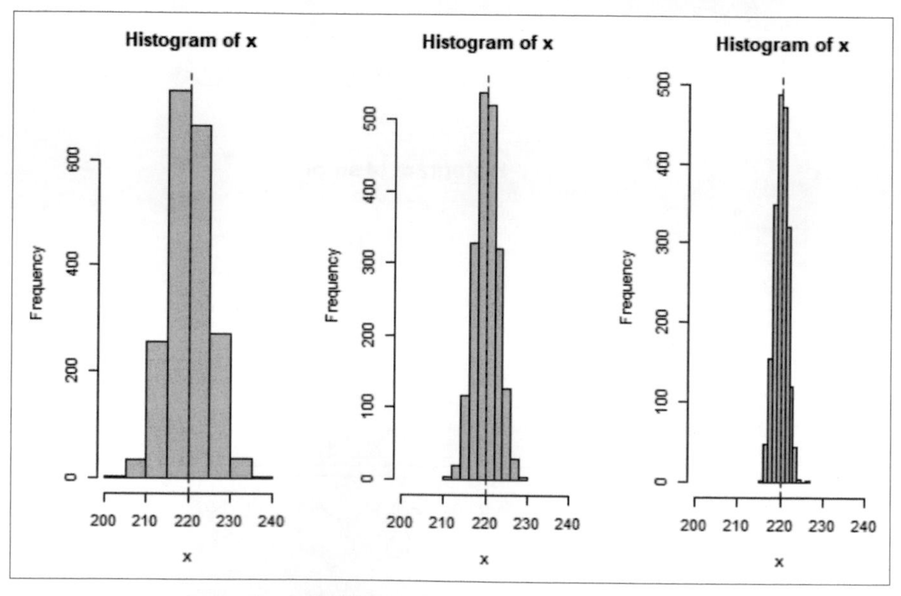

圖 5-68　在取樣數分別從左至右的 X_bar 分布圖

```
> sum(h$density[which(h$mids<=217)])  # 計算直方圖條圖面積機率近似值
[1] 0.0245
```

圖 5-69　直方圖平均 217 匹馬力以下之機率（近似值）

上圖 5-68 說明隨著取樣數 (n) 的增加，其樣本變異數（或標準差）也隨之漸小，圖 5-69 以上述程式中最後的迴圈的抽樣數（即 $n=100$）產生的直方圖，據

以計算平均 217 匹馬力以下直方條圖高度代表的機率加總，只能以概估值看待。以下程式使用內建套件 stats 之 pnorm 透過**微積分**方式直接計算平均 217 匹馬力以下之機率：

```
pnorm(217,mean=Ex,sd=sigma/sqrt(100)) # 計算累積機率
pnorm(                                # 計算累積機率（標準常態分布）
  (217-Ex)/sigma*sqrt(100),
  mean=0,sd=1)
```

```
> pnorm(217,mean=Ex,sd=sigma/sqrt(100))    # 計算累積機率
[1] 0.02275013
> pnorm(                        # 計算累積機率(標準常態分布)
+   (217-Ex)/sigma*sqrt(100),
+   mean=0,sd=1)
[1] 0.02275013
```

參考文獻

1. Aczel, A. D., & Sounderpandian, J. (2004).Complete business statistics. Boston, MA：Irwin/McGraw Hill. 或見吳榮彬譯（2004）。基礎商用統計學。台北市：麥格羅希爾。

2. Hyndman, R. J., & Fan, Y. (1996). Sample quantiles in statistical packages. The American Statistician, 50(4), 361-365.

3. Spiegelhalter, D. (2019).The art of statistics：Learning from data. Penguin UK. 或見羅耀宗譯 (2021)。統計的藝術：如何從數據中了解事實，掌握世界。台北市：經濟新潮社。

4. 張保隆 (2015)。現代管理數學。台北市：華泰文化。

5. 胡豐榮，徐先正 (2020)。機器學習的數學基礎：AI、深度學習打底必讀　台北市：旗標。或見西內啟 (2014). 統計学が最強の学問である［実践編］. ダイヤモンド社。

6. Mayer-Schönberger, V., & Cukier, K. (2013).Big data：A revolution that will transform how we live, work, and think. John Murray. 或見林俊宏 (2014)。大數據。台北市：天下文化。

7. 楊士慶，陳耀茂 (2018)。貝氏統計導論：Excel 應用。台北市：五南出版。

8. 楊維寧 (2007)，統計學（二版），台北：新陸書局。

9. G., & Paine, B. (2002). Horse kicks, anthrax and the Poisson model for deaths. Chronic diseases in Canada, 23, 77.

10. 森岡 (2016) 確率思考の戦略論　USJでも実証された数学マーケティングの力。江裕真，梁世英 (2019)。機率思考的策略論：從消費者的偏好，邁向精準行銷，找出「高勝率」的策略。經濟新潮社。

06 CHAPTER 時間的價值：單利、複利的年金；分期償還及償債基金

6-1 單利、複利

就像土地必然產生地租一樣，存款也必定產生利息。不同天期有不同的利率，利率分單利和複利兩種不同的形式。值得一提的是，一些國家和地區曾實施過負利率政策，歐洲央行於 2014 年 6 月實施了歷史上首次的負利率政策。當時，歐洲央行宣布將歐元區的「存款溢酬利率」（deposit facility rate）設為 -0.10%，這表示商業銀行須支付一定比例的利息給歐洲央行，而不是獲得，目的是激勵銀行將資金轉向實體經濟。不過仍然是相對罕見的。以下分別定義單利、複利：

單利公式

利息：$I=Prt$

本利和：$A=P(1+rt)$ (1)

其中：

P 為本金（principal）年利率為 r，經過期間為 t 年。

I 為利息（interest），是使用金錢的代價。

r 為利率（rate of interest），是計算利息的比率，期間通常是一年。

t 為年數（number of years）

A 為本利和（Amount）

線性函數在商業上的應用之一，即為單利（simple interest）的計算。單利是利息的最簡單形式，其所計算利息依最初的本金而定。

實例一 **投資 2000 元於 10 年期的信託基金，已知該基金以單利計算，且年利率 6%。試問 10 年結束時的本利和若干？**

解題一

$A=P(1+rt)=2000\,[1+(0.06)(10)]=3200$

解題二：R 軟體的應用

使用 R 語言內建運算子計算得之：（圖 6-1）

```
(A<-2000* (1 + (0.06 * 10)))      # 單利率的本利和
```

```
> (A<-2000* (1 + (0.06 * 10)))     # 單利率的本利和
[1] 3200
```

圖 6-1　投資 2000 利率 6% 的本利和

實例二 **Jane 花了 9850 元購買一張為期 26 週，到期值 10,000 元的美國國庫債券（T-Bill），試問其投資回收率若干？**

解題一

$10{,}000=9850(1+\frac{1}{2}r)=9850+4925\mathrm{r}$ ，$r\approx 0.0305$

解題二：R 軟體的應用

使用 R 語言內建運算子計算得之：（圖 6-2）

```
(r <- (10000 -9850) / (9850*0.5))       # 投資回收率
```

```
> (r <- (10000 -9850) / (9850*0.5))      # 投資回收率
[1] 0.03045685
```

圖 6-2　投資回收率

國庫券是由美國政府支持的短期債務義務（少於或等於 1 年）。國庫券不是支付固定利息，而是以票面價值折價出售。國庫券的升值（票面價值 – 購買價格）為持有人提供了投資回報。

複利（Compound interest）

複利公式（複利的本利和）

$$A=P(1+i)^n \tag{2}$$

這裡的 $i=\frac{r}{m}$、$n=mt$，且

A = 本利和（Accumulated amount at the end of n conversion periods）

P = 本金（Principal）

r = 年利率

m = 一年計息周期的次數（Number of conversion periods per year），或稱為支付期（payment period）

t = 年數（Term, number of years）

在複利公式中，本利和 A 有時被稱為未來值（future value），而 P 則被稱為現值（present value）。

不像單利僅以本金來計算利息，複利（compound interest）會把定期加到本金的利息也一併拿來計算利息。所謂複利，講白話一點 就是錢滾錢；目前你把錢存在銀行，就只能有 1.05~1.09% 左右的利率，而所謂「股神」，其年複合率（複利）可達約 20%。

實例三 依下面的情況，試問 1000 元的本金存放 3 年後的本利和若干？已知年利率 8%，且 (a) 一年複利一次（compounded annually）；(b) 半年複利一次（compounded semiannually）；(c) 一季複利一次（compounded quarterly）；(d) 一個月複利一次（compounded monthly）及 (e) 一天複利一次（compounded daily）。

解題一

(a) $A = 1000(1+0.08)^{3} \approx 1259.71$

(b) $A = 1000(1+0.08/2)^{6} \approx 1265.32$

(c) $A = 1000(1+0.08/4)^{12} \approx 1268.24$

(d) $A = 1000(1+0.08/12)^{36} \approx 1270.24$

(e) $A = 1000(1+0.08/365)^{(365)(3)} \approx 1271.22$

解題二：R 軟體的應用

使用 R 語言內建運算子計算得之：（圖 6-3）

```
1000* (1 + 0.08)^3                # 一年複利一次，三年後
1000* (1 + 0.08/2)^6              # 半年複利一次，三年後
1000* (1 + 0.08/4)^12             # 一季複利一次，三年後
1000* (1 + 0.08/12)^36            # 一個月複利一次，三年後
1000* (1 + 0.08/365)^(3*365)      # 一天複利一次，三年後
```

```
> 1000* (1 + 0.08)^3                    # 一年複利一次，三年後
[1] 1259.712
> 1000* (1 + 0.08/2)^6                  # 半年複利一次，三年後
[1] 1265.319
> 1000* (1 + 0.08/4)^12                 # 一季複利一次，三年後
[1] 1268.242
> 1000* (1 + 0.08/12)^36                # 一個月複利一次，三年後
[1] 1270.237
> 1000* (1 + 0.08/365)^(3*365)          # 一天複利一次，三年後
[1] 1271.216
```

圖 6-3　各種複利條件下，三年後本利和

連續型複利（Continuous compound of Interest）

從上圖 6-3 中 可以看到：隨著年複利次數 (m) 的增加，固定 3 年的期間所獲得的利息也會跟著增加。我們想知道的是：如果複利次數越來越頻繁會有怎麼樣結果？是利息會無止盡的增加，還是上升到某個額度即停止？為回答這個問題，可以從複利公式著手，得到連續型複利公式如下：

連續型複利公式如下：

$A = Pe^{rt}$（註 1）　　(3)

其中

t = 年（Time in years）

P = 本金（Principal）

r = 年利率（Nominal interest rate compounded continuously）

A = 本利和

e 為逼近 2.71828... 的無理數

註 1　$A = P(1+i)^n = P(1 + r/m)^{mt}$　　(4)

令 $u = m/r$，兩邊取倒數，得 $1/u = r/m$，則公式 (4) 可寫成

$$A = P(1 + \frac{1}{u})^{urt}$$
$$= P\left[\left(1 + \frac{1}{u}\right)^u\right]^{rt}$$

當 u 愈來愈大時，$(1+\frac{1}{u})^u$ 逐漸逼近一個特定的數字 2.71828；若更精確的計算，$(1+\frac{1}{u})^u$ 逼近的是 2.71828.... 的無理數，記做 e。它的小數等量值是一個非循環無止盡的小數。

因此，公式 (4) 中 m 值愈來愈大時，本利和將接近 Pe^{rt}，我們稱此為連續型複利（compounded continuously）。

實例四　依下面的情況，試問 1000 元的本金存放 3 年後的本利和若干？已知年利率 8%，且 (*a*) 一天複利一次（假設一年是 365 天）與 (*b*) 連續複利。

解法一

(a) $A=1000(1+0.08/365)^{(365)(3)}\approx 1271.22$

(b) $A=1000e^{(0.08)(3)}\approx 1271.25$

解法二：R 軟體的應用

一天複利一次的計算同 [實例三]，計算連續複利時，則使用 R 的內建函式 exp 以歐拉數（Euler's number）e 為底的指數函數，如下程式：（圖 6-4）

```
1000 * (1 +0.08/365)^(365*3)        # 一天複利一次，三年後本利和
1000 * (exp(0.08*3))                # 以自然數為底的指數函數計算三年後本利和
```

```
> 1000 * (1 +0.08/365)^(365*3)        # 一天複利一次，三年後本利和
[1] 1271.216
> 1000 * (exp(0.08*3))             # 以自然數為底的指數函數計算三年後本利和
[1] 1271.249
```

圖 6-4　1000 元一天複利一次與連續複利三年後本利和比較

在上例圖 6-4 中，吾人發現每日複利 (*a*)、連續複利 (*b*) 兩者的複利差異其實很小。連續複利公式是財務分析理論上非常重要的工具。

6-2 單利、複利的進階應用

複利的力量可以讓本金爆炸性的成長，但並不是光有複利效果就可以，還必須仰賴利率這個關鍵角色，本金才會如雪球般的愈滾愈大。投資最重要的當然就是報酬率，因為透過時間的複利效果，只要多個 1~2% 報酬，長期複利下來報酬率高低的成果會差非常多。下例為單利 2% 與 18% 利率，其失之毫釐，差之千里。

實例五 **100 元的本金，試分別以 2%, 4%,...,18% 單利年利率，求出 20 年期本利和曲線。**

除了以 Excel 求解外，也可以用 R 軟體來求解，如下：

R 軟體的應用

R 環境須已安裝外掛套件 ggplot2：

1. 自訂一以計算本金、年利率及單利率下的計算函式。
2. 使用 R 語言外掛套件 ggplot2 之 stat_function 函式，於繪圖時自動帶入自變數 X 軸（年）以計算 Y 軸（本利和）值。

```
y1.f <- function(y,rt,p){                    # 自訂一函式計算單利率本利和
  p*(1+rt*y)                                 # y: 第幾年 rt: 利率 p: 本金
}
prnspl <- 100                                # 本金 (principal)
title <- paste0('100 元單利率未來值')           # 圖表表題
xy <- data.frame(x=c(1,20),y=c(0,5000))      # 繪圖 x、y 軸範圍
x.label <- '年'                               # x 軸標籤
y.label <- '本 + 年利'                         # y 軸標籤
lgnd.title <- '年利率'                         # 圖例標題
rts= c(0.02,0.04,0.06,                       # 各年利率
       0.08,0.10,0.12,
       0.14,0.16,0.18)
sizes= c(0.2,0.4,0.6,0.8,1,1.2,1.4,1.8,2) # 線條粗細對應
colors= c('black','green','blue',            # 各利率線圖顏色對應
          '#345678','grey62','#AD8945'
```

```
        ,'#56DD94','#987654','red')
library(ggplot2)                          # 載入 ggplot2 函式庫
p<-ggplot(                                # 建立 ggplot 繪圖物件
  data=xy,                                # 指定繪圖資料來源
  mapping=aes(x=x,y=y)                    # x、y 軸在引數 data 的對應行
)+
  ggtitle(title)+                         # 圖標題
  xlab(x.label)+ylab(y.label)+            # 給予 xy 軸標籤
  theme(                                  # 主題設定
    axis.title.x=# x 軸標籤的顏色、大小、字體粗細
      element_text(color="black", size=12, face="bold"),
    axis.title.y=# x 軸標籤的顏色、大小、字體粗細
      element_text(color="blue", size=12, face="bold")
  )+
  xlim(0,20)+                             # 畫出 x 軸的範圍，本例為 20 年
  scale_colour_manual(                    # 圖例依線圖顏色對應標示
    name=lgnd.title,                      # 圖例名稱
    values =colors)                       # 圖例顏色
s.f <- function(s,rt,p,size){             # 自訂一 ggplot 疊加線圖函式
  s<- s+
    stat_function(    # 使用 stat_function 將線圖疊加於 plot 物件 p 上
      fun=y1.f,       # 呼叫 y1.f 函式計算出 y 軸值
      n=2,            # 線圖依 x 軸計算 y 軸值之內插點數，本例為直線至少 2 即可
      args=           # 呼叫 y1.f 函式時指定除第一個引數外，其它的引數
        list(p=p,rt=rt),   # 給予 p（本金）及 rt（利率）引數
      mapping=aes(         # 線圖顏色及圖例不同線圖的文字標示
        colour=as.character(rt)),
      size=size            # 線圖粗細
    )
  return(s)
}
# 利用迴圈繪出疊加線圖
for (i in 1:length(rts)){
  p <-s.f(      # 使用自訂函式將繪圖物件疊加各線條
    p,          # ggplot 繪圖物件
    rts[i],     # 利率對應
    prnspl,     # 本金
    sizes[i]    # 線圖粗細
  )
}
# 顯示圖形
print(p)
```

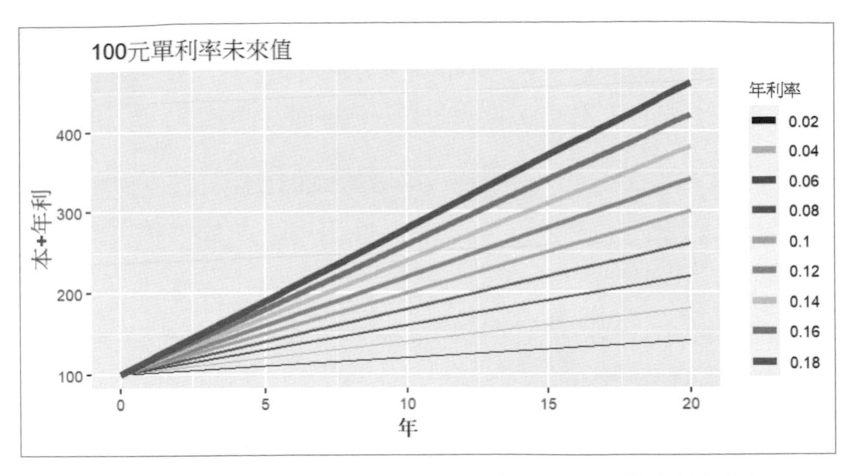

圖 6-5　2%，4%，…，18% 單利年利率，20 年期本利和曲線

實例六　**100 元的本金，試分別以 5%，10%，15% 複利年利率，求出 20 年期表格，以及本利和曲線。**

R 軟體的應用

a.　20 年期表格

1. 自訂一函式以計算本金、年利率及複利率下的本利和。
2. 以 data.frame 物件格式存放迴圈所處理的各年數及不同利率下的本利和。
3. 將本利和使用 writexl 套件之 write_xlsx 函式將此 data.frame 物件寫入指定路徑下的 Excel 表格檔案。

```
y1.f <- function(y,rt,p){                # 自訂一函式計算複利率本利和
  p*(1+rt)^y                             # y: 第幾年 rt: 利率 p:本金
}
prnspl <- 100                            # 本金(principal)
y=c(0:20); rts= c(0.05,0.10,0.15)        # 投資各年數、各年利率
f.data <- data.frame(                    # 表格資料依投資年數各一列(row)
  year=y)
for (i in 1:length(rts)){          # 表格資料依年利率組各產生一行(column)
  # 每行資料由本金、利率與投資年數由函式 y1.f 分別得出
```

```
    c.data=c()                  # 初始每年資料
    for (j in 1:length(y)){     # 計算每年複利下各本利和
      c.data[j] <- round(y1.f(y[j],rts[i],prnspl),digits=0)
    }
    f.data <- cbind(            # 使用 cbind 將產生的行資料 c.data 併入 f.data
      f.data, c.data)
}
c.names <- c(NULL)              # 欄位名稱初始值
for (i in 1:length(rts)){       # 依利率給予新的欄位名稱
  c.names[i] <- paste0('年利率',rts[i]*100,'%')
}
colnames(f.data) <- c('投資年數',c.names) # 賦予 f.data 新的欄位名稱
library(writexl)
write_xlsx(
  x=f.data,                     # data.frame 物件資料
  path='./data/out1.xlsx',      # 檔案名及位置
  col_names=TRUE,               # 含欄位名稱
  format_headers=TRUE)          # 欄位名稱粗體
```

投資年數	年利率5%	年利率10%	年利率15%
0	100	100	100
1	105	110	115
2	110	121	132
3	116	133	152
4	122	146	175
5	128	161	201
6	134	177	231
7	141	195	266
8	148	214	306
9	155	236	352
10	163	259	405
11	171	285	465
12	180	314	535
13	189	345	615
14	198	380	708
15	208	418	814
16	218	459	936
17	229	505	1076
18	241	556	1238
19	253	612	1423
20	265	673	1637

圖 6-6　5%，10%，15% 複利年利率，20 年期表格

b. 20 年期本利和曲線，其曲線圖如下：

1. 自訂一以計算本金、年利率及複利率下的計算函式。
2. 使用 R 語言外掛套件 ggplot2 之 stat_function 函式，於繪圖時自動帶入自變數 X 軸（年）以計算 Y 軸（本利和）值。

```
y1.f <- function(y,rt,p){                              # 自訂一函式計算複利率本利和
  p*(1+rt)^y                                            # y: 第幾年 rt: 利率 p:本金
}
# 宣告本例相關常數
prnspl <- 100                                           # 本金(principal)
title <- "$100 複利率下每年底累計本利和"                # 圖表表題
xy <- data.frame(x=c(1,20),y=c(0,5000))                 # 繪圖 x、y 軸範圍
x.label <- '年'; y.label <- '累計金額(百萬)'           # x、y 軸標籤
lgnd.title <- '年利率'                                  # 圖例標題
rts= c(0.05,0.10,0.15)                                  # 各年利率
sizes= c(0.2,0.7,1.2)                                   # 線條粗細對應
colors= c('#FF2345','#34FF45','#AD34AE')                # 各利率線圖顏色順序對應
library(ggplot2)                                        # 載入 ggplot2 函式庫
j<- 1
p<-ggplot(                                              # 建立 ggplot 繪圖物件
  data=xy,                                              # 指定繪圖資料來源
  mapping=aes(x=x,y=y)                                  # x、y 軸在引數 data 的對應行
)+
  ggtitle(title)+                                       # 圖標題
  xlab(x.label)+ylab(y.label)+                          # 給予 xy 軸標籤
  theme(                                                # 主題設定
    axis.title.x=# x 軸標籤的顏色、大小、字體粗細
      element_text(color="black", size=12, face="bold"),
    axis.title.y=# x 軸標籤的顏色、大小、字體粗細
      element_text(color="blue", size=12, face="bold")
  )+
  xlim(0,20)+                                           # 畫出 x 軸的範圍，本例為 20 年
  scale_colour_manual(                                  # 圖例依線圖顏色對應標示
    name=lgnd.title,                                    # 圖例名稱
    values =colors)                                     # 圖例顏色
# 宣告 ggplot 疊加線圖函式
s.f <- function(s,rt,p,size){                           # 自訂一 ggplot 疊加線圖函式
  s<- s+
    stat_function(  # 使用 stat_function 將線圖疊加於 plot 物件 p 上
```

```
      fun=y1.f,      # 呼叫 y1.f 函式計算出 y 軸值
      n=1000, # 線圖依 x 軸計算 y 軸值之內插點數，本例為拋物曲線此數字影響平滑程度
      args=    # 呼叫 y1.f 函式時指定除第一個引數外，其它的引數
        list(p=p,rt=rt),   # 給予 p(本金)及 rt(利率)引數
      mapping=aes(          # 線圖顏色及圖例不同線圖的文字標示
        colour=as.character(rt)),
      size=size             # 線圖粗細
    )
  return(s)
}
for (i in 1:length(rts)){   # 利用迴圈繪出疊加曲線圖
  p <-s.f(     # 使用自訂函式將繪圖物件疊加各線條
    p,         # ggplot 繪圖物件
    rts[i],    # 利率對應
    prnspl,    # 本金
    sizes[i]   # 線圖粗細
  )
}
print(p)       # 顯示圖形
```

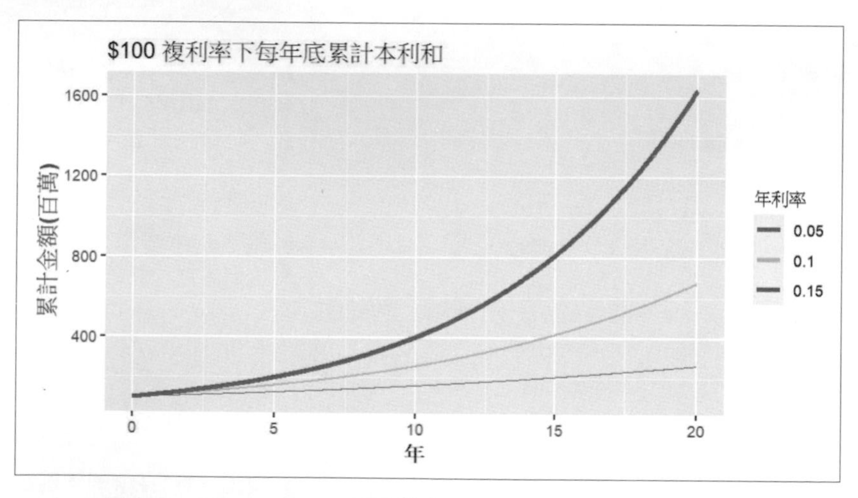

圖 6-7　5%，10%，15% 複利年利率，20 年期本利和曲線

實例七　神奇的一美分幣（The Magic Penny）(2)

兩個選項讓你選，你會選擇那一個？

1. 現在馬上獲得 300 萬美元現金。
2. 現在獲得一美分，但是價值每天翻倍，連續翻 31 天。

答案會是，選第二個。因為一分美分的價值連續每天翻倍 31 天之後，將會滾出更巨額財富。此謂神奇的一美分幣，而且以粗體字表示。

到第 20 天，才不過微幅超越 5,000 美元，然而，原先不顯眼的複利效應神奇力量，變得顯著。到了第 30 天以 5,368,709 略勝 5,000 美元；到了第 31 天以 10,737,418.24 美元，壓倒性地勝過 300 萬美元。

R 軟體的應用

下列程式比較選項 2 與選項 1 的差額：

```
0.01*(1+1)^30/1000000 - 3    # 每天翻倍與一次領的差異（百萬）
```

下列程式以**等比級數和**計算經過天數的本利和，可看到日數為橫軸、本利和未來值在圖形上的變化：

已知等比級數和 $S_n= \frac{a(1-r^n)}{1-r}$，$r\neq 1$，其中 a 為首項，r 為公比。

```
y1.f <- function(y,rt,p){                  # 自訂一函式計算每天翻倍本利和
  # 等比級數和的公式（換算以 millions 回傳）
  p*(1-rt^y)/(1-rt)/1000000                # y: 第幾日 rt: 公比 p: 本金
}
prnspl <- 0.01                             # 一美分本金（美元）
title <- '1 美分起每日翻倍之未來值'          # 圖表標題
xy <- data.frame(x=c(0,30),y=c(0,0))       # 繪圖 x、y 軸範圍
x.label <- '天'                            # x 軸標籤
y.label <- '本利和 (millions)'             # y 軸標籤
lgnd.title <- ''                           # 圖例標題
rt= 2.0                                    # 等比級數之公比（每日翻倍）
colors <- c('#FF2345','#000000')           # 利率顏色對應
library(ggplot2)                           # 載入 ggplot2 函式庫
p<-ggplot(
  data=xy,                                 # 指定繪圖資料來源
  mapping=aes(x,y)                         # x、y 軸在引數 data 的對應行
)+
```

```
  ggtitle(title) +                    # 圖標題
  xlim(0,30)                          # 畫出 x 軸尺度的範圍，本例為 30 天
p <- p +
  labs(x=x.label,y=y.label) +         # 給予 xy 軸標籤
  theme(                              # 主題設定
    axis.title.x=# x 軸標籤的顏色、大小、字體粗細
      element_text(color="black", size=12, face="bold"),
    axis.title.y=# x 軸標籤的顏色、大小、字體粗細
      element_text(color="blue", size=12, face="bold")
  ) +
  scale_colour_manual(                # 圖例依線圖顏色對應標示
    name=lgnd.title,                  # 圖例名稱
    values =colors) +                 # 圖例顏色
  stat_function(         # 使用 stat_function 將 x 軸的值及 args 的引數值算出 y 值
    fun=y1.f,            # 呼叫 y1.f 函式計算出 y 軸值
    n=1000,              # 線圖依 x 軸計算 y 軸值之內插點數
    args=list(           # 呼叫 y1.f 函式時指定除第一個引數外，其它的引數
      p=prnspl,
      rt=rt),
    aes(
      colour='一美分未來值')) +    # 圖例線圖的文字標示
  stat_function(  # 同上
    fun=function(x) (3),
    n=1000,
    aes(colour='3 百萬'))
print(p) # 顯示圖形
```

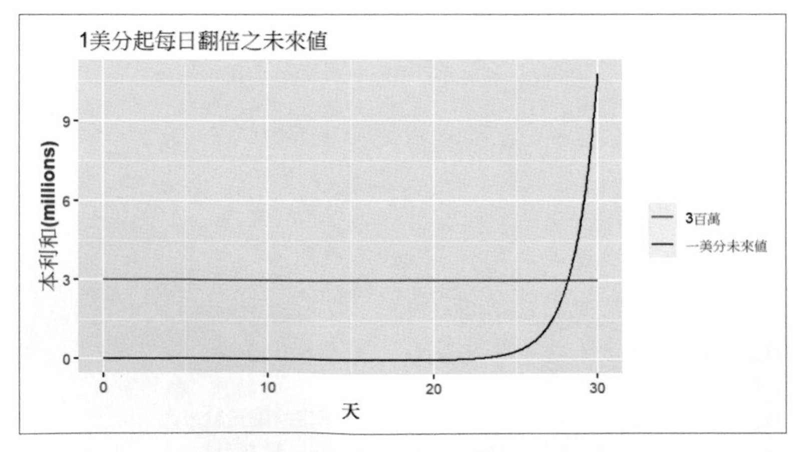

圖 6-8　1 美分起每日翻倍之未來值

|6-3| 年金（Annuity）

前面談到的是如何計算一筆固定投資在複利情況下的**終值**（future value）。但通常一般人或金融機構不是只存一筆錢這麼簡單，而是定期的投資。例如，人壽保險的每年保費、銀行的每月定期存款、貸款的分期償還、購買大型商品的分期付款等等。

年金是一系列的定期存款，期間可能是一年、半年、一季、一月或其他的固定時間。本節使用的年金實例均符合普通（即付款日在期限的最後一天）、確定（即期限是固定的）、簡單（即付款週期與計息週期是重疊的）的條件，而且假設每期的付款金額相同。

年金的終值（Future Value of an Annuity）

年金的終值：

假設一年金共 n 期，每期於週期最後一天付款 R 元 每期利率為 i，則年金到期總額為 S

$$S = R + R(1+i) + R(1+i)^2 + \cdots + R(1+i)^{n-1}$$

$$= R\left[\frac{(1+i)^n - 1}{i}\right] \quad (5)$$

其中，方括號內為複利因子（compound-amount factor, CAF），是一個等比級數之和，共有 n 項，共同比率是 $1+i$。由於方程式 (5) 的代表未來到期的年金總額，因此 S 被稱為年金的終值。

實例八 一 12 月期的普通年金，每期於月底付款 100 元，年利率 12%，每月複利一次，試問年金的終值？

解法一

每一期的利率 i 為 0.12/12=0.01，又 $R=100,n=12$，代入公式 (5) 得

$$S=100\left[\frac{(1.01)^{12}-1}{0.01}\right]\approx 1268.25$$

解法二：R 軟體的應用

方法一：僅使用 R 基本運算元（operator）的計算

```
R <- 100                              # 每期金額
n <- 12                               # 期數
i <- 0.01                             # 每期利率
ca.factor <- ((1+ i)^ n -1)/i         # 複利因子
S <-R * ca.factor                     # 每期金額 * 複利因子 = 年金的終值
print(S)                              # 印出年金的終值
```

```
> print(S) # 印出年金的終值
[1] 1268.25
```

圖 6-9　年金的終值

方法二：運用 sum 函式對 vector 便捷的處理

利用複利和公式：

$$S=R+R(1+0.12/12)+R(1+0.12/12)^2+\cdots+R(1+0.12/12)^{n-1}$$

求 S 值（須注意係從第 0 期開始）

```
R <- 100                        # 每期金額
n <- 12                         # 期數
i <- 0.01                       # 每期利率
S <- sum(                       # 加總向量元素
  100*(1+i)^(0:(n-1)))          # 將 0 至 n-1 期的複利加總
print(S) # 印出本例結果
```

```
> print(S) # 印出本例結果
[1] 1268.25
```

圖 6-10　年金的終值

實例九　大學學費儲蓄計畫（Saving for an university Education）

Eyre 的父母為了幫她存日後的大學學費，每月月底於銀行固定存入 100 元，年利率 6%，每月複利一次。若此儲蓄計畫從 Eyre 6 歲的時候開始，試問當她滿 18 歲時，帳戶內會有多少存款？

解法一

Eyre 剛滿 18 歲時，他的父母將已存入 144 筆，因此，$n=144$，此外，$R=100$，$r=0.06$，$m=12$，故 $i=\frac{r}{m}=\frac{0.06}{12}=0.005$ 利用公式 (5)，可求得

$$S=100\left[\frac{(1.005)^{144}-1}{0.005}\right]\approx 21{,}015$$，即 21,015 元

解法二：R 軟體的應用

同上 [實例八]，$n=144$、$i=0.06/12$，帶入即得，從略。

年金的現值

有時候，我們想要知道未來支付的年金，相當於多少的現額投資，我們稱此投資金額為年金的**現值**（present value）。

令此刻投資的金額為 P，利息以複利計，每期的利率為 i，經過 n 期的時間後，本利和共計 $P(1+i)^n$ 這筆款項必須等於公式 (5) 的年金總額 S。

年金的現值：

一 n 期的年金，每期在週期最後一天付款 R 元，每期利率為 i，則現值 P 為：

$$P=R\left[\frac{1-\ (1+i)^{-n}}{i}\right] \tag{6}$$

實例十　一普通年金共 24 期，每月付款 100 元，年利率 3%，每月複利一次，試問其現值？

解法一

以 $R=100$，$i=\frac{r}{m}=\frac{0.03}{12}=0.0025$，$n=24$，代入公式 (6)，

$P=100\left[\frac{1-\ (1.0025)^{-24}}{0.0025}\right]\approx 2326.60$，其現值約為元。

解法二：R 軟體的應用

首先，依題意宣告下列常數包括 R、i、n 等：

```
R<- 100         #  每期金額
i<- 0.03/12     #  每期 ( 月 ) 利率
n <- 24         #  期數 ( 月 )
```

接著依上述公式 (6) 計算現值：(圖 6-11)

```
(P <-R * (1-(1+ i)^(-n))/i)     # 公式 (6) 計算現值
```

```
> (P <-R * (1-(1+ i)^(-n))/i)    # 公式(6)計算現值
[1] 2326.598
```

圖 6-11　年金的現值

以下列程式驗證 24 期末現值本利和與年金的本利和應相同：

```
ca.factor <- ((1+ i)^ n -1)/i                # 公式 (5) 複利因子
all.equal(P*(1+i)^24,R * ca.factor)          # 驗證 24 期末本利和
```

```
> all.equal(P*(1+i)^24,R * ca.factor)     # 驗證24期末本利和
[1] TRUE
```

圖 6-12　驗證 24 期末現值與年金本利和相同

分期償還（Amortization of loans）

可以利用年金公式 (6) 來計算貸款的分期償還（amortization）方式。例如，典型的房貸及是借款人逐期償還所借的款項，連欠款利息一併計入，通常借款人被要求以定期定額的方式攤還，直到還清貸款為止。

將定期定額的還款 R 當作年金的付款，貸款總額即年金的現值 P，即公式 (6) 解得 R 如下：

定期定額的分期償還公式：

貸款 P 元，每期繳付 R 元，預計 n 期付清，且每期的利率為 i 則

$$R=\frac{Pi}{1-(1+i)^{-n}} \tag{7}$$

實例十一　**房貸付款（Home Mortgage Payment）李先生向銀行貸款 12 萬元購買房子。銀行收取的利息以年利率 5.4% 計算，於每月月底計息，且李先生同意以 30 年期的分期付款還清銀行貸款。試問李先生每月月底應償還多少錢？**

解法一

將 $P=120{,}000$，$i=\frac{r}{m}=\frac{0.054}{12}=0.0045$，$n=(30)(12)=360$，代入公式 (7)，

$$R=\frac{(120{,}000)\ (0.0045)}{1-\ (1.0045)^{-360}}\approx 673.84$$

約 673.84 元

解法二：R 軟體的應用

與 [實例十] 的不同在於解題順序之不同，此例先解終值，再求解。

1. 利用複利公式 $S=P(1+0.0045)^n$
   解其 P 下的終值 S 值（圖 6-13）
2. 利用複利和公式 $S=R+R(1+0.0045)+R(1+0.0045)^2+\cdots+R(1+0.0045)^{n-1}$
   求 R 值（圖 6-14）（須注意係從第 0 期開始）

```
P<- 120000                    # 貸款金額 ( 現值 )
i<- 0.0045                    # 每期利率
n <- 360                      # 期數
(S <- P*((1+i)^n))            # 求複利下之終值
factor <- sum(                # 加總向量元素
  (1+i)^(0:(n-1)))            # 將 0 至 n-1 期的複利加總
(R<-S/factor)                 # 以 S 求算每期償還金額
```

```
> (S <- P*((1+i)^n))      # 求複利下之終值
[1] 604171.2
```

圖 6-13　30 年到期之終值

```
> (R<-S/factor)      # 以 S 求算每期償還金額
[1] 673.837
```

圖 6-14　每期償還金額

實例十二　分期償還表（Amortization schedule）

一筆 5 萬元的貸款於每年的年底採定額償還的方式，預計 5 年還清。若支付利息以年利率 8% 計算，且固定於年底計息。試問 (a) 此分期償還每期應付多少錢？ (b) 列出此分期償還的報表。

解法一

將 $P=50,000$、$m=1$、$i=r=0.08$、$n=5$，代入公式 (7)，

$$R=\frac{(50,000)\ (0.08)}{1-(1.08)^{-5}}\approx 12,522.82$$

因此，每年應付款 12,522.82 元，分期償還的報表詳見下表 6-1。從表中可以看出：隨著期數的增加每年的付款中支付利息的部分逐漸減少，償還本金的部分逐漸增多。

其中，第一期攤還利息 $4,000，即 $50,000*8%，第一期尚未還本金 $41,477.18，即 $50,000－$8,522.82，第二期攤還利息 $3,318.17，即 $41,477.18 *8%，依此類推。

表 6-1　分期償還表（An Amortization Schedule）

期數	利息攤還	付款金額	本金償還	尚未償還本金
0	–	–	–	$50,000.00
1	$4,000.00	$12,522.82	$8,522.82	41.477.18
2	3,318.17	12,522.82	9,204.65	32.272.53
3	2,581.80	12,522.82	9,941.02	22,331.51
4	1,786.52	12,522.82	10,736.30	11,595.21
5	927.62	12,522.82	11,595.20	0.01

解法二：R 軟體的應用

(a) 此分期償還每期應付多少錢

1. 利用複利公式 $S=P(1+0.08)^n$，S 為終值

   先求 50000 元的 S 值（須注意含第 0 期共 6 期）

2. 再利用複利和公式 $S=R+R(1+0.08)+R(1+0.08)^2+\cdots+R(1+0.08)^{n-1}$ 解 S 值下的每年底償還的 R 值（須注意償還係從第一期末開始）

```
P<- 50000                     # 貸款金額（現值）
i<- 0.08                      # 每期利率
n <- 6                        # 年底償還期數
(S<- P*(1+i)^n)               # 計算第 5 年後複利下的終值
(R<- S/sum((1+i)^(1:5)))      # 計算每年第 1~5 年底償還金額
```

```
> (S<- P*(1+i)^n)   #計算第5年後複利下的終值
[1] 79343.72
> (R<- S/sum((1+i)^(1:5)))  # 計算每年第1~5年底償還金額
[1] 12522.82
```

圖 6-15　由第 5 年的終值計算每年應償還金額

(a) 列出此分期償還的報表：（圖 6-16）

1. 下列程式中將 df 變數藉由迴圈整理如上表 6-1 的六期（0~5 年）的償還資料。
2. 將分期償還表使用 writexl 套件之 write_xlsx 函式將此 data.frame 物件寫入指定路徑下的 Excel 表格檔案。

```
c0<-0;c1<-NA;c2<-NA;c3<-NA;c4<-P  # 償還表中自左至右各欄初始值
df<-data.frame()                  # 表中各列與行資料物件初始值
df<-rbind(df,c(c0,c1,c2,c3,c4))   # 給與第 0 期資料
c2<-R                             # 每期攤（付）款金額
for (j in 1:5){                   # 依每年迴圈共 5 次
  c1<-c4*i                        # 利息攤還
  c3<-R - c1                      # 本金償還
  c4<-c4 - c3                     # 尚未償還本金
  df<-rbind(df,c(j,c1,c2,c3,c4))  # 計算結果加入 df 最後一列
}
colnames(df)<-c(                  # 賦予 df 新的欄位名稱
  '期數','利息攤還','付款金額','本金償還','尚未償還本金')
library(writexl)                  # 載入函式庫
write_xlsx(
  x=round(df,2),                  # data.frame 物件取小數 2 位資料
  path='./data/out2.xlsx',        # 檔案名及位置
  col_names=TRUE,                 # 含欄位名稱
  format_headers=TRUE)            # 欄位名稱粗體
```

期數	利息攤還	付款金額	本金償還	尚未償還本金
0				50000
1	4000	12522.82	8522.82	41477.18
2	3318.17	12522.82	9204.65	32272.53
3	2581.8	12522.82	9941.02	22331.51
4	1786.52	12522.82	10736.3	11595.21
5	927.62	12522.82	11595.21	0

圖 6-16　分期償還表

償債基金（Sinking Funds）

償債基金是年金的另一個重要的應用，簡單的說，償債基金是特殊目的而設定，且預定於未來提領使用的帳戶。例如，個人方面可能為幾個月或幾年後的償債而設置償債基金；公司方面可能為了日後機器的汰舊換新，而設置償債基金，以儲蓄足夠資金購買新設備。

由於償債基金主要是未來的用途，可看成是年金的終值，可視為公式 (5) 的應用。即年金終值 S，週期最後一天付款 R。

$$S=R+R(1+i)+R(1+i)^2+\ldots+R(1+i)^{n-1}=R\left[\frac{(1+i)^n-1}{i}\right]。$$

償債基金付款（Sinking Fund Payment）

假設每期的利率為 i，預計 n 期後的總存額為 S 元，則每期應存入的金額 R 為

$$R=\frac{iS}{(1+i)^n-1} \tag{8}$$

實例十三 **五金行的經營者 Alan 設立了一個償債基金，打算 2 年後添購一部卡車，卡車預定的購買價為 3 萬元。已知投資的基金帳戶可有 10% 的年利率，每季複利一次。若以定額的方式存款，問 Alan (a) 每季應存入多少元？(b) 列出償債基金的報表。**

解法一

(a) 將 $S=30{,}000$，$i=\frac{0.4}{4}=0.025$，$n=(2)(4)$，

代入公式 (8)，

$$R=\frac{iS}{(1.025)^{n}-1}=\frac{(0.025)\,(30{,}000)}{(1.025)^{8}-1}\approx 3434.02$$

約 3434.02 元，其報表見表 6-2。

(b)

表 6-2　分期償還表（A sinking fund schedule）

期數	存款金額	利息收入	本期基金增額	基金累計總額
1	$3434.02	0	$ 3434.02	$ 3434.02
2	3434.02	$ 85.85	3519.87	6953.89
3	3434.02	173.85	3607.87	10,561.76
4	3434.02	264.04	3698.06	14,259.82
5	3434.02	356.50	3790.52	18,050.34
6	3434.02	451.26	3885.28	21,935.62
7	3434.02	548.39	3982.41	25,918.03
8	3434.02	647.95	4081.97	30,000.00

其中第二期利息收入為 $85.85($3,434.02×0.025)。每期（季）存入固定的 $3434.02，第 1 筆期末前存入未達一季，無利息收入，第三期滿二季，其利息收入為 $173.85。

解法二：R 軟體的應用

(a) 每季應存入金額（元）（圖 6-17）

利用複利和公式 $S=R+R(1+0.025)+R(1+0.025)^2+...+R(1+0.025)^{n-1}$ 解 R 值

```
S <- 30000                        # 2 年後終值
i<- 0.10/4                        # 每期利率
n <- 2*4                          # 期數
(R<- S/sum((1+i)^(0:(n-1))))      # 每季存款金額
```

```
> (R<- S/sum((1+i)^(0:(n-1))))  # 每季存款金額
[1] 3434.02
```

圖 6-17　每季存款金額

(b) 列出償債基金的報表（圖 6-18）

1. 下列程式中將 df 變數藉由迴圈整理如上表 6-2 兩年共 8 期的償債資料。
2. 將償債資料表使用 writexl 套件之 write_xlsx 函式將此 data.frame 物件寫入指定路徑下的 Excel 表格檔案。

```
c0<-1;c1<-NA;c2<-0;c3<-R;c4<-R          # 存款表中自左至右各欄初始值
df<-data.frame()                        # 表中各列與行資料物件初始值
c1<-R                                   # 每季存款金額
for (j in 1:n){                         # 依每季迴圈共 8 次
  df<-rbind(df,c(c0,c1,c2,c3,c4))       # 計算結果加入 df 最後一列
  c0<-c0+1                              # 期數
  c2<-c4*i                              # 利息收入
  c3<-c1+c2                             # 本期基金增額
  c4<-c4+c3                             # 基金累計總額
}
colnames(df)<-c(                        # 賦予 df 新的欄位名稱
  '期數','存款金額','利息收入','本期基金增額','基金累計總額')
library(writexl)                        # 載入函式庫
write_xlsx(
  x=round(df,2),                        # data.frame 物件取小數 2 位資料
  path='./data/out3.xlsx',              # 檔案名及位置
```

```
col_names=TRUE,                # 含欄位名稱
format_headers=TRUE)           # 欄位名稱粗體
```

期數	存款金額	利息收入	本期基金增額	基金累計總額
1	3434.02	0	3434.02	3434.02
2	3434.02	85.85	3519.87	6953.89
3	3434.02	173.85	3607.87	10561.76
4	3434.02	264.04	3698.06	14259.82
5	3434.02	356.5	3790.52	18050.34
6	3434.02	451.26	3885.28	21935.62
7	3434.02	548.39	3982.41	25918.03
8	3434.02	647.95	4081.97	30000

圖 6-18　償債基金每期結果

參考文獻

1. Tan, S. T. (2014).Finite mathematics for the managerial, life, and social sciences. Cengage Learning. 或見張純明 (2016) 譯：管理數學。臺中：滄海圖書。

2. Hardy, D. (2019).The Compound Effect：Jumpstart Your Income, Your Life, Your Success. Blackstone Publishing. 或見李芳齡 (2019) 譯：複利效應。臺北：星出版。

Note

07 CHAPTER 最少的資源與滿足最佳效益：線性規劃

線性規劃（Linear Programming, LP）無疑是當今**作業研究**（Operations Research, OR，或譯**運籌學**）中最常用的方法之一。幾乎各產業在各個階段的問題都可成功地用線性規劃模型來表述。

任何需要**做出積極決策的問題**都可以被歸類為 OR 類型的問題。雖然自人類誕生以來，OR 問題就一直存在，但 Operations Research 的名稱直到第二次世界大戰時才被創造出來，現代 OR 的科學方法才出現。二戰期間英國展開一個「軍事作業研究」項目。在戰爭初期，召集了一批**來自不同領域的專家**來研究英國的軍事防禦。第一個 OR 小組的工作，除其他事項外，還包括研究確定空中力量和**新發明的雷達（radar）**的最佳使用，這要歸功於作業研究之父派屈克．布萊克特（Patrick Blackett 1897-1974）。由於 OR 在軍事行動中的成功，它迅速蔓延到工業和政府的各個部門。到 1951 年，作業研究在美國已經成為一門獨特的科學。(1)

Blackett 過世後不久，在 Operational Research Quarterly 上有一篇關於他的傳略記載：(2)

「有一個事件值得重述。1943 年，英軍在對德軍 U 型潛艇 (U-boat) 戰鬥中佔了上風，當德軍突然發現如何監聽我們的 10 厘米雷達時。因此，德軍的潛艇可以事先得到警告並在充足的時間內潛入安全地帶。英軍的飛機將 U-boat 擊沉率降至零。Blackett 和他的作戰研究同事，即代號布萊克特馬戲團 (Blackett's Circus）計算出，如果英軍能夠在某些區域集中足夠的飛機，德軍潛艇將不得不頻繁下潛，以致耗盡空氣和電池供應，最後不得不浮出水面上，而受到攻擊。

Blackett 作戰研究同事要求將轟炸機司令部的幾個飛機中隊轉移到海岸司令部，不用說，這一提議遭到轟炸機司令部負責人、空軍元帥 Arthur Harris 爵士的強烈反對。該提案的重要性導致邱吉爾首相出面拍板定案的必要性，在安排一次會議上，雙方各呈強烈的論據。

經過一番激烈的爭論，空軍元帥 Arthur Harris 爵士爆出『**我們是用武器還是計算尺來打這場戰爭？**』（Are we fighting this war with weapons or slide rule?）對此，邱吉爾首相在比平時短暫的停頓並抽了口雪茄後，說：『這是個好主意，讓我們試試改變一下使用計算尺。』軍事作業進行了，U-boat 擊沉率恢復如預期的那樣了。令人驚訝的是，實際的攻擊和 U-boat 擊沉率數量幾乎與計算預測的完全一樣。」

線性規劃的基本假設（3,4,5）

各種計量方法都具有幾個其個別特性，線性規劃的重要特性是線性（linearity）、**確定性**（certainty）、**非負性**（nonnegtivity）、**可加性**（additivity）、**比例性**（proportionality）以及**可分割性**（divisibility）等，茲將各種特性分別列述如下：

1. **線性**：線性規劃的主要特性是問題中各變數間的關係可以用線性函數式表示之，所謂線性函數式，即式中各變數均為一次式，其一般形式為：

   $f(X)=a_1 x_1+a_2 x_2+...+a_n x_n$

2. **確定性**：是指所有係數，不論是目標函數的係數，還是限制條件的係數，均為已知的常數。很明顯的，實務上，大多數問題的係數均不是確定值，如果該係數的變異性不大，吾人可採用平均數的估計值為該係數之值。

3. **非負性**：作業活動的數值皆須為正數，如資源價值與數量的變數，例如單位小時、運輸成本等，都不得為負值。

4. **可加性**：是指**變數之間相互獨立**，因此可相加減。例如個別資源的成本可以相加而得到總成本。

5. **比例性**：是指一定倍數的投入，可以得到相同倍數的產出。例如每單位的成本是 c 元，則 x 單位的成本就是 cx。

6. **可分割性**：變數的值可為非整數，亦即可有小數部分。至於整數性的變數，往往可將解答以化整的方式求得近似解。例如，若求得解答是雇用 6.32 人時，可用 6 人或 7 人當作近似解。但若要求更精確的整數時，則必須用整數規劃（Integer programming）了。

許多商業及經濟問題往往需要在一些等式與不等式的條件限制下，取得函數的最佳化，求得極大化或極小化。欲尋求最佳化的函數，稱為目標函數（objective function）。譬如利潤函數或成本函數等。它的三個主要組成部分是：**目標函數**、限制條件（constrains）以及決策變數（decision variables），即影響系統性能的可控制變數（controllable variables）。

目標函數所承受的線性**等式或不等式系統**，反映了對問題求解所受的限制，例如資源方面可能是有限的人力、物力等，這一類的問題為數學規劃問題。當目標函數與限制式均為線性時，則稱為線性規劃的問題。

在日常生活中有許多的問題都可以使用**線性規劃**來尋求最好的解決方案，甚至在商業管理領域中，包含生產線規劃、運籌管理、財務金融、投資分配、資本預算等。它被大量應用在降低成本、提升產值與營收的策略上，而一般人沒有修過這門課程，不知道原來有那麼好用的工具，這裡我們將以實際而且常見的實例，介紹如何使用 R 語言解決線性規劃的問題。

線性規劃始於明確敘述問題（Formulating a problem）(2)

線性規劃起始於問題的模式的建立。本章中採用不少產品組合問題（product-mix problem），如實例一、二、三所示來說明該模式建構的過程，為滿足有限資源產能與市場需求限制，求解產品或服務的生產規劃。建構線性規劃模式，需要下列三個步驟，通常這也是線性規劃問題中最富創造性與最困難的部分。

步驟 1：定義**決策變數**。定義一個決策變數最重要的是，當根據此決策變數定義目標函數後，其限制式也要能以這些決策變數來定義。並且決策變數的定義也應相當具體明確。考慮下列兩種定義方式，

x_1= 產品 1。

x_1= 產品 1，在下個月需生產與銷售的量。

第二種定義就比第一種定義更清楚明確，並且也將使後續的步驟變得更容易些。

步驟 2：**列出目標函數**。什麼是需要極大化或極小化的？

步驟 3：列出**限制式**。決策變數的數值有什麼限制？定義出決策變數及其與參數組合後之限制式。不受限制式影響的決策變數，其參數應設為 0。當然為了與事實更符合，吾人會再加上決策變數為非負的限制式。

7-1 極大化問題（maximization problem）

極大化問題探討如何在有限的資源條件下，追求最適目標、效益或價值。此一問題的涉及在諸多可能性中，找出最佳策略以使得某個目標達到最大值，典型的例子包括生產利潤、市場佔有率最大化。

標準極大化問題（Standard maximization problem），其核心在於如何在事先確定的條件和限制下，使得某特定目標或效益達到最大值。這種問題的常見特點包括清晰定義的目標函數、明確的約束條件，以及明確的決策變數。其條件為：

1. 目標函數欲尋求極大化。
2. 問題中使用的變數都限定是非負的。
3. 每一條限制式都表示成小於等於 (≤) 一非負的常數。

實例一 生產問題，解利潤極大化問題 (6)

Ace 公司想要生產 A、B 兩款紀念品。一個 A 紀念品的利潤是 1 元；B 紀念品是 1.20 元。製造一個 A 紀念品時，需使用機器一 2 分鐘、機器二 1 分鐘；製造一個 B 紀念品時，需使用機器一 1 分鐘、機器二 3 分鐘。已知機器一可使用的總時數是 3 小時，機器二為 5 小時。試問 Ace 公司每款紀念品應生產多少個才能使利潤最大？ (1) 將此線性規劃問題公式化；(2) 求解。

依據題意，整理出表 7-1：A、B 紀念品資料含機器生產工時及可使用時間。

表 7-1 A、B 紀念品資料

	A 紀念品	B 紀念品	可使用時間（分鐘）
機器一	2 分鐘 / 個	1 分鐘 / 個	180 分鐘
機器二	1 分鐘 / 個	3 分鐘 / 個	300 分鐘
利潤 / 個	1 元	1.2 元	

令 x、y 分別為 A、B 兩款紀念品的生產量，則總利潤為 $p=x+1.2y$，p 即是欲求得極大化的目標函數。

此外，在 x、y 的產能分配下，機器一將需 $2x+y$ 分鐘，受限於該機器可用的時間，即 180 分鐘，可以 $2x+y\leq 180$ 不等式表示；同樣地，機器二亦然，可以 $x+3y\leq 300$ 不等式表示。

由於生產量 x、y 不得為負，因此需加上 $x\geq 0$，$y\geq 0$ 不等式。因此，可得以下之解題思路。

解題

1. 線性規劃問題公式：

極大化：$p=x+1.2y$ (1)

限制條件（ subject to the constrains, 簡稱 s.t.）：

$2x+y\leq 180$　　　　(2)

$x+3y\leq 300$

$x\geq 0$，$y\geq 0$

(2) 式中的線性不等式定義了區域 S，見下圖 7-1。 區域 S 裡的任何一點都是可能的解，稱為**可行解**（feasible solution）。集合 S 則稱為**可行集合**（feasible set）。集合 S 也可稱為**凸集合**（Convex set），其中每兩點之間的直線點都落在該點集合中。

表 7-1 其限制條件式 (2)，可以矩陣表達其資料，為 $\begin{bmatrix}2 & 1 & 180\\1 & 3 & 300\end{bmatrix}$，謂之**技術矩陣**（technology matrix），而限制條件式 (2) 其對應決策變數的係數 $\begin{bmatrix}2 & 1\\1 & 3\end{bmatrix}$，稱為技術係數（technological coefficients），限制條件的右手邊數字 $\begin{bmatrix}180\\300\end{bmatrix}$，謂之限制的右手邊（right-hand side, rhs）。

2. **採角落法（method of corners）**，以手算求解線性規劃極大化問題。因為本實例只有 2 個變數，可做此嘗試，瞭解線性規劃的幾何意義。首先繪出**可行集合** S（ feasible set S），如下圖 7-1。

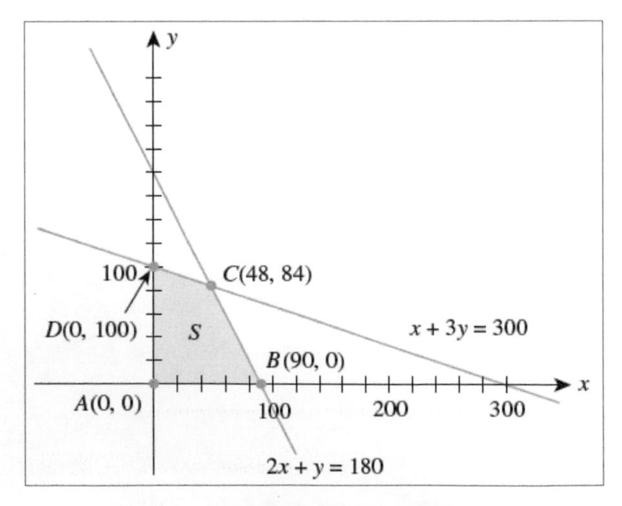

圖 7-1　角落點 C(48,84) 有最大利潤

將 4 個角落點 (0, 0)，(0, 100)，(48, 84) 及 (90, 0) 代人極大化公式 $p=x+1.2y$，發現**角落點** C(48,84)，目標函數值最大，其值為 148.8。亦即，應該生產 A 款紀念品 48 個，以及 B 款紀念品 84 個，如此可以得到最大利潤 148.8 元。

因本實例只有 2 個變數，用幾何的圖解方法，較容易詮釋。若 2 個變數以上，用幾何的圖解方法不易繪製；以代數方法，如單形法（simplex method）來解線性規劃問題反而較簡單，如 [實例三] 生產排程問題有 3 個變數，則以單形法來解。

二維空間的角落法以手算繪出可行集合 S（feasible set S)，如圖 7-1 是最方便的方法，若以 R 求解，首先，需先引入**閒置變數**（slack variables)，將系統中的線性不等式轉換成線性等式：

$$2x+y+u=180$$

$$x+3y+v=300$$

其次，目標函數可以改寫成 $-x-\frac{6}{5}y+P=0$，並置於以上方程式的最下方，可得**線性方程式組**（System of linear equations）如下：

$$2x+y+u=180$$

$$x+3y+v=300$$

$$-x-\frac{6}{5}y+P=0$$

最後建立以下的初始單行表：

x	y	u	v	P	常數
2	1	1	0	0	180
1	3	0	1	0	300
−1	$-\frac{6}{5}$	0	0	1	0

R 軟體的應用

方法一：單形法的幾何（Geometric）意義

單形法（simplex algorithm）亦稱為單體表（simplex tableau），從上圖 7-1 的各端點所圍成的**凸集**（Convex set）皆為限制條件下之**可行解**（feasible solution），唯其構成目標函數的最佳解（利潤極大化）必存在其中之一端點，以下程式以其線性系統基本原理循下列步驟得解：

1. 找出上述圖 7-1 向量空間的所有基底（basis），此基底為構成目標函數及各限制式之線性組合。
2. 進而以各基底求目標函數值。
3. 其中每個基底需符合所有約束條件始為可行解基底。
4. 最後比較可行解基底能使目標值最大者即本題解。

下列程式首先將**原始**問題（primal problem）定式化（或稱標準極大化），使其形成單體表：

```
cx<-c(1,1.2,0,0)                        # 目標函數之係數 ( 決策變數 + 閒置變數 )
a1<-rbind(                              # <=  限制式之各係數 ( 含閒置變數 )
  c(2,1,1,0),
  c(1,3,0,1)))
b1<-c(180,300)                          # <=  的限制條件值
st<-rbind(a1,cx)                        # 單體表 (simplex tableau)
m<-2                                    # 單體表列數 ( 限制式個數 )
n<-4                                    # 單體表行數 ( 變數個數 )
tm<-st[c(1,2),c(1,2)]                   # 技術矩陣 (technology matrix)
colnames(tm)<-c('x','y')                # 以變數名稱為矩陣行名
print(cbind(tm,b1))                     # 列印技術矩陣
colnames(a1)<-c('x','y','u','v')        # 以變數名稱為矩陣行名
print(cbind(a1,b1))                     # 列印初始單形表
```

```
> print(cbind(tm,b1))        # 列印技術矩陣
 x y  b1
 2 1 180
 1 3 300
```

圖 7-2　限制條件所構成技術矩陣

```
> print(cbind(a1,b1))        # 列印初始單形表
     x y u v  b1
[1,] 2 1 1 0 180
[2,] 1 3 0 1 300
```

圖 7-3　決策變數加上閒置變數後的單體表

基本解是指滿足限制方程的解，基本可行解是同時滿足限制方程和非負變數的解；如上述 4 個步驟，首先列出所有可能的基本解。

從上圖 7-1 的各**端點**所圍成的凸集合（Convex set）皆為限制條件下之可行解（feasible solution），限制方程式另**與 X，Y 軸有 2 個交會點，共計 6 個點為基本解**。其數學背景如下：

若向量 $X=\left[x_1，\cdots x_m，x_{m+1}，\cdots，x_n\right]^T$ 為聯立方程式 $AX=b$ 的解，且其中 $n-m$ 個變數均為 0，則稱此 n-m 個變數為**非基本**變數（nonbasic variables），其他 m 個變數稱為**基本**變數（ basic variables）。而 X 稱為 $AX=b$ 的一個基本解（ basic solution）。

若向量 X 為 $AX=b$ 的一個基本解，而且滿足非負的條件 $X\geq 0$，則稱 X 為基本可行解（ basic feasible solution, BFS）。

由於基本解是**由 A 中 m 個行向量所決定的**，因此聯立方程式 $AX=b$ 所包含基本解的個數，等於 n 個行向量中，取其中 m 個為一組的組合數。換言之，**基本解的個數**應等於 $C_m^n=\binom{n}{m}=\frac{n!}{m!(n-m)!}$。

故本實例基本解的個數 $=\binom{4}{4-2}=\binom{4}{2}=6$。

```
(cmb<-combn(n,m))                # 基底向量的可能組合
```

```
> (cmb<-combn(n,m))              # 基底向量的可能組合
     [,1] [,2] [,3] [,4] [,5] [,6]
[1,]    1    1    1    2    2    3
[2,]    2    3    4    3    4    4
```

圖 7-4　4 個變數與 2 個限制式所組合的可能基本解

圖 7-4 顯示共有 4 取 2 個組合數的向量空間基底（vector space basis），亦即 $C_2^4=6$ 個可能的基底（線性獨立之行向量組合），下列程式對各個組合基依序以計算行列式（determinant）值 ≠0，找出有解的基底（即線性獨立之向量），再求得其線性組合解，如下圖 7-5 之 1~6 基本解，且符合所有變數（x、y、u、v 決策變數以及閒置變數）均 ≥≠0 者為可行解基底或稱基本可行解（feasible basic solution），如下圖 7-5 之 1、3、4、6 基本解，基本可行解如下程式比較最大值為本題最佳解（下圖 7-6）。

```
optm<-list(X=c(),P=0)                # 宣告最佳解初始物件
for (i in 1:ncol(cmb)){
  B<-st[1:m,cmb[,i]]                 # 線性系統（向量空間）基底
  if(det(B) !=0){                    # 判斷是否構成向量空間基的條件
    fbs<-solve(B)%*%b1               # 求基本解
    fbs<-replace(rep(0,n),cmb[,i],fbs[,1])  # 基本解 (basic solution)
    cat(paste0('基本解',i,':'),fbs,'\n')
    if (all(fbs>=0)){                # 判斷基本可行解 (feasible basic solution)
      P<-cx%*%fbs                    #  基可行解目標值
      if (ifelse(is.na(optm$P),TRUE,optm$P<P)){ #  判斷目標值是否增加
        optm$P<-P[1,1]               #  記錄目前目標值
        optm$X<-fbs                  #  記錄目前基可行解各變數值
        names(optm$X)<- colnames(a1)    #  各變數名稱
  }}}
}
print(optm)     # 列印線性規劃結果
```

```
基本解1: 48 84 0 0
基本解2: 300 0 -420 0
基本解3: 90 0 0 210
基本解4: 0 100 80 0
基本解5: 0 180 0 -240
基本解6: 0 0 180 300
```

圖 7-5　所有的基本解（basic solution）

```
> print(optm)    # 列印線性規劃結果
$X
 x  y  u  v
48 84  0  0

$P
[1] 148.8
```

圖 7-6　最佳解

圖 7-5 中 4 個基本解 1、3、4、6 分別代表了圖 7-1 中凸集的 4 個頂點（基本可行解），基本解 2、5 則是凸集外分別在 x、y 軸上的兩個點（非可行解），非可行解的閒置變數值分別為 -420、-240 顯與非負 (>=0) 之前提條件不符，故為非可行解。

圖 7-6 為 4 個基本可行解中經過比較，利用有限產能生產 A、B 產品分別為 48、84，且能創造最大利潤 148.8，而 u、v 代表**閒置**產能均為 0 的最終解。

方法二：使用線性規劃套件 lpSolve

本例使用**外掛**套件 lpSolve 之 lp 函式解題，依所需參數給予對應之物件，分別建立目標函數各係數、限制條件方向、限制條件計算式之右側數字等 vector，以及限制條件之矩陣，經指定 lp 計算最大值的回傳結果為一 list 物件，內含最大值及其目標函數之各變數（決策變數）值。

```
# 題目，求目標函數最大值（最佳解）：
# P=x + 1.2y
# 2x + y <= 180
# x + 3y <= 300
# x >= 0
# y >= 0
library(lpSolve)       # 載入線性規劃函式庫 lpSolve
f.obj <- c(1,1.2)      # 定義目標函數之各係數
f.con <- matrix(       # 建立限制條件之矩陣
  c(2, 1,              # 第一限制式之係數
    1,3,               # 第二限制式之係數
    1,0,               # 第三限制式之係數
    0,1),              # 第四限制式之係數
```

```
  nrow=4,                      # 矩陣列數
  byrow=TRUE)                  # 每列填滿再換列
f.dir <- c("<=", "<=", ">=",">=") # 限制條件方向
f.rhs <- c(180,300,0,0)        # 限制條件計算式之右側數字
result <- lp(                  # 使用線性規劃函式 lp 求解
  direction ="max",            # 目標函數取最大值之解
  objective.in =f.obj,         # 給予上述目標函數之各係數
  const.mat =f.con,            # 給予上述限制條件之矩陣
  const.dir =f.dir,            # 給予上述限制條件方向之向量物件
  const.rhs =f.rhs)            # 給予上述限制條件計算式之右側數字之向量物件
print(result)                  # 將結果印出
print(result$solution)         # 印出目標函數之各變數（即求解的 x 與 y））
print(result$objval)           # 印出目標值（本例取最大值）
```

```
> print(result)           # 將結果印出
Success: the objective function is 148.8
> print(result$solution)  # 印出目標函數之各變數(即求解的x與y))
[1] 48 84
> print(result$objval)    # 印出目標值(本例取最大值)
[1] 148.8
```

圖 7-7　最佳解

上圖 7-7 這個輸出的值就是目標函數的最大值，也就是說最大的銷售金額是 148.8 元。

所以我們若要讓銷售金額達到最大值，就要生產 A 款紀念品 48 個，以及 B 款紀念品 84 個，如此可以得到最大利潤 148.8 元。

實例二　生產創造收益問題 (7)

Stratton 公司生產兩種不同型號的塑膠管，該塑膠管的產出由三項因素決定：擠壓時間、包裝時間與特殊添加物。下表的資料顯示該公司下週的生產情形，其單位為 100 呎塑膠管。

第一型的塑膠管獲益為 34 美元 / 每 100 呎，第二型的塑膠管獲益為 40 美元 / 每 100 呎。請建構一個線性模型以決定各類型的塑膠管應生產多少個才能使公司獲益最多？

表 7-2　塑膠管產出的三項決定因素

產品			
資源	第一型	第二型	可用資源
擠壓時間（Extrusion）	4 小時	6 小時	48 小時
包裝時間（Packing）	2 小時	2 小時	18 小時
添加物重量（Additive Mix）	2 磅	1 磅	16 磅

我們可以得到以下的線性規劃模式：

極大化　$34x_1+40x_2=Z$

s.t　$4x_1+6x_2\leq 48$

$2x_1+2x_2\leq 18$

$2x_1+x_2\leq 16$

$x_1\geq 0$ 及 $x_2\geq 0$

其中，

x_1= 第一型塑膠管，下週需生產及銷售的量（100 呎為其單位）

x_2= 第二型塑膠管，下週需生產及銷售的量（100 呎為其單位）

R 軟體的應用

方法一：單形法（使用最佳解檢定方法）

首先，將本題**定式化**使成單形表如圖 7-8。

```
cx<-c(34,40,0,0,0)        # 目標函數之係數（決策變數 + 閒置變數）
a1<-rbind(                # <= 各限制式之係數（含閒置變數）
  c(4,6,1,0,0),
  c(2,2,0,1,0),
```

```
  c(2,1,0,0,1))
b1<-c(48,18,16)         # <= 的限制條件值
NB<-c(1,2)              # 非基變數代號
B<-c(3,4,5)             # 初始基變數代號
n<-length(cx)           # 目標函數變數個數
st<- rbind(             # 單形表 (simplex tableau)
  a1)
Xs<- paste0('x',1:n)    # 各變數命名
colnames(st)<- paste0(Xs,'(',cx,')')       # 單形表行名
st<-cbind(st,b1)        # 單形表 (simplex tableau)
rownames(st)<- paste0(Xs[B],'(',cx[B],')')  # 單形表列名
print(st)               # 列印初始單形表
```

```
> print(st)           # 列印初始單形表
      x1(34) x2(40) x3(0) x4(0) x5(0) b1
x3(0)      4      6     1     0     0 48
x4(0)      2      2     0     1     0 18
x5(0)      2      1     0     0     1 16
```

圖 7-8　初始單形表

圖 7-8 行名括弧內數字為目標函數各變數之係數，x_1、x_2 為決策變數，x_3、x_4、x_5 為閒置變數，列名則為初始基本變數，其括弧內數字為其目標函數各變數之係數。

從前述 [實例一] 之單形法原理得知，若要在可能的基底向量組合裡尋找最佳（最大值）基本可行解，因 $n=5$，$m=3$，$C_m^n = C_3^5 = 10$，亦即，10 次才能得解，本例將說明**閒置**變數所構成的單位矩陣為初始基底，經最佳解檢定（optimality test，如下說明）的分辨以避免無謂的迴圈次數，增速最佳解的得出。

在圖 7-8 初始單形表中可得 x_3、x_4、x_5 閒置變數所構成的單位方陣（且線性獨立）為初始基底，以此基底為基本可行解（basic feasible solution, bfs）判斷是否是線性規劃的最佳解，如果當前的基本可行解不是最佳的，則找到一個相鄰的具有較大增值的基本可行解。本方法引入**最佳解檢定子**（optimality test ）的分辨。

此檢定子以 δ（delta）來表示

$$\delta_k = \sum_{i=1}^{m} c_i x_{ik} - c_k \tag{7.2.1}$$

其，m：基底維度（本例為 3×3 的方陣）

x_{ik}：第 i 基底變數限制條件的係數（即技術矩陣第 i 列 k 行值）

c_k：非基底向量（非基本變數之各係數）

c_i：第 i 基本變數在目標函數之係數

應用單形表中計算的 delta 與 ratio 值，選出在滿足限制條件下，以每次一個基底向量與非基底向量的交換，找出使下一個目標函數**值增速最快的基底向量組合**。

本方法找出目標函數值最大增量，亦即，計算每一非基底向量的 delta 值，取其負值最大者為樞紐行（pivot column），同時在表中比值（ratio）最小者為 θ（theta）值其所在的列為樞紐列（pivot row），將 delta 與 theta 兩者相乘之絕對值即為目標函數值最大增量，而行與列之交會處即是樞紐元素（pivot element），再據以進行高斯消去法產生另一個單位基底（基底向量矩陣）。

下列程式從初始基底可解得**初始解**（最小解）如圖 7-9。

```
fbs<-solve(a1[,B])%*%b1                    # 求初始基本解
fbs<-replace(rep(0,n),B,fbs[,1])           # 求基本解 (basic solution)
names(fbs)<- paste0('x',1:n)               # 賦予基本解變數名
print(fbs)                                 # 列印初始基本可行解
P<-sum(cx*fbs)                             # 目標函數值
print(P)                                   # 列印初始目標函數值
```

```
> print(P)          # 列印初始目標函數值
[1] 0
```

圖 7-9　初始目標函數值

單形法係利用單形表將初始的**單位正交基底**置換為決策變數為單位正交基底的過程，下列程式利用迴圈中 delta 與 ratio 的計算將單形表最左的初始基底，逐一更替為決策變數為基底，同時進行高斯消去法使其成為單位基底。

```
while (TRUE){
  dnb<-cx[B]%*%st[,NB]-cx[NB]              # 計算非基底向量判別數
  delta<-rep(0,length(cx))                 # 初始判別數（全部歸零）
  delta[NB]<-dnb                           # 判別數
  if(all(dnb>=0)){                         # 判別數均無負數則結束迴圈
    print('已達最佳解')
    rownames(st)<- paste0(Xs[B],'(',cx[B],')')  # 單形表列名
    print(cbind(                           # 列印最終單形表
      rbind(st,delta=append(delta,NA)),ratio=append(ratio,NA)
    ))
    break
  }
  pc<- which.min(delta)                    # 樞紐行號（取最大值）
  ratio<-st[,ncol(st)]/st[,pc]             # 技術矩陣比值
  ratio<-replace(ratio,ratio<0,NA)         # 技術矩陣比值忽略<0
  pr<-which.min(ratio)                     # 樞紐列號
  theta<-ratio[pr]                         # theta（最小比值）
  P<- P-theta*(                            # 累進目標函數值
    sum(cx[B]%*%st[,pc])-cx[pc])
  print(cbind(                             # 列印單形表
    rbind(st,delta=append(delta,NA)),ratio=append(ratio,NA)))
  NB<-replace(NB,pc,B[pr])                 # 基本變數代號取代非基本變數代號
  B<-replace(B,pr,pc)                      # 非基本變數代號取代基本變數代號
  fbs<-solve(a1[,B])%*%b1                  # 求基本解 (basic solution)
  fbs<-replace(rep(0,n),B,fbs[,1])         # 基本解變數對應
  names(fbs)<- paste0('x',1:n)             # 基本解變數名稱
  cat('\n基本可行解',fbs,'\n')              # 列印基本可行解
  cat('目標函數值（加總基本可行解*係數）:',
     sum(cx*fbs),'\n')                     # 列印目標函數值
  cat('累進目標函數值(P):',P,'\n')          # 列印累進目標函數值
  ###### 單形表重整 #########
  pe<-st[pr,pc]                            # 樞紐元素
  st[pr,]<-st[pr,]/pe                      # 樞紐列基本列運算
  prow<-st[pr,]                            # 樞紐列
```

```
  st[-pr,]<-st[-pr,]+      # 高斯消去法（陣列的基本列運算）
    matrix(-st[-pr,pc]/prow[pc])%*%prow
  rownames(st)<- paste0(Xs[B],'(',cx[B],')')  # 單形表列名
}
```

	x1(34)	x2(40)	x3(0)	x4(0)	x5(0)	b1	ratio
x3(0)	4	6	1	0	0	48	8
x4(0)	2	2	0	1	0	18	9
x5(0)	2	1	0	0	1	16	16
delta	-34	-40	0	0	0	NA	NA

圖 7-10　單形表及樞紐元素（迴圈迭代開始）

比值（ratio）的計算是在選定樞紐行之後，將限制值 (b1) 除以該行之係數，例如上圖 7-10 之比值欄分別為 48/6=8、18/2=9、16/1=16。

而樞紐行的決定則利用上述 (7.2.1) 的 delta 值，擇其貢獻目標函數值最大者，亦即，最佳解檢定子 delta 絕對值最大者為 –40：

$$\delta_1=\sum_{i=1}^{m} c_i x_{ik}-c_k=0(4)+0(2)+0(2)-34=-34$$

$$\delta_2=\sum_{i=1}^{m} c_i x_{ik}-c_k=0(6)+0(2)+0(1)-40=-40$$

$$\delta_3=\sum_{i=1}^{m} c_i x_{ik}-c_k=0(1)+0(1)+0(1)-0=0$$

$\delta_4=0$，$\delta_5=0$

從圖 7-10 為第一次迴圈的 delta 值，其對目標函數值貢獻最大者為 –40 所在的行（樞紐行），而 ratio 中受限生產資源只能取其最小值 8 所在的列（樞紐列），其交會處的 6 即為樞紐元素對應原來的基向量 x_3 與非基向量的 x_2，將 x_2 換入基向量矩陣，再次迭代計算得圖 7-11，此時的目標函數值已來到 $0+|(-40\times8)|=320$，印證與 x_2 換入基矩陣後之基可行解代入目標函數 $34\times0+40\times8=320$ 實為相同，須注意選擇樞紐行時若遇 delta 值相同時，決策變數優先，於選擇樞紐列時遇 ratio 值相同時非決策變數優先，亦即，非決策變數優先換出，決策變數優先換入的原則。

```
基本可行解 0 8 0 2 8
目標函數值(加總基本可行解*係數): 320
累進目標函數值(P): 320
          x1(34) x2(40)       x3(0) x4(0) x5(0) b1 ratio
x2(40)  0.6666667      1  0.1666667     0     0  8    12
x4(0)   0.6666667      0 -0.3333333     1     0  2     3
x5(0)   1.3333333      0 -0.1666667     0     1  8     6
delta  -7.3333333      0  6.6666667     0     0 NA    NA
```

圖 7-11　x2 與 x3 換後的單形表

圖 7-11 第二次迭代，在 x_2 與 x_3 交換後的基向量（單位方陣）已從原來的 (x_3、x_4、x_5) 變更為 (x_2、x_4、x_5)，再次同上述步驟計算 delta、theta 再找出樞紐元，交換了 x_1 與 x_4 得下圖 7-12，此時目標函數值已來到 320+|(-7.333333*3)|=342，印證與 x_1 換入基矩陣後之基可行解代入目標函數 34×3+40×6=342 也實為相同。

```
基本可行解 3 6 0 0 4
目標函數值(加總基本可行解*係數): 342
累進目標函數值(P): 342
[1] "已達最佳解"
       x1(34) x2(40) x3(0) x4(0) x5(0) b1 ratio
x2(40)      0      1   0.5  -1.0     0  6    12
x1(34)      1      0  -0.5   1.5     0  3     3
x5(0)       0      0   0.5  -2.0     1  4     6
delta       0      0   3.0  11.0     0 NA    NA
```

圖 7-12　最佳解 (極大值) 的單形表

從圖 7-12 判別數 delta 值各行均無負數即表示已達最大值，若再迭代繼續計算目標函數值不只不會變大，也可能反而變小。

因此，從圖 7-12 的基可行解得最佳解 (x_1~x_5) 為 (3,6,0,0,4)，這個解所對應的獲利為 34(3)+40(6)=342 美元，同時表 7-2 中添加物重量（Additive Mix）也將有 4 磅的閒置生產資源。

方法二：使用套件 boot 的 simplex 函式解題

依題意給予決策變數之對應係數，包括目標函數、限制式如下，至於各變數及限制資源數必 >=0 的條件可省略：

```
obj<-c(34,40)              # 目標函數之係數
A1<-rbind(                 # <= 限制式之係數
  c(4,6),
  c(2,2),
  c(2,1))
b1<-c(48,18,16)            # <= 的限制條件值
```

使用 simplex 函式給予各引數物件及指定是否求解極大值，函式內的單形表可以省略自訂的閒置變數、剩餘變數乃至於人工變數（可參閱後續章節說明）。

```
library(boot)              # 載入 boot 套件
optim<-simplex (           # 使用套件之 simplex 函式解題
  a=obj,                   # 給予目標函數係數
  A1=A1,                   # 給予限制式係數矩陣
  b1=b1,                   # 給予限制式右方數值
  maxi=TRUE)               # 指定求解及大值
print(optim)               # 列印最佳化結果
```

圖 7-13 simplex 函式傳回之物件為一 simplex 物件其最佳解與方法一相同，**唯閒置資源得自行依限制式將決策變數解代入一一計算**。

決策重點

公司的管理者決定生產第一型的塑膠管 300 呎，第二型的塑膠管 600 呎，以滿足下週獲利 342 美元的需求。

實例三 生產排程（production planning）(6)

Novelty 公司想要生產 A、B 和 C 三款紀念品，且已知每個利潤分別為 6 元、5 元和 4 元。每製造一個 A 紀念品，需使用機器一 2 分鐘，機器二 1 分鐘，機器三 2 分鐘；每製造一個 B 紀念品，需使用機器一 1 分鐘，機器二 3 分鐘，機器三 1 分鐘；每製造一個 C 紀念品，需使用機器一 1 分鐘，機器二及三各 2 分鐘。已知機器一可使用的總時數是 3 小時，機器二為 5 小時，機器三為 4 小時。試問 Novelty 公司每款紀念品應生產多少個，以使利潤最大？

整理三種紀念品的資訊：

表 7-3　三種紀念品的資訊

	A 紀念品（分鐘 / 個）	B 紀念品（分鐘 / 個）	C 紀念品（分鐘 / 個）	可使用時間（分鐘）
機器一	2	1	1	180
機器二	1	3	2	300
機器三	2	1	2	240
利潤 / 個	6 元	5 元	4 元	

求解思路：(1) 線性規劃問題公式化；(2) 建立初始單形表，手算解題。

解題

1. 線性規劃問題公式化

令 x、y 及 z 分別為 A、B 及 C 三款紀念品的生產量，則總利潤**目標函數**

$$P=6x+5y+4z \tag{3}$$

P 即是欲求得極大化的目標函數。

此外，在 x、y 及 z 的產能分配下，機器一將需 $2x+y+z$ 分鐘，受限於該機器可用的時間，即 180 分鐘，可以 $2x+y+z\leq180$ 不等式表示；同樣地，機器二、三亦然，可以分別以 $x+3y+2z\leq300$ 及 $2x+y+2z\leq240$ 不等式表示。

由於生產量 x、y 不得為負，因此需加上 $X\geq0$，$\mathrm{y}\geq0$，$z\geq0$ 不等式。因此，可得以下之解題思路。

2. 線性規劃手算解題

此為標準極大化問題，首先在原來三個不等式，如下式：

$$\left.\begin{aligned}2x+y+z&\leq180\\x+3y+2z&\leq300\\2x+y+2z&\leq240\end{aligned}\right\} \tag{4}$$

分別加上閒置變數（slack variables）u、v、w。為了將**線性規劃**（LP）模型轉化為**等價**問題（equivalent problem），在第一個限制不等式、第二個限制不等式和第三個限制不等式的右側分別加入非負變數 u、v、w，稱為**閒置**變數，以佔用限制不等式中任何可能的閒置。同時，**目標函數**中的這些變數，每一個變數的成本係數為給定為 0，如下式 (5)

$$P=6x+5y+4z+0\cdot u+0\cdot v+0\cdot w \tag{5}$$

改寫目標函數 (5)，將其移項，連同式 (4)，得到以下線性方程組：

$$2x+y+z+u=180$$

$$x+3y+2z+v=300$$

$$2x+y+2z+w=240$$

$$-6x-5y-4z+P=0$$

由於本實例**有 3 變數**，用幾何的圖解方法不易繪製；以代數方法，如單形法來解線性規劃反而較簡單，因此接著建立**初始單形**演算法的表格（simplex tableau）如下：

手算解題步驟一

	x	y	z	u	v	w	P	常數	比值(Ratio)
u	2	1	1	1	0	0	0	180	$\frac{180}{2}=90$
v	1	3	2	0	1	0	0	300	$\frac{300}{1}=300$
w	2	1	2	0	0	1	0	240	$\frac{240}{2}=120$
	-6	-5	-4	0	0	0	1	0	

樞紐列（u 列）

樞紐行（x 行）

負值裏絕對值**最大者**，故取第一行為**樞紐行**（pivot column），即 x 為進入變數（entering variable）。又對每一列所計算出的比值中，90 為**最小**，故取第一列為**樞紐列**（pivot row），樞紐元素為 2。第一列除以 2，得下單行表：

手算解題步驟二

$\frac{1}{2}R1$ ←

	x	y	z	u	v	w	P	常數
X	1	$\frac{1}{2}$	$\frac{1}{2}$	$\frac{1}{2}$	0	0	0	90
v	1	3	2	0	1	0	0	300
w	2	1	2	0	0	1	0	240
	-6	-5	-4	0	0	0	1	0

手算解題步驟三

第三**列**減掉 2 倍的第一**列**；第四**列**加上 6 倍的第一**列**；第二**列**減掉第一**列**，得下單行表：

列運算		x	y	z	u	v	w	P	常數
	X	1	$\frac{1}{2}$	$\frac{1}{2}$	$\frac{1}{2}$	0	0	0	90
$R_2 - R_1$ 樞紐列 ←	y	0	$\frac{5}{2}$	$\frac{3}{2}$	$\frac{-1}{2}$	1	0	0	210
$R_3 - 2R_1$	w	0	0	1	-1	0	1	0	60
$R_4 + 6R_1$		0	-2	-1	3	0	0	1	540

↑ 樞紐行（y 行）

比值 (Ratio)

$\frac{90}{1/2} = 180$

$\frac{210}{5/2} = 84$

因為 -2 是負值裏絕對值最大者，故取第二行為樞紐行（pivot column），即 y 為進入變數（entering variable）。又對每一列所計算出的比值中，84 為最小，故取第二列（pivot row），樞紐元素為 $\frac{5}{2}$。

手算解題步驟四

將上表第二列乘以 $\frac{2}{5}$，得以下單行表：

$\frac{2}{5}R_2$ ←

	x	y	z	u	v	w	P	常數
x	1	$\frac{1}{2}$	$\frac{1}{2}$	$\frac{1}{2}$	0	0	0	90
y	0	(1)	$\frac{3}{5}$	$\frac{-1}{5}$	$\frac{2}{5}$	0	0	84
w	0	0	1	-1	0	1	0	60
	0	-2	-1	3	0	0	1	540

手算解題步驟五

將上表第一**列**減去 $\frac{1}{2}$ 乘第二**列**；第四**列**加 2 倍第二**列**，得以下單行表：

$R_1 - \frac{1}{2}R_2$ ←
$R_4 + 2R_2$

	x	y	z	u	v	w	P	常數
x	1	0	$\frac{1}{5}$	$\frac{3}{5}$	$-\frac{1}{5}$	0	0	48
y	0	1	$\frac{3}{5}$	$\frac{-1}{5}$	$\frac{2}{5}$	0	0	84
w	0	0	1	-1	0	1	0	60
	0	0	$\frac{1}{5}$	$\frac{13}{5}$	$\frac{4}{5}$	0	1	708

檢視表格最後一列已見不到負數，表示已達最佳解，其解為：

$x=48$，$y=84$，$z=0$，$u=0$，$v=0$，$w=60$，$P=708$

故若 Noverty 公司每天生產 A 紀念品 48 個、B 紀念品 84 個、不生產 C 紀念品，將可獲得最大利潤 708 元。這裡的 $w=60$ 代表機器三尚餘 60 分鐘或一小時的可用時間。

R 軟體的應用

方法一：單形法（使用最佳解檢定）

為方便程式處理，以下程式將手算變數的 x、y、z、u、v、w，改以 x_1~x_6 表示，各段程式的解說亦可參考 [實例二] 之說明。

```
cx<-c(6,5,4,0,0,0)     # 目標函數之係數 ( 決策變數 + 閒置變數 )
a1<-rbind(             # <= 限制式之係數 ( 含閒置變數 )
  c(2,1,1,1,0,0),
  c(1,3,2,0,1,0),
  c(2,1,2,0,0,1))
b1<-c(180,300,240)     # <= 的限制條件值
NB<-c(1,2,3)           # 非基本變數代號
B<-c(4,5,6)            # 初始基本變數代號
n<-length(cx)          # 目標函數變數個數
st<- rbind(            # 單形表 (simplex tableau)
  a1)
Xs<- paste0('x',1:n)  # 各變數命名
colnames(st)<- paste0(Xs,'(',cx,')')          # 單形表行名
st<-cbind(st,b1)       # 單形表 (simplex tableau)
rownames(st)<- paste0(Xs[B],'(',cx[B],')')   # 單形表列名
print(st)              # 列印初始單形表
fbs<-solve(a1[,B])%*%b1              # 求初始基本解
fbs<-replace(rep(0,n),B,fbs[,1])    # 求基本解 (basic solution)
names(fbs)<- paste0('x',1:n)        # 賦予基本解變數名
print(fbs)          # 列印基本可行解
P<-sum(cx*fbs)      # 目標函數值
print(P)            # 列印初始目標函數值
while (TRUE){
  dnb<-cx[B]%*%st[,NB]-cx[NB]  # 計算非基本向量判別數
  delta<-rep(0,length(cx))      # 初始判別數 ( 全部歸零 )
  delta[NB]<-dnb                # 判別數
```

```
  if(all(dnb>=0)){              # 判別數均無負數則結束迴圈
    print('已達最佳解')
    rownames(st)<- paste0(Xs[B],'(',cx[B],')')  # 單形表列名
    print(cbind(                # 列印最終單形表
      rbind(st,delta=append(delta,NA)),ratio=append(ratio,NA)
    ))
    break
  }
  pc<- which.min(delta)         # 樞紐行號（取最大值）
  ratio<-st[,ncol(st)]/st[,pc]            # 技術矩陣比值
  ratio<-replace(ratio,ratio<0,NA)        # 技術矩陣比值忽略<0
  pr<-which.min(ratio)          # 樞紐列號
  theta<-ratio[pr]              # theta（最小比值）
  P<- P-theta*(                 # 累進目標函數值
    sum(cx[B]%*%st[,pc])-cx[pc])
  print(cbind(                  # 列印單形表
    rbind(st,delta=append(delta,NA)),ratio=append(ratio,NA)
  ))
  NB<-replace(NB,pc,B[pr]) # 基本變數代號取代非基本變數代號
  B<-replace(B,pr,pc)           # 非基本變數代號取代基本變數代號
  fbs<-solve(a1[,B])%*%b1                 # 求基本解 (basic solution)
  fbs<-replace(rep(0,n),B,fbs[,1])        # 基本解變數對應
  names(fbs)<- paste0('x',1:n)            # 基本解變數名稱
  cat('\n基本可行解',fbs,'\n')            # 列印基本可行解
  cat('目標函數值（加總基本可行解*係數）:',
      sum(cx*fbs),'\n')                   # 列印目標函數值
  cat('累進目標函數值 (P):',P,'\n')       # 列印累進目標函數值
  ###### 單形表重整 #########
  pe<-st[pr,pc]                           # 樞紐元素
  st[pr,]<-st[pr,]/pe                     # 樞紐列基本列運算
  prow<-st[pr,]                           # 樞紐列
  st[-pr,]<-st[-pr,]+                     # 高斯消去法（陣列的基本列運算）
    matrix(-st[-pr,pc]/prow[pc])%*%prow
  rownames(st)<- paste0(Xs[B],'(',cx[B],')')  # 單形表列名
}
```

```
> print(st)            # 列印初始單形表
      x1(6) x2(5) x3(4) x4(0) x5(0) x6(0)  b1
x4(0)     2     1     1     1     0     0 180
x5(0)     1     3     2     0     1     0 300
x6(0)     2     1     2     0     0     1 240
```

圖 7-14　初始技術矩陣

```
> print(fbs)           # 列印基本可行解
 x1  x2  x3  x4  x5  x6
  0   0   0 180 300 240
```

圖 7-15　初始基可行解

```
> print(P)             # 列印初始目標函數值
[1] 0
```

圖 7-16　初始目標函數值

```
      x1(6) x2(5) x3(4) x4(0) x5(0) x6(0)  b1 ratio
x4(0)     2     1     1     1     0     0 180    90
x5(0)     1     3     2     0     1     0 300   300
x6(0)     2     1     2     0     0     1 240   120
delta    -6    -5    -4     0     0     0  NA    NA
```

圖 7-17　單形表及樞紐元素（迴圈迭代開始）

圖 7-17 x1 之 delta=(0*2+0*1+0*2)-6=-6，其餘依此計算，第一列 ratio=180/2=90，其餘列依此計算，行與列交會處決定了樞紐元素，將以樞紐元素所在之列進行高斯消去法，使 x1 替代 x4 成為新的基底，如下圖 7-18，依此迭代計算直至所有 delta 均 >=0 為止。

```
基本可行解 90 0 0 0 210 60
目標函數值(加總基本可行解*係數): 540
累進目標函數值(P): 540
      x1(6) x2(5) x3(4) x4(0) x5(0) x6(0)  b1 ratio
x1(6)     1   0.5   0.5   0.5     0     0  90   180
x5(0)     0   2.5   1.5  -0.5     1     0 210    84
x6(0)     0   0.0   1.0  -1.0     0     1  60   Inf
delta     0  -2.0  -1.0   3.0     0     0  NA    NA
```

圖 7-18　x1 換入替代 x4 之單形表

```
基本可行解 48 84 0 0 0 60
目標函數值(加總基本可行解*係數): 708
累進目標函數值(P): 708
[1] "已達最佳解"
      x1(6) x2(5) x3(4) x4(0) x5(0) x6(0) bl ratio
x1(6)     1     0   0.2   0.6  -0.2     0 48   180
x2(5)     0     1   0.6  -0.2   0.4     0 84    84
x6(0)     0     0   1.0  -1.0   0.0     1 60   Inf
delta     0     0   0.2   2.6   0.8     0 NA    NA
```

圖 7-19　最佳解（極大值）的單形表

圖 7-19 得 A 生產 48 個、**B** 生產 84 個，不生產 C，可得利潤最大值 708 元，同時機器三有閒置資源 60 小時。

方法二：直接使用套件 lpSolve

```
# 題目，求目標函數最大值（最佳解）:
# p=6x + 5 y + 4z
# 2x + y + z ≤ 180
# X + 3y + 2z ≤ 300
# 2X + y + 2z ≤ 240
# X ≥ 0
# y ≥ 0
# z ≥ 0
library(lpSolve)              # 載入線性規劃函式庫 lpSolve
f.obj <- c(6,5,4)             # 定義目標函數之各係數
f.con <- matrix(              # 建立限制條件之矩陣
  c(2, 1, 1,                  # 第一限制式之係數
    1, 3, 2,                  # 第二限制式之係數
    2, 1,2,                   # 第三限制式之係數
    1,0,0,                    # 第四限制式之係數
    0,1,0,                    # 第五限制式之係數
    0,0,1),                   # 第六限制式之係數
  nrow=6, byrow=TRUE)         # 矩陣列數，依列順序填滿再換列
f.dir <- c("<=","<=","<=",">=",">=",">=") # 限制條件方向 (<= 小於等於，
>= 大於等於)
f.rhs <- c(180,300,240,0, 0, 0) # 限制條件計算式之右側數字
result <- lp(                 # 使用線性規劃函式 lp 求解，函式說明請參閱 R 線上說明
  direction ="max",           # 目標函數取最大值之解
  objective.in =f.obj,        # 給予上述目標函數之各係數
  const.mat =f.con,           # 給予上述限制條件之矩陣
```

```
  const.dir  =f.dir,          # 給予上述限制條件方向陣
  const.rhs  =f.rhs)          # 給予上述限制條件計算式之右側數字
print(result)                 # 將結果印出
print(result$solution)        # 印出目標函數之各變數 ( 即求解的 x 與 y))
print(result$objval)          # 印出目標值 ( 本例取最大值 )
```

```
> print(result)            # 將結果印出
Success: the objective function is 708
> print(result$solution)  # 印出目標函數之各變數(即求解的x與y))
[1] 48 84  0
> print(result$objval)     # 印出目標值(本例取最大值)
[1] 708
```

圖 7-20　lp 函式傳回之結果

圖 7-20 lp 函式傳回之物件為一 lp 物件其最佳解與方法一相同，**唯閒置資源得自行依限制將決策變數解代入一一計算**。

實例四　單形法的三度空間幾何解釋 (6)

求解線性規劃問題：

極大化 $P=20x+12y+18z$

條件　$3x+y+2z\leq 9$

$2x+3y+z\leq 8$

$x+2y+3z\leq 7$

$x\geq 0$，$y\geq 0$，$z\geq 0$

解題

1. 加上閒置變數 u、v、w，並改寫目標函數後，吾人得到以下線性方程組：

$3x+y+2z+u=9$

$2x+3y+z+\mathrm{v}=8$

$x+2y+3z+w=7$

$-20x-12y-18z+P=0$

2. 依次建立初始單形表。如實例三的手算解題步驟，在第一回合中，求得一組解：點 $B(3, 0, 0)$，在第二回合中，求得一組解：點 $C(\frac{19}{7}, \frac{6}{7}, 0)$，在第三回合中，求得一組解：點 $H(2, 1, 1)$，如下圖 7-21 的路徑所示。在第三回合中，吾人由點 C 到達終點站 H 點，得到目標函數的最大值 70。

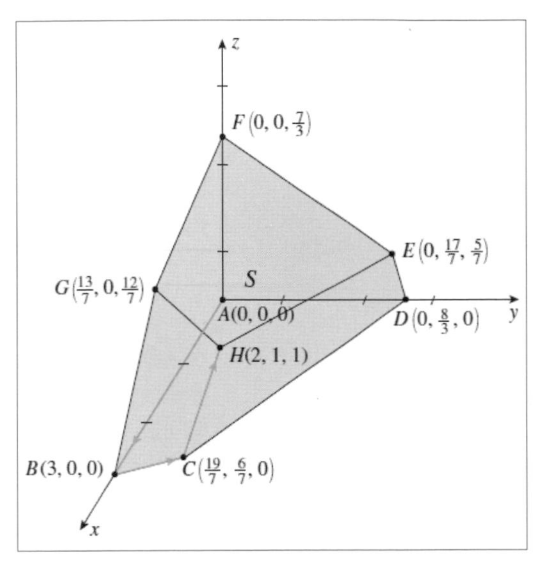

圖 7-21　以單形法求解，過程由 A 點出發，到達的 H 點，目標函數得到最大值 70

單形表手動計算過程，可參考實例三，根據可行解，可繪製三維空間，由於過於繁複冗長，從略。

R 軟體的應用

上圖 7-21 中多面體之 $A \sim H$ 各頂點均為此線性方程組的可行解，單行法的最佳解檢定（optimality test）提供了試算方法（[實例二] 之 delta 檢定子），用以決定最短的路徑登頂快速得到最佳解（極大值），如下程式。

```
cx<-c(20,12,18,0,0,0)                # 目標函數之係數 ( 決策變數 + 閒置變數 )
a1<-rbind(                           # <= 限制式之係數 ( 含閒置變數 )
  c(3,1,2,1,0,0),
  c(2,3,1,0,1,0),
  c(1,2,3,0,0,1))
b1<-c(9,8,7)                         # <= 的限制條件值
```

```
NB<-c(1,2,3)                                # 非基本變數代號
B<-c(4,5,6)                                 # 初始基本變數代號
n<-length(cx)                               # 目標函數變數個數
st<- rbind(a1)                              # 單形表 (simplex tableau)
Xs<- paste0('x',1:n)                        # 各變數命名
colnames(st)<- paste0(Xs,'(',cx,')')        # 單形表行名
st<-cbind(st,b1)                            # 單形表 (simplex tableau)
rownames(st)<- paste0(Xs[B],'(',cx[B],')')  # 單形表列名
print(st)                                   # 列印初始單形表
fbs<-solve(a1[,B])%*%b1                     # 求初始基本解
fbs<-replace(rep(0,n),B,fbs[,1])            # 求基本解 (basic solution)
names(fbs)<- paste0('x',1:n)                # 賦予基本解變數名
print(fbs)                                  # 列印基本可行解
P<-sum(cx*fbs)                              # 目標函數值
print(P)                                    # 列印初始目標函數值
while (TRUE){
  dnb<-cx[B]%*%st[,NB]-cx[NB]               # 計算非基本向量判別數
  delta<-rep(0,length(cx))                  # 初始判別數（全部歸零）
  delta[NB]<-dnb                            # 判別數
  if(all(dnb>=0)){                          # 判別數均無負數則結束迴圈
    print('已達最佳解')
    rownames(st)<- paste0(Xs[B],'(',cx[B],')')  # 單形表列名
    print(cbind(                            # 列印最終單形表
      rbind(st,delta=append(delta,NA)),ratio=append(ratio,NA)))
    break}
  pc<- which.min(delta)                     # 樞紐行號（取最大值）
  ratio<-st[,ncol(st)]/st[,pc]              # 技術矩陣比值
  ratio<-replace(ratio,ratio<0,NA)          # 技術矩陣比值忽略 <0
  pr<-which.min(ratio)                      # 樞紐列號
  theta<-ratio[pr]                          # theta（最小比值）
  P<- P-theta*(                             # 累進目標函數值
    sum(cx[B]%*%st[,pc])-cx[pc])
  print(cbind(                              # 列印單形表
    rbind(st,delta=append(delta,NA)),ratio=append(ratio,NA)))
  NB<-replace(NB,pc,B[pr])                  # 基本變數代號取代非基變數代號
  B<-replace(B,pr,pc)                       # 非基本變數代號取代基變數代號
  fbs<-solve(a1[,B])%*%b1                   # 求基本解 (basic solution)
  fbs<-replace(rep(0,n),B,fbs[,1])          # 基本解變數對應
  names(fbs)<- paste0('x',1:n)              # 基本解變數名稱
  cat('\n基本可行解',fbs,'\n')              # 列印基本可行解
  cat('目標函數值（加總基本可行解*係數）:',
```

```
    sum(cx*fbs),'\n')                                  # 列印目標函數值
  cat('累進目標函數值(P):',P,'\n')                      # 列印累進目標函數值
  ###### 單形表重整 #########
  pe<-st[pr,pc]                                         # 樞紐元素
  st[pr,]<-st[pr,]/pe                                   # 樞紐列基本列運算
  prow<-st[pr,]                                         # 樞紐列
  st[-pr,]<-st[-pr,]+                                   # 高斯消去法（陣列的基本列運算）
    matrix(-st[-pr,pc]/prow[pc])%*%prow
  rownames(st)<- paste0(Xs[B],'(',cx[B],')')  # 單形表列名
}
```

```
      x1(20) x2(12) x3(18) x4(0) x5(0) x6(0) bl ratio
x4(0)      3      1      2     1     0     0  9     3
x5(0)      2      3      1     0     1     0  8     4
x6(0)      1      2      3     0     0     1  7     7
delta    -20    -12    -18     0     0     0 NA    NA
```

圖 7-22　單形表及樞紐元素（迴圈迭代開始）

```
基本可行解 2.714286 0.8571429 0 0 0 2.571429
目標函數值(加總基本可行解*係數): 64.57143
累進目標函數值(P): 772.5714
       x1(20) x2(12)      x3(18)      x4(0)      x5(0) x6(0)        bl ratio
x1(20)      1      0   0.7142857  0.4285714 -0.1428571     0 2.7142857   3.8
x2(12)      0      1  -0.1428571 -0.2857143  0.4285714     0 0.8571429    NA
x6(0)       0      0   2.5714286  0.1428571 -0.7142857     1 2.5714286   1.0
delta       0      0  -5.4285714  5.1428571  2.2857143     0        NA    NA
```

圖 7-23　單形表解題路徑，代表 (3,0,0) B 點

```
基本可行解 2 1 1 0 0 0
目標函數值(加總基本可行解*係數): 70
累進目標函數值(P): 778
[1] "已達最佳解"
       x1(20) x2(12) x3(18)       x4(0)       x5(0)       x6(0) bl ratio
x1(20)      1      0      0  0.38888889  0.05555556 -0.27777778  2   3.8
x2(12)      0      1      0 -0.27777778  0.38888889  0.05555556  1    NA
x3(18)      0      0      1  0.05555556 -0.27777778  0.38888889  1   1.0
delta       0      0      0  5.44444444  0.77777778  2.11111111 NA    NA
```

圖 7-24　單形表解題路徑，代表 (19/7,6/7,0) C 點

圖 7-22 為迭代計算之起始點，亦即決策變數皆為 0，初始目標函數為 0 時的起算點，即圖 7-21 中 A 頂點，經圖 7-23、圖 7-24、圖 7-25 的解題步驟，分別代表圖 7-21 中其他 B、C、H 各頂點解題路徑，當路徑來到 H 點最佳解檢定子 delta 已無負數，代表已得最佳解（極大值）。

極大化不一定如以上實例所示有唯一解，也有可能無窮多解、無解、無界解，如下 [實例五] 所示。

實例五　無界限解的線性規劃問題 (6)

解下列線性規劃問題：

極大化 $P=x+2y$

s.t　$-2x+y\leq 4$

$x-3y\leq 3$

$x\geq 0$，$y\geq 0$

首先會出可行集合 S

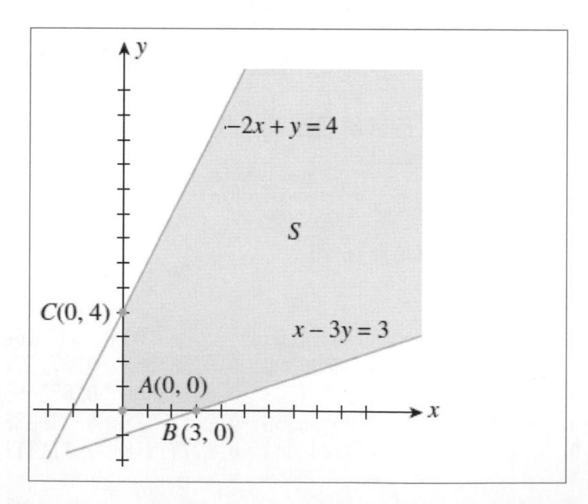

圖 7-26　由於可行集合 S 無界，此極大化問題無解

由圖 7-26 可看出，極點 (0,4)，(3,0) 皆不是最佳解，實際上，目標函數 P 值可沿著 S 往右上方向一直增大，且無任何上界，因此吾人稱本實例之目標函數值**無界限**（unbounded）。

R 軟體的應用

方法一：單形法（使用最佳解檢定）

```
cx<-c(1,2,0,0)          # 目標函數之係數（決策變數 + 閒置變數）
a1<-rbind(              # <= 限制式之各係數（含閒置變數）
  c(-2,1,1,0),
  c(1,-3,0,1))
b1<-c(4,3)              # <= 的限制條件值
NB<-c(1,2)              # 非基本變數代號
B<-c(3,4)               # 初始基本變數代號
n<-length(cx)           # 目標函數變數個數
st<- rbind(a1)          # 單形表 (simplex tableau)
Xs<- paste0('x',1:n)   # 各變數命名
colnames(st)<- paste0(Xs,'(',cx,')')          # 單形表行名
st<-cbind(st,b1)        # 單形表 (simplex tableau)
rownames(st)<- paste0(Xs[B],'(',cx[B],')')   # 單形表列名
print(st)               # 列印初始單形表
```

```
      x1(1) x2(2) x3(0) x4(0) b1
x3(0)    -2     1     1     0  4
x4(0)     1    -3     0     1  3
```

圖 7-27　初始單形表

```
fbs<-solve(a1[,B])%*%b1                  # 求初始基本解
fbs<-replace(rep(0,n),B,fbs[,1])         # 求基本解 (basic solution)
names(fbs)<- paste0('x',1:n)             # 賦予基本解變數名
P<-sum(cx*fbs)                           # 目標函數值
print(fbs)                               # 列印初始基本可行解
print(P)                                 # 列印初始目標函數值
```

```
> print(fbs)          # 列印初始基本可行解
x1 x2 x3 x4
 0  0  4  3
> print(P)            # 列印初始目標函數值
[1] 0
```

圖 7-28　初始基本可行解

初始基本可行解代表圖 7-26 之 A 點，自目標值 0 開始尋求在單行法下之下一個增值的頂點，如下程式：

```
while (TRUE){
  dnb<-cx[B]%*%st[,NB]-cx[NB]                # 計算非基本向量判別數
  delta<-rep(0,length(cx))                   # 初始判別數（全部歸零）
  delta[NB]<-dnb                             # 判別數
  if(all(dnb>=0)){                           # 判別數均無負數則結束迴圈
    print('已達最佳解')
    rowNames(st)<- paste0(Xs[B],'(',cx[B],')')  # 單形表列名
    print(cbind(                             # 列印最終單形表
      rbind(st,delta=append(delta,NA)),ratio=append(ratio,NA)
    ))
    break
  }
  pc<- which.min(delta)                      # 樞紐行號（取最大值）
  ratio<-st[,ncol(st)]/st[,pc]               # 技術矩陣比值
  ratio<-replace(ratio,ratio<0,NA)           # 技術矩陣比值忽略<0
  if(all(is.na(ratio))){                     # ratio 比值皆無>=0 時跳出迴圈
    print('無界解 !')
    rownames(st)<- paste0(Xs[B],'(',cx[B],')')  # 單形表列名
    print(cbind(                             # 列印最終單形表
      rbind(st,delta=append(delta,NA)),ratio=append(ratio,NA)
    ))
    break
  }
  pr<-which.min(ratio)                       # 樞紐列號
  theta<-ratio[pr]                           # theta(最小比值)
  P<- P-theta*(                              # 累進目標函數值
    sum(cx[B]%*%st[,pc])-cx[pc])
  #rownames(st)<- paste0(Xs[B],'(',cx[B],')')  # 單形表列名
```

```
  print(cbind(                          # 列印單形表
    rbind(st,delta=append(delta,NA)),ratio=append(ratio,NA)
  ))
  NB<-replace(NB,pc,B[pr])              # 基本變數代號取代非基本變數代號
  B<-replace(B,pr,pc)                   # 非基本變數代號取代基本變數代號
  fbs<-solve(a1[,B])%*%b1               # 求基本解 (basic solution)
  fbs<-replace(rep(0,n),B,fbs[,1])          # 基本解變數對應
  names(fbs)<- paste0('x',1:n)              # 基本解變數名稱
  cat('\n 基本可行解 ',fbs,'\n')            # 列印基本可行解
  cat(' 目標函數值 ( 加總基本可行解 * 係數 ):',
      sum(cx*fbs),'\n')                     # 列印目標函數值
  cat(' 累進目標函數值 (P):',P,'\n')        # 列印累進目標函數值
  if(all(is.na(ratio))){                    # ratio 比值皆無 >=0 時跳出迴圈
    print(' 無界解 !')
    rownames(st)<- paste0(Xs[B],'(',cx[B],')')  # 單形表列名
    print(cbind(                            # 列印最終單形表
      rbind(st,delta=append(delta,NA)),ratio=append(ratio,NA)
    ))
    break
  }
  ###### 單形表重整 #########
  pe<-st[pr,pc]                             # 樞紐元素
  st[pr,]<-st[pr,]/pe                       # 樞紐列基本列運算
  prow<-st[pr,]                             # 樞紐列
  st[-pr,]<-st[-pr,]+                       # 高斯消去法 ( 陣列的基本列運算 )
    matrix(-st[-pr,pc]/prow[pc])%*%prow
  rownames(st)<- paste0(Xs[B],'(',cx[B],')')   # 單形表列名
}
```

```
      x1(1) x2(2) x3(0) x4(0) b1 ratio
x3(0)    -2     1     1     0  4     4
x4(0)     1    -3     0     1  3    NA
delta    -1    -2     0     0 NA    NA

基本可行解 0 4 0 15
目標函數值(加總基本可行解*係數): 8
累進目標函數值(P): 8
```

圖 7-29　迴圈中第一次迭代

```
[1] "無界解 !"
       x1(1) x2(2) x3(0) x4(0) bl ratio
x2(2)     -2     1     1     0  4    NA
x4(0)     -5     0     3     1 15    NA
delta     -5     0     2     0 NA    NA
```

圖 7-30　迴圈中第二次迭代

圖 7-29 第一次迭代找到初始基點 A 之後的 C 點，目標函數值來到 8，繼續第二次迭代，從 delta 值尚有負數可決定樞紐行，但 ratio 皆無 >=0，因而不存在樞紐列，亦即，可行域 S 不存在封閉性的頂點，此為無界解。

方法二：直接使用套件 lpSolve

下列程式使用 lpSolve 套件之線性規劃函式 lp，其結果之訊息與上述方法一相同，呈現在第 2 次迭代產生狀態碼 3 之錯誤，下圖 7-31：

```
# 題目，求目標函數最大值（最佳解）:
# p=x + 2y
# -2x +  y ≤ 4
#   x - 3y ≤ 3
# x ≥ 0
# y ≥ 0
library(lpSolve)                              # 載入線性規劃函式庫 lpSolve
f.obj <- c(1,2)                               # 定義目標函數之各係數
f.con <- matrix(                              # 建立限制條件之矩陣
  c(-2, 1,                                    # 第一限制式之係數
    1, -3,                                    # 第二限制式之係數
    1,0,                                      # 第四限制式之係數
    0,1),                                     # 第五限制式之係數
  nrow=4, byrow=TRUE)                         # 矩陣列數、每列填滿再換列
f.dir <- c("<=","<=",">=",">=")               # 限制條件方向
f.rhs <- c(4, 3, 0, 0)                        # 限制條件計算式之右側數字
result <- lp(  # 使用線性規劃函式 lp 求解，函式說明請參閱 R 線上說明
  direction ="max",                           # 目標函數取最大值之解
  objective.in =f.obj,                        # 給予上述目標函數之各係數
  const.mat =f.con,                           # 給予上述限制條件之矩陣
  const.dir =f.dir,                           # 給予上述限制條件方向陣
  const.rhs =f.rhs)                           # 給予上述限制條件計算式之右側數字
print(result$x.count)                         # 將迭代次數印出
print(result)             # 將結果印出（0= 有可行解， 2= 無可行解， 3= 無界解）
```

```
> print(result$x.count)   # 將迭代次數印出
[1] 2
> print(result)           # 將結果印出(0=有可行解, 2=無可行解, 3=無界解)
Error: status 3
```

圖 7-31 lp 函式對無界解得出的錯誤訊息

7-2 極小化問題（minimization problem）

當吾人面對各種複雜的挑戰時，不僅需要找到解決問題的方法，有時我們更關注如何使得特定目標或成本達到最低。這便是極小化問題所探討的核心。極小化問題致力於尋找最適解，使得某些目標、成本或損失達到最小。譬如在經濟學中尋求最低成本的生產方案、在物流中找到最短的運輸路徑、在金融中最小化投資風險。

在 AI 時代，結合 5G、自駕技術的汽車革命指日可待。自駕車（self-driving automobile）規劃和執行行駛路線如何從數百萬條模擬的軌跡中，找出最好的運動軌跡，讓車過度到下一個狀態，並設計成本函數（cost function）與限制條件（constraint），在限制條件下找出成本最小複雜的路徑，即最優化軌跡，讓自駕車去執行。這就是本節的極小化問題。

本節解題的對象是極小化問題。只是目標函數為欲尋求極小化的線性規劃問題，其他條件與極大化問題相同。

實例六 營養問題（A Nutrition problem）(6)

一營養學家建議一位欠缺鐵質與維他命 B 的病人，應攝取至少 2400 毫克的鐵質、2100 毫克（mg）的維他命 B_1（硫胺素是一種 B complex 的維他命，存在於未精製的穀物、豆類和肝臟中）與 1500 毫克（mg）的維他命 B_2（核黃素，是一種 B complex 的黃色維他命，存在於許多食物中，尤其是牛奶、肝臟、雞蛋和綠色蔬菜中）一段時間。現考慮採用 A、B 兩種品牌的維他命丸。維他命丸 A 每顆含 40 毫克的鐵質、10 毫克的維他命 B_1 與 5 毫克的維他命 B_2；而維他命丸 B 每顆含

10 毫克的鐵質，以及各 15 毫克的維他命 B_1 與 B_2。已知維他命丸 A 每顆要 6 元，維他命丸 B 每顆是 8 元。請問營養學家應建議病人兩種品牌的維他命丸各吃多少顆，才能滿足最低攝取量且花費最低？即求：(1) 線性規劃問題公式化，(2) 其結果如下：

解題

整理兩種維他命丸的資訊：

表 7-4　兩種維他命丸的資訊

	品牌 A	品牌 B	最低攝取量
鐵劑（Iron）	40 mg	10 mg	2400 mg
維他命 B_1	10 mg	15 mg	2100 mg
維他命 B_2	5 mg	15 mg	1500 mg
單價（cost/pill）	6 元	8 元	

令 x、y 分別為維他命丸 A 與 B 所需服用的顆數，則維他命丸的花費成本為 $C=6x+8y$；

服用 x 顆維他命丸 A 與服用 y 顆維他命丸 B。將獲得 $40x+10y$ 的鐵劑，達到最低攝取量 2,400 毫克的要求，可得到 $40x+10y\geq 2400$ 不等式表示；同樣地，為達到維他命 B_1 了與 B_2 最低攝取量的要求，可分別得到 $10x+15y\geq 2100$ 及 $5x+15y\geq 1500$ 不等式表示。

當然所需服用維他命丸 A 與 B 的顆數 x、y 不得為負，因此需加上 $x\geq 0, y\geq 0$ 不等式。因此，可得以下之解題思路。

1. 線性規劃問題公式化

極大化 $C=6x+8y$

s.t　$40x+10y\leq 2400$

$10x+15y\leq 2100$

$5x+15y\geq 1500$

$x\geq 0$，$y\geq 0$

此一公式化線性規劃問題，包括目標函數尋求極小化、問題中使用的變數都限定是非負的、每一條限制式都表示為大於等於 (≥) 某一個常數等條件。吾人稱為**標準極小化**問題（standard minimization problem）。

2. R 軟體的應用求解

方法一：單形法之人工基底法（二階段法）

為轉換以上 (4) 式 ≥ 的限制不等式，為相等限制式，引入**剩餘變數**（surplus variable）$e1$、$e2$、$e3$ ，如下式 (5) 所示：

$$\begin{aligned} 40x+10y-e1&=2400 \\ 10x+15y-e2&=2100 \\ 5x+15y-e3&=1500 \end{aligned} \tag{5}$$

同時，吾人「創造」了**基本可行**變數（basic feasible variable）a1、a2、a3，每一變數並非是真正的變數，稱為**人工變數**（artificial variables），如下式 (6) 所示：

$$\begin{aligned} 40x+10y-e1 \quad\quad +a1 \quad\quad &=2400 \\ 10x+15y \quad -e2 \quad\quad +a2 \quad &=2100 \\ 5x+15y \quad\quad -e3 \quad\quad +a3 &=1500 \end{aligned} \tag{6}$$

依題意，首先目標函數之決策變數 x、y 以外對於 ≥ 之限制式補以剩餘變數，同時創造出人工基底所需之變數謂之人工變數，也令目標函式中之剩餘變數及人工變數的係數均為 0，以下為方便程式處理，從決策變數開始依序重新命名為 $x1,x2....,x8$ 等。

```
cx<-c(6,8,                        # 目標函數決策變數 (decision variable) 之係數
      0,0,0,                      # 剩餘變數 (surplus variable) 之係數
      0,0,0)                      # 人工變數 (artificial variable) 之係數
a1<-rbind(                        # 限制式之係數 ( 含所有變數 )
  c(40,10,-1,0,0,1,0,0),
  c(10,15,0,-1,0,0,1,0),
  c(5, 15,0,0,-1,0,0,1))
b1<-c(2400,2100,1500)             # <= 及>= 的限制條件值
```

```
P<-sum(cx*rep(0,length(cx)))       # 目標函數初始值
M<- c(6,7,8)                       # 人工變數位置
NB<-c(1:5)                         # 非基本變數代號
B<-c(6,7,8)                        # 初始基本變數代號
n<-length(cx)                      # 目標函數變數個數
st<- rbind(a1)                     # 單形表 (simplex tableau)
Xs<- paste0('x',1:n)                     # 各變數命名
colnames(st)<- paste0(Xs,'(',cx,')')     # 單形表行名
st<-cbind(st,b1)           # 單形表 (simplex tableau)
rownames(st)<- paste0(Xs[B],'(',cx[B],')')     # 單形表列名
print(st)                  # 列印初始單形表
```

```
> print(st)                    # 列印初始單形表
      x1(6) x2(8) x3(0) x4(0) x5(0) x6(0) x7(0) x8(0)   b1
x6(0)    40    10    -1     0     0     1     0     0 2400
x7(0)    10    15     0    -1     0     0     1     0 2100
x8(0)     5    15     0     0    -1     0     0     1 1500
```

圖 7-32　初始單形表

上圖 7-32 單形表中若以剩餘變數 (x3,x4,x5) 其係數所構成之基底求解，將得到不符前提限制條件之解，因此需額外創造人工變數以構成人工基底的 x6,x7,x8 各單位向量做為起始可行基底，藉以進行單形法。

由於人工變數原來並不存在於限制式之等號關係裡，因此需假設可解得一組使所有人工變數 (x6,x7,x8) 均為 0 的解，藉以消弭人工創造出來的變數，同時也驗證原始問題存在可行解，此為第一階段之目的，**緊接在第一階段後進入第二階段解題，即可除去人工變數**，進行如上一節的標準極大化求其最佳解。

第一階段（求極大化）：消弭人工變數

以下程式進行第一階段旨在消弭人工變數，除了人工變數外其餘變數係數均為零，求目標函數 $C=0(x1)+0(x2)+0(x3)........+1(x6)+1(x7)+1(x8)$ 極小化，因此，需化為標準極大化，即等號左右變號為 $-C=-x6-x7-x8$ 再以單形法求本階段最佳解，求解過程同比照本章 [實例二] 之說明。

```
cx1<-cx                    # 原目標函數之係數備份（第二階段還原後使用）
cx[]<- 0                   # 目標函數之係數歸零
cx[M]<- -1                 # 人工變數的係數指定
st<- rbind(a1)             # 單形表 (simplex tableau)
Xs<- paste0('x',1:n)  # 各變數命名
colnames(st)<- paste0(Xs,'(',cx,')')        # 單形表行名
st<-cbind(st,b1)           # 單形表 (simplex tableau)
rownames(st)<- paste0(Xs[B],'(',cx[B],')')  # 單形表列名
while (TRUE){
  dnb<-cx[B]%*%st[,NB]-cx[NB]  # 計算非基本向量檢定數
  delta<-rep(0,length(cx))     # 初始檢定子（全部歸零）
  delta[NB]<-dnb               # 最佳解檢定子
  pc<- which.min(delta)        # 樞紐行號（取最小值）
  ratio<-st[,ncol(st)]/st[,pc] # 技術矩陣比值
  ratio<-replace(ratio,ratio<0,NA)       # 技術矩陣比值忽略 <0
  pr<-nrow(st)-                          # 樞紐列號
    which(rev(ratio)== min(ratio, na.rm=TRUE))[1]+
    1
  fbs<-solve(a1[,B])%*%b1                # 求基本可行解
  fbs<-replace(rep(0,n),B,fbs[,1])       # 求基本可行解
  names(fbs)<- paste0('x',1:n)
  P<-sum(cx1*fbs)                        # 階段目標函數值
  cat('\n 基本可行解 ',fbs,'\n')          # 列印基本可行解
  cat(' 階段目標函數值 ',P,'\n')          # 列印第一階段目標函數值
  print(cbind(                           # 列印迭代單形表
    rbind(st,delta=append(delta,NA)),ratio=append(ratio,NA)
  ))
  if(!any(M %in% B)){                    #  判斷是否人工變數均從基向量裡去除
    if (!all(fbs[M]==0)){                # 若人工變數的可行解存在非 0 則跳出迴圈
      stop(' 此題無解 !')
    }
    cat(' 已達去除人工變數 \n',           # 列印第一階段目標函數值
        ' 第一階段目標函數值 :',P,'\n')
    break
  }
  ###### 單形表重整 #########
  pe<-st[pr,pc]                          # 樞紐元素
  st[pr,]<-st[pr,]/pe                    # 樞紐列基本列運算
```

```
  prow<-st[pr,]                # 樞紐列
  st[-pr,]<-st[-pr,]+          # 高斯消去法（陣列）
    matrix(-st[-pr,pc]/prow[pc])%*%prow
  NB<-replace(NB,pc,B[pr])  # 基本變數代號取代非基本變數代號
  B<-replace(B,pr,pc)          # 非基本變數代號取代基本變數代號
  rownames(st)<- paste0(Xs[B],'(',cx[B],')')   # 單形表列名
  ###############################
}
```

```
基本可行解 0 0 0 0 0 2400 2100 1500
階段目標函數值 0
        x1(0) x2(0) x3(0) x4(0) x5(0) x6(-1) x7(-1) x8(-1)   bl ratio
x6(-1)     40    10    -1     0     0      1      0      0 2400    60
x7(-1)     10    15     0    -1     0      0      1      0 2100   210
x8(-1)      5    15     0     0    -1      0      0      1 1500   300
delta     -55   -40     1     1     1      0      0      0   NA    NA
```

圖 7-33　第一階段初始單形表之樞紐元素

圖 7-33 中樞紐元素於 x1、x6 交會處，經基本列運算高斯消去法處理，各迴圈的結果如下：

```
基本可行解 60 0 0 0 0 0 1500 1200
階段目標函數值 360
        x1(0)  x2(0)  x3(0) x4(0) x5(0) x6(-1) x7(-1) x8(-1)   bl     ratio
x1(0)       1   0.25 -0.025     0     0  0.025      0      0   60 240.00000
x7(-1)      0  12.50  0.250    -1     0 -0.250      1      0 1500 120.00000
x8(-1)      0  13.75  0.125     0    -1 -0.125      0      1 1200  87.27273
delta       0 -26.25 -0.375     1     1  1.375      0      0   NA        NA
```

圖 7-34　基底以 x1 替換 x6 之後的 delta、ratio 及樞紐元素

```
基本可行解 38.18182 87.27273 0 0 0 0 409.0909 0
階段目標函數值 927.2727
       x1(0) x2(0)        x3(0) x4(0)       x5(0)       x6(-1) x7(-1)      x8(-1)        bl ratio
x1(0)      1     0 -0.027272727     0  0.01818182  0.027272727      0 -0.01818182  38.18182  2100
x7(-1)     0     0  0.136363636    -1  0.90909091 -0.136363636      1 -0.90909091 409.09091   450
x2(0)      0     1  0.009090909     0 -0.07272727 -0.009090909      0  0.07272727  87.27273    NA
delta      0     0 -0.136363636     1 -0.90909091  1.136363636      0  1.90909091        NA    NA
```

圖 7-35　基底以 x2 替換 x8 之後的 delta、ratio 及樞紐元素

```
基本可行解 30 120 0 0 450 0 0 0
階段目標函數值 1140
      x1(0) x2(0) x3(0) x4(0) x5(0) x6(-1) x7(-1) x8(-1)  b1 ratio
x1(0)     1     0 -0.03  0.02     0   0.03  -0.02      0  30    30
x5(0)     0     0  0.15 -1.10     1  -0.15   1.10     -1 450   Inf
x2(0)     0     1  0.02 -0.08     0  -0.02   0.08      0 120   Inf
delta     0     0  0.00  0.00     0   1.00   1.00      1  NA    NA
已達去除人工變數
 第一階段目標函數值： 1140
```

圖 7-36　基底以 x5 替換 x7 之後的 delta 均 >=0 即停止第一階段運算

上圖 7-36 當最佳解檢定子 delta **均無 <0** 則即停止第一階段運算，同時檢查此時的基本可行解，是否 x6、x7、x8 等人工變數為 0，若不全為 0 則本題無可行解，反之則以第一階段的基底（全無人工變數的向量），繼續進行第二階段原始問題求最佳解。

第二階段（求極大化）

下列程式首先將原單形表的人工變數去除，再將目標函數回到原始問題的 $-C=-6(x1)-8(x2)-0(x3)-0(x4)-0(x5)$ 求最佳解（標準極大值），如下圖 7-37。

```
NB<-NB[!NB %in% M]       # 去除人工變數
cx<--cx1[-M]             # 原目標函數之係數變號求極大值（去除人工變數）
n<-length(cx)            # 目標函數變數個數
st<- st[,-M]                                # 第二階段技術矩陣
rownames(st)<- paste0(Xs[B],'(',cx[B],')')      # 單形表列名
colnames(st)[1:n]<- paste0(Xs[-M],'(',cx,')') # 單形表行名
while (TRUE){
  dnb<-cx[B]%*%st[,NB]-cx[NB]               # 計算非基本向量檢定數
  delta<-rep(0,length(cx))                  # 初始檢定子（全部歸零）
  delta[NB]<-dnb                            # 最佳解檢定子
  pc<- which.min(delta)                     # 樞紐行號（取最小值）
  ratio<-st[,ncol(st)]/st[,pc]              # 技術矩陣比值
  ratio<-replace(ratio,ratio<=0,NA)         # 技術矩陣比值忽略 <=0
  pr<-nrow(st)-                             # 樞紐列號
    which(rev(ratio)== min(ratio, na.rm=TRUE))[1]+
    1
```

```
  theta<-ratio[pr]                          # theta(最小比值)
  fbs<-solve(a1[,B])%*%b1                   # 求基本解
  fbs<-replace(rep(0,n),B,fbs[,1])          # 求基本解 (basic solution)
  names(fbs)<- paste0('x',1:n)
  P<--sum(cx*fbs)                           # 階段目標函數值
  cat('\n 基本可行解 ',fbs,'\n')            # 列印基本可行解
  cat(' 初始目標函數值 ',P,'\n')            # 列印階段目標函數值
  print(cbind(                              # 列印初始單形表
    rbind(st,delta=append(delta,NA)),ratio=append(ratio,NA)))
  if(all(delta>=0)){
    cat('\n 已達最佳解 \n',                 # 列印第二階段目標函數值
        ' 第二段目標函數值 :',P,'\n')
    print(' 已達最佳解 ')
    break
  }
  ###### 單形表重整 #########
  pe<-st[pr,pc]                 # 樞紐元素
  st[pr,]<-st[pr,]/pe           # 樞紐列基本列運算
  prow<-st[pr,]                 # 樞紐列
  st[-pr,]<-st[-pr,]+
    matrix(-st[-pr,pc]/prow[pc])%*%prow    # 高斯消去法 (陣列)
  NB<-replace(NB,pc,B[pr]) # 基本變數代號取代非基本變數代號
  B<-replace(B,pr,pc)           # 非基本變數代號取代基本變數代號
  rownames(st)<- paste0(Xs[B],'(',cx[B],')')   # 單形表列名
}
```

```
基本可行解 30 120 0 0 450
初始目標函數值 1140
       x1(-6) x2(-8) x3(0) x4(0) x5(0)  b1 ratio
x1(-6)      1      0 -0.03  0.02     0  30    30
x5(0)       0      0  0.15 -1.10     1 450   Inf
x2(-8)      0      1  0.02 -0.08     0 120   Inf
delta       0      0  0.02  0.52     0  NA    NA

已達最佳解
 第二段目標函數值： 1140
[1] "已達最佳解"
```

圖 7-37　第二階段起始單形表

上圖 7-37 顯示經檢定子 delta 發現已是**全無 <0**，因此已得最佳可行解的基底為 x1、x5、x2 所構成之行向量，求解得 x1=30、x2=120、x3=0、x4=0、x5=450，即服用維他命丸 A 品牌與 B 品牌各 30、120 顆其 1140 元成本最低，且鐵劑與維他命 B_1 分別可達限制條件的 2400mg 與 2100mg，而維他命 B_2 則較之限制條件的 1500mg 剩餘（多出）450mg，亦即 1500mg+450mg=1950mg。

方法二：使用 lpSolveAPI 套件

程式中首先以 make.lp 建構一 lpExtPtr 的物件，經由 lp.control 函式對此 lpExtPtr 物件指定求極小化之最佳解，set.column 函式設定所有變數在限制條件式的係數，set.objfn 則設定目標函數的各係數，set.constr.value 設定限制條件式的限制值（右側值），set.constr.type 設定其限制條件的類型（>= 或 <=），最後以 solve 函式對此 lpExtPtr 物件求最佳解。

```
# 題目，求目標函數最小值（最佳解）：
# C=6x + 8y
# 40x + 10y ≥ 2400
# 10x + 15y ≥ 2100
# 5x +15y ≥ 1500
# x >= 0
# y >= 0
library(lpSolveAPI)     # 載入線性規劃函式庫 lpSolveAPI
lprec <- make.lp(       # 建立一新線性規劃 model 物件，函式說明請參閱 R 線上說明
  5, 2)                 # 此 model 具 5 個限制條件 2 個決策變數求解
# 程式執行至此可先 print(lprec) 初步檢查 model 內容
lp.control(             # 線性規劃模式，設定其相關控制參數，函式說明請參 R 線上說明
  lprec=lprec,          # 對象線性規劃 model 物件
  sense='min')          # 設定此 model 取最小值
set.column(             # 設定 model 欄限制條件各係數，函式說明請參閱 R 線上說明
  lprec,                # 此 model 物件
  column=1,             # 此 model 第一欄
  x=c(40,10,5,1,0))     # 此欄各限制條件值（對應上述 5 個條件）
set.column(             # 同上
  lprec,                # 同上
  column=2,             # 此 model 第二欄
  x=c(10,15,15,0,1))    # 同上
set.objfn(              # 設定 model 的目標函數，函式說明請參閱 R 線上說明
```

```
  lprec,              # 此 model 物件
  c(6,8))             # 目標函數各係數
# 給予各條件名稱
rownames <- c('Iron', 'B1','B2','A_brand','B_brand')
colnames <- c("A_brand", "B_brand") # 給予各係數行（決策變數）名稱
dimnames(lprec) <- list( # 將 model 變數欄及條件欄重新命名，方便閱讀
  rownames,
  colnames)
set.constr.value(     # 設定限制值，函式說明請參閱 R 線上說明
  lprec,  # 此 model 物件
  rhs=c(2400,2100,1500,0,0), # 限制值 (Right Hand Side)
  constraints=1:5) # 五個限制條件
set.constr.type( # 設定限制型態（方向），函式說明請參閱 R 線上說明
  lprec,  # 此 model 物件
  types=c(">=", ">=", ">=",">=",">="),  # 限制型態（方向）
  constraints=1:5) # 五個限制條件
# 程式執行至此可先 print(lprec) 檢查 model 完整內容
print(lprec)  # 將 model 變數欄及條件欄已重新命名
solve(lprec) # 對此 model 求解，函式說明請參閱 R 線上說明 (?solve.lpExtPtr)
get.objective(lprec) # 讀出目標函數最佳解
get.variables(lprec) # 讀出目標函數最佳解之各值（依欄順序顯示）
get.constraints(lprec) # 讀出各限制條件式右側 (rhs) 之結果（依列順序）
```

```
> print(lprec)
Model name:
            A_brand  B_brand
Minimize          6        8
Iron             40       10  >=  2400
B1               10       15  >=  2100
B2                5       15  >=  1500
A_brand           1        0  >=     0
B_brand           0        1  >=     0
Kind            Std      Std
Type           Real     Real
Upper           Inf      Inf
Lower             0        0
```

圖 7-38　model 變數欄及條件欄

上圖 7-38 的線性規劃模型 lprec 變數為一 lpExtPtr 物件，依據目標函數求最小值，限制式及目標函數各變數係數建成，再經 solve 函式的運算得如下：

```
> get.objective(lprec) # 讀出目標函數最佳解
[1] 1140
> get.variables(lprec) # 讀出目標函數最佳解之各值(依欄順序顯示)
[1]  30 120
> get.constraints(lprec) # 讀出各限制條件式右側(rhs)之結果(依列順序)
[1] 2400 2100 1950   30  120
```

圖 7-39 solve 函式求解及其結果

上圖 7-39 顯示以 get.objective 函式自經過 solve 函式解得之 lprec 物件，讀取其目標函數最佳解（極小值）1140 元，get.variables 則是讀取 lprec 的決策變數結果，get.constraints 則是讀取限制條件值的結果，**驗證與方法一單形法（二階段法）的解析一致**。

實例七 倉庫問題（warehouse problem），即求解成本極小問題 (1)

Acrosonic 製造商在兩個不同的廠（廠一與廠二）生產 B 型耳機系統。廠一的月產能是 400 組，而廠二是 600 組。目前打算運送這些耳機系統到公司做為配銷中心（DC）的三個倉庫。根據各倉庫的訂單情形，A、B、C 三家倉庫每月最低的需求量分別是 200、300 與 400 組。一組耳機從廠一運送到 A、B、C 三家倉庫的運輸成本分別為 20、8 與 10 元；從廠二運送到 A、B、C 三家倉庫的運輸成本分別為 12、22 與 18 元。試 (1) 將此線性規劃問題公式化；(2) Acrosonic 製造商該如何訂定運輸計畫，才能滿足三家配銷中心的訂單需求，並使運輸成本最低？

解題：線性規劃問題公式化

依據題意，整理出工廠與倉庫間的單位運輸成本 , 如下表 7-5：

表 7-5 工廠與倉庫間的單位運輸成本

	倉庫 A	倉庫 B	倉庫 C
廠一	20	8	10
廠二	12	22	18

令 x_1 表示耳機產品從廠一運到倉庫 A 的 數量，x_2 表表示耳機產品從廠一運到倉庫 B 的數量，並依此類推，見下表 7-6。

表 7-6　工廠運到倉庫間的數量

	倉庫 A	倉庫 B	倉庫 C	月產能
廠一	x_1	x_2	x_3	400
廠二	x_4	x_5	x_6	600
最低需求量	200	300	400	

從表 7-5、表 7-6 可知從廠一運到倉庫 A 的運輸成本為 20 元，從廠一運到倉庫 B 的運輸成本為 8 元，並依此類推。因此，運輸的總成本為 $C=20x_1+8x_2+10x_3+12x_4+22x_5+18x_6$。

此外，基於在產能上的限制，故有

$x_1+x_2+x_3\leq 400$ 及 $x_4+x_5+x_6\leq 600$ 不等式。

為滿足三個倉庫的最低需求量，故有

$x_1+x_4\geq 200$，$x_2+x_5\geq 300$ 以及 $x_3+x_6\geq 400$ 不等式

綜合起來，我們得到以下線性規劃的問題：

極小化 $C=20x_1+8x_2+10x_3+12x_4+22x_5+18x_6$

s.t.：

$$x_1+x_2+x_3\leq 400$$
$$x_4+x_5+x_6\leq 600$$
$$x_1+x_4\geq 200$$
$$x_2+x_5\geq 300$$
$$x_3+x_6\geq 400$$
$$x_1\geq 0，x_2\geq 0，\cdots\cdots，x_6\geq 0$$

本例，若以單形法，解此一個問題，基本上是一套反覆計算的程序。它從初始可行解（指如上圖 7-21，可行集合 S 的某一個角落點，通常選擇原點）開始，每一次的反覆計算試圖改變目標函數值（確定其值不會更差），並走到可行集合 S 上的另一個角落點，如此反覆計算直到最佳解找到或得悉沒有最佳解為止。

R 軟體的應用

方法一：單形法之人工基底法（二階段法）

依題意，首先將 <=0 的限制條件，增加閒置變數使化成等號，>=0 的限制條件則增加剩餘變數及人工變數化成等號，得出單形表如下圖 7-40，初始基底為單形表矩陣左側列名 x7、x8、x12、x13、x14 所對應之行向量，括號內為該變數在目標函數上的係數便於計算 delta，行名是所有變數以及在目標函數對應的係數。

```
cx<-c(20,8,10,12,22,18,                # 目標函數決策變數 (decision variable) 之係數
      0,0,                             # 閒置變數 (slack variable) 之係數
      0,0,0,                           # 剩餘變數 (surplus variable) 之係數
      0,0,0)                           # 人工變數 (artificial variable) 之係數
a1<-rbind(                             # 限制式之係數（含所有變數）
  c(1,1,1,0,0,0,1,0,rep(0,3),rep(0,3)),
  c(0,0,0,1,1,1,0,1,rep(0,3),rep(0,3)),
  c(1,0,0,1,0,0,rep(0,2),-1,0,0,1,0,0),
  c(0,1,0,0,1,0,rep(0,2),0,-1,0,0,1,0),
  c(0,0,1,0,0,1,rep(0,2),0,0,-1,0,0,1))
b1<-c(400,600,200,300,400)             # <= 及 >= 的限制條件值
P<-sum(cx*rep(0,length(cx)))           # 目標函數初始值
M<- c(12,13,14)                        # 人工變數位置
NB<-c(1:6,9:11)                        # 非基本變數代號
B<-c(7,8,12:14)                        # 初始基本變數代號
n<-length(cx)                          # 目標函數變數個數
st<- rbind(a1)                         # 單形表 (simplex tableau)
Xs<- paste0('x',1:n)                   # 各變數命名
colnames(st)<- paste0(Xs,'(',cx,')')          # 單形表行名
st<-cbind(st,b1)                              # 單形表 (simplex tableau)
rownames(st)<- paste0(Xs[B],'(',cx[B],')')    # 單形表列名
print (st)                                    # 列印初始單形表
```

```
> print(st)                # 列印初始單形表
       x1(20) x2(8) x3(10) x4(12) x5(22) x6(18) x7(0) x8(0) x9(0) x10(0) x11(0) x12(0) x13(0) x14(0)  b1
x7(0)       1     1      1      0      0      0     1     0     0      0      0      0      0      0 400
x8(0)       0     0      0      1      1      1     0     1     0      0      0      0      0      0 600
x12(0)      1     0      0      1      0      0     0     0    -1      0      0      1      0      0 200
x13(0)      0     1      0      0      1      0     0     0     0     -1      0      0      1      0 300
x14(0)      0     0      1      0      0      1     0     0     0      0     -1      0      0      1 400
```

圖 7-40　初始單形表（決策變數、閒置變數、剩餘變數、人工變數）

第一階段（求極大化）：消弭人工變數

同 [實例六] 先以第一階段單行法針對人工變數進行求解使為 0，藉以消弭人工變數，除了人工變數外其餘變數係數均為零，求目標函數 $C=0(x1)+0(x2)+0(x3)........+1(x12)+1(x13)+1(x14)$ 極小化，因此，需化為標準極大化，即等號左右變號為 $-C=-x12-x13-x14$ 再以單形法求本階段最佳解，如以下程式。

```
cx1<-cx          # 原目標函數之係數備份（計算目標函數值及第二階段還原後使用）
cx[]<- 0                                     # 目標函數之係數歸零
cx[M]<- -1                                   # 人工變數的係數指定
st<- rbind(a1)                               # 單形表 (simplex tableau)
Xs<- paste0('x',1:n)                         # 各變數命名
colnames(st)<- paste0(Xs,'(',cx,')')         # 單形表行名
st<-cbind(st,b1)                             # 單形表 (simplex tableau)
rownames(st)<- paste0(Xs[B],'(',cx[B],')')   # 單形表列名
while (TRUE){
  dnb<-cx[B]%*%st[,NB]-cx[NB]                # 計算非基本向量檢定數
  delta<-rep(0,length(cx))                   # 初始檢定子（全部歸零）
  delta[NB]<-dnb                             # 最佳解檢定子
  pc<- which.min(delta)                      # 樞紐行號（取最小值）
  ratio<-st[,ncol(st)]/st[,pc]               # 技術矩陣比值
  ratio<-replace(ratio,ratio<0,NA)           # 技術矩陣比值忽略 <0
  ratio<-replace(                            # 忽略 =0 的非人工變數
    ratio,
    which(!(B %in% M) & ratio==0),NA)
  pr<-nrow(st)-                              # 樞紐列號
    which(rev(ratio)== min(ratio, na.rm=TRUE))[1]+
    1
  #pr<-which(ratio== min(ratio, na.rm=TRUE))[1]
  fbs<-solve(a1[,B])%*%b1                    # 求基本可行解
  fbs<-replace(rep(0,n),B,fbs[,1])           # 求基本可行解
  names(fbs)<- paste0('x',1:n)
  P<-sum(cx1*fbs)                            # 階段目標函數值
  cat('\n 基本可行解 ',fbs,'\n')             # 列印基本可行解
  cat(' 階段目標函數值 ',P,'\n')             # 列印第一階段目標函數值
  print(cbind(                               # 列印初始單形表
    rbind(st,delta=append(delta,NA)),ratio=append(ratio,NA)))
  if(!any(M %in% B)){               #  判斷是否人工變數均從基向量裡去除
    if (!all(fbs[M]==0)){
      stop(' 此題無解 !')
```

```
    }
    cat('已達去除人工變數\n',         # 列印第一階段目標函數值
        '第一階段目標函數值：',P,'\n')
    break
  }
  ### 單形表重整 ###
  pe<-st[pr,pc]                        # 樞紐元素
  st[pr,]<-st[pr,]/pe                  # 樞紐列基本列運算
  prow<-st[pr,]                        # 樞紐列
  st[-pr,]<-st[-pr,]+                  # 高斯消去法(陣列)
    matrix(-st[-pr,pc]/prow[pc])%*%prow
  NB<-replace(NB,pc,B[pr])             # 基本變數代號取代非基本變數代號
  B<-replace(B,pr,pc)                  # 非基本變數代號取代基本變數代號
  rownames(st)<- paste0(Xs[B],'(',cx[B],')')  # 單形表列名
}
```

```
基本可行解 0 0 0 0 0 0 400 600 0 0 0 200 300 400
階段目標函數值 0
         x1(0) x2(0) x3(0) x4(0) x5(0) x6(0) x7(0) x8(0) x9(0) x10(0) x11(0) x12(-1) x13(-1) x14(-1)  b1 ratio
x7(0)        1     1     1     0     0     0     1     0     0      0      0       0       0       0 400   400
x8(0)        0     0     0     1     1     1     0     1     0      0      0       0       0       0 600   Inf
x12(-1)      1     0     0     1     0     0     0     0    -1      0      0       1       0       0 200   200
x13(-1)      0     1     0     0     1     0     0     0     0     -1      0       0       1       0 300   Inf
x14(-1)      0     0     1     0     0     1     0     0     0      0     -1       0       0       1 400   Inf
delta       -1    -1    -1    -1    -1    -1     0     0     1      1      1       0       0       0  NA    NA
```

圖 7-41　第一階段初始樞紐元素於 x1 與 x12 交會處

```
基本可行解 200 0 0 0 0 0 200 600 0 0 0 0 300 400
階段目標函數值 4000
         x1(0) x2(0) x3(0) x4(0) x5(0) x6(0) x7(0) x8(0) x9(0) x10(0) x11(0) x12(-1) x13(-1) x14(-1)  b1 ratio
x7(0)        0     1     1    -1     0     0     1     0     1      0      0      -1       0       0 200   200
x8(0)        0     0     0     1     1     1     0     1     0      0      0       0       0       0 600   Inf
x1(0)        1     0     0     1     0     0     0     0    -1      0      0       1       0       0 200   Inf
x13(-1)      0     1     0     0     1     0     0     0     0     -1      0       0       1       0 300   300
x14(-1)      0     0     1     0     0     1     0     0     0      0     -1       0       0       1 400   Inf
delta        0    -1    -1     0    -1    -1     0     0     0      1      1       1       0       0  NA    NA
```

圖 7-42　第一階段完成基底 x1 與 x12 對換

```
基本可行解 200 200 0 0 0 0 0 600 0 0 0 0 100 400
階段目標函數值 5600
         x1(0) x2(0) x3(0) x4(0) x5(0) x6(0) x7(0) x8(0) x9(0) x10(0) x11(0) x12(-1) x13(-1) x14(-1)  b1 ratio
x2(0)        0     1     1    -1     0     0     1     0     1      0      0      -1       0       0 200    NA
x8(0)        0     0     0     1     1     1     0     1     0      0      0       0       0       0 600   600
x1(0)        1     0     0     1     0     0     0     0    -1      0      0       1       0       0 200   200
x13(-1)      0     0    -1     1     1     0    -1     0    -1     -1      0       1       1       0 100   100
x14(-1)      0     0     1     0     0     1     0     0     0      0     -1       0       0       1 400   Inf
delta        0     0     0    -1    -1    -1     1     0     1      1      1       0       0       0  NA    NA
```

圖 7-43　第一階段完成基底 x2 與 x7 對換

```
基本可行解 100 300 0 100 0 0 0 500 0 0 0 0 0 400
階段目標函數值 5600
         x1(0) x2(0) x3(0) x4(0) x5(0) x6(0) x7(0) x8(0) x9(0) x10(0) x11(0) x12(-1) x13(-1) x14(-1)  bl ratio
x2(0)        0     1     0     0     1     0     0     0     0     -1      0       0       1       0 300  Inf
x8(0)        0     0     1     0     0     1     1     1     1      1      0      -1      -1       0 500  500
x1(0)        1     0     1     0    -1     0     1     0     0      1      0       0      -1       0 100  100
x4(0)        0     0    -1     1     1     0    -1     0    -1     -1      0       1       1       0 100   NA
x14(-1)      0     0     1     0     0     1     0     0     0      0     -1       0       0       1 400  400
delta        0     0    -1     0     0    -1     0     0     0      0      1       1       1       0  NA   NA
```

圖 7-44　第一階段完成基底 x4 與 x13 對換

```
基本可行解 0 300 100 200 0 0 0 400 0 0 0 0 0 300
階段目標函數值 5800
         x1(0) x2(0) x3(0) x4(0) x5(0) x6(0) x7(0) x8(0) x9(0) x10(0) x11(0) x12(-1) x13(-1) x14(-1)  bl ratio
x2(0)        0     1     0     0     1     0     0     0     0     -1      0       0       1       0 300  300
x8(0)       -1     0     0     0     1     1     0     1     1      0      0      -1       0       0 400  400
x3(0)        1     0     1     0    -1     0     1     0     0      1      0       0      -1       0 100   NA
x4(0)        1     0     0     1     0     0     0     0    -1      0      0       1       0       0 200  Inf
x14(-1)     -1     0     0     0     1     1    -1     0     0     -1     -1       0       1       1 300  300
delta        1     0     0     0    -1    -1     1     0     0      1      1       1       0       0  NA   NA
```

圖 7-45　第一階段完成基底 x3 與 x1 對換

上圖 7-45 在 ratio 欄決定樞紐列時，當存在多個不為 0 的最小值（x2 與 x14 同為 300）時，應選人工變數 (x14) 優先換出。

```
基本可行解 0 0 400 200 300 0 0 100 0 0 0 0 0 0
階段目標函數值 13000
         x1(0) x2(0) x3(0) x4(0) x5(0) x6(0) x7(0) x8(0) x9(0) x10(0) x11(0) x12(-1) x13(-1) x14(-1)  bl ratio
x2(0)        1     1     0     0     0    -1     1     0     0      0      1       0       0      -1   0    0
x8(0)        0     0     0     0     0     0     1     1     1      1      1      -1      -1      -1 100  Inf
x3(0)        0     0     1     0     0     1     0     0     0      0     -1       0       0       1 400  Inf
x4(0)        1     0     0     1     0     0     0     0    -1      0      0       1       0       0 200  200
x5(0)       -1     0     0     0     1     1    -1     0     0     -1     -1       0       1       1 300   NA
delta        0     0     0     0     0     0     0     0     0      0      0       1       1       1  NA   NA
已達去除人工變數
 第一階段目標函數值： 13000
```

圖 7-46　第一階段完成基底 x5 與 x14 對換

上圖 7-46 顯示最佳解檢定子 delta **均無<0**，表示已完成本階段最佳解，且**人工變數解皆為** 0，若不全為 0 則本題無可行解，反之，則以第一階段的基底（全無人工變數的向量），繼續進行第二階段原始問題求最佳解。

第二階段（求極大化）

下列程式，以第一階段的基底（已去除人工變數）繼續進行第二階段的單形表，需注意使用原始問題的係數化為標準極大化求解（即目標函數等號兩邊變號），如下圖 7-47。

```
####### 第二階段（求極大化）###############
NB<-NB[!NB %in% M]                  # 去除人工變數
cx<--cx1[-M]                        # 原目標函數之係數變號求極大值（去除人工變數）
n<-length(cx)                       # 目標函數變數個數
st<- st[,-M]                        # 第二階段技術矩陣
rownames(st)<- paste0(Xs[B],'(',cx[B],')')          # 單形表列名
colnames(st)[1:n]<- paste0(Xs[-M],'(',cx,')')       # 單形表行名
while (TRUE){
  dnb<-cx[B]%*%st[,NB]-cx[NB]                       # 計算非基向量檢定數
  delta<-rep(0,length(cx))                          # 初始檢定子（全部歸零）
  delta[NB]<-dnb                                    # 最佳解檢定子
  pc<- which.min(delta)                             # 樞紐行號（取最小值）
  ratio<-st[,ncol(st)]/st[,pc]                      # 技術矩陣比值
  ratio<-replace(ratio,ratio<=0,NA)                 # 技術矩陣比值忽略 <=0
  pr<-nrow(st)-                                     # 樞紐列號
    which(rev(ratio)== min(ratio, na.rm=TRUE))[1]+
    1
  theta<-ratio[pr]                                  # theta（最小比值）
  fbs<-solve(a1[,B])%*%b1                           # 求基本解
  fbs<-replace(rep(0,n),B,fbs[,1])           # 求基本解 (basic solution)
  names(fbs)<- paste0('x',1:n)
  P<--sum(cx*fbs)                            # 階段目標函數值
  cat('\n 基本可行解 ',fbs,'\n')             # 列印基本可行解
  cat(' 初始目標函數值 ',P,'\n')             # 列印階段目標函數值
  print(cbind(                               # 列印初始單形表
    rbind(st,delta=append(delta,NA)),ratio=append(ratio,NA)))
  if(all(delta>=0)){
    cat('\n 已達最佳解 \n',                  # 列印第二階段目標函數值
        ' 第二段目標函數值：',P,'\n')
    print(' 已達最佳解 ')
    break
  }
  ### 單形表重整 ###
  pe<-st[pr,pc]                              # 樞紐元素
  st[pr,]<-st[pr,]/pe                        # 樞紐列基本列運算
  prow<-st[pr,]                              # 樞紐列
  st[-pr,]<-st[-pr,]+
    matrix(-st[-pr,pc]/prow[pc])%*%prow      # 高斯消去法（陣列）
```

```
  NB<-replace(NB,pc,B[pr]) # 基本變數代號取代非基本變數代號
  B<-replace(B,pr,pc)   # 非基本變數代號取代基本變數代號
  rownames(st)<- paste0(Xs[B],'(',cx[B],')')   # 單形表列名
}
```

```
基本可行解 0 0 400 200 300 0 0 100 0 0 0
初始目標函數值 13000
         x1(-20) x2(-8) x3(-10) x4(-12) x5(-22) x6(-18) x7(0) x8(0) x9(0) x10(0) x11(0)  bl ratio
x2(-8)         1      1       0       0       0      -1     1     0     0      0      1   0    NA
x8(0)          0      0       0       0       0       0     1     1     1      1      1 100   Inf
x3(-10)        0      0       1       0       0       1     0     0     0      0     -1 400   400
x4(-12)        1      0       0       1       0       0     0     0    -1      0      0 200   Inf
x5(-22)       -1      0       0       0       1       1    -1     0     0     -1     -1 300   300
delta         22      0       0       0       0      -6    14     0    12     22     24  NA    NA
```

圖 7-47　第二階段初始單形表（已去除人工變數）

上圖 7-47 樞紐元素於 x5、x6 交會處，經高斯消去法後更換基底，如下圖 7-48。

```
基本可行解 0 300 100 200 0 300 0 100 0 0 0
初始目標函數值 11200
         x1(-20) x2(-8) x3(-10) x4(-12) x5(-22) x6(-18) x7(0) x8(0) x9(0) x10(0) x11(0)  bl ratio
x2(-8)         0      1       0       0       1       0     0     0     0     -1      0 300   300
x8(0)          0      0       0       0       0       0     1     1     1      1      1 100   Inf
x3(-10)        1      0       1       0      -1       0     1     0     0      1      0 100   Inf
x4(-12)        1      0       0       1       0       0     0     0    -1      0      0 200   Inf
x6(-18)       -1      0       0       0       1       1    -1     0     0     -1     -1 300   Inf
delta         16      0       0       0       6       0     8     0    12     16      0  NA    NA

已達最佳解
 第二段目標函數值： 11200
[1] "已達最佳解"
```

圖 7-48　第二階段完成基底 x5 與 x6 對換

上圖 7-48 顯示經檢定子 delta 發現已是全無 <0，因此已得最佳可行解的基底為 x2、x8、x3、x4、x6 所構成之行向量，求解得 x2=300、x3=100、x4=200、x6=300、x8=100。

因此，Acrosonic 製造商應從一廠運送 300 組該型耳機系統至倉庫 B、100 組至倉庫 C，從廠二運送 200 組該型耳機系統至倉庫 A、300 組至倉庫 C，使運輸成本達到最低，為 11,200 元，且工廠二將有 100 組的閒置產能。

方法二：使用 lpSolveAPI 套件

```
# 題目，求目標函數最小值（最佳解）:
# C=20 x1  +  8x2  +  10x3  +12 x4  +22 x5  +18 x6
# x1 + x2 + x3                      ≤ 400
#                x4  +  x5  +  x6   ≤ 600
# x1+             x4                ≥ 200
#      x2+              x5          ≥ 300
#           x3+               x6    ≥ 400
# x1 >= 0
# x2 >= 0
# x3 >= 0
# x4 >= 0
# x5 >= 0
# x6 >= 0
library(lpSolveAPI)    # 載入線性規劃函式庫 lpSolveAPI
lprec <- make.lp(      # 建立一新線性規劃 model 物件，函式說明請參閱 R 線上說明
  5, 6)                # 此 model 具 5 個限制條件 6 個決策變數求解
# 程式執行至此可先 print(lprec) 初步檢查 model 內容
lp.control(            # 線性規劃模式，設定其相關控制參數，函式說明請參閱 R 線上說明
  lprec=lprec,         # 對象線性規劃 model 物件
  sense='min')         # 設定此 model 取最小值
set.column(            # 設定 model 欄限制條件各係數，函式說明請參閱 R 線上說明
  lprec,               # 此 model 物件
  column=1,            # 此 model 第 1 欄
  x=c(1,0,1,0,0))      # 此欄各限制條件值（對應上述 5 個條件）
set.column(            # 同上
  lprec,               # 同上
  column=2,            # 此 model 第 2 欄
  x=c(1,0,0,1,0))      # 同上
set.column(            # 同上
  lprec,               # 同上
  column=3,            # 此 model 第 3 欄
  x=c(1,0,0,0,1))      # 同上
set.column(            # 同上
  lprec,               # 同上
  column=4,            # 此 model 第 4 欄
  x=c(0,1,1,0,0))      # 同上
```

```
set.column(               # 同上
  lprec,                  # 同上
  column=5,               # 此 model 第 5 欄
  x=c(0,1,0,1,0))         # 同上
set.column(               # 同上
  lprec,                  # 同上
  column=6,               # 此 model 第 6 欄
  x=c(0,1,0,0,1))         # 同上
set.objfn(                # 設定 model 的目標函數，函式說明請參閱 R 線上說明
  lprec,                  # 此 model 物件
  c(20,8,10,12,22,18))         # 目標函數各係數
# 給予各條件名稱
rownames <- c('capacity 1', 'capacity 2',
              'WH A','WH B','WH C')
colnames <- c('F1-WA','F1-WB','F1-WC',   # 給予各係數行（決策變數）名稱
              'F2-WA','F2-WB','F2-WC')
dimnames(lprec) <- list(           # 將 model 變數欄及條件欄重新命名，方便閱讀
  rownames,
  colnames)
set.constr.value(                  # 設定限制值，函式說明請參閱 R 線上說明
  lprec,                           # 此 model 物件
  rhs=c(400,600,200,300,400),      # 限制值 (Right Hand Side)
  constraints=1:5)                 # 五個限制條件
set.constr.type(             # 設定限制型態（方向），函式說明請參閱 R 線上說明
  lprec,                     # 此 model 物件
  types=c("<=", "<=", ">=",">=",">="),   # 限制型態（方向）
  constraints=1:5)           # 五個限制條件
# 程式執行至此可先 print(lprec) 檢查 model 完整內容
print(lprec)                 # 將 model 變數欄及條件欄已重新命名
solve(lprec)                 # 將此 model  求解，函式說明請參閱 R 線上說明
get.objective(lprec)         # 讀出目標函數最佳解
get.variables(lprec)         # 讀出目標函數最佳解之各值（依欄順序顯示）
get.constraints(lprec)       # 讀出各限制條件式右側 (rhs) 之結果（依列順序）
```

```
> print(lprec)  # 將model變數欄及條件欄已重新命名
Model name:
              F1-WA  F1-WB  F1-WC  F2-WA  F2-WB  F2-WC
Minimize         20      8     10     12     22     18
capacity 1        1      1      1      0      0      0  <=  400
capacity 2        0      0      0      1      1      1  <=  600
WH A              1      0      0      1      0      0  >=  200
WH B              0      1      0      0      1      0  >=  300
WH C              0      0      1      0      0      1  >=  400
Kind            Std    Std    Std    Std    Std    Std
Type           Real   Real   Real   Real   Real   Real
Upper           Inf    Inf    Inf    Inf    Inf    Inf
Lower             0      0      0      0      0      0
```

圖 7-49　線性規劃模型

上圖 7-49 顯示建構本例之線性規劃模型內容。

```
> get.objective(lprec) # 讀出目標函數最佳解
[1] 11200
> get.variables(lprec) # 讀出目標函數最佳解之各值(依欄順序顯示)
[1]   0 300 100 200   0 300
> get.constraints(lprec) # 讀出各限制條件式右側(rhs)之結果(依列順序)
[1] 400 500 200 300 400
```

圖 7-50　solve 函式求解及其結果

上圖 7-50 顯示以 get.objective 函式自經過 solve 函式解得之 lprec，讀取其目標函數最佳解（運輸成本極小化）11,200 元，get.variables 則是讀取 lprec 的決策變數結果，get.constraints 則是讀取限制條件值的結果，其中 capacity 2 將有只使用 600-100=500 組的產能，而其餘都可洽與限制條件值一致，方法二與方法一單形法（二階段法）的求解一致。

實例八　**郵局在一周的不同天，要求不同數量的全職員工，每天所需的全職員工數量，如表 8-6。工會規定，每位全職員工必須連續工作五天，然後有兩天休息。例如，週一至週五工作的員工必須在周六和周日休息。郵局希望只使用全職員工來滿足其日常需求，制定 LP，郵局可以最大限度地減少必須雇用的全職員工的數量** (8)

表 7-7　郵局需要的員工

需要的全職員工人數	
第一天 = 週一	17
第二天 = 週二	13
第三天 = 週三	15
第四天 = 週四	19
第五天 = 週五	14
第六天 = 週六	16
第七天 = 週日	11

解題

正確表述這個問題的關鍵是要意識到郵局的主要決定，是一周中的每一天有多少人開始工作，而不是每天有多少人在工作。

考慮到這一點，我們定義

x_i= 第 i 天開始工作的員工人數

如此，目標函數如下：

Min $z=x_1+x_2+x_3+x_4+x_5+x_6+x_7$

郵局必須確認，在每週的每一個工作有足夠的員工，譬如，週一最少要有 17 名員工。意即，在週一工作的員工數為 $x_1+x_4+x_5+x_6+x_7$。為確保至少有 17 名員工在週一工作，需要滿足下列限制式

$x_1+x_4+x_5+x_6+x_7\geq 17$

在每週的其他 6 天，加入相似的限制式，以及限制符號 $x_i\geq 0(i=1,2...,7)$，產出下列郵局問題的明確敘述（formulating the problem）

Min $z=x_1+x_2+x_3+x_4+x_5+x_6+x_7$

s.t. $x_1+x_4+x_5+x_6+x_7\geq 17$（週一限制）

$x_1+x_2+x_5+x_6+x_7\geq 13$（週二限制）

$x_1+x_2+x_3+x_6+x_7\geq 15$（週三限制）

$$x_1+x_2+x_3+x_4 \qquad +x_7 \geq 19 \text{（週四限制）}$$

$$x_1+x_2+x_3+x_4+x_5 \qquad \geq 14 \text{（週五限制）}$$

$$x_2+x_3+x_4+x_5+x_6 \qquad \geq 16 \text{（週六限制）}$$

$$x_3+x_4+x_5+x_6+x_7 \geq 11 \text{（週日限制）}$$

$$x_i \geq 0(i=1,2...,7) \qquad \text{（符號限制）}$$

此線性規劃問題的最佳解，是 $z=\frac{67}{3}$，$x_1=\frac{4}{3}$，$x_2=\frac{10}{3}$，$x_3=2$，$x_4=\frac{23}{3}$，$x_5=0$，$x_6=\frac{10}{3}$，$x_7=5$，由於我們只允許全職員工，因此變數必須是整數，並且不滿足可分割性假設 (Divisibility assumption)。為了找到所有變數都是整數的合理答案，我們可以嘗試將分數變數向上取整數，得到可行解：$z=25$, $x_1=2$，$x_2=4$，$x_3=2$，$x_4=8$，$x_5=0$，$x_6=4$，$x_7=5$。然而，事實證明，整數規劃可以用於顯示 郵局問題的最佳解是 $z=23$, $x_1=4$，$x_2=4$，$x_3=2$，$x_4=6$，$x_5=0$，$x_6=4$，$x_7=3$。請注意，無法對最佳線性規劃解決方案進行四捨五入以獲得最佳全是整數（all-integer）解決方案。至於整數規劃，請參閱作業研究書籍介紹。

R 軟體的應用

方法一：單形法之人工基底法（二階段法）

程式首先須對於每一 >= 的限制條件增加一係數等於 -1 的剩餘變數使限制式等號成立，再對於每一剩餘變數增一係數等於 1 人工變數做為初始之人工基底。

```
cx<-c(1,1,1,1,1,1,1,                # 目標函數之係數（決策變數）
      0,0,0,0,0,0,0,                # 剩餘變數 (surplus variable)
      0,0,0,0,0,0,0)                # 人工變數 (artificial variable)
a1<-rbind(                          # 限制式之係數（含所有變數）
  c(1,0,0,1,1,1,1,-1,rep(0,6),1,rep(0,6)),
  c(1,1,0,0,1,1,1,0,-1,rep(0,5),0,1,rep(0,5)),
  c(1,1,1,0,0,1,1,0,0,-1,rep(0,4),0,0,1,rep(0,4)),
  c(1,1,1,1,0,0,1,0,0,0,-1,rep(0,3),0,0,0,1,rep(0,3)),
  c(1,1,1,1,1,0,0,0,0,0,0,-1,rep(0,2),0,0,0,0,1,rep(0,2)),
  c(0,1,1,1,1,1,0,0,0,0,0,0,-1,rep(0,1),0,0,0,0,0,1,rep(0,1)),
  c(0,0,1,1,1,1,1,0,0,0,0,0,0,-1,0,0,0,0,0,0,1))
b1<-c(17,13,15,19,14,16,11)         # >=  的限制條件值
```

```
P<-sum(cx*rep(0,length(cx)))        # 目標函數初始值
DV<-1:7                             # 決策變數（結構變數）位置
M<- 15:21                           # 人工變數位置
NB<-1:14                            # 非基本變數代號
B<-15:21                            # 初始基本變數代號
n<-length(cx)                       # 目標函數變數個數
st<- rbind(a1)                      # 單形表 (simplex tableau)
Xs<- paste0('x',1:n)                # 各變數命名
colnames(st)<- paste0(Xs,'(',cx,')')        # 單形表行名
st<-cbind(st,b1)                    # 單形表 (simplex tableau)
rownames(st)<- paste0(Xs[B],'(',cx[B],')')  # 單形表列名
print (st)                          # 列印初始單形表
```

```
> print(st)              # 列印初始單形表
       x1(1) x2(1) x3(1) x4(1) x5(1) x6(1) x7(7) x8(0) x9(0) x10(0) x11(0) x12(0) x13(0) x14(0) x15(0) x16(0)
x15(0)     1     0     0     1     1     1     1    -1     0      0      0      0      0      0      1      0
x16(0)     1     1     0     0     1     1     1     0    -1      0      0      0      0      0      0      1
x17(0)     1     1     1     0     0     1     1     0     0     -1      0      0      0      0      0      0
x18(0)     1     1     1     1     0     0     1     0     0      0     -1      0      0      0      0      0
x19(0)     1     1     1     1     1     0     0     0     0      0      0     -1      0      0      0      0
x20(0)     0     1     1     1     1     1     0     0     0      0      0      0     -1      0      0      0
x21(0)     0     0     1     1     1     1     1     0     0      0      0      0      0     -1      0      0
       x17(0) x18(0) x19(0) x20(0) x21(0) b1
x15(0)      0      0      0      0      0 17
x16(0)      0      0      0      0      0 13
x17(0)      1      0      0      0      0 15
x18(0)      0      1      0      0      0 19
x19(0)      0      0      1      0      0 14
x20(0)      0      0      0      1      0 16
x21(0)      0      0      0      0      1 11
```

圖 7-51　初始單形表（決策變數、剩餘變數、人工變數）

第一階段（求極大化）：消弭人工變數

下列第一階段程式旨在消弭人工變數，樞紐行決定遇值相等時，以決策變數優先，而樞紐列的決定除了忽略負數外若遇值最小為 0 時需判斷若為決策變數，則改取人工變數（如圖 7-56）。

```
###### 第一階段（求極大化）####
cx1<-cx           # 原目標函數之係數備份（計算目標函數值及第二階段還原後使用）
cx[]<- 0                 # 目標函數之係數歸零
cx[M]<- -1               # 人工變數的係數指定
st<- rbind(a1)           # 單形表 (simplex tableau)
Xs<- paste0('x',1:n)     # 各變數命名
colnames(st)<- paste0(Xs,'(',cx,')')        # 單形表行名
```

```
st<-cbind(st,b1)                                    # 單形表 (simplex tableau)
rownames(st)<- paste0(Xs[B],'(',cx[B],')') # 單形表列名
while (TRUE){
  dnb<-cx[B]%*%st[,NB]-cx[NB]                       # 計算非基底向量檢定數
  delta<-rep(0,length(cx))                          # 初始檢定子（全部歸零）
  delta[NB]<-dnb                                    # 最佳解檢定子
  pc<- which.min(delta)                             # 樞紐行號（取最小值）
  ratio<-st[,ncol(st)]/st[,pc]                      # 技術矩陣比值
  ratio<-replace(ratio,ratio<0,NA)                  # 技術矩陣比值忽略 <0
  ratio<-replace(                                   # 非人工變數 =0 者除外
    ratio,
    which(!(B %in% M) & ratio==0),NA)
  fbs<-solve(a1[,B])%*%b1                           # 求基本可行解
  fbs<-replace(rep(0,n),B,fbs[,1])                  # 求基本可行解
  names(fbs)<- paste0('x',1:n)
  P<-sum(cx1*fbs)                                   # 階段目標函數值
  cat('\n 基本可行解 ',fbs,'\n')                    # 列印基本可行解
  cat(' 階段目標函數值 ',P,'\n')                    # 列印第一階段目標函數值
  print(cbind(                                      # 列印第一階段單形表
    rbind(st,delta=append(delta,NA)),ratio=append(ratio,NA)))
  pr<-which(ratio== min(ratio, na.rm=TRUE))[1] # 樞紐列號（取最小值）
  cat(' 樞紐行、列 :',pc,',',pr,'\n')               # 列印第一階段樞紐行、列號
  if(!any(M %in% B)){                               #  判斷是否人工變數均從基底裡去除
    if (!all(fbs[M]==0)){                           # ratio 比值皆無 >=0 時跳出迴圈
      stop(' 此題無解 !')
    }
    cat(' 已達去除人工變數 \n',                     # 列印第一階段目標函數值
        ' 第一階段目標函數值 :',P,'\n')
    break
  }
  ### 單形表重整 ###
  pe<-st[pr,pc]                                     # 樞紐元素
  st[pr,]<-st[pr,]/pe                               # 樞紐列基本列運算
  prow<-st[pr,]                                     # 樞紐列
  st[-pr,]<-st[-pr,]+                               # 高斯喬登消去法（陣列）
    matrix(-st[-pr,pc]/prow[pc])%*%prow
  B<-replace(B,pr,pc)                               # 非基本變數代號取代基本變數代號
  NB<-(1:n)[-B]                # 底基本變數代號取代非基本變數代號
  rownames(st)<- paste0(Xs[B],'(',cx[B],')') # 單形表列名（基底變數代號）
}
```

```
基本可行解 13 0 0 0 0 0 0 0 0 0 0 0 0 0 4 0 2 6 1 16 11
階段目標函數值 13
         x1(0) x2(0) x3(0) x4(0) x5(0) x6(0) x7(0) x8(0) x9(0) x10(0) x11(0) x12(0) x13(0) x14(0) x15(-1) x16(-1)
x15(-1)      0    -1     0     1     0     0     0    -1     1      0      0      0      0      0       1      -1
x1(0)        1     1     0     0     1     1     1     0    -1      0      0      0      0      0       0       1
x17(-1)      0     0     1     0    -1     0     0     0     1     -1      0      0      0      0       0      -1
x18(-1)      0     0     1     1    -1    -1     0     0     1      0     -1      0      0      0       0      -1
x19(-1)      0     0     1     1     0    -1    -1     0     1      0      0     -1      0      0       0      -1
x20(-1)      0     1     1     1     1     1     0     0     0      0      0      0     -1      0       0       0
x21(-1)      0     0     1     1     1     1     1     0     0      0      0      0      0     -1       0       0
delta        0     0    -5    -5     0     0     0     1    -4      1      1      1      1      1       0       5
         x17(-1) x18(-1) x19(-1) x20(-1) x21(-1) b1 ratio
x15(-1)        0       0       0       0       0  4   Inf
x1(0)          0       0       0       0       0 13   Inf
x17(-1)        1       0       0       0       0  2     2
x18(-1)        0       1       0       0       0  6     6
x19(-1)        0       0       1       0       0  1     1
x20(-1)        0       0       0       1       0 16    16
x21(-1)        0       0       0       0       1 11    11
delta          0       0       0       0       0 NA    NA
```

圖 7-52　第一階段完成基底 x1 與 x16 對換、樞紐元素於 x3 與 x19 交會處

```
基本可行解 0 0 0 0 0 0 0 0 0 0 0 0 0 0 17 13 15 19 14 16 11
階段目標函數值 0
         x1(0) x2(0) x3(0) x4(0) x5(0) x6(0) x7(0) x8(0) x9(0) x10(0) x11(0) x12(0) x13(0) x14(0) x15(-1) x16(-1)
x15(-1)      1     0     0     1     1     1     1    -1     0      0      0      0      0      0       1       0
x16(-1)      1     1     0     0     1     1     1     0    -1      0      0      0      0      0       0       1
x17(-1)      1     1     1     0     0     1     1     0     0     -1      0      0      0      0       0       0
x18(-1)      1     1     1     1     0     0     1     0     0      0     -1      0      0      0       0       0
x19(-1)      1     1     1     1     1     0     0     0     0      0      0     -1      0      0       0       0
x20(-1)      0     1     1     1     1     1     0     0     0      0      0      0     -1      0       0       0
x21(-1)      0     0     1     1     1     1     1     0     0      0      0      0      0     -1       0       0
delta       -5    -5    -5    -5    -5    -5    -5     1     1      1      1      1      1      1       0       0
         x17(-1) x18(-1) x19(-1) x20(-1) x21(-1) b1 ratio
x15(-1)        0       0       0       0       0 17    17
x16(-1)        0       0       0       0       0 13    13
x17(-1)        1       0       0       0       0 15    15
x18(-1)        0       1       0       0       0 19    19
x19(-1)        0       0       1       0       0 14    14
x20(-1)        0       0       0       1       0 16   Inf
x21(-1)        0       0       0       0       1 11   Inf
delta          0       0       0       0       0 NA    NA
```

圖 7-53　第一階段初始樞紐元素於 x1 與 x16 交會處

```
基本可行解 12 0 2 0 0 1 0 0 0 0 0 0 0 0 4 0 0 5 0 13 8
階段目標函數值 15
         x1(0) x2(0) x3(0) x4(0) x5(0) x6(0) x7(0) x8(0) x9(0) x10(0) x11(0) x12(0) x13(0) x14(0) x15(-1) x16(-1)
x15(-1)      0    -1     0     1     0     0     0    -1     1      0      0      0      0      0       1      -1
x1(0)        1     1     0     1     2     0     0     0    -1      1      0     -1      0      0       0       1
x6(0)        0     0     0    -1    -1     1     1     0     0     -1      0      1      0      0       0       0
x18(-1)      0     0     0     0    -1     0     1     0     0      0     -1      1      0      0       0       0
x3(0)        0     0     1     0    -1     0     0     0     1     -1      0      0      0      0       0      -1
x20(-1)      0     1     0     2     3     0    -1     0    -1      2      0     -1     -1      0       0       1
x21(-1)      0     0     0     2     3     0     0     0    -1      2      0     -1      0     -1       0       1
delta        0     0     0    -5    -5     0     0     1     1     -4      1      1      1      1       0       0
         x17(-1) x18(-1) x19(-1) x20(-1) x21(-1) b1 ratio
x15(-1)        0       0       0       0       0  4   4.0
x1(0)         -1       0       1       0       0 12  12.0
x6(0)          1       0      -1       0       0  1    NA
x18(-1)        0       1      -1       0       0  5   Inf
x3(0)          1       0       0       0       0  2   Inf
x20(-1)       -2       0       1       1       0 13   6.5
x21(-1)       -2       0       1       0       1  8   4.0
delta          5       0       0       0       0 NA    NA
```

圖 7-54　第一階段完成基底 x6 與 x16 對換、樞紐元素於 x5 與 x15 交會處

```
基本可行解 13 0 1 0 0 0 0 0 0 0 0 0 0 0 0 4 0 1 5 0 15 10
階段目標函數值 14
         x1(0) x2(0) x3(0) x4(0) x5(0) x6(0) x7(0) x8(0) x9(0) x10(0) x11(0) x12(0) x13(0) x14(0) x15(-1) x16(-1)
x15(-1)      0    -1     0     1     0     0     0    -1     1      0      0      0      0      0       1      -1
x1(0)        1     1     0     0     1     1     1     0    -1      0      0      0      0      0       0       1
x17(-1)      0     0     0    -1    -1     1     1     0     0     -1      0      1      0      0       0       0
x18(-1)      0     0     0     0    -1     0     1     0     0      0     -1      1      0      0       0       0
x3(0)        0     0     1     1     0    -1    -1     0     1      0      0     -1      0      0       0      -1
x20(-1)      0     1     0     0     1     2     1     0    -1      0      0      1     -1      0       0       1
x21(-1)      0     0     0     0     1     2     2     0    -1      0      0      1      0     -1       0       1
delta        0     0     0     0     0    -5    -5     1     1      1      1     -4      1      1       0       0
        x17(-1) x18(-1) x19(-1) x20(-1) x21(-1) bl ratio
x15(-1)       0       0       0       0       0  4   Inf
x1(0)         0       0       0       0       0 13  13.0
x17(-1)       1       0      -1       0       0  1   1.0
x18(-1)       0       1      -1       0       0  5   Inf
x3(0)         0       0       1       0       0  1    NA
x20(-1)       0       0      -1       1       0 15   7.5
x21(-1)       0       0      -1       0       1 10   5.0
delta         0       0       5       0       0 NA    NA
```

圖 7-55　第一階段完成基底 x3 與 x19 對換、樞紐元素於 x6 與 x17 交會處

```
基本可行解 8 0 2 4 0 5 0 0 0 0 0 0 0 0 0 0 0 5 0 5 0
階段目標函數值 19
         x1(0) x2(0) x3(0) x4(0) x5(0) x6(0) x7(0) x8(0) x9(0) x10(0) x11(0) x12(0) x13(0) x14(0) x15(-1) x16(-1)
x4(0)        0     0     0     1   1.5     0     0     0  -0.5      1      0   -0.5      0   -0.5       0     0.5
x1(0)        1     0     0     0  -1.0     0     0    -1   1.0     -1      0    0.0      0    1.0       1    -1.0
x6(0)        0     0     0     0   0.5     1     1     0  -0.5      0      0    0.5      0   -0.5       0     0.5
x18(-1)      0     0     0     0  -1.0     0     1     0   0.0      0     -1    1.0      0    0.0       0     0.0
x3(0)        0     0     1     0  -1.0     0     0     0   1.0     -1      0    0.0      0    0.0       0    -1.0
x20(-1)      0     0     0     0  -1.5     0    -1    -1   1.5     -1      0    0.5     -1    1.5       1    -1.5
x2(0)        0     1     0     0   1.5     0     0     1  -1.5      1      0   -0.5      0   -0.5      -1     1.5
delta        0     0     0     0   2.5     0     0     1  -1.5      1      1   -1.5      1   -1.5       0     2.5
        x17(-1) x18(-1) x19(-1) x20(-1) x21(-1) bl    ratio
x4(0)        -1       0     0.5       0     0.5  4       NA
x1(0)         1       0     0.0       0    -1.0  8 8.000000
x6(0)         0       0    -0.5       0     0.5  5       NA
x18(-1)       0       1    -1.0       0     0.0  5      Inf
x3(0)         1       0     0.0       0     0.0  2 2.000000
x20(-1)       1       0    -0.5       1    -1.5  5 3.333333
x2(0)        -1       0     0.5       0     0.5  0       NA
delta         0       0     2.5       0     2.5 NA       NA
```

圖 7-56　第一階段完成基底 x2 與 x21 對換、樞紐元素於 x9 與 x3 交會處

```
基本可行解 8 0 2 4 0 5 0 0 0 0 0 0 0 0 0 0 0 5 0 5 0
階段目標函數值 19
         x1(0) x2(0) x3(0) x4(0) x5(0) x6(0) x7(0) x8(0) x9(0) x10(0) x11(0) x12(0) x13(0) x14(0) x15(-1) x16(-1)
x4(0)        0    -1     0     1     0     0     0    -1     1      0      0      0      0      0       1      -1
x1(0)        1     2     0     0     2     0     0     1    -2      1      0     -1      0      0      -1       2
x6(0)        0    -1     0     0    -1     1     1    -1     1     -1      0      1      0      0       1      -1
x18(-1)      0     0     0     0    -1     0     1     0     0      0     -1      1      0      0       0       0
x3(0)        0     0     1     0    -1     0     0     0     1     -1      0      0      0      0       0      -1
x20(-1)      0     3     0     0     3     0    -1     2    -3      2      0     -1     -1      0      -2       3
x21(-1)      0     2     0     0     3     0     0     2    -3      2      0     -1      0     -1      -2       3
delta        0    -5     0     0    -5     0     0    -4     6     -4      1      1      1      1       5      -5
        x17(-1) x18(-1) x19(-1) x20(-1) x21(-1) bl    ratio
x4(0)         0       0       0       0       0  4       NA
x1(0)        -1       0       1       0       0  8 4.000000
x6(0)         1       0      -1       0       0  5       NA
x18(-1)       0       1      -1       0       0  5      Inf
x3(0)         1       0       0       0       0  2      Inf
x20(-1)      -2       0       1       1       0  5 1.666667
x21(-1)      -2       0       1       0       1  0 0.000000
delta         5       0       0       0       0 NA       NA
```

圖 7-57　第一階段完成基底 x5 與 x15 對換、樞紐元素於 x2 與 x21 交會處

上圖 7-57、圖 7-56 的基底（basis）不同，但其基本可行解（basic solution）則相同（凸集的同一個），此現象通常發生在出現**退化解**，也就是基底解裡出現 0 的現象，例如上圖 7-57 中 x21＝0，此時換入基底 x2 取代 x21 將不使目標值改變（如上圖 7-57、圖 7-56 同為 19）。

```
基本可行解 6.333333 5 0.3333333 7.333333 0 3.333333 0 0 1.666667 0 0 5 0 0 0 0 0 0 0 0 0
階段目標函數值 22.33333
       x1(0) x2(0) x3(0) x4(0)      x5(0) x6(0) x7(0)      x8(0) x9(0)      x10(0)      x11(0) x12(0)      x13(0)
x4(0)      0     0     0     1  0.6666667     0     0 -0.3333333     0  0.6666667 -0.3333333      0 -0.3333333
x1(0)      1     0     0     0 -0.3333333     0     1 -0.3333333     0 -0.3333333 -0.3333333      0  0.6666667
x6(0)      0     0     0     0  0.6666667     1     0 -0.3333333     0 -0.3333333  0.6666667      0 -0.3333333
x3(0)      0     0     1     0 -0.3333333     0     1  0.6666667     0 -0.3333333 -0.3333333      0  0.6666667
x9(0)      0     0     0     0 -0.6666667     0    -1 -0.6666667     1 -0.6666667  0.3333333      0 -0.6666667
x12(0)     0     0     0     0 -1.0000000     0     1  0.0000000     0  0.0000000 -1.0000000      1  0.0000000
x2(0)      0     1     0     0  0.0000000     0    -1  0.0000000     0  0.0000000  0.0000000      0 -1.0000000
delta      0     0     0     0  0.0000000     0     0  0.0000000     0  0.0000000  0.0000000      0  0.0000000
       x14(0)    x15(-1) x16(-1)    x17(-1)    x18(-1) x19(-1)    x20(-1) x21(-1)        bl    ratio
x4(0)       0  0.3333333       0 -0.6666667  0.3333333       0  0.3333333       0 7.3333333      Inf
x1(0)       0  0.3333333       0  0.3333333  0.3333333       0 -0.6666667       0 6.3333333 6.333333
x6(0)       0  0.3333333       0  0.3333333 -0.6666667       0  0.3333333       0 3.3333333      Inf
x3(0)      -1 -0.6666667       0  0.3333333  0.3333333       0 -0.6666667       1 0.3333333      Inf
x9(0)       1  0.6666667      -1  0.6666667 -0.3333333       0  0.6666667      -1 1.6666667      Inf
x12(0)      0  0.0000000       0  0.0000000  1.0000000      -1  0.0000000       0 5.0000000      Inf
x2(0)       1  0.0000000       0  0.0000000  0.0000000       0  1.0000000      -1 5.0000000      Inf
delta       0  1.0000000       1  1.0000000  1.0000000       0  1.0000000       1        NA       NA
已達去除人工變數
 第一階段目標函數值： 22.33333
```

圖 7-58　第一階段完成基底 x12 與 x20 對換

```
基本可行解 6 3 0 5 0 6 0 0 2 0 0 0 0 0 0 0 0 5 0 2 0
階段目標函數值 20
        x1(0) x2(0) x3(0) x4(0) x5(0) x6(0) x7(0) x8(0) x9(0) x10(0) x11(0) x12(0) x13(0) x14(0) x15(-1) x16(-1)
x4(0)       0     0   0.5     1     1     0     0     0     0    0.5      0   -0.5      0   -0.5       0       0
x1(0)       1     0  -1.0     0     0     0     0    -1     0    0.0      0    0.0      0    1.0       1       0
x6(0)       0     0   0.5     0     0     1     1     0     0   -0.5      0    0.5      0   -0.5       0       0
x18(-1)     0     0   0.0     0    -1     0     1     0     0    0.0     -1    1.0      0    0.0       0       0
x9(0)       0     0   1.0     0    -1     0     0     0     1   -1.0      0    0.0      0    0.0       0      -1
x20(-1)     0     0  -1.5     0     0     0    -1    -1     0    0.5      0    0.5     -1    1.5       1       0
x2(0)       0     1   1.5     0     0     0     0     1     0   -0.5      0   -0.5      0   -0.5      -1       0
delta       0     0   1.5     0     1     0     0     1     0   -0.5      1   -1.5      1   -1.5       0       1
        x17(-1) x18(-1) x19(-1) x20(-1) x21(-1) bl ratio
x4(0)      -0.5       0     0.5       0     0.5  5    NA
x1(0)       0.0       0     0.0       0    -1.0  6   Inf
x6(0)       0.5       0    -0.5       0     0.5  6    12
x18(-1)     0.0       1    -1.0       0     0.0  5     5
x9(0)       1.0       0     0.0       0     0.0  2   Inf
x20(-1)    -0.5       0    -0.5       1    -1.5  2     4
x2(0)       0.5       0     0.5       0     0.5  3    NA
delta       1.5       0     2.5       0     2.5 NA    NA
```

圖 7-59　第一階段完成基底 x9 與 x3 對換、樞紐元素於 x12 與 x20 交會處

上圖 7-58 顯示最佳解檢定子 delta 均無 <0，表示已完成本階段最佳解，且人工變數解皆為 0，若不全為 0 則本題無可行解，反之，則以第一階段的基底（全無人工變數的向量），繼續進行第二階段原始問題求最佳解。

第二階段（求極大化）

下列程式，以第一階段的基底（已去除人工變數）繼續進行第二階段的單形表，需注意使用原始問題的係數化為標準極大化求解（即目標函數等號兩邊變號），如下圖 7-61。

```
####### 第二階段（求極大化）###############
NB<-NB[!NB %in% M]              # 去除人工變數
cx<--cx1[-M]                    # 原目標函數之係數變號求極大值（去除人工變數）
n<-length(cx)                   # 目標函數變數個數
st<- st[,-M]                    # 第二階段技術矩陣
rownames(st)<- paste0(Xs[B],'(',cx[B],')')      # 單形表列名
colnames(st)[1:n]<- paste0(Xs[-M],'(',cx,')') # 單形表行名
while (TRUE){
  fbs<-solve(a1[,B])%*%b1   # 求基本解
  fbs<-replace(rep(0,n),B,fbs[,1])      # 求基本解 (basic solution)
  names(fbs)<- paste0('x',1:n)
  P<--sum(cx*fbs)                       # 階段目標函數值
  cat('\n 基本可行解 ',fbs,'\n')          # 列印基本可行解
  cat(' 目標函數值 ',P,'\n')              # 列印階段目標函數值
  dnb<-cx[B]%*%st[,NB]-cx[NB]           # 計算非基本向量檢定數
  delta<-rep(0,length(cx))              # 初始檢定子（全部歸零）
  delta[NB]<-dnb                        # 最佳解檢定子
  print(cbind(                          # 列印初始單形表
    rbind(st,delta=append(delta,NA)),ratio=append(ratio,NA)))
  if(all(delta>=0)){                    # 判別數均無負數則結束迴圈
    cat('\n 已達最佳解 \n',              # 列印第二階段目標函數值
        ' 第二段目標函數值 :',P,'\n')
    print(' 已達最佳解 ')
    break
  }
  pc<- which.min(delta)                 # 樞紐行號（取最小值）
  ratio<-st[,ncol(st)]/st[,pc]          # 技術矩陣比值
  ratio<-replace(ratio,ratio<=0,NA)     # 技術矩陣比值忽略 <=0
  pr<-nrow(st)-                         # 樞紐列號（取最小值）
    which(rev(ratio)== min(ratio, na.rm=TRUE))[1]+
    1
  theta<-ratio[pr]                      # theta（最小比值）
```

```
  ### 單形表重整 ###
  pe<-st[pr,pc]                  # 樞紐元素
  st[pr,]<-st[pr,]/pe            # 樞紐列基本列運算
  prow<-st[pr,]                  # 樞紐列
  st[-pr,]<-st[-pr,]+
    matrix(-st[-pr,pc]/prow[pc])%*%prow          # 高斯喬登消去法（陣列）
  B<-replace(B,pr,pc)            # 非基本變數代號取代基本變數代號
  NB<-(1:n)[-B]                  # 基本變數代號取代非基本變數代號
  rownames(st)<- paste0(Xs[B],'(',cx[B],')')     # 單形表列名
}
cat('原始條件：',b1,'\n')        # 列印原始限制條件
cat('限制條件解： ',a1[,DV]%*%fbs[DV],'\n')      # 列印限制條件解
```

```
> cat('原始條件:',b1,'\n')   # 列印原始限制條件
原始條件: 17 13 15 19 14 16 11
> cat('限制條件解: ',a1[,DV]%*%fbs[DV],'\n')   # 列印限制條件解
限制條件解:  17 14.66667 15 19 19 16 11
```

圖 7-60　第二階段最佳解滿足之需求人數

```
基本可行解 6.333333 5 0.3333333 7.333333 0 3.333333 0 0 1.666667 0 0 5 0 0
目標函數值 22.33333
        x1(-1) x2(-1) x3(-1) x4(-1)     x5(-1) x6(-1) x7(-1)      x8(0) x9(0)     x10(0)     x11(0) x12(0)
x4(-1)       0      0      0      1  0.6666667      0      0 -0.3333333     0  0.6666667 -0.3333333      0
x1(-1)       1      0      0      0 -0.3333333      0      1 -0.3333333     0 -0.3333333 -0.3333333      0
x6(-1)       0      0      0      0  0.6666667      1      0 -0.3333333     0 -0.3333333  0.6666667      0
x3(-1)       0      0      1      0 -0.3333333      0      1  0.6666667     0 -0.3333333 -0.3333333      0
x9(0)        0      0      0      0 -0.6666667      0     -1 -0.6666667     1 -0.6666667  0.3333333      0
x12(0)       0      0      0      0 -1.0000000      0      1  0.0000000     0  0.0000000 -1.0000000      1
x2(-1)       0      1      0      0  0.0000000      0     -1  0.0000000     0  0.0000000  0.0000000      0
delta        0      0      0      0  0.3333333      0      0  0.3333333     0  0.3333333  0.3333333      0
            x13(0) x14(0)        b1    ratio
x4(-1) -0.3333333      0 7.3333333      Inf
x1(-1)  0.6666667      0 6.3333333 6.333333
x6(-1) -0.3333333      0 3.3333333      Inf
x3(-1)  0.6666667     -1 0.3333333      Inf
x9(0)  -0.6666667      1 1.6666667      Inf
x12(0)  0.0000000      0 5.0000000      Inf
x2(-1) -1.0000000      1 5.0000000      Inf
delta   0.3333333      0        NA       NA

已達最佳解
 第二段目標函數值： 22.33333
[1] "已達最佳解"
```

圖 7-61　第二階段起始單形表

上圖 7-61 顯示經檢定子 delta 發現已是**全無 <0**，因此已得最佳可行解的基底為 x1、x2、x3、x4、x6、x9、x12 所構成之行向量，求解得 x1=6.333333、x2=5、x3=0.3333333、x4=7.333333、x5=0、x6=3.333333、x7=0、x9=1.666667、x12=5，即合計 x1~x7 各班別人數 22.33333 人為至少之輪班人數，且從上圖 7-60 週 2 及週 5 將有冗餘各 1.666667 及 5 人。

細看上圖 7-61 已至最終滿足最佳可行解之單形表，最佳可行解無退化解，同時非基底之剩餘變數 x14 及 x7 的 delta =0，此現象構成此例具有**多重最佳可行解**（multiple optimal solutions）$z=\frac{67}{3}$，$x_1=\frac{4}{3}$，$x_2=\frac{10}{3}$，$x_3=2$，$x_4=\frac{23}{3}$，$x_5=0$，$x_6=\frac{10}{3}$，$x_7=5$，是另一組線性規劃問題的最佳解。(8) 惟一般軟體例如 MS Excel 的規劃求解插件，僅能求得一個解，利用 R 程式吾人則可選擇繼續迭代如下程式，需注意在避免無窮迴圈下獲得其它的最佳可行解，因此本例的多重最佳解連同上述至少會有 5 組，通常這部分由人工介入決定多重最佳解的需要。

```
##########  多重最佳解 ###########
oB<-B
pcs<-c()
while (!all(delta[NB]!=0)){
  pc<-NB[which(delta[NB]==0)]                    # 樞紐行只限 delta=0 的非基本變數
  pc<-rev(pc[!pc%in%pcs & !pc%in%oB])[1]  # 避免無窮迴圈（依序由後往前）
  if (is.na(pc)){                                # 無符合之樞紐行則跳出迴圈
    cat('已得多重最佳解 !','\n')
    break}
  pcs<-c(pcs,pc)
  ratio<-st[,ncol(st)]/st[,pc]                   # 技術矩陣比值
  ratio<-replace(ratio,ratio<=0,NA)              # 技術矩陣比值忽略 <=0
  pr<-nrow(st)-                                  # 樞紐列號
    which(rev(ratio)== min(ratio, na.rm=TRUE))[1]+1
  theta<-ratio[pr]                               # theta（最小比值）
  ### 單形表重整 ###
  pe<-st[pr,pc]                                  # 樞紐元素
  st[pr,]<-st[pr,]/pe                            # 樞紐列基本列運算
  prow<-st[pr,]                                  # 樞紐列
  st[-pr,]<-st[-pr,]+
    matrix(-st[-pr,pc]/prow[pc])%*%prow   # 高斯喬登消去法（陣列）
```

```
  B<-replace(B,pr,pc)                          # 非基變數代號取代基變數代號
  NB<-(1:n)[-B]                                # 基變數代號取代非基變數代號
  rownames(st)<- paste0(Xs[B],'(',cx[B],')')  # 單形表列名
  ##################
  fbs<-solve(a1[,B])%*%b1                      # 求基本解
  fbs<-replace(rep(0,n),B,fbs[,1])             # 求基本解 (basic solution)
  names(fbs)<- paste0('x',1:n)
  P<--sum(cx*fbs)                              # 階段目標函數值
  cat('\n 基本可行解 ',fbs,'\n')               # 列印基本可行解
  cat(' 初始目標函數值 ',P,'\n')               # 列印階段目標函數值
  dnb<-cx[B]%*%st[,NB]-cx[NB]                  # 計算非基向量檢定數
  delta<-rep(0,length(cx))                     # 初始檢定子（全部歸零）
  delta[NB]<-dnb                               # 最佳解檢定子
  print(cbind(                                 # 列印初始單形表
    rbind(st,delta=append(delta,NA)),ratio=append(ratio,NA)))
  cat(' 原始條件 :',b1,'\n')                   # 列印原始限制條件
  cat(' 限制條件解 : ',a1[,DV]%*%fbs[DV],'\n')    # 列印限制條件解
}
```

```
基本可行解 1.333333 3.333333 2 7.333333 0 3.333333 5 0 0 0 0 0 0 6.666667
初始目標函數值 22.33333
         x1(-1) x2(-1) x3(-1) x4(-1)     x5(-1) x6(-1) x7(-1)      x8(0) x9(0)      x10(0)     x11(0) x12(0)
x4(-1)        0      0      0      1  0.6666667      0      0 -0.3333333     0  0.6666667 -0.3333333      0
x1(-1)        1      0      0      0  0.6666667      0      0 -0.3333333     0 -0.3333333  0.6666667     -1
x6(-1)        0      0      0      0  0.6666667      1      0 -0.3333333     0 -0.3333333  0.6666667      0
x3(-1)        0      0      1      0 -1.0000000      0      0  0.0000000     1 -1.0000000  0.0000000      0
x14(0)        0      0      0      0 -1.6666667      0      0 -0.6666667     1 -0.6666667 -0.6666667      1
x7(-1)        0      0      0      0 -1.0000000      0      1  0.0000000     0  0.0000000 -1.0000000      1
x2(-1)        0      1      0      0  0.6666667      0      0  0.6666667    -1  0.6666667 -0.3333333      0
delta         0      0      0      0  0.3333333      0      0  0.3333333     0  0.3333333  0.3333333      0
            x13(0) x14(0)       b1    ratio
x4(-1) -0.3333333      0 7.333333      Inf
x1(-1)  0.6666667      0 1.333333 6.333333
x6(-1) -0.3333333      0 3.333333      Inf
x3(-1)  0.0000000      0 2.000000      Inf
x14(0) -0.6666667      1 6.666667       NA
x7(-1)  0.0000000      0 5.000000 5.000000
x2(-1) -0.3333333      0 3.333333      Inf
delta   0.3333333      0       NA       NA
原始條件: 17 13 15 19 14 16 11
限制條件解:  17 13 15 19 14 16 17.66667
```

圖 7-62　x7 進入基底，x12 離開基底

```
基本可行解 6.333333 3.333333 2 7.333333 0 3.333333 0 0 0 0 0 5 0 1.666667
初始目標函數值 22.33333
        x1(-1) x2(-1) x3(-1) x4(-1)      x5(-1) x6(-1) x7(-1)         x8(0) x9(0)       x10(0)      x11(0) x12(0)
x4(-1)       0      0      0      1  0.6666667      0      0 -0.3333333     0  0.6666667 -0.3333333      0
x1(-1)       1      0      0      0 -0.3333333      0      1 -0.3333333     0 -0.3333333 -0.3333333      0
x6(-1)       0      0      0      0  0.6666667      1      0 -0.3333333     0 -0.3333333  0.6666667      0
x3(-1)       0      0      1      0 -1.0000000      0      0  0.0000000     1 -1.0000000  0.0000000      0
x14(0)       0      0      0      0 -0.6666667      0     -1 -0.6666667     1 -0.6666667  0.3333333      0
x12(0)       0      0      0      0 -1.0000000      0      1  0.0000000     0  0.0000000 -1.0000000      1
x2(-1)       0      1      0      0  0.6666667      0      0  0.6666667    -1  0.6666667 -0.3333333      0
delta        0      0      0      0  0.3333333      0      0  0.3333333     0  0.3333333  0.3333333      0
           x13(0) x14(0)       bl    ratio
x4(-1) -0.3333333      0 7.333333      Inf
x1(-1)  0.6666667      0 6.333333      Inf
x6(-1) -0.3333333      0 3.333333      Inf
x3(-1)  0.0000000      0 2.000000       NA
x14(0) -0.6666667      1 1.666667 1.666667
x12(0)  0.0000000      0 5.000000      Inf
x2(-1) -0.3333333      0 3.333333 5.000000
delta   0.3333333      0       NA       NA
原始條件: 17 13 15 19 14 16 11
限制條件解:  17 13 15 19 19 16 12.66667
```

圖 7-63　x14 進入基底，x9 離開基底

上圖 7-63 先將 x14 換入基底後得到另一組最佳解集合，同樣圖 7-62 再將 x7 換入基底亦得到另一組最佳解集合，在目標值極小化同為 22.33333，數學上無關好壞，管理上或有差異，圖 7-63 與圖 7-61 同樣分散於 2 天有冗餘人員，亦即僅有 5 個班別即可滿足人數最小化，而圖 7-62 則集中於 x14（即週日）才有冗餘人員，且每班（共 6 個班 x1、x2、x3、x4、x6、x7）人數似乎較為平均，上述程式係將 x14 優先換入得圖 7-63 及圖 7-62 之結果，若將上述程式之**避免無窮迴圈**（依序由後往前）改以由前往後之不同順序，亦即 x7 先行換入亦將得到另外兩組最佳解，讀者可自行嘗試執行。

方法二：使用 lpSolveAPI 套件

此套件的優點在於只需決策變數，而不需人為給予閒置、剩餘及人工變數等，套件函式於程式內自動給予，此外線性規劃模型提供各種選項（lp.control.options），例如**避免退化解**（degenerate solution）及**無窮迴圈**等如下圖 7-65。

```
########## 方法二:lpSolveAPI ###############
# 題目，求目標函數最小值(最佳解):
# C=x1 + x2 + x3 +x4 + x5 + x6 + x7
# x1+             x4 + x5 + x6 + x7  ≥ 17
# x1 + x2+             + x5 + x6 + x7  ≥ 13
```

```
# x1  +  x2  +  x3+             x6  +  x7   ≥ 15
# x1  +  x2  +  x3  +  x4+            +  x7   ≥ 19
# x1  +  x2  +  x3  +  x4  +  x5            ≥ 14
#      x2  +  x3  +  x4  +  x5  +  x6        ≥ 16
#           x3  +  x4  +  x5  +  x6  +  x7   ≥ 11
# x1 >= 0
# x2 >= 0
# x3 >= 0
# x4 >= 0
# x5 >= 0
# x6 >= 0
# x7 >= 0
library(lpSolveAPI)   # 載入線性規劃函式庫 lpSolveAPI
lprec <- make.lp(     # 建立一新線性規劃 model 物件，函式說明請參閱 R 線上說明
  7, 7)               # 此 model 具 7 個限制條件 7 個決策變數求解
# 程式執行至此可先 print(lprec) 初步檢查 model 內容
lp.control(           # 線性規劃模式，設定其相關控制參數，函式說明請參閱 R 線上說明
  lprec=lprec,        # 對象線性規劃 model 物件
  sense='min')        # 設定此 model 取最小值
set.column(           # 設定 model 欄限制條件各係數，函式說明請參閱 R 線上說明
  lprec,              # 此 model 物件
  column=1,           # 此 model 第 1 欄
  x=c(1,1,1,1,1,0,0)) # 此欄各限制條件值（對應上述 7 個條件）
set.column(           # 同上
  lprec,              # 同上
  column=2,           # 此 model 第 2 欄
  x=c(0,1,1,1,1,1,0)) # 同上
set.column(           # 同上
  lprec,              # 同上
  column=3,           # 此 model 第 3 欄
  x=c(0,0,1,1,1,1,1)) # 同上
set.column(           # 同上
  lprec,              # 同上
  column=4,           # 此 model 第 4 欄
  x=c(1,0,0,1,1,1,1)) # 同上
set.column(           # 同上
  lprec,              # 同上
  column=5,           # 此 model 第 5 欄
```

```
  x=c(1,1,0,0,1,1,1)) # 同上
set.column(           # 同上
  lprec,              # 同上
  column=6,           # 此 model 第 6 欄
  x=c(1,1,1,0,0,1,1)) # 同上
set.column(           # 同上
  lprec,              # 同上
  column=7,           # 此 model 第 7 欄
  x=c(1,1,1,1,0,0,1)) # 同上
set.objfn(            # 設定 model 的目標函數，函式說明請參閱 R 線上說明
  lprec,              # 此 model 物件
  c(1,1,1,1,1,1,1))   # 目標函數各係數
# 給予各條件名稱
rownames <- c('Mon.','Tue.','Wed.','Thu.','Fri.','Sat.','Sun.')
colnames <- c('x1','x2','x3',      # 給予各係數行（決策變數）名稱
              'x4','x5','x6','x7')
dimnames(lprec) <- list(           # 將 model 變數欄及條件欄重新命名，方便閱讀
  rownames,
  colnames)
set.constr.value(     # 設定限制值，函式說明請參閱 R 線上說明
  lprec,              # 此 model 物件
  rhs=c(17,13,15,19,14,16,11),  # 限制值 (Right Hand Side)
  constraints=1:7)    # 7 個限制條件
set.constr.type(      # 設定限制型態（方向），函式說明請參閱 R 線上說明
  lprec,              # 此 model 物件
  types=c('>=', '>=', '>=','>=','>=','>=','>='),  # 限制型態（方向）
  constraints=1:7)    # 7 個限制條件
# 程式執行至此可先 print(lprec) 檢查 model 完整內容
print(lprec)          # 將 model 變數欄及條件欄已重新命名
solve(lprec)          # 將此 model 求解，函式說明請參閱 R 線上說明
get.objective(lprec)  # 讀出目標函數最佳解
get.variables(lprec)  # 讀出目標函數最佳解之各值（依欄順序顯示）
get.constraints(lprec)     # 讀出各限制條件式右側 (rhs) 之結果（依列順序）
library(pracma)
cat('最佳解之各值進位取整數 (x1~x7): ',ceil(get.variables(lprec)))
cat('取進位整數解合計（人數）:',sum(ceil(get.variables(lprec))))
```

```
> print(lprec)  # 將model變數欄及條件欄已重新命名
Model name:
           x1   x2   x3   x4   x5   x6   x7
Minimize    1    1    1    1    1    1    1
Mon.        1    0    0    1    1    1    1  >=  17
Tue.        1    1    0    0    1    1    1  >=  13
Wed.        1    1    1    0    0    1    1  >=  15
Thu.        1    1    1    1    0    0    1  >=  19
Fri.        1    1    1    1    1    0    0  >=  14
Sat.        0    1    1    1    1    1    0  >=  16
Sun.        0    0    1    1    1    1    1  >=  11
Kind      Std  Std  Std  Std  Std  Std  Std
Type     Real Real Real Real Real Real Real
Upper     Inf  Inf  Inf  Inf  Inf  Inf  Inf
Lower       0    0    0    0    0    0    0
```

圖 7-64　建構之線性規劃模型

```
> lp.control( # 線性規劃模式，設定其相關控制參數，函式說明請參閱R線上說明
+   lprec=lprec,    # 對象線性規劃model物件
+   sense='min')    # 設定此model取最小值
$anti.degen
[1] "fixedvars" "stalling"

$basis.crash
[1] "none"

$bb.depthlimit
[1] -50

$bb.floorfirst
[1] "automatic"

$bb.rule
[1] "pseudononint" "greedy"       "dynamic"      "rcostfixing"

$break.at.first
[1] FALSE

$break.at.value
[1] -1e+30

$epsilon
      epsb       epsd      epsel     epsint epsperturb   epspivot
     1e-10      1e-09      1e-12      1e-07      1e-05      2e-07

$improve
[1] "dualfeas"  "thetagap"
```

圖 7-65　lp 模型的控制選項

```
> cat('最佳解之各值進位取整數(x1~x7): ',ceil(get.variables(lprec)),'\n')
最佳解之各值進位取整數(x1~x7):  7 5 1 8 0 4 0
> cat('取進位整數解合計(人數):',sum(ceil(get.variables(lprec))),'\n')
取進位整數解合計(人數): 25
```

圖 7-67 solve 函式求解及其結果

```
> get.objective(lprec) # 讀出目標函數最佳解
[1] 22.33333
> get.variables(lprec) # 讀出目標函數最佳解之各值(依欄順序顯示)
[1] 6.3333333 5.0000000 0.3333333 7.3333333 0.0000000 3.3333333 0.0000000
> get.constraints(lprec) # 讀出各限制條件式右側(rhs)之結果(依列順序)
[1] 17.00000 14.66667 15.00000 19.00000 19.00000 16.00000 11.00000
```

圖 7-66 小數進位取整數的結果

由於我們只允許全職員工，因此變數必須是整數，且可分割性假設（Divisibility assumption）並不滿足。為了找到所有變數都是整數的合理答案，我們可以嘗試將分數變數向上取整數，得到可行解。例如，若原來求得最佳**可行**解：$z=\frac{67}{3}$，$x_1=\frac{4}{3}$，$x_2=\frac{10}{3}$，$x_3=2$，$x_4=\frac{23}{3}$，$x_5=0$，$x_6=\frac{10}{3}$，$x_7=5$，分數變數向上取整數，得到可行解：$z=25,\ x_1=2$，$x_2=4$，$x_3=2$，$x_4=8$，$x_5=0$，$x_6=4$，$x_7=5$。然而，事實證明，整數規劃可以用於顯示 郵局問題的最佳解是 $z=23$，$x_1=4$，$x_2=4$，$x_3=2$，$x_4=6$，$x_5=0$，$x_6=4$，$x_7=3$。請注意，無法對最佳線性規劃解決方案進行四捨五入以獲得最佳全是整數（all-integer）的解決方案。至於整數規劃（Integer Programming），請參閱作業研究書籍介紹。(8)

實例九 進一步探討維他命議題：有 7 種維他命劑的營養問題 (9)

有 7 種維他命劑 P_1，P_2，⋯，P_7，各維他命一錠含 3 種維他命 V_1，V_2，V_3 之劑量如表 7-8 所示，其價格列於表之最下面，而**每天最低攝取量**於表之最右端。問題是**每天最低需要** 100 單位之 V_1，80 單位之 V_2，120 單位之 V_3，這些維他命應如何組合才可達到最為省錢。

表 7-8　7 種維他命劑 及 3 種維他命之各種條件

錠劑維他命	P_1	P_2	P_3	P_4	P_5	P_6	P_7	每天需求維他命量
V_1	5	0	2	0	3	1	2	100
V_2	3	1	5	0	2	0	1	80
V_3	1	0	3	1	2	0	6	120
單價	2	0.5	2.5	0.3	1.75	0.35	2	

解題

1.　線性規劃問題公式：

設維他命 P_1，P_2，⋯，P_7，每天服用 x_1，x_2，⋯ x_7 錠。

限制條件：

$$\begin{aligned} &5x_1+0x_2+2x_3+0x_4+3x_5+x_6+2x_7 \geq 100 \\ &3x_1+x_2+5x_3+0x_4+2x_5+0x_6+x_7 \geq 80 \\ &x_1+0x_2+3x_3+x_4+2x_5+0x_6+6x_7 \geq 120 \\ &x_j \geq 0，j=1,2,\ldots,7 \end{aligned} \tag{8.1}$$

目標函數：

極小化 $Y=2x_1+0.5x_2+2.5x_3+0.3x_4+1.75x_5+0.35x_6+2x_7$

此問題可利用閒置變數（slack variables）x_8，x_9，x_{10} 及人工變數（artificial variable）x_{11}，x_{12}，x_{13}，改變為下列線性規劃之問題：

目標函數：

極大化 $-Y=-(2x_1+0.5x_2+2.5x_3+0.3x_4+1.75x_5+0.35x_6+2x_7)-w(x_{11}+x_{12}+x_{13})$

限制條件：

$$\begin{aligned} &5x_1+0x_2+2x_3+0x_4+3x_5+x_6+2x_7-x_8+x_{11}=100 \\ &3x_1+x_2+5x_3+0x_4+2x_5+0x_6+x_7-x_9+x_{12}=80 \\ &x_1+0x_2+3x_3+x_4+2x_5+0x_6+6x_7-x_{10}+x_{13}=120 \end{aligned}$$

本實例增加人工變數，且變數增加到 7 個 (x_1，x_2，... x_7)，以手工解題過程，可得得最適解為 $x_1=\frac{1260}{109}=11.56$，$x_3=\frac{660}{109}=10$，$x_7=\frac{1640}{109}=15.05$，$x_2=x_4=x_5=x_6=0$，價格 $y_0=\frac{7540}{109}=68.34$。

解題步驟過於冗長，從略。

R 軟體的應用

方法一：對偶問題法（Dual problem method）

本方法首先將原始問題**對偶化**成為標準最大化問題，再以如第一節所示之單形法解題，如下程式，**對偶**過程係將限制條件值轉為目標函數之係數，接著限制式之技術矩陣進行轉置（transpose）並加上閒置變數，再將原始目標函數之係數做為限制值使等號成立，即構成初始**單形表**如下圖 7-69，繼續循著程式迴圈直至滿足最佳解之條件（即最佳解檢定子 delta 全部 >=0），則得最佳解及其單形表如下：

```
########### 方法一 對偶問題法(Dual Problem method) ##############
# 題目，求目標函數極小值（最佳解）之對偶題極大值（最佳解）:
# Max C=100y1 + 80y2 + 120y3
# 5y1+3y2+y3  <= 2
#     +y2      <= 0.5
# 2y1+5y2+3y3 <= 2.5
#          y3 <= 0.3
# 3y1+2y2+2y3 <= 1.75
# y1           <= 0.35
# 2y1+y2+6y3  <= 2
# y1,y2,y3,y4,y5,y6,y7 >= 0
cx<-c(c(100,80,120),rep(0,7))                  # 目標函數之係數
at<-rbind(                                     # 限制式之係數（僅結構變數）
  c(5,0,2,0,3,1,2),
  c(3,1,5,0,2,0,1),
  c(1,0,3,1,2,0,6))
a1<-cbind(t(at),diag(1,7))                     # 技術矩陣（含閒置變數）
b1<-c(2, 0.5, 2.5, 0.3, 1.75, 0.35, 2) # 目標函數之係數
S<-4:10                                        # 閒置變數代號
NB<-1:3                                        # 非基本變數代號
```

```
B<-4:10                # 初始基本變數代號
n<-length(cx)          # 目標函數變數個數
st<- rbind(a1)         # 單形表 (simplex tableau)
Xs<- paste0('y',1:n)   # 各變數命名
colnames(st)<- paste0(Xs,'(',cx,')')          # 單形表行名
st<-cbind(st,b1)       # 單形表 (simplex tableau)
rownames(st)<- paste0(Xs[B],'(',cx[B],')')  # 單形表列名
fbs<-solve(a1[,B])%*%b1             # 求初始基本解
fbs<-replace(rep(0,n),B,fbs[,1]) # 求基本解 (basic solution)
names(fbs)<- paste0('x',1:n)        # 賦予基本解變數名
P<-sum(cx*fbs)                      # 目標函數值
cat('初始基本可行解：',fbs,'\n')      # 列印基本可行解
cat('初始目標函數值：',P,'\n')        # 列印初始目標函數值
print(st)                           # 列印初始單形表
while (TRUE){
  dnb<-cx[B]%*%st[,NB]-cx[NB]       # 計算非基向量判別數
  delta<-rep(0,length(cx))          # 初始判別數（全部歸零）
  delta[NB]<-dnb                    # 判別數
  if(all(dnb>=0)){                  # 判別數均無負數則結束迴圈
    cat('\n已達最佳解')
    rownames(st)<- paste0(Xs[B],'(',cx[B],')')   # 單形表列名
    cat('\n基本可行解（閒置變數）',delta[-S],'\n')  # 列印基本可行解
    cat('基本可行解（結構變數）',delta[S],'\n')     # 列印基本可行解
    cat('目標函數值（加總基本可行解*係數）:',
        sum(cx*fbs),'\n')                        # 列印目標函數值
    cat('累進目標函數值(P):',P,'\n')              # 列印累進目標函數值
    print(cbind(                                 # 列印最終單形表
      rbind(st,delta=append(delta,NA)),ratio=append(ratio,NA)
    ))
    break
  }
  pc<- which.min(delta)                     # 樞紐行號（取最大值）
  ratio<-st[,ncol(st)]/st[,pc]              # 技術矩陣比值
  ratio<-replace(ratio,ratio<0,NA)          # 技術矩陣比值忽略<0
  ratio<-replace(                           # 忽略 =0 的非閒置變數
    ratio,
    which(!(B %in% S) & ratio==0),NA)
  cat('\n')
  cat('基本可行解：',fbs,'\n')               # 列印基本可行解
  cat('累進目標函數值：',P,'\n')             # 列印目標函數值
  print(cbind(                              # 列印單形表
    rbind(st,delta=append(delta,NA)),ratio=append(ratio,NA)))
```

```
  pr<-which.min(ratio)                        # 樞紐列號
  theta<-ratio[pr]                            # theta(最小比值)
  P<- P-theta*(                               # 累進目標函數值
    sum(cx[B]%*%st[,pc])-cx[pc])
  B<-replace(B,pr,pc)                         # 非基本變數代號取代基本變數代號
  NB<-(1:n)[-B]                               # 基本變數代號取代非基本變數代號
  fbs<-solve(a1[,B])%*%b1                     # 求基本解 (basic solution)
  fbs<-replace(rep(0,n),B,fbs[,1])            # 基本解變數對應
  names(fbs)<- paste0('x',1:n)                # 基本解變數名稱
  ###### 單形表重整 #########
  pe<-st[pr,pc]                               # 樞紐元素
  st[pr,]<-st[pr,]/pe                         # 樞紐列基本列運算
  prow<-st[pr,]                               # 樞紐列
  st[-pr,]<-st[-pr,]+                         # 高斯消去法(陣列的基本列運算)
    matrix(-st[-pr,pc]/prow[pc])%*%prow
  rownames(st)<- paste0(Xs[B],'(',cx[B],')')  # 單形表列名
}
```

```
基本可行解： 0 0 0 2 0.5 2.5 0.3 1.75 0.35 2
累進目標函數值： 0
       y1(100) y2(80) y3(120) y4(0) y5(0) y6(0) y7(0) y8(0) y9(0) y10(0)   b1     ratio
y4(0)        5      3       1     1     0     0     0     0     0      0 2.00 2.0000000
y5(0)        0      1       0     0     1     0     0     0     0      0 0.50       Inf
y6(0)        2      5       3     0     0     1     0     0     0      0 2.50 0.8333333
y7(0)        0      0       1     0     0     0     1     0     0      0 0.30 0.3000000
y8(0)        3      2       2     0     0     0     0     1     0      0 1.75 0.8750000
y9(0)        1      0       0     0     0     0     0     0     1      0 0.35       Inf
y10(0)       2      1       6     0     0     0     0     0     0      1 2.00 0.3333333
delta     -100    -80    -120     0     0     0     0     0     0      0   NA        NA
```

圖 7-68　初始單形表及樞紐元素於 y3、y7 交會處

```
> cat('初始基本可行解：',fbs,'\n')        # 列印基本可行解
初始基本可行解： 0 0 0 2 0.5 2.5 0.3 1.75 0.35 2
> cat('初始目標函數值：',P,'\n')  # 列印初始目標函數值
初始目標函數值： 0
> print(st)          # 列印初始單形表
       y1(100) y2(80) y3(120) y4(0) y5(0) y6(0) y7(0) y8(0) y9(0) y10(0)   b1
y4(0)        5      3       1     1     0     0     0     0     0      0 2.00
y5(0)        0      1       0     0     1     0     0     0     0      0 0.50
y6(0)        2      5       3     0     0     1     0     0     0      0 2.50
y7(0)        0      0       1     0     0     0     1     0     0      0 0.30
y8(0)        3      2       2     0     0     0     0     1     0      0 1.75
y9(0)        1      0       0     0     0     0     0     0     1      0 0.35
y10(0)       2      1       6     0     0     0     0     0     0      1 2.00
```

圖 7-69　初始單形表及初始解

```
基本可行解： 0.35 0 0.2166667 0.03333333 0.5 1.15 0.08333333 0.2666667 0 0
累進目標函數值： 61
          y1(100)     y2(80) y3(120) y4(0) y5(0) y6(0) y7(0) y8(0)       y9(0)      y10(0)         bl      ratio
y4(0)           0  2.8333333       0     1     0     0     0     0 -4.6666667 -0.1666667 0.03333333 0.01176471
y5(0)           0  1.0000000       0     0     1     0     0     0  0.0000000  0.0000000 0.50000000 0.50000000
y6(0)           0  4.5000000       0     0     0     1     0     0 -1.0000000 -0.5000000 1.15000000 0.25555556
y3(120)         0  0.1666667       1     0     0     0     0     0 -0.3333333  0.1666667 0.21666667 1.30000000
y8(0)           0  1.6666667       0     0     0     0     0     1 -2.3333333 -0.3333333 0.26666667 0.16000000
y7(0)           0 -0.1666667       0     0     0     0     1     0  0.3333333 -0.1666667 0.08333333         NA
y1(100)         1  0.0000000       0     0     0     0     0     0  1.0000000  0.0000000 0.35000000        Inf
delta           0 -60.0000000      0     0     0     0     0     0 60.0000000 20.0000000         NA         NA
```

圖 7-70　y7 替代 y9 換入基底單形表及樞紐元素於 y2、y4 交會處

```
基本可行解： 0.1 0 0.3 1.2 0.5 1.4 0 0.85 0.25 0
累進目標函數值： 46
        y1(100) y2(80) y3(120) y4(0) y5(0) y6(0) y7(0) y8(0) y9(0) y10(0)   bl      ratio
y4(0)         0    0.5       0     1     0     0    14     0     0   -2.5 1.20 0.08571429
y5(0)         0    1.0       0     0     1     0     0     0     0    0.0 0.50        Inf
y6(0)         0    4.0       0     0     0     1     3     0     0   -1.0 1.40 0.46666667
y3(120)       0    0.0       1     0     0     0     1     0     0    0.0 0.30 0.30000000
y8(0)         0    0.5       0     0     0     0     7     1     0   -1.5 0.85 0.12142857
y9(0)         0   -0.5       0     0     0     0     3     0     1   -0.5 0.25 0.08333333
y1(100)       1    0.5       0     0     0     0    -3     0     0    0.5 0.10         NA
delta         0  -30.0       0     0     0     0  -180     0     0   50.0   NA         NA
```

圖 7-71　y1 替代 y10 換入基底單形表及樞紐元素於 y7、y9 交會處

```
基本可行解： 0 0 0.3 1.7 0.5 1.6 0 1.15 0.35 0.2
累進目標函數值： 36
        y1(100) y2(80) y3(120) y4(0) y5(0) y6(0) y7(0) y8(0) y9(0) y10(0)   bl     ratio
y4(0)         5      3       0     1     0     0    -1     0     0      0 1.70 0.3400000
y5(0)         0      1       0     0     1     0     0     0     0      0 0.50       Inf
y6(0)         2      5       0     0     0     1    -3     0     0      0 1.60 0.8000000
y3(120)       0      0       1     0     0     0     1     0     0      0 0.30       Inf
y8(0)         3      2       0     0     0     0    -2     1     0      0 1.15 0.3833333
y9(0)         1      0       0     0     0     0     0     0     1      0 0.35 0.3500000
y10(0)        2      1       0     0     0     0    -6     0     0      1 0.20 0.1000000
delta      -100    -80       0     0     0     0   120     0     0      0   NA        NA
```

圖 7-72　y3 替代 y7 換入基底單形表及樞紐元素於 y1、y10 交會處

```
基本可行解： 0.35 0.01176471 0.2147059 0 0.4882353 1.097059 0.08529412 0.2470588 0 0
累進目標函數值： 61.70588
        y1(100) y2(80) y3(120)       y4(0) y5(0) y6(0) y7(0) y8(0)        y9(0)      y10(0)         bl     ratio
y2(80)        0      1       0  0.35294118     0     0     0     0  -1.64705882 -0.05882353 0.01176471        NA
y5(0)         0      0       0 -0.35294118     1     0     0     0   1.64705882  0.05882353 0.48823529 0.2964286
y6(0)         0      0       0 -1.58823529     0     1     0     0   6.41176471 -0.23529412 1.09705882 0.1711009
y3(120)       0      0       1 -0.05882353     0     0     0     0  -0.05882353  0.17647059 0.21470588        NA
y8(0)         0      0       0 -0.58823529     0     0     0     1   0.41176471 -0.23529412 0.24705882 0.6000000
y7(0)         0      0       0  0.05882353     0     0     1     0   0.05882353 -0.17647059 0.08529412 1.4500000
y1(100)       1      0       0  0.00000000     0     0     0     0   1.00000000  0.00000000 0.35000000 0.3500000
delta         0      0       0 21.17647059     0     0     0     0 -38.82352941 16.47058824         NA        NA
```

圖 7-73　y2 替代 y4 換入基底單形表及樞紐元素於 y9、y6 交會處

```
已達最佳解
基本可行解(閒置變數) 0 0 0
基本可行解(結構變數) 11.55963 0 6.055046 0 0 0 15.04587
目標函數值(加總基本可行解*係數): 68.34862
累進目標函數值(P): 68.34862
         y1(100) y2(80) y3(120)       y4(0) y5(0)        y6(0) y7(0) y8(0) y9(0)       y10(0)         b1     ratio
y2(80)         0      1       0 -0.05504587     0  0.256880734     0     0     0 -0.11926606 0.29357798        NA
y5(0)          0      0       0  0.05504587     1 -0.256880734     0     0     0  0.11926606 0.20642202 0.2964286
y9(0)          0      0       0 -0.24770642     0  0.155963303     0     0     1 -0.03669725 0.17110092 0.1711009
y3(120)        0      0       1 -0.07339450     0  0.009174312     0     0     0  0.17431193 0.22477064        NA
y8(0)          0      0       0 -0.48623853     0 -0.064220183     0     1     0 -0.22018349 0.17660550 0.6000000
y7(0)          0      0       0  0.07339450     0 -0.009174312     1     0     0 -0.17431193 0.07522936 1.4500000
y1(100)        1      0       0  0.24770642     0 -0.155963303     0     0     0  0.03669725 0.17889908 0.3500000
delta          0      0       0 11.55963303     0  6.055045872     0     0     0 15.04587156         NA        NA
```

圖 7-74　y9 替代 y6 換入基底後得最佳解及其單形表

原始問題最佳解在上圖 7-74 中閒置變數 x4,x5,.....,x10 所對應的 delta 值，目標函數極小值與對偶問題的極大值相等。

方法二：對偶單形法（Dual-simplex method）

本方法同樣是使用單形法解極大化，將原始問題以變號方式將目標函數等號兩邊變號使目標函數成為求極大值，同時亦將限制條件不等式兩邊變號使 >= 成為 <=，類同本章第一節的標準極大化問題，唯限制值因變號呈現有負數之現象，因此解題進行步驟須注意下列順序：

1. 首先計算檢定子（delta）且存在負值，以及限制條件值存在負值。
2. 需先決定樞紐列，據以計算各行比值（ratio）且置於單形表下方，接著再決定樞紐行。
3. 樞紐列只取負值中絕對值最大者，亦即能使目標值快速增長。
4. 樞紐行只取負值中絕對值最小者，亦即對偶條件之限制底線。
5. 樞紐列、行交會處即樞紐元素，據以進行高斯消去法重新計算單形表。
6. 重複 1 之步驟檢查是否已符合最佳解的條件，若未符合則繼續進行 2~6 之步驟。

```
########### 方法二 對偶單形法 (Dual-simplex method)#################
# 題目，求目標函數極小值（最佳解）之對偶題極大值（最佳解）:
# Max C=2x1 + 0.5x2 + 2.5x3 + 0.3x4 + 1.75x5 + 0.35x6 + 2x7
# (-5)x1+        (-2)x3+         (-3)x5+(-1)x6+(-2)x7  <= -100
# (-3)x1+(-1)x2+(-5)x3+          (-2)x5+       (-1)x7  <= -80
```

```
# (-1)x1+        (-3)x3+(-1)x4+(-2)x5+        (-6)x7  <= -120
# x1,x2,x3,x4,x5,x6,x7 >= 0
cx<- c(-2, -0.5, -2.5, -0.3, -1.75, -0.35, -2) # 目標函數之係數
a1<-rbind(                      # 限制式之係數（含所有變數）
  c(-5,-0,-2,0,-3,-1,-2),
  c(-3,-1,-5,0,-2,0,-1),
  c(-1,0,-3,-1,-2,0,-6)
)
b1<-c(-100,-80,-120)            # >= 的限制條件值
m<-nrow(a1)                     # 限制式個數（單形表列數）
n<-length(cx)+m                 # 單形表行數（決策變數個數 + 閒置變數個數）
NB<-1:length(cx)                # 非基變數代號
B<-(length(cx)+1):n             # 初始基變數代號
cx<-c(cx,rep(0,m))              # 目標函數依閒置變數個數，增加 =0 的係數
a1<-cbind(a1,diag(m))           # 技術矩陣依閒置變數個數擴充
st<- a1                         # 單形表 (simplex tableau)
Xs<- paste0('x',1:(n-m))        # 各變數命名（決策變數）
Xs<- c(Xs,paste0('s',1:m))      # 各變數命名（閒置變數）
colnames(st)<- paste0(Xs,'(',cx,')')          # 單形表行名
st<-cbind(st,b1)                              # 單形表 (simplex tableau)
rownames(st)<- paste0(Xs[B],'(',0,')')        # 單形表列名
print(st)                                     # 列印初始單形表
fbs<-solve(a1[,B])%*%b1                       # 求初始基本解
fbs<-replace(rep(0,n),B,fbs[,1]) # 求基本解 (basic solution)
names(fbs)<- paste0('x',1:n)
dnb<-cx[B]%*%st[,NB]-cx[NB]          # 計算非基向量判別數
delta<-rep(0,length(cx))             # 初始判別數（全部歸零）
delta[NB]<-dnb                       # 最佳解檢定子
pr<- which.min(st[,'b1'])            # 樞紐列號（取負值中最小）
ratio<-delta/st[pr,1:n]              # 技術矩陣比值
ratio<-replace(                      # 技術矩陣比值忽略 <=0
  ratio,(is.nan(ratio) | ratio>=0),NA)
pc<-which.max(ratio)                 # 樞紐行號（取最大值）
theta<-st[,'b1'][pr]                 # theta 值
P<-sum(cx*fbs)                       # 目標函數值
cat('初始基本可行解：',-fbs,'\n')    # 列印基本可行解（變號）
cat('初始目標函數值：',-P,'\n')      # 列印初始目標函數值（變號）
print(rbind(                         # 列印初始單形表
  rbind(st,delta=append(delta,NA)),ratio=append(ratio,NA)
```

```
))
```

```
> cat('初始基本可行解：',-fbs,'\n')  # 列印基本可行解(變號)
初始基本可行解： 0 0 0 0 0 0 0 100 80 120
> cat('初始目標函數值：',-P,'\n')    # 列印初始目標函數值(變號)
初始目標函數值： 0
> print(rbind(              # 列印最終單形表
+   rbind(st,delta=append(delta,NA)),ratio=append(ratio,NA)
+ ))
      x1(-2) x2(-0.5)    x3(-2.5) x4(-0.3) x5(-1.75) x6(-0.35)      x7(-2) s1(0) s2(0) s3(0)   b1
s1(0)     -5      0.0 -2.0000000      0.0    -3.000     -1.00 -2.0000000     1     0     0 -100
s2(0)     -3     -1.0 -5.0000000      0.0    -2.000      0.00 -1.0000000     0     1     0  -80
s3(0)     -1      0.0 -3.0000000     -1.0    -2.000      0.00 -6.0000000     0     0     1 -120
delta      2      0.5  2.5000000      0.3     1.750      0.35  2.0000000     0     0     0   NA
ratio     -2       NA -0.8333333     -0.3    -0.875        NA -0.3333333    NA    NA    NA   NA
```

圖 7-75　初始單形表及樞紐元素於 s3 與 x4 交會處

循著程式迴圈直至滿足最佳解之條件，即「限制條件值全數由負轉正，且最佳解檢定子 delta 全部 >=0」，則得最佳解及其單形表如下圖 7-80，每一迴圈完成基底與非基底變數的交換使其往最佳解（極大值）快速增量，其增量之計算與本章第一節的標準極大化問題亦有所不同，每一次交換基底的增量為 theta（上述步驟 3）與樞紐行（上述步驟 4）ratio 的乘積。

```
while (TRUE){
  theta<-st[,'b1'][pr]       # theta(初始解最小值)
  #P<- P+theta*ratio[pc]     # 累進目標函數值
  P<- P+theta*(              # 累進目標函數值
      (sum(cx[B]%*%st[,pc])-cx[pc])/st[pr,pc])
  B<-replace(B,pr,pc)        # 非基本變數代號取代基本變數代號
  NB<-(1:n)[-B]              # 基本變數代號取代非基本變數代號
  ###### 單形表重整 #########
  pe<-st[pr,pc]              # 樞紐元素
  st[pr,]<-st[pr,]/pe        # 樞紐列基本列運算
  prow<-st[pr,]              # 樞紐列
  st[-pr,]<-st[-pr,]+        # 高斯消去法(陣列的基本列運算)
    matrix(-st[-pr,pc]/prow[pc])%*%prow
  rownames(st)<- paste0(Xs[B],'(',cx[B],')')  # 單形表列名
  ############################
  fbs<-solve(a1[,B])%*%b1                # 求基本解(basic solution)
  fbs<-replace(rep(0,n),B,fbs[,1])       # 基本解變數對應
  names(fbs)<- Xs                        # 基本解變數名稱
```

```
    cat('\n 基本可行解 ',fbs,'\n')            # 列印基本可行解
    cat(' 目標函數值 ( 加總基本可行解 * 係數 ):',
        -sum(cx*fbs),'\n')                   # 列印目標函數值 ( 變號 )
    cat(' 累進目標函數值 (P):',P,'\n')        # 列印累進目標函數值
    dnb<-cx[B]%*%st[,NB]-cx[NB]              # 計算非基底向量判別數
    delta<-rep(0,length(cx))                 # 初始判別數 ( 全部歸零 )
    delta[NB]<-dnb                           # 最佳解檢定子
    pr<- which.min(st[,'b1'])                # 樞紐行號 ( 取最小值 )
    ratio<-delta/st[pr,1:n]                  # 技術矩陣比值
    ratio<-replace(                          # 技術矩陣比值忽略 <=0
      ratio,(is.nan(ratio) | ratio>=0),NA)
    pc<-which.max(ratio)                     # 樞紐列號
    print(rbind(                             # 列印最終單形表
      rbind(st,delta=append(delta,NA)),ratio=append(ratio,NA)))
    if (all(st[,'b1']>=0) && all(delta>=0)){
      cat('\n 已達最佳解 \n',                 # 列印目標函數值
          ' 目標函數值 :',P,'\n')
      print(' 已達最佳解 ')
      break
    }
}
```

```
基本可行解 0 0 0 120 0 0 0 -100 -80 0
目標函數值(加總基本可行解*係數): 36
累進目標函數值(P): 36
         x1(-2) x2(-0.5) x3(-2.5) x4(-0.3)  x5(-1.75) x6(-0.35) x7(-2) s1(0) s2(0) s3(0)   b1
s1(0)     -5.00      0.0     -2.0        0 -3.0000000     -1.00   -2.0     1     0   0.0 -100
s2(0)     -3.00     -1.0     -5.0        0 -2.0000000      0.00   -1.0     0     1   0.0  -80
x4(-0.3)   1.00      0.0      3.0        1  2.0000000      0.00    6.0     0     0  -1.0  120
delta      1.70      0.5      1.6        0  1.1500000      0.35    0.2     0     0   0.3   NA
ratio     -0.34       NA     -0.8       NA -0.3833333     -0.35   -0.1    NA    NA    NA   NA
```

圖 7-76　x4 換入基底後，樞紐元素於 s1 與 x7 交會處

```
基本可行解 0 0 0 -180 0 0 50 0 -30 0
目標函數值(加總基本可行解*係數): 46
累進目標函數值(P): 46
              x1(-2) x2(-0.5)   x3(-2.5) x4(-0.3)  x5(-1.75)   x6(-0.35) x7(-2) s1(0) s2(0) s3(0)   b1
x7(-2)    2.50000000      0.0  1.0000000        0  1.5000000  0.50000000      1  -0.5     0   0.0   50
s2(0)    -0.50000000     -1.0 -4.0000000        0 -0.5000000  0.50000000      0  -0.5     1   0.0  -30
x4(-0.3) -14.00000000     0.0 -3.0000000        1 -7.0000000 -3.00000000      0   3.0     0  -1.0 -180
delta     1.20000000      0.5  1.4000000        0  0.8500000  0.25000000      0   0.1     0   0.3   NA
ratio    -0.08571429       NA -0.4666667       NA -0.1214286 -0.08333333     NA    NA    NA  -0.3   NA
```

圖 7-77　x7 換入基底後，樞紐元素於 x4 與 x6 交會處

```
基本可行解 21.17647 0 0 0 0 -38.82353 16.47059 0 0 0
目標函數值(加總基本可行解*係數): 61.70588
累進目標函數值(P): 61.70588
           x1(-2)    x2(-0.5)   x3(-2.5)    x4(-0.3)  x5(-1.75) x6(-0.35) x7(-2) s1(0)       s2(0)       s3(0)        b1
x7(-2)          0 -0.05882353  0.2352941  0.17647059  0.2352941         0      1  0.00  0.05882353 -0.17647059  16.47059
x1(-2)          1  0.35294118  1.5882353 -0.05882353  0.5882353         0      0  0.00 -0.35294118  0.05882353  21.17647
x6(-0.35)       0 -1.64705882 -6.4117647 -0.05882353 -0.4117647         1      0 -1.00  1.64705882  0.05882353 -38.82353
delta           0  0.48823529  1.0970588  0.08529412  0.2470588         0      0  0.35  0.01176471  0.21470588        NA
ratio          NA -0.29642857 -0.1711009 -1.45000000 -0.6000000        NA     NA -0.35          NA          NA        NA
```

圖 7-78　x1 換入基底後，樞紐元素於 x6 與 x3 交會處

```
基本可行解 0 0 0 0 0 60 20 0 -60 0
目標函數值(加總基本可行解*係數): 61
累進目標函數值(P): 61
                x1(-2) x2(-0.5)  x3(-2.5)    x4(-0.3)  x5(-1.75) x6(-0.35) x7(-2) s1(0) s2(0)      s3(0)  b1
x7(-2)      0.16666667      0.0  0.5000000  0.16666667  0.3333333         0      1  0.00     0 -0.1666667  20
s2(0)      -2.83333333     -1.0 -4.5000000  0.16666667 -1.6666667         0      0  0.00     1 -0.1666667 -60
x6(-0.35)   4.66666667      0.0  1.0000000 -0.33333333  2.3333333         1      0 -1.00     0  0.3333333  60
delta       0.03333333      0.5  1.1500000  0.08333333  0.2666667         0      0  0.35     0  0.2166667  NA
ratio      -0.01176471     -0.5 -0.2555556          NA -0.1600000        NA     NA    NA    NA -1.3000000  NA
```

圖 7-79　x6 換入基底後，樞紐元素於 s2 與 x1 交會處

```
基本可行解 11.55963 0 6.055046 0 0 0 15.04587 0 0 0
目標函數值(加總基本可行解*係數): 68.34862
累進目標函數值(P): 68.34862
          x1(-2)    x2(-0.5) x3(-2.5)     x4(-0.3)  x5(-1.75)   x6(-0.35) x7(-2)       s1(0)       s2(0)        s3(0)        b1
x7(-2)         0 -0.11926606        0  0.174311927 0.22018349  0.03669725      1 -0.03669725  0.11926606 -0.174311927 15.045872
x1(-2)         1 -0.05504587        0 -0.073394495 0.48623853  0.24770642      0 -0.24770642  0.05504587  0.073394495 11.559633
x3(-2.5)       0  0.25688073        1  0.009174312 0.06422018 -0.15596330      0  0.15596330 -0.25688073 -0.009174312  6.055046
delta          0  0.20642202        0  0.075229358 0.17660550  0.17110092      0  0.17889908  0.29357798  0.224770642        NA
ratio         NA          NA       NA           NA         NA -1.09705882     NA          NA -1.14285714 -24.500000000        NA

已達最佳解
 目標函數值： 68.34862
[1] "已達最佳解"
```

圖 7-80　x3 換入基底後，單形表已符合最佳解之條件

方法三：直接使用 lpSolveAPI 套件解題

```
########## 方法一：lpSolveAPI ###############
# 題目，求目標函數最小值（最佳解）：
# C=2x1 + 0.5x2 + 2.5x3 + 0.3x4 + 1.75x5 + 0.35x6 + 2x7
# 5x1+     + 2x3        + 3x5+  x6+ 2x7  ≥ 100
# 3x1+  x2+ 5x3         + 2x5+      x7   ≥ 80
# x1 +        3x3 + x4 + 2x5+        6x7  ≥ 120
# x1 >= 0
# x2 >= 0
# x3 >= 0
# x4 >= 0
# x5 >= 0
```

```
# x6 >= 0
# x7 >= 0
library(lpSolveAPI) # 載入線性規劃函式庫 lpSolveAPI
lprec <- make.lp(    # 建立一新線性規劃 model 物件，函式說明請參閱 R 線上說明
  3, 7)              # 此 model 具 3 個限制條件 7 個決策變數求解
# 程式執行至此可先 print(lprec) 初步檢查 model 內容
lp.control(          # 線性規劃模式，設定其相關控制參數，函式說明請參閱 R 線上說明
  lprec=lprec,       # 對象線性規劃 model 物件
  sense='min')       # 設定此 model 取最小值
set.column(          # 設定 model 欄限制條件各係數，函式說明請參閱 R 線上說明
  lprec,             # 此 model 物件
  column=1,          # 此 model 第 1 欄
  x=c(5,3,1))        # 此欄各限制條件值（對應上述 7 個條件）
set.column(          # 同上
  lprec,             # 同上
  column=2,          # 此 model 第 2 欄
  x=c(0,1,0))        # 同上
set.column(          # 同上
  lprec,             # 同上
  column=3,          # 此 model 第 3 欄
  x=c(2,5,3))        # 同上
set.column(          # 同上
  lprec,             # 同上
  column=4,          # 此 model 第 4 欄
  x=c(0,0,1))        # 同上
set.column(          # 同上
  lprec,             # 同上
  column=5,          # 此 model 第 5 欄
  x=c(3,2,2))        # 同上
set.column(          # 同上
  lprec,             # 同上
  column=6,          # 此 model 第 6 欄
  x=c(1,0,0))        # 同上
set.column(          # 同上
  lprec,             # 同上
  column=7,          # 此 model 第 7 欄
  x=c(2,1,6))        # 同上
set.objfn(           # 設定 model 的目標函數，函式說明請參閱 R 線上說明
```

```
  lprec,                              # 此 model 物件
  c(2,0.5,2.5,0.3,1.75,0.35,2))      # 目標函數各係數
# 給予各條件名稱
rownames <- c('V1','V2','V3')
colnames <- c('P1','P2','P3',         # 給予各係數行（決策變數）名稱
              'P4','P5','P6','P7')
dimnames(lprec) <- list(              # 將 model 變數欄及條件欄重新命名，方便閱讀
  rownames,
  colnames)
set.constr.value(                  # 設定限制值，函式說明請參閱 R 線上說明
  lprec,                           # 此 model 物件
  rhs=c(100,80,120),               # 限制值 (Right Hand Side)
  constraints=1:3)                 # 7 個限制條件
set.constr.type(                   # 設定限制型態（方向），函式說明請參閱 R 線上說明
  lprec,                              # 此 model 物件
  types=c('>=', '>=', '>='),          # 限制型態（方向）
  constraints=1:3)                    # 7 個限制條件
# 程式執行至此可先 print(lprec) 檢查 model 完整內容
print(lprec)                          # 將 model 變數欄及條件欄已重新命名
```

```
> print(lprec)  # 將model變數欄及條件欄已重新命名
Model name:
            P1    P2    P3    P4    P5    P6    P7
Minimize     2   0.5   2.5   0.3  1.75  0.35     2
V1           5     0     2     0     3     1     2  >=  100
V2           3     1     5     0     2     0     1  >=   80
V3           1     0     3     1     2     0     6  >=  120
Kind       Std   Std   Std   Std   Std   Std   Std
Type      Real  Real  Real  Real  Real  Real  Real
Upper      Inf   Inf   Inf   Inf   Inf   Inf   Inf
Lower        0     0     0     0     0     0     0
```

圖 7-81 線性規劃模型

```
solve(lprec)                       # 將此 model 求解，函式說明請參閱 R 線上說明
get.objective(lprec)               # 讀出目標函數最佳解
get.variables(lprec)               # 讀出目標函數最佳解之各值（依欄順序顯示）
get.constraints(lprec)             # 讀出各限制條件式右側 (rhs) 之結果（依列順序）
library(pracma)
cat(' 最佳解之各值進位取整數 (P1~P7): ',ceil(get.variables(lprec)),'\n')
```

```
> get.objective(lprec) # 讀出目標函數最佳解
[1] 68.34862
> get.variables(lprec) # 讀出目標函數最佳解之各值(依欄順序顯示)
[1] 11.559633  0.000000  6.055046  0.000000  0.000000  0.000000 15.045872
> get.constraints(lprec) # 讀出各限制條件式右側(rhs)之結果(依列順序)
[1] 100  80 120
```

圖 7-82　使用 lpSolveAPI 套件解題結果

上圖 7-82 印證與圖 7-80 結果相同。

以上 [實例九] 為 7 種維他命劑 P_1，P_2，⋯，P_7，各維他命一錠含 3 種維他命 V_1，V_2，V_3 之劑量的對照表格，求算最省錢的維他命組合。在實務上，可能會更為複雜、變數更多。**丹齊格**（George Dantzig）於 1947 年提出第一個有效的線性規劃演算法 - **單形法**（Simplex method）。被稱為**線性規劃之父**。在事隔近半世紀後，他寫了一篇回憶文〈**飲食問題**〉（The Diet Problem）(10)，裡面談到 1930 至 1940 年代圍繞在飲食問題的線性規劃發展歷程，故事背景是美國軍方打算用最少的花費來滿足大兵們的營養需求。

1947 年秋天，任職美國國家標準局（NBS）的拉德曼（Jack Laderman）嘗試用最新發展出的**單形法**來解決 Stigler 的問題。這是線性規劃領域第一次出現的「大規模」計算工程。在那個沒有電腦的時代，Laderman 動用九名員工，倚靠手動計算器，大約花了 120 人天，算出最佳解是 $39.69。

喬治．斯蒂格勒（George Stigler），一位 1982 年諾貝爾經濟學獎得主是早期參與這個計畫的研究者之一，他就至少攝取 77 種食物中的的 9 種營養素包括卡路里、維生素 A 等，提出了一個包含 9 個方程式，77 個未知數的模型。由於當時還不存在系統化的解法，他發明一個巧妙的**啟發式法**（heuristic），推測**每人每年**的飲食成本只要 $39.93 美元（按 1939 年的物價）。(10) Stigler 是第一批使用線性規劃（LP），求解更為現實的食物清單和營養需求等飲食問題的先驅。

Stigler 的**啟發式**答案與真正每年最佳成本相差 $0.24。Stigler 評論：「**不賴** (not bad)!」(10)

Stigler 提出了以下問題：對於一適度活躍，體重 154 磅（約 70 公斤）的人（從他的文章中推定就是他本人），每天應該攝取由國家研究委員會（NRC）於 1943 年建議攝取食物中的營養素（包括卡路里、維生素 A 等）的飲食最低的定額（recommended dietary allowances, RDAs），如下表 7-9。(11)

表 7-9　1943 年 - 適度活躍，體重 154 磅人每日定額營養攝取量

Nutrient (營養物)	Allowance (定額 或定量)
Calories 卡路里	3,000 calories
Protein 蛋白質	70 grams
Calcium 鈣質	0.8 grams (公克)
Iron 鐵劑	12 milligrams(毫克)
Vitamin A 維他命A	5,000 International Units(IU,國際單位)
Thiamine(B_1) 硫胺素，又稱維他命B_1	1.8 milligrams
Riboflavin(B_2 or G) 核黃素，又稱維他命B_2	2.7 milligrams
Niacin(Nicotinic Acid) 菸鹼酸，也稱維他命B_3	18 milligrams
Ascorbic Acid(C) 抗壞血酸，又稱維他命C	75 milligrams

研究方法的第一步就是挑選潛在的商品清單。顯而易見的是，清單越廣泛，成本就可能越低。原始清單包括 77 種食物，有興趣的人可以參考本章參考文獻 11。當年美國勞工統計局提供的清單相當簡略，幾乎沒有包括任何新鮮水果、堅果、很多營養豐富的便宜蔬菜，還有新鮮魚。毫無疑問，清單越全面，成本越低，而且可以顯著地減少符合國家研究委員會定額（allowance）的困擾。

Stigler 使用**試錯法**（try and error），以數學洞察力和敏捷性解決他所面臨的九乘七十七 (9×77) 線性不等式。在考慮成本和營養成分的情況下，淘汰了那原本 77 種食物中缺乏營養的 62 種，最終篩選出了只有 15 種的食物，沒有肉類，除牛肝外，也排除所有糖類、飲料和專利穀物。有興趣讀者可以參閱本章參考文獻 11 的表 8-11 以及表 8-12 中以星號表示的 15 種食物。

這個問題其實就是一個基本的線性規劃，以 9 個方程式與 86 個變數，包括 9 個寬鬆變數（slack variables）建立的，使用**單形法**求解，最後得到的解，當然是真實的最小解，如表 7-10。從 1939 年到 1944 年，根據勞工統計局（BLS）的零售價格指數，食品的成本增加了 47%。

Stigler 提出的飲食問題，透過電腦計算，得出最佳解決方案是以玉米、麵粉、淡奶、花生奶、豬油、牛肉、肝臟、馬鈴薯、菠菜和高麗菜組成的飲食。如表 7-10，Stigler 在 1939 年的飲食數據，每年費用為 39.93 美元（每日費用為 0.1093 美元），包含不同量的小麥粉、淡奶、捲心菜、菠菜和乾海軍豆。（按：海軍豆是白色的小型白芸豆，通常呈扁平形狀。在美國歷史上，是海軍的主要糧食之一。這種豆子在烹飪中常被用來製作各種菜餚，因其營養價值和口感而受到歡迎。）

表 7-10　1939 年 8 月和 1944 年 8 月最低成本年度飲食 (11)

Commodity	August 1939		August 1944	
	Quantity	Cost	Quantity	Cost
Wheat Flour (麵粉)	370 lb.	$13.33	535 lb.	$34.53
Evaporated Milk (淡奶)	57 cans	3.84	—	—
Cabbage (高麗菜)	111 lb.	4.11	107 lb.	5.23
Spinach (菠菜)	23 lb.	1.85	13 lb.	1.56
Dried Navy Beans (乾莞豆)	285 lb.	16.80	—	—
Pancake Flour (薄餅用麵粉)	—	—	134 lb.	13.08
Pork Liver (豬肝)	—	—	25 lb.	5.48
Total Cost		$39.93		$59.88

儘管這樣的飲食明顯地提供了各種重要的營養素，但實際上很少有人會對它感到滿意，因為它似乎不符合最低限度的美味標準（Stigler 他要求每天吃相同的飲食）。

Stigler 自嘲說：「他制定的飲食計劃並沒有反映人們對多樣化飲食的渴望。」Stigler 所謂的最低限度的生存飲食，有很多不足之處，如美味可口性（palatability）、品項多樣性、整體充足性、各種食物的聲望，以及消費的其他文化層面。從運籌學，即作業研究角度來看，Stigler 的飲食問題是一個典型 OR 的例子，忠實地描述了現實世界的情況，雖然其解決方案的有效性接近於零。

今天，整數規劃（Integer programming）已被用於計劃每週或每月的機構單位的菜單。菜單規劃模型確實包含反映美味性和多樣性要求的約束。

參考文獻

1. Gillett, B. E. (1979).Introduction to operations research：a computer-oriented algorithmic approach. Tata McGraw-Hill Education.
2. Waddington, C. H., Goodeve, C., & Tomlinson, R. (1974). Appreciation : Lord Blackett. Operational Research Quarterly (1970-1977).
3. 劉一忠 (1994) 。作業研究 修訂七版。台北市：三民書局。
4. 廖慶榮 (1994)。作業研究。台北市：三民書局。
5. 張保隆 (2005) 。現代管理數學 第二版。台北市：華泰文化。
6. Tan, S. T. (2014).Finite mathematics for the managerial, life, and social sciences. Cengage Learning.
7. Krajewski, L. J. (2013).Operations management：Processes and supply chains . Pearson Education Limited. 或見白滌清 (2015)。作業管理。台中市：滄海書局。
8. Winston, W. L. (1991).Operations research：applications and algorithms. Duxbury Press.
9. 姚景星，劉睦雄 (1987)。作業研究。國立編譯館主編。華泰書局印行。
10. Dantzig, G. B. (1990). The diet problem.Interfaces,20(4), 43-47.
11. Stigler, G. J. (1945). The cost of subsistence. Journal of farm economics,27(2), 303-314.

Note

08 CHAPTER AI 中的隨機與穩態過程：馬可夫鏈

在 1907 年，馬可夫（A. A. Markov, 1856-1922）提出了馬可夫鏈（Markov chain）理論，也被稱為馬可夫過程（Markov process）。這是一種用來預測隨機過程的方法，它透過觀察系統在過去一段時間內的狀態，來推測未來各個時刻的狀態以及可能發生的機率。

馬可夫過程具備「**無記憶**」（memorylessness）的性質：下一個狀態的機率分布僅依賴於當前狀態，而不受過去事件的影響。這種特定類型的「無記憶性」稱作馬可夫性質。對於一個具有馬可夫性質的過程，如果 S 表示狀態，t 表示時間，則馬可夫性質可以表示為：

$$P(S_{t+1} | S_t, S_{t-1}, \ldots, S_0) = P(S_{t+1} | S_t)$$

這表示在給定當前狀態 S_t 的情況下，下一個狀態 S_{t+1} 的條件機率只依賴於當前狀態 S_t 而不依賴於過去的狀態 $S_{t-1}, S_{t-2}, \ldots S_0$。

在馬可夫鏈的每一步，系統根據機率分布，可以從一個狀態變到另一個狀態，也可以保持當前狀態。狀態的改變叫做轉移（transition），與不同的狀態改變相關的機率叫做轉移機率（transition probabilities）。馬可夫過程的無記憶性質使其在模擬許多現實世界中的動態系統時非常有用，例如股票價格變動、天氣模擬、消費者偏好模型以及第三章 Google 搜尋演算法計算 PageRank，將網頁結構表示成一個轉移矩陣時，這個矩陣構成了一個馬可夫鏈等。

實例一　都市與郊區間的人口流動（Urban-Suburban population Flow）(1)

政府預期每年居住在都市的人口會有 3% 遷移到郊區，而居住在郊區的人口會有 6% 遷移到都市。現在已知人口的分布有 65% 住在都市，其餘 35% 住在郊區。假設總人口數維持不變，試問一年後的人口分布情形如何？

吾人可以利用樹狀圖及條件機率來求解。本例的樹狀圖如下圖 8-1：

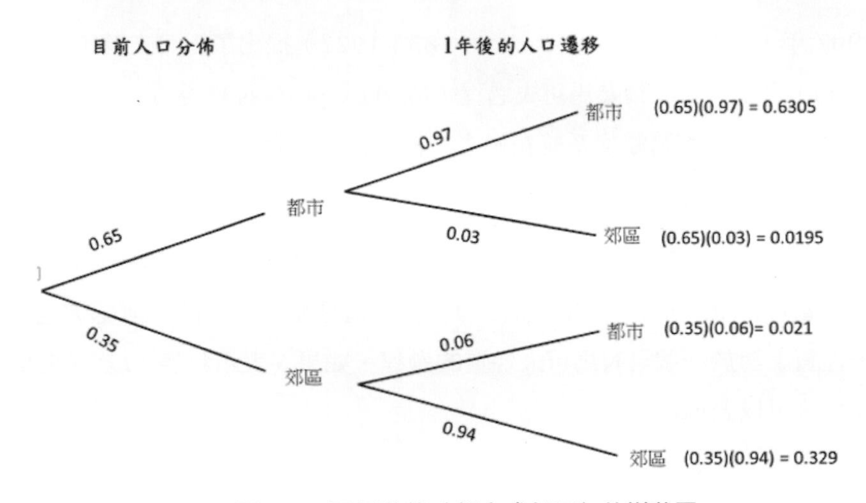

圖 8-1　兩個狀態（都市或郊區）的樹狀圖

解法一

由條件機率的性質可知，隨機抽取 1 人，則他（或她）：

一年後會住在都市的機率為 $(0.65)(0.97)+(0.35)(0.06)=0.6515$

一年後住在郊區的機率為 $(0.65)(0.03)+(0.35)(0.94)=0.3485$

因此，一年後的人口分布為 65.15% 居住於都市，而 34.85% 的人口居住於郊區。

解法二

確認本例是一馬可夫鏈（Markov chain）。它共有兩個狀態，狀態 1 為居住於都市，狀態 2 為居住於郊區，每一個階段是一年，其遞移矩陣可寫成：

$$T=\begin{bmatrix}0.97 & 0.06\\0.03 & 0.94\end{bmatrix}$$

現在的人口分布可用的行向量表示如下：

$X_0=\begin{bmatrix}0.65\\0.35\end{bmatrix}$，$X_0$ 代表此為初始的人口分布，

此時 X_1 代表經過了一個階段（這裡指一年）：

$$X_1=TX_0=\begin{bmatrix}0.97 & 0.06\\0.03 & 0.94\end{bmatrix}\begin{bmatrix}0.65\\0.35\end{bmatrix}=\begin{bmatrix}0.6515\\0.3485\end{bmatrix}$$

若將 X_1 看做是初始人口分布時，則 X_2 只是下一階段的人口分布，因此：

$$X_2=TX_1=\begin{bmatrix}0.97 & 0.06\\0.03 & 0.94\end{bmatrix}\begin{bmatrix}0.6515\\0.3485\end{bmatrix}=\begin{bmatrix}0.6529\\0.3471\end{bmatrix}$$

類似的做法可得 X_3 如下：

$$X_3=TX_2=\begin{bmatrix}0.97 & 0.06\\0.03 & 0.94\end{bmatrix}\begin{bmatrix}0.6529\\0.3471\end{bmatrix}=\begin{bmatrix}0.6541\\0.3459\end{bmatrix}$$

亦即三年後居住於都市人口占 65.41 %，居住於郊區人口占 34.59 %。

解法三：R 軟體的應用

1 建構遞移矩陣物件、初始人口分布向量物件：（圖 8-2）

2 使用 R 語言內建矩陣乘法運算子 %*% 將上述兩物件相乘，需注意正確之前後順序：（圖 8-3）

```
T <-cbind(                    # 建構遞移矩陣物件
  c(0.97,0.03),
  c(0.06,0.94)))
dimnames(T) <- list(          # 對矩陣給予列名、行名
  c('都市','郊區'),c('都市','郊區'))
```

```
print(T)                    # 列印遞移矩陣
x0<-c(0.65,0.35)            # 初始人口分布狀態
(x1 <- T %*% x0)            # 求第一年後分布狀態
```

```
> print(T)              # 列印遞移矩陣
     都市 郊區
都市 0.97 0.06
郊區 0.03 0.94
> (x0<-c(0.65,0.35)) # 初始人口分布狀態
[1] 0.65 0.35
```

圖 8-2 遞移矩陣、初始人口分布

```
> (x1 <- T %*% x0)    # 求第一年後分布狀態
       [,1]
都市 0.6515
郊區 0.3485
```

圖 8-3 一年後都市、郊區人口分布比例

實例二 延續 [實例一]，試問兩年後居住於都市的人口比例有多少？三年後呢？

將 [實例一] 第一年的人口分布結果作為第二年的初始人口分布狀態，計算第二年後遞移之結果（圖 8-4），依此類推得以計算第三年（圖 8-5）

```
(x2 <- T %*% x1)            # 2 年後的人口分布
(x3 <- T %*% x2)            # 3 年後的人口分布
T%*%T%*%T%*%x0              # 以初始人口分布狀態計算 3 年後的人口分布
```

```
> (x2 <- T %*% x1)            # 2年後的人口分布
         [,1]
都市 0.652865
郊區 0.347135
```

圖 8-4 2 年後都市、郊區人口分布比例

```
> (x3 <- T %*% x2)        # 3年後的人口分布
          [,1]
都市 0.6541071
郊區 0.3458928
> T%*%T%*%T%*%x0          # 以初始人口分布狀態計算3年後的人口分布
          [,1]
都市 0.6541071
郊區 0.3458928
```

圖 8-5　3 年後都市、郊區人口分布比例

上圖 8-5 中顯示遞移矩陣 T 對於 3 年後人口分布狀態的遞移作用，等同於遞移矩陣 T 對於初始人口分布狀態遞移 3 次。

實例三　十年後呢？

R 軟體的應用

使用 expm 套件中的 %^% 矩陣冪次運算子，如下：

```
library(expm)          # 載入函式庫
n<-10                  # 10 年後
(T%^%n)%*%x0           # 以初始人口分布狀態計算 10 年後的人口分布
```

```
> (T%^%n)%*%x0          # 以初始人口分布狀態計算10年後的人口分布
          [,1]
都市 0.6601764
郊區 0.3398236
```

圖 8-6　10 年後都市、郊區人口分布比例

實例四　計程車的移動區域（Taxi movement between zones）(1)

吉利計程車行為了方便追蹤所屬計程車的動向，將市鎮劃分成三個區域：區域 1、區域 2 及區域 3。吉利計程車行的管理者根據過往的紀錄得知，在區域 1 上車的顧客，有 60% 在同一區域下車，30% 在區域 2 下車，10% 在區域 3 下車。

而在區域 2 上車的顧客，有 40% 在區域 1 下車，30% 在區域 2 下車，30% 在區域 3 下車。另外在區域 3 上車的顧客，有 30% 在區域 1 下車，30% 在區域 2 下車，40% 在區域 3 下車。

又知某一天開始營運時，有 80% 的計程車分布於區域 1，15% 的計程車分布於區域 2，5% 的計程車分布於區域 3，又知計程車空車時會固定在原區域內逗留直至招到顧客為止。

a. 利用馬可夫鏈描述計程車的移動區域，寫出其遞移矩陣。

b. 在所有計程車載客一回結束後，找出其新的分布情形。

c. 在所有計程車載客二回合後，找出其新的分布情形。

解法一

其遞移矩陣為 $T=\begin{bmatrix}0.6 & 0.4 & 0.3\\0.3 & 0.3 & 0.3\\0.1 & 0.3 & 0.4\end{bmatrix}$

初始分布向量

$$X_0=\begin{bmatrix}0.80\\0.15\\0.05\end{bmatrix}$$

令 X_1 代表一次觀察之後的分布向量，則

$$X_1=TX_0=\begin{bmatrix}0.6 & 0.4 & 0.3\\0.3 & 0.3 & 0.3\\0.1 & 0.3 & 0.4\end{bmatrix}\begin{bmatrix}0.80\\0.15\\0.05\end{bmatrix}=\begin{bmatrix}0.555\\0.300\\0.145\end{bmatrix}$$

令 X_2 代表二次觀察之後的分布向量，則

$$X_2=TX_1=\begin{bmatrix}0.6 & 0.4 & 0.3\\0.3 & 0.3 & 0.3\\0.1 & 0.3 & 0.4\end{bmatrix}\begin{bmatrix}0.555\\0.300\\0.145\end{bmatrix}=\begin{bmatrix}0.4965\\0.300\\0.2035\end{bmatrix}$$

解法二：R 軟體的應用

1. 建構遞移矩陣物件、初始計程車分布矩陣物件（圖 8-7）。

2. 使用 R 語言內建矩陣乘法運算子 %*% 將上述兩物件相乘得出第一回後的分布矩陣（圖 8-8），需注意正確之前後順序。

3. 將第一回的結果做為第二回的初始計程車分布矩陣，再計算其第二回之結果（圖 8-9）。

```
T <-cbind(                    # 建構遞移矩陣物件
  c(0.6,0.3,0.1),
  c(0.4,0.3,0.3),
  c(0.3,0.3,0.4))
dimnames(T) <- list(          # 對矩陣給予列名、行名
  c('區域1','區域2','區域3'),c('區域1','區域2','區域3'))
print(T)                      # a . 列印遞移矩陣
(x0<-c(0.8,0.15,0.05))        # 初始計程車分布狀態
(x1 <- T %*% x0)              # b . 求第一回後分布狀態
(x2 <- T %*% x1)              # c . 求第二回後分布狀態
```

```
> print(T)              # a . 列印遞移矩陣
      區域1 區域2 區域3
區域1   0.6   0.4   0.3
區域2   0.3   0.3   0.3
區域3   0.1   0.3   0.4
> (x0<-c(0.8,0.15,0.05)) # 初始計程車分布狀態
[1] 0.80 0.15 0.05
```

圖 8-7　遞移矩陣、初始計程車分布狀態

```
> (x1 <- T %*% x0)   # b . 求第一回後分布狀態
       [,1]
區域1 0.555
區域2 0.300
區域3 0.145
```

圖 8-8　第一回後計程車分布狀態

```
> (x2 <- T %*% x1)   # c . 求第二回後分布狀態
        [,1]
區域1 0.4965
區域2 0.3000
區域3 0.2035
```

圖 8-9　第二回後計程車分布狀態

人口變化、計程車的移動區域或**女性的教育狀況**是否能達到穩定狀態，即數年後，能否達到平衡狀態？假如能達到平衡狀態，那麼它是否與人口數的初始機率分配相關，抑或會與互為獨立？而**正規馬可夫鏈**（regular Markov chain）則可提供這些問題的解答。

所謂**正規**馬可夫鏈是**隨機矩陣** T，如果序列 $T, T^2, T^3, \ldots$ 趨近於一個穩態矩陣，在穩定狀態後的冪次矩陣（亦稱極限矩陣）每行皆相等，所有元素都是正的，且行的和等於 1。

實例五 **承［實例四］計程車的移動區域。在［實例四］的例題中，我們找出描述計程車移動區域的遞移矩陣 T，並知 T 為正規隨機矩陣。求計程車長時間之後在三個區域的分布情形。**

令穩定分布向量 X 為

$$X=\begin{bmatrix}x\\y\\z\end{bmatrix}$$

則由 $TX=X$ 得 $\begin{bmatrix}0.6 & 0.4 & 0.3\\0.3 & 0.3 & 0.3\\0.1 & 0.3 & 0.4\end{bmatrix}\begin{bmatrix}x\\y\\z\end{bmatrix}=\begin{bmatrix}x\\y\\z\end{bmatrix}$

解法一

吾人可利用反矩陣解線性方程組。若 $AX=B$ 代表一具有 n 個變數，n 個方程式的線性方程組，且知 A^{-1} 存在，則 $X=A^{-1}B$。為線性方程組的唯一解。

由此寫出線性方程組：

$0.6x+0.4y+0.3z=x$

$0.3x+0.3y+0.3z=y$

$0.1x+0.3y+0.4z=z$

化簡後的線性方程組為

$4x-4y-3z=0$

$3x-7y+3z=0$

$x+3y-6z=0$

加上 $x+y+z=1$ 的條件後，得到以下四個方程式的線性方程組：

$x+y+z=1$

$4x-4y-3z=0$

$3x-7y+3z=0$

$x+3y-6z=0$

唯一陷阱在解題時，要去掉 redundant 方程式：$4x-4y-3z=0$。

解法二：R 軟體的應用

方法一：依上述線性方程組解題

上述線性方程組中第二式是第三與第四式的和，需將線性相依的冗餘條件式去除使線性系統得以方陣表達其線性組合之係數（請參閱第 3 章第 2 節線性組合的說明 [實例二十一]），如下程式：（圖 8-10、圖 8-11、圖 8-12）

```
A <-cbind(                    # 建構方程式 ( 去掉 redundant) 各系數之矩陣
  c(1,3,1),
  c(1,-7,3),
  c(1,3,-6))
dimnames(A) <- list(          # 對矩陣給予列名、行名
  c('區域1','區域2','區域3'),c('區域1','區域2','區域3'))
print(A)                      # 方程組係數
(B <-c(1,0,0))                # 方程式等號右邊常數
(iA <-solve(A))               # 求 A 之反矩陣
(x<- iA %*% B)                # 求本實例 x 值
```

```
> print(A)              # 方程組係數
      區域1 區域2 區域3
區域1     1     1     1
區域2     3    -7     3
區域3     1     3    -6
> (B <-c(1,0,0))        # 方程式等號右邊常數
[1] 1 0 0
```

圖 8-10　線性系統係數矩陣、常數向量

```
> (iA <-solve(A))     # 求 A 之反矩陣
          區域1       區域2      區域3
區域1 0.4714286  0.12857143  0.1428571
區域2 0.3000000 -0.10000000  0.0000000
區域3 0.2285714 -0.02857143 -0.1428571
```

圖 8-11　A 的反矩陣

```
> (x<- iA %*% B)        # 求本實例x值
          [,1]
區域1 0.4714286
區域2 0.3000000
區域3 0.2285714
```

圖 8-12　長時間後的穩定分布狀態

方法二：使用 markovchain 外掛套件及其函式

產生 markovchain 物件之前，首先建構本實例之遞移矩陣或使用 [實例四] 的 T 變數，再以 new 函式建構 markovchain 物件（圖 8-13），接著以 steadyStates 函式解穩定狀態時的分布（圖 8-14）：

```
library(markovchain)
statesNames <- c('區域1','區域2','區域3')   # 各初始狀態名稱
T <-cbind(                          # 建構遞移矩陣物件
  c(0.6,0.3,0.1),
  c(0.4,0.3,0.3),
  c(0.3,0.3,0.4))
dimnames(T) <- list(                # 對矩陣給予列名、行名
  statesNames,statesNames)
(markovB <- new(                    # 建構一新的物件
  'markovchain',                           # 物件類別
```

```
  states=statesNames,                # 狀態各名稱
  byrow=FALSE,                       # 轉移機率逐列否
  transitionMatrix=T,                # 指定遞移矩陣
  name='馬可夫鏈物件'))              # 給予物件名稱
(ss<-steadyStates(markovB))          # 計算穩定分布解
```

```
馬可夫鏈物件
 A  3 - dimensional discrete Markov Chain defined by the following states:
 區域1, 區域2, 區域3
 The transition matrix  (by cols)  is defined as follows:
       區域1 區域2 區域3
區域1   0.6   0.4   0.3
區域2   0.3   0.3   0.3
區域3   0.1   0.3   0.4
```

圖 8-13　markovchain 物件內容

```
> (ss<-steadyStates(markovB))  # 計算穩定分布解
            [,1]
區域1 0.4714286
區域2 0.3000000
區域3 0.2285714
```

圖 8-14　長時間後的穩定分布狀態

方法三：使用特徵分解

將遞移矩陣同第 3 章 [實例二十一] 藉特徵分解（圖 8-15），取其主要特徵值對應的特徵向量，解其穩定狀態時的機率分配（圖 8-16）：

```
(eig<-eigen(T))                  # 特徵分解
eig$vectors[,1]/sum(eig$vectors[,1])     # 主特徵向量比值
```

```
> (eig<-eigen(T))           # 特徵分解
eigen() decomposition
$values
[1]  1.00000e+00  3.00000e-01 -6.84347e-17

$vectors
          [,1]          [,2]        [,3]
[1,] 0.7808601  7.071068e-01  0.2672612
[2,] 0.4969110  2.660909e-17 -0.8017837
[3,] 0.3785988 -7.071068e-01  0.5345225
```

圖 8-15　特徵值、特徵向量

上圖 8-15 的每一特徵向量均為單一範數，也就是向量平方和為 1，以機率分配換算如下圖 8-16。

```
> eig$vectors[,1]/sum(eig$vectors[,1])   # 主特徵向量比值
[1] 0.4714286 0.3000000 0.2285714
```

圖 8-16　主要特徵向量比值

從上述三種方法均解得穩定狀態下分布比例同為區域一 47%、區域二 30%、區域三 23%。

方法四：使用冪次法使趨近於一個穩態矩陣

本書限於篇幅於線上程式提供方法四，找出**趨近於一個穩態矩陣**之極限迭代次數，其極限矩陣如下圖 8-17，其行向量皆相等使得其在極限迭代冪次之後不再變化，讀者可下載予以執行進行比較，此處略。

```
> print(T%^%(i-1))                # 極限矩陣
          區域1     區域2     區域3
區域1 0.4714286 0.4714286 0.4714286
區域2 0.3000000 0.3000000 0.3000000
區域3 0.2285714 0.2285714 0.2285714
```

圖 8-17　極限矩陣每行向量相等

穩態分布向量（Steady-State Distribution Vectors）

實例六　女性的教育狀況（Educational Status of Women）(1)

據調查完成大專教育的母親之中，女兒也完成大專教育的占 70%；而未完成大專教育的母親之中，女兒完成了大專教育的僅占 20%。已知現在完成大專教育的女性為 20%，若照此趨勢下去，最後會有多少比例的女性完成大專教育？

$$T=\begin{bmatrix}0.7 & 0.2\\0.3 & 0.8\end{bmatrix}$$

$$X_0=\begin{bmatrix}0.2\\0.8\end{bmatrix}$$

(1) 經過十代後 (2) 達穩定狀態後

R 軟體的應用

(1) 經過十代後的狀態，使用 expm 套件中的 %^% 矩陣冪次運算子，如下：

```
library(expm)            # 載入 expm 套件
rownames=c("2 年以上大專教育 ", "2 年以下大專教育 ")
colnames=c("2 年以上大專教育 ", "2 年以下大專教育 ")
(x0 <-                   # 目前教育程度分布
  matrix(
  c(0.2,0.8),
  nrow =2,
  dimnames=list(rownames, c(' 人口分布 '))))
(T <- matrix(            # 建構遞移矩陣物件
  c(0.7,0.3,0.2,0.8),
  nrow=2,
  dimnames=list(rownames, colnames)))
n<-10                    # n 年後
(T %^% n)%*% x0          # 以教育程度分布狀態計算 10 年後的分布
```

```
> (x0 <-                    # 目前教育程度分布
+   matrix(
+   c(0.2,0.8),
+   nrow =2,
+   byrow =FALSE,
+   dimnames = list(rownames, c('人口分布'))))
              人口分布
2年以上大專教育    0.2
2年以下大專教育    0.8
```

圖 8-18　目前人口的教育程度分布狀況

```
> (T <- matrix(             # 建構遞移矩陣物件
+   c(0.7,0.3,0.2,0.8),
+   nrow=2,
+   byrow = FALSE,
+   dimnames = list(rownames, colnames)))
              2年以上大專教育 2年以下大專教育
2年以上大專教育          0.7           0.2
2年以下大專教育          0.3           0.8
```

圖 8-19　遞移矩陣

```
> (T %^% n)%*% x0        # 以教育程度分布狀態計算10年後的分布
                人口分布
2年以上大專教育 0.3998047
2年以下大專教育 0.6001953
```

圖 8-20　10 年後教育程度分布

(2) 達穩定狀態後

產生 markovchain 物件之前，首先建構本實例之遞移矩陣（同上述程式 T 變數），再以 new 函式建構 markovchain 物件（圖 8-21），接著以 steadyStates 函式解穩定狀態時的分布（圖 8-22）：

```
library(markovchain)
statesNames=c("2 年以上大專教育 ", "2 年以下大專教育 ")
(markovB <- new(                        # 建構一新的物件
  'markovchain',                        # 物件類別
  states=statesNames,                   # 狀態各名稱
  byrow=FALSE,                          # 轉移機率逐列否
  transitionMatrix=T,                   # 指定遞移矩陣
  name=' 馬可夫鏈物件 '))                # 給予物件名稱
(ss<-steadyStates(markovB))             # 計算穩定分布解
```

```
馬可夫鏈物件
 A  2 - dimensional discrete Markov Chain defined by the following states:
 2年以上大專教育, 2年以下大專教育
 The transition matrix  (by cols)  is defined as follows:
                2年以上大專教育 2年以下大專教育
2年以上大專教育             0.7             0.2
2年以下大專教育             0.3             0.8
```

圖 8-21　markovchain 物件內容

```
> (ss<-steadyStates(markovB))  # 計算穩定分布解
                [,1]
2年以上大專教育  0.4
2年以下大專教育  0.6
```

圖 8-22　達穩定的分布狀態

由上兩例可歸納出一個正規馬可夫鏈的特點，即長期機率分配 T 可經由求解聯立分程組（system of equations）的方法得到。而另一個更引人注目的特點為無論**初始機率分配**（initial probability distribution ）為何，最終都將達到平衡且得到相同的機率分配 T。

穩定狀態機率（steady-state probability）是指經過長時間後系統在各個狀態的機率。

馬可夫鏈理論發展至今已將逾百年，各學者運用馬可夫鏈所作的相關研究很多，簡單舉例如下，在需求預測部份，Ching 等利用馬可夫鏈發展出多變量馬可夫鏈（Multivariate Markov chain），以香港某汽水公司為例，運用此模型預測未來顧客需求。在醫學研究方面，Honeycutt 等以 2000 年美國資料為基礎，利用馬可夫模式預測美國至 2050 年之間，對於不同年齡、人種、種族淵源以及性別的人，罹患糖尿病的人數。(2)

Google 搜尋是如何運作，可能有不少人好奇，原來是 PageRank（頁面排名）的演算法，用於評估網頁的重要性。PageRank 演算法基於馬可夫鏈的概念，其中網頁是狀態，超鏈結是轉移機率。PageRank 演算法透過計算每個網頁的 PageRank 值來評估網頁的重要性，並將其用作搜尋引擎結果頁面中的排名因素。(3)

參考文獻

1. Tan, S. T. (2014).Finite mathematics for the managerial, life, and social sciences. Cengage Learning.

2. 高崑銘、吳信宏、謝俊逸 (2005)。利用馬可夫鏈模式分析便利商店顧客之消費模式。價值管理 , 1(9), 44-50。

3. Dode, A., & Hasani, S.(2017). PageRank algorithm. IOSR Journal of Computer Engineering (IOSR-JCE), 19(1), 01-07.

09 CHAPTER AI 的前沿應用：預測

平衡供給與需求，始於要有正確的**預測**（forecast）。然後在整個供應鏈中進行協調。預測是對未來事件的推測，以為規劃之用。另一方面，規劃為制定管理決策的程序，決定資源如何分配，以對不同的需求預測，給予最佳回應。(1)

很多人都爭論需求預測是藝術還是科學。因為沒有顯示未來的水晶球（crystal ball），因此不可能隨時期待 100% 的預測正確。(2) 隨著環境加劇變化的高度不確定性，甚至那些「看起來不可能發生，但卻還是發生」的事件，學者以**黑天鵝效應形容** (3)，這種高度不確定性，包括**動盪性**（volatile）、**不確定性**（uncertain）、**複雜性**（complex）**和模糊性**（ambiguous），簡稱 **VUCA**，是由美國陸軍戰爭學院在 2001 年 9 月 11 日的恐怖攻擊後引入，以描述已經成為**「新常態」**的混亂，在 **VUCA** 世界中，領導**敏捷性**（agility）的整體觀念是企業組織可以從**軍隊**學習的。(4)

在實務中，溝通不良和不正確的預測的衝擊，沿著所有的供應鏈的影響導致**長鞭效應**（bullwhip effect），造成缺貨、銷售損失、庫存積壓、報廢、對市場動態反應遲緩、獲利差等結果。2022 年 6 月台廠國際自行車業者。從訂單滿手，一夜反轉到庫存爆倉、塞到沒路可走，緊急取消零組件訂單，巨幅衰退五成。首先是「重複下單」超過市場需求，起因於原料上漲、缺櫃等因素，深怕搶不到貨，又加上新冠疫情後歐洲政府補貼買自行車，於是乎加碼下單又下單，很多品牌商庫存滿倉、正在努力去化中。這是「**長鞭效應**」的發威。印證了「沒有什麼比好理論更實用的了」(There is Nothing so Practical as a Good Theory)。

對於管理各個事業單位（Business Unit, BU）和公司組織級別來說，**敏捷性**是一個挑戰。事業單位敏捷性要求**感知（sense）**和**回應（respond）**本地競爭環境中的變化的能力，而就公司組織級別來說，敏捷性要求感知更廣泛的市場機會的能力，並回應組織範圍內的變化。(5)

各個事業單位和公司組織級別來說，**預測能力**可作為建立有用的感知能力之一。其方法可能依歷史資料或所建立的數學模式，或是自管理者的經驗與顧客的評斷之定性方法，抑或是兩者的綜合。

無論是高科技產業或者傳統產業、做好銷售預測，以便能更做好「產銷協調」、對所有產業都能有很大的助力；否則在供應鏈很長、不易掌握終端市場的變化時、容易造成庫存積壓情況（甚至倉庫中放滿了消費者 / 經銷商不要的產品，使得工廠只好停工，等待消化倉庫已滿的庫存），另一種情況是經銷商 / 消費者想要來訂貨，剛好公司沒有貨、喪失商機，甚至被通路因缺貨罰款！（有些產品如冷藏鮮乳、香蕉是當天不出貨，消費者只好買其他品牌產品了。）

如以上所說，企業界面臨供應鏈的「**長鞭效應**」相當困擾，如何改善銷售預測？

就企業來說，對外，可藉由供應鏈交易夥伴，尋找終端資料來源，以改善預測。以食品業為例，就要考慮通路資料判斷，包括經銷單位之庫存 / 實銷（賣入零售店數量）以及超商、量販、超市、零售店的銷售時點資料（Point of sales, POS）。有了這個即時的資料，就比較容易做好預測、產銷協調、安排補貨式生產。此一務實作法，距**高效消費者反應**（Efficient Consumer Response, ECR）及**協同規劃、預測和籌補**（Collaborative planning, forecasting, and replenishment, CPFR）的觀念及做法，雖不中，亦不遠了。至於乳品冷藏要增加參考中央氣象局之預測，以掌握商品有效期限（expiration date）。

對內，可整合企業內部各功能別單位輸入預測值，然後追蹤預測準確性，再餵入銷售結果到預測工具中，如此周而復始，如下圖 9-1。(6)

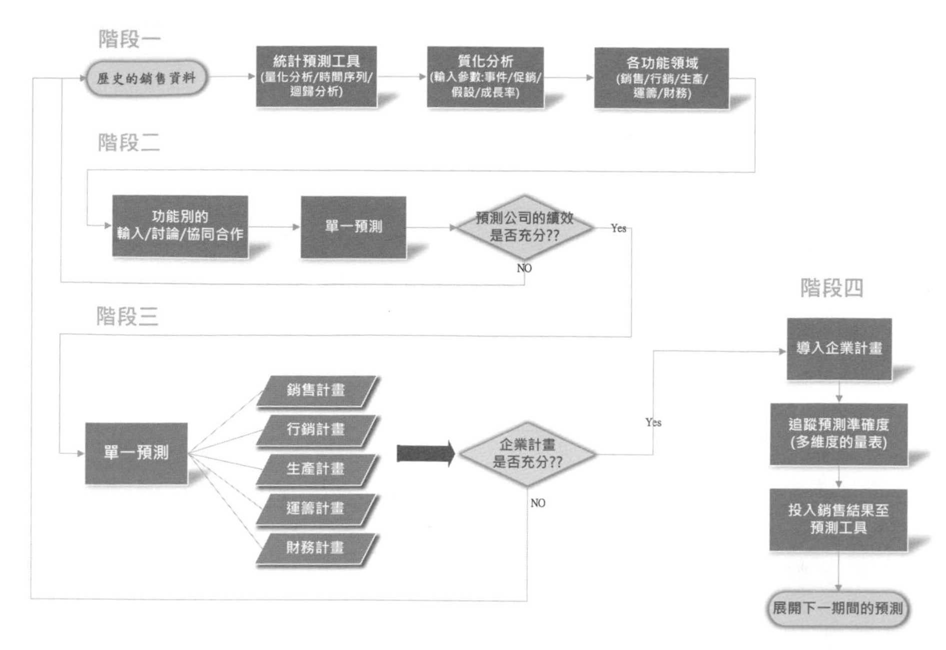

圖 9-1　預測循環：從基線到協作到事業計劃，實施事業計劃到跟踪預測準確性

其中有些細節，亦要不斷的尋求改善。譬如生產部門庫存單位（stock keeping unit, SKU）的精簡，包括剔除少量又不獲利 SKU，既可減少換線 / 換模的停機、洗車等沒有生產力的工作。做到簡化產品品項，合併集中產能在較少數產品品類。定性的預測方法是根據意見和直覺，定量預測方法是根據數學模式和相關歷史料來進行預測，計量方法可分成時間序列和關聯性模式。

一項研究預測研究發現：**時間序列模式**是所有模式中最常使用的，大概有 60% 的回應者都利用此模式。其他受歡迎的方法為**移動平均**以及**簡單趨勢預測**。在調查公司中，有 24% 使用關聯性預測，**簡單迴歸**分析是最受歡迎的方法。至於定性的模式，如戴爾菲方法和市場調查有 8% 公司在使用。(2)

9-1 定性的預測方法

定性的預測方法是根據直覺或是判斷評估的預測方法，通常適用於資料有限、無法提供或目前不相關甚至不存在，如新產品導入。同時，這些方法可能成本非常低，而且其有效性是根據預測者的經驗及技巧的延伸程度，以及相關資訊充裕程度而定。簡而言之，定性的預測方法用在建立長期推測，以及目前資料不太有用時 (2)，有四種常見的定性的預測方法，討論如下：

一、主管領袖法（Jury of executive）

一群具有市場、競爭者和商業環境的有知識高階管理人員，收集後建立預測技巧這個方法的優點是好幾個相當有經驗的人一起合作。但是，若有成員把持該討論，則其價值和可靠度則須大打折扣。該方法適用於長期規劃和新產品的引進。例如，預測高度時尚商品是一件非常具有風險的事，因為沒有歷史基礎以產生預測。有運動公司的採購委員會，會把各個會員成員的個人預測加以平均以提供整體需求預測。(2)

二、戴爾菲法（ Delphi method）

源自於**古希臘**能預測未來事件的 Delphi 神，最先在 1948 年應用於 RAND 公司，當初它被用在一個原子彈對於美國攻擊之潛在影響的預測，從此以後就有許多不同的應用領域。(7)

在預測上的應用，根據美國營運管理協會（The Association for Operations Management）的定義：戴爾菲法是將專家們的意見，經由重覆彙整後，預測最後的結果的一種判斷預測技術。應用該方法進行預測時，每一種循環的訪談結果，均使下階段訪談問題的方向，逐漸趨於向一致，最後彙總所有專家的意見成為專家們的共同意見。

這個方法可能耗時費本，適用於高風險的科技預測、大型昂貴的專案、新產品導入等，該預測品質大量依賴於專家們的知識。

三、業務人員組合法（Sales forces composite）

業務人員是市場資訊的良好來源，這種型態的預測是根據業務人員對市場知識，和對客戶需求的估計所產生。因為業務人員與消費者接近性，這份預測似乎十分可靠，但是個人的偏見也可能負面衝擊此種方法有效性。例如，假如當銷售超過預測時會發放獎金，業務人員傾向於降低預測。(2)

四、消費者調查（Consumer survey）

建立問卷，調查消費者在重要問題上的意見，如未來購買習慣、對新產品的想法和對現有產品意見，該調查是透過電話、郵件、網路或個人面試來完成，由該調查所蒐集的資料，再以統計工具加以分析、判斷，產生一套有意義的結果。這個方法面臨的挑戰是確定一個能代表較大母體受訪者樣本，而且能獲得可接受的問卷回收率。(2)

9-2 時間序列預測方法

計量預測模式使用數學的技巧，根據歷史資料，且包括偶發的變數以預測需求。計量預測模式有**時間序列預測**（time series forecasting）、**關聯性預測**兩大類。時間序列預測係根據「未來是過去延伸」的假設，因此，歷史資料可以用來預測未來需求。至於關聯性預測（associative forecasting），假設一個或多個與需求相關的因素（獨立變數），可以用來預測未來需求，因為這些預測單獨依賴過去的需求資料，所有計量方法會因預測時間水平增加而變得較不準確，因此針對長時間的預測，通常建議使用綜合性的定性的預測方法和定量的預測方法。

時間序列資料，一般而言，有四個單元分別是趨勢、週期性、季節性和隨機變異。

一、趨勢性變異（trend variations）

趨勢是代表多年來因人口成長、人口遷移、文化改變和收入改變和增加或減少的移動，一般趨勢呈現直線、S 曲線、指數等。

二、週期性變異（cyclical variations）

週期性變異就像波浪般的移動，通常時間多長一年，而且也受到總體經濟和政治因素的影響。一個範例是景氣的衰退或擴張的景氣循環（business cycle），19 世紀的美國有 32 個完整的景氣循環，每週期平均長 4.5 年。最近許多景氣循環，受到世界性的事件（events）所影響，如 1973 年的石油禁運、1991 年墨西哥金融危機、1997 年的亞洲經濟危機、2001 年 9 月 11 日恐怖份子攻擊美國；最近事件如 2020 年的新冠病毒、2022 年的俄烏戰爭。

三、季節性變異（seasonal variations）

季節性變異於一段時間內，如小時、天、週、月、季節或年會出現高峰和山谷、這個情形會一再重複。因為季節因素，很多公司在某些份表現良好，在其他月份則不佳。

譬如，歐洲天然氣價格從每年九月開始上漲，這是因為季節因素。位於中高緯度的歐洲國家，秋天以後氣溫明顯下降，到了冬天家庭開始使用暖氣，大約在十月至隔年三月天然氣用量顯著增加，因此價格會在冬天上漲。又如一般速食餐廳在一日三餐時可看到較高的銷售，美國旅館在如 7 月 4 日獨立紀念日、每年 9 月的第 1 個星期一的勞動節、每年 11 月的第 4 個星期四的感恩節、聖誕節和新年傳統假日會出現大量人潮。

全球快時尚佼佼者颯拉（Zara）在訂單履行流程中，發現了一個基於三個原則的自我增強（self-reinforcing）系統，其中第三個原則是**借重資本資產的槓桿作用，以增加供應鏈的彈性**。譬如 Zara 可以快速地、方便地提高或降低特定服裝的生產量，因為通常它的許多工廠，只開一班制。如果需要滿足**季節性或不可預見**的需求，這些高度自動化的工廠可以運行額外的工作時間；Zara 的工廠從事專門的服裝類型，採用與 Toyota 合作開發的精密的即時系統（just-in-time, JIT），允許公司定制其流程並開發創新。(8)

四、隨機變異（random variations）

隨機變異又稱為不規則性變異（irregular variations），指當趨勢性、週期性和季節性等因素無法解釋時所產生的變動。這種變異是由於未預期和無法預測的事件所導致，例如暴風、龍捲風、火災、洪水、乾旱等自然災害，以及罷工和戰爭等不可預測的因素所引起。這些突發事件在統計模型中難以納入，因而形成了隨機變異。

例如 2002 年 10 月代表航運公司和碼頭營運商的太平洋海運協會（Pacific Maritime Association），將加州、奧勒岡州、華盛頓州的 29 個西海岸港口的 10,000 多名碼頭工人拒之門外。不預期的關閉西海岸港口，造成零件的船運延遲，以至於強迫好幾個汽車製造商，如位於加州和加拿大的 Honda 製造商，位於 Freemont 的 NIMMI 工廠，以及位於伊利諾伊州的三菱汽車停工。

2023 年底，葉門武裝組織「青年運動」（Houthi）民兵，支持巴勒斯坦（哈瑪斯）對抗以色列，襲擊紅海貨輪，進一步管控紅海並對通過商船武力攻擊，是以哈戰事未歇的外溢效應，而中東衝突升級風險，是烏克蘭戰爭等難以預測危機中的最新一個。包括航運巨頭馬士基（Maersk）在內的全球前十大航商決定繞行好望角避險，因此推高運費、保險費和油價。

以上時間序列預測模式有賴於歷史資料的可用程度（availability），藉由歷史資料推斷（extrapolating）預測未來，時間序列是最廣泛使用的技巧之一。一份對採購專業人士使用的計量與測試技巧調查：前三名分別為簡單移動平均（simple moving average）、加權移動平均（weighted moving average）和指數平滑法（exponential smoothing）。(1) 以下將進一步討論上述三種時間序列預測模式，以及延伸趨勢調整指數平滑法：

一、簡單移動平均預測：該模式係利用歷史資料來產生預測，而且在需求很穩定時 則預測效果良好。n 期移動平均預測為

$$F_{t+1}= \frac{\sum_{i=t-n+1}^{t} A_i}{n}$$

其中，

F_{t+1} = $t+1$ 期的預測值

n = 使用於計算移動平均的期數

A_i = 於第 i 期真正的需求

至於 n 的選取沒有一定的標準，如果時間序列的變動在合理範圍內，n 愈大愈好，但如果變動的情況有不穩定的趨勢，則 n 值應取小，一般來說，n 介於 2 到 10 之間。(9)

實例一 **假設 Dr. WU 面膜，過去一年市場需求資料如下表 9-1。使用四期移動平均來計算第 5 期預測**

表 9-1　Dr. WU 面膜，過去一年市場需求資料

期別	1	2	3	4	5	6
需求	1,600	2,200	2,000	1,600	2,500	3,500
期別	7	8	9	10	11	12
需求	3,300	3,200	3,900	4,700	4,300	4,400

手算

$$F_5 = \text{第 5 期預測值} = \frac{1{,}600+2{,}200+2{,}000+1{,}600}{4} = 1{,}850$$

R 軟體的應用

下列程式針對本例以及至 [實例五] 共同使用的表 9-1 各期別及其對應的需求等資料建檔以便各實例重複使用，以 R 內建套件 base 的 save 函式存至 RStudio 目前工作目錄下的相對路徑，待需使用同樣的 data 及 d.ts 物件時，以 load 函式載入即可（請參閱後續實例）：

```
data<-c(1600,2200,2000,1600,2500,3500,    # 本例資料 (vector 物件)
        3300,3200,3900,4700,4300,4400)
d.ts<-ts(                          # 以 vector 物件建立時間序列物件
  data,                            # 本例表 9-1 的 vector 物件
  start=1,                         # 資料之起始期別
  frequency=1)                     # 每期別 1 筆
save(data,d.ts,                    # 將物件存檔
     file='data/T102.rds') # 檔案放置路徑
```

實例開始前，須先確定已安裝貫穿本章主要的 R 套件 fpp2 及其他 library 函式所需載入之套件；預測的基本步驟有 (13)：

1. 定義預測的目的以及其待解決的問題。

2. 收集預測所需相關資料。
3. 初步（探索性）分析。
4. 選擇預測方法與擬合模型（fitted model）。
5. 使用預測並持續評估其模型。

R 軟體在上述步驟主要扮演 3~5 的進行，首先藉由下列程式對本例各期資料的分布有一概括的了解：

```
library(fpp2)  # 載入 fpp2 套件
autoplot(d.ts,series="觀察值")+ # 繪出本例各期實際需求
  labs(y="市場需求",x="期別",title='各期實際需求(觀察值)')
```

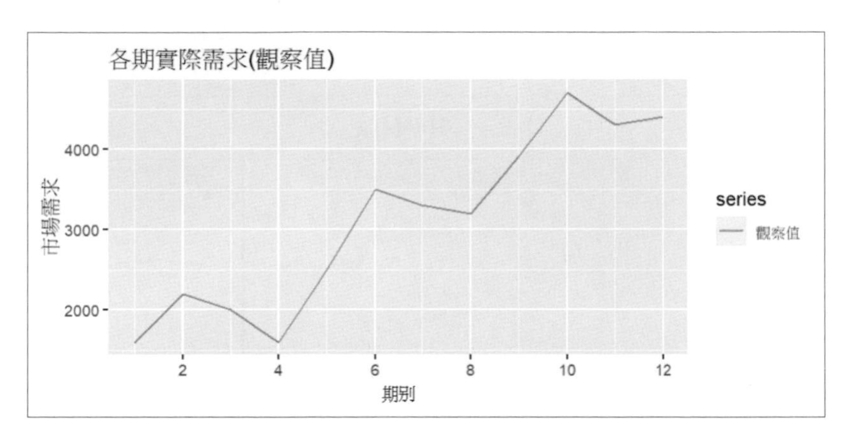

圖 9-2　各期需求分布

從圖 9-2 可看出實際需求隨著時間存在趨勢成分、週期性成分，在 R 的解方裡此兩者可合併於趨勢成分同時解決，不過首先本例要求開始以移動平均法作為預測模型，下列程式使用外掛套件 smooth 的 sma 函式進行預測，此函式對於時間序列的觀察值進行簡單移動平均的擬合，並據以推估觀察值以外期別的預測值，並傳回一如 list 的 smooth 類別物件，可藉運算符 $ 存取物件內容（圖 9-3、圖 9-4）：

```
library(smooth)
sma.3<-sma(            # 擬合、預測及繪圖函式
  data,                # 時間序列樣本(觀察值)向量物件
```

```
  order=4,                     # 移動平均期數
  h=3,                         # 為往後 3 期預測
  interval='parametric',       # 預測區間
  silent=FALSE)                # 繪出擬合與預測結果
as.vector(sma.3$fitted)        # 擬合結果以向量物件印出
sma.3$forecast                 # 預測結果
```

```
> as.vector(sma.3$fitted)       # 擬合結果以向量物件印出
 [1] 1850.0 1787.5 1875.0 1912.5 1850.0 2075.0 2400.0 2725.0 3125.0 3475.0 3775.0 4025.0
> sma.3$forecast                # 預測結果
Time Series:
Start = 13
End = 15
Frequency = 1
[1] 4325.000 4431.250 4364.062
```

圖 9-3　1~12 期觀測值之擬合以及推估 13~15 期預測

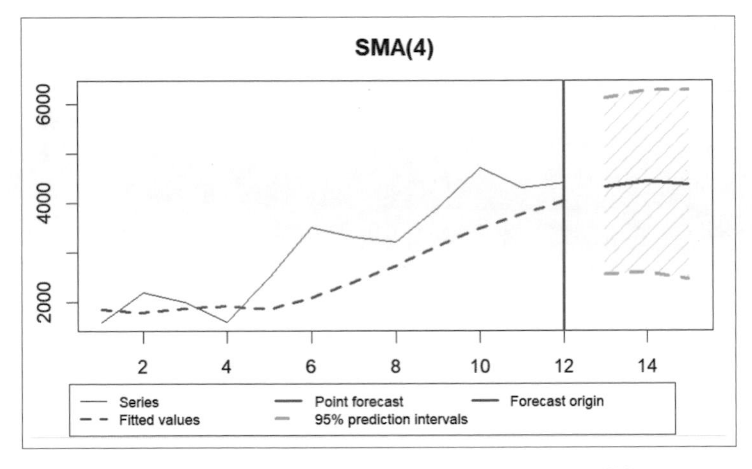

圖 9-4　觀測值與擬合線，以及鄰接期後預測線

圖 9-3 第 5 期預測值 1,850，如前述移動平均係依據其前 4 期（1~4 期）觀測值的加總平均，第 6 期至第 13 期依此類推，惟第 14~15 期則取其前 4 期的觀測值或預測值（無觀測值則以預測值代之）。

圖 9-4 13~15 期為預測期別，其預測值亦稱為點預測（point forecast），預測原點（forecast origin）之前（1~12 期）為樣本觀察值及擬合值，預測係擬合模型的延伸，擬合值與觀測值之間的誤差也是據以估算點預測的不確定性及其可能的

變動範圍，此可能的範圍稱之為預測區間（prediction interval），如圖中之點預測線之上下界虛線。

簡單移動平均也可藉由 TTR 套件中提供之各種移動平均方法之 SMA 函式予以計算加權結果，各期加權的結果作為下一期的擬合值，如下程式及擬合結果：

```
library(TTR)                          # 載入 TTR 套件
print(sma.4<-SMA(data,n=4))           # 計算每 4 期移動平均並列印
print(fit<-                           # 每期預測（擬合）值等於前 4 期移動平均
     c(NA,sma.4[1:length(sma.4)-1]))
```

```
> print(sma.4<-SMA(data,n=4))  # 計算每4期移動平均並列印
 [1]   NA   NA   NA 1850 2075 2400 2725 3125 3475 3775 4025 4325
> print(fit<-            # 每期預測(擬合)值等於前4期移動平均
+       c(NA,sma.4[1:length(sma.4)-1]))
 [1]   NA   NA   NA   NA 1850 2075 2400 2725 3125 3475 3775 4025
```

圖 9-5　簡單移動平均與相對應的擬合

上圖 9-5 可看出計算權值自第 4 期 ($n=4$) 起，預測值則自第 5 期 ($n+1=5$) 起，前面各期均為 NA 值，smooth 的 sma 函式則在這部分多做了往前推估補足了 NA 的各期，藉以校正完整的擬合期別，事實上對於後來的點預測並無影響，但其標準差（standard deviation）與對預測區間計算產生不同的估計，預測區間的說明可見 [實例四]。

以下程式使用 R 軟體最基本的函式模擬前述，前 4 期的擬合值均為 NA，自第 5 期起擬合及至預測期（13~15 期），逐期計算結果予以繪出，並依擬合結果計算與衡量預測準確性的相關指標（RMSE、MAE，定義請參閱第 7 節）以及殘差平均值：

```
n<-4; h<-3; orign<-length(d.ts)   # 移動平均期數、預測期數、預測起始期別
print(d<-c(data[(orign-n+1):orign],rep(NA,h))) # 據以計算預測值
for (t in 1:h){                   # 計算並填入各預測值取代 NA
  d[n+t]<-mean(d[t:(t+n-1)])
}
print(fc<-tail(d, n=h))           # 依預測期數取出預測結果
fc.ts<-ts(                        # 將預測結果向量建構時間序列物件
```

```
  fc,start=orign+1,frequency=1)
fit.ts<-ts(                                   # 將擬合結果向量建構時間序列物件
  fit,start=1,frequency=1)
autoplot(d.ts,series="觀察值") +              # 繪出擬合與預測線圖
  autolayer(fit.ts,series="擬合線") +
  autolayer(fc.ts,series="預測") +
  labs(y="市場需求",x="期別",title='各期實際需求與')
print(res<-(d.ts-fit.ts))                     # 殘差計算及列印
sqrt(mean(res^2,na.rm=TRUE))                  # RMSE
mean(abs(res),na.rm=TRUE)                     # MAE
mean(res,na.rm=TRUE)                          # 殘差平均值
```

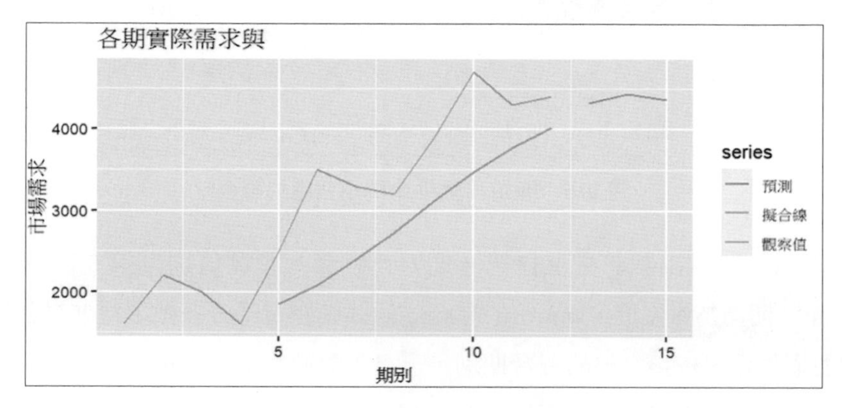

圖 9-6　實際線、簡單移動平均法擬合線及預測線

```
> sqrt(mean(res^2,na.rm=TRUE)) # RMSE
[1] 866.4763
> mean(abs(res),na.rm=TRUE)     # MAE
[1] 793.75
```

圖 9-7　RMSE、MAE

```
> mean(res,na.rm=TRUE)          # 殘差平均值
[1] 793.75
```

圖 9-8　殘差平均值

圖 9-6 顯示擬合線均居於實際觀測值之下方，顯示對於趨勢向上的樣本資料，簡單移動平均方法預測值普遍偏低，如前述，**此方法僅適用於平穩隨機波動**的樣本資料。

二、加權移動平均預測（Weighted moving average forecasting）

為修改上一簡單移動平均法每一資料權重相同的缺點，給予每一資料不同的權重，而權重的總和必須等於 1。如下式 n 期加權移動平均：

$F_{t+1}= \sum_{i=t-n+1}^{t} w_i A_i$

其中，

$F_{t+1}=$ $t+1$ 期的預測值

n ＝用於決定計算移動平均的期數

A_i ＝於第 i 期真正的需求

w_i ＝指派到第 i 期之權重（$\sum w_i=1$）

上述兩種平滑法最顯著的缺點，就是它們**並未考量資料的季節性或趨勢性**。加權移動平均預測允許於最近的資料給予較大的權數，以反應需求模式的變化，權重的使用傾向於根據預測者的經驗。儘管預測依據需求改變能更具反應能力，因為平均效應之故，此預測與需求仍有若干差距。因此，對於**追蹤資料改變的趨勢表現並不佳**。

實例二 **假設 Dr.WU 面膜，過去一年市場需求資料如表 9-1。使用四期移動加權移動平均來計算第 5 期預測。權數分別為 0.4、0.3、0.2、0.1，指派給最近、第 2 接近、第 3 和第 4 接近的期別。**

手算

$F_5=0.1\ (1600)+0.2(2,200)+0.3(2,000)+0.4(1,600)=1,840$

R 軟體的應用

與［實例一］雷同，只需將其簡單移動平均函式 SMA 改為權重移動平均函式 WMA，同時對於平均之每期賦予權重配比即可，如下程式：

```
load(file='data/T102.rds')              # 載入本例資料物件
weight<-c(0.1,0.2,0.3,0.4)              # 4 期的加權配比
library(fpp2)                           # 載入 fpp2 套件
library(TTR)                            # 載入 TTR 套件
print(wma.4<-WMA(                       # 計算每 4 期加權移動平均並列印
  data,                                 # 本例表 9-1 的 vector 物件
  n=4,                                  # 取 4 期（含當期）予以加權
  wts=weight))                          # n 期的加權配比
print(fit<-                             # 每期預測（擬合）值等於前 4 期加權移動平均
      c(NA,wma.4[1:length(wma.4)-1]))
```

```
> print(wma.4<-WMA(       # 計算每4期加權移動平均並列印
+   data,                 # 本例表10-1的vector 物件
+   n=4,                  # 取4期(含當期)予以加權
+   wts=weight))          # n期的加權配比
 [1]   NA   NA   NA 1840 2100 2670 3030 3220 3530 4020 4230 4380
> print(fit<-             # 每期預測(擬合)值等於前4期加權移動平均
+         c(NA,wma.4[1:length(wma.4)-1]))
 [1]   NA   NA   NA   NA 1840 2100 2670 3030 3220 3530 4020 4230
```

圖 9-9　權重移動平均與相對應的擬合

以下程式同樣如 [實例一] 模擬前述加權移動平均法之過程，逐期擬合及至預測期起始點，再對預測期進行以同樣的加權配比計算預測結果：

```
n<-4                                # 移動平均期數
h<-3                                # 預測期數
orign<-length(d.ts)                 # 預測起始期別
print(d<-c(data[(orign-n+1):orign],rep(NA,h)))   # 據以計算預測值
for (t in 1:h){                     # 計算並填入 NA 各預測值
  d[n+t]<-weighted.mean(d[t:(t+n-1)])            # 權重平均數計算
}
print(fc<-tail(d, n=h))             # 依預測期數取出預測結果
fc.ts<-ts(                          # 以預測結果向量物件建構時間序列物件
  fc,start=orign+1,frequency=1)
fit.ts<-ts(                         # 以擬合結果向量物件建構時間序列物件
  fit,start=1,frequency=1)
autoplot(d.ts,series="觀察值")+                   # 繪出擬合與預測線圖
  autolayer(fit.ts,series="擬合線") +
  autolayer(fc.ts,series="預測") +
```

```
  labs(y=" 市場需求 ",x=" 期別 ",title=' 各期實際需求與預測 ( 加權移動平均 ) ')
print(res<-(d.ts-fit.ts))          # 殘差計算及列印
sqrt(mean(res^2,na.rm=TRUE))       # RMSE
mean(abs(res),na.rm=TRUE)          # MAE
mean(res,na.rm=TRUE)               # 殘差平均值
```

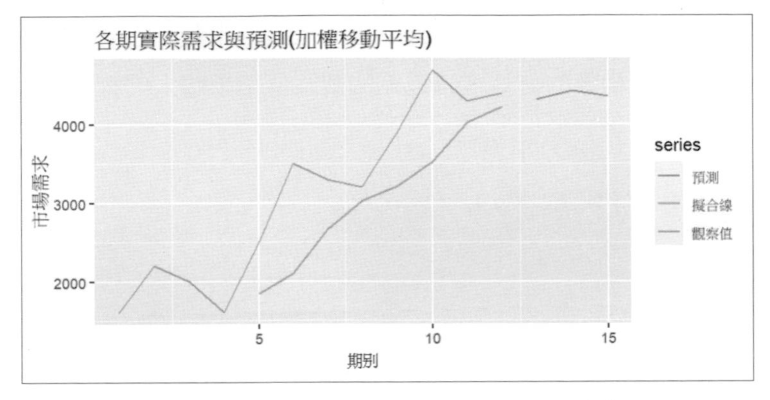

圖 9-10　加權移動平均法之擬合、預測線

```
> sqrt(mean(res^2,na.rm=TRUE)) # RMSE
[1] 771.3624
> mean(abs(res),na.rm=TRUE)     # MAE
[1] 645
```

圖 9-11　加權移動平均法 RMSE、MAE

```
> mean(res,na.rm=TRUE)          # 殘差平均值
[1] 645
```

圖 9-12　加權移動平均法殘差平均值

圖 9-10 的擬合線似較圖 9-6 更為貼近實際線，比較圖 9-11 與圖 9-7 之準確指標（RMSE、MAE）均有改善，但圖 9-12 的殘差值 645 雖已較圖 9-8 的之 793.75 降低，唯離理想目標值 0 尚有一段距離，理想殘差值應為 0，在不為 0 的狀況下表示預測存在偏差，仍存在改善空間 (12)。

三、指數平滑預測模式（Exponential Smoothing Forecasting Model）

指數平滑預測模式是一種複雜的加權移動平均預測方法，其下一期需求預測值，是以本期**預測**與本其實際值之差異的比率來調整。此種方法較加權移動**平均**方法需求的資料較少，因為只需要 2 個資料點。**因為其簡單性和最低資料量需求，是較受歡迎的技巧**。該法假設資料變化的過程是常數，它的設計是為了修改加權移動平均法給予權數的方式，將近期的觀察值給予較大的權重。指數平滑公式如下：

$F_{t+1}=F_t+\alpha(A_t-F_t)$ 或 $F_{t+1}=\alpha A_t+(1-\alpha)F_t$

其中，

F_{t+1} = 第 $t+1$ 期的預測值

F_t = 第 t 期的預測值

A_t = 第 t 期的真正需求

α = **平滑預測**常數（$0\le\alpha\le1$）

選擇平滑預測常數 α 是非常重要的，一個較大的 α 值將使目前的觀察值有較大的比重。通常 α 值介於 0.01 到 0.3 之間。(6) 當 α 值愈接近 1，表示愈強調近期的資料，而使得模式對最近**需求的改變**有較多的回應。當 α 值較小時，表示將更多的權重放置於過去的需求上，且該模式對需求反應較緩慢。使用較大或較小值 α 的影響，相似於利用較大或較小數量的觀察值，產生不同計算的效果。

實例三 **假設 Dr.WU 面膜，過去一年市場需求資料如表 9-1。使用指數平滑法計算第 3 期的預測。假設第 2 期的預測值為 1,600，利用平滑常數 $\alpha=0.3$**

手算

已知

$$F_2 = 1{,}600,\ \alpha = 0.3$$

$$F_{t+1} = F_t + \alpha(A_t - F_t)$$

$$F_3 = F_2 + \alpha(A_2 - F_2) = 1{,}600 + 0.3\ (2{,}200 - 1{,}600) = 1{,}780$$

因此，第 3 週預測值為 1,780。

R 軟體的應用

當載入外掛套件 fpp2 時將會自動載入 forecast 套件，本例使用其中之簡單指數平滑函式 ses 進行擬合及預測，函式傳回 forecast 類別物件如下程式中的 fcst 變數，可如 list 物件般藉運算符 $ 存取物件內容，需注意 autoplot 及 autolayer 擴充自 ggplot2 的繪圖函式，只針對特定的時間序列物件包括本章使用的 ts、forecast 等類別或其擴充之物件：

```
load(file='data/T102.rds')          # 載入本例資料物件
library(fpp2)
alpha<-0.3                          # 平滑參數值
print(fcst <- ses(                  # 簡單指數平滑模式預測
  d.ts,                             # 本例表 9-1 的時間序列物件
  alpha=alpha,                      # 指定 alpha 值
  h=3,                              # 預測期數
  initial='simple'))                # 簡單初始模式
# summary(fcst)                     # 預測物件總攬
fcst$fitted                         # 列出擬合結果
print(sigma<-sqrt(sum(              # 標準差 (standard deviation)
  fcst$residuals^2)/length(fcst$residuals)))
alpha*d.ts[12]+(1-alpha)*fcst$fitted[12] # 預測第 1 期的點預測
```

```
fcst$mean[1]+qnorm(0.90, mean=0, sd=1)*sigma # 預測第 1 期的 Hi 80
fcst$mean[1]+qnorm(0.10, mean=0, sd=1)*sigma # 預測第 1 期的 Lo 80
g<-autoplot(d.ts,series=" 觀察值 ") +
  autolayer(fcst,series=" 預測線 ") +
  autolayer(fcst$fitted,series=" 擬合線 ") +
  ylab(" 市場需求 ") +
  xlab(" 期別 ") +
  ggtitle(" 各期實際需求、擬合及預測 ( 簡單指數平滑 )")
print(g)  # 繪出圖形
```

```
   Point Forecast    Lo 80    Hi 80    Lo 95    Hi 95
13       3999.556 2920.958 5078.155 2349.982 5649.130
14       3999.556 2873.466 5125.646 2277.350 5721.762
15       3999.556 2827.898 5171.214 2207.660 5791.453
```

圖 9-13　簡單指數平滑預測結果

```
> fcst$fitted    # 列出擬合結果
Time Series:
Start = 1
End = 12
Frequency = 1
 [1] 1600.000 1600.000 1780.000 1846.000 1772.200 1990.540 2443.378 2700.365 2850.255
[10] 3165.179 3625.625 3827.938
```

圖 9-14　簡單指數平滑各期擬合結果

```
> print(sigma<-sqrt(sum(      # 標準差(standard deviation)
+   fcst$residuals^2)/length(fcst$residuals)))
[1] 841.635
```

圖 9-15　殘差的標準差（standard deviation）

```
> fcst$mean[1]+qnorm(0.90, mean = 0, sd = 1)*sigma # 預測第1期的 Hi 80
[1] 5078.155
> fcst$mean[1]+qnorm(0.10, mean = 0, sd = 1)*sigma # 預測第1期的 Lo 80
[1] 2920.958
```

圖 9-16　預測期第一期的 80% 信心預測區間（prediction interval）

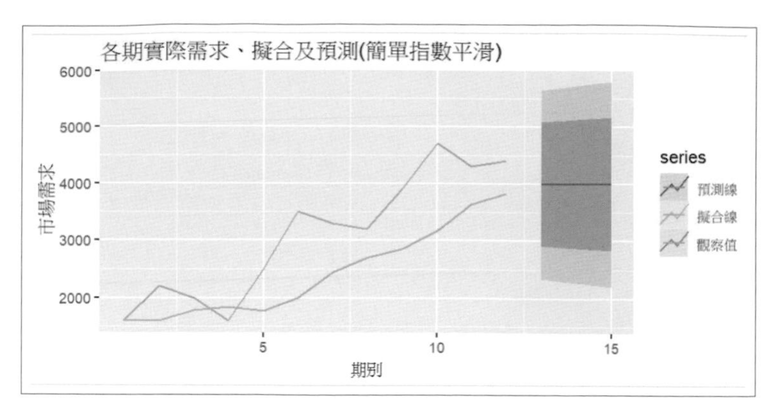

圖 9-17　簡單指數平滑法之擬合、預測線

上圖 9-13 顯示每一預測期之點預測均相同為 3999.556，而預測區間（prediction interval）第一期的計算在殘差為常態分布假設前題下，如程式中藉由 qnorm（為 normal distribution 的 quantile 函式），計算區間之上下界（圖 9-16），且隨著預測期別往後，對於點預測的不確定增加，預測區間亦隨之增大。

下列程式同前衡量此方法之預測準確性（圖 9-18）：

```
print(res<-(d.ts-fcst$fitted))    # 殘差計算及列印
sqrt(mean(res^2,na.rm=TRUE))      # RMSE
mean(abs(res),na.rm=TRUE)         # MAE
mean(res,na.rm=TRUE)              # 殘差平均值
```

```
> sqrt(mean(res^2,na.rm=TRUE)) # RMSE
[1] 841.635
> mean(abs(res),na.rm=TRUE)     # MAE
[1] 707.5434
> mean(res,na.rm=TRUE)          # 殘差平均值
[1] 666.5434
```

圖 9-18　簡單指數平滑法 RMSE、MAE 及平均殘差

四、趨勢調整指數平滑預測（Trend-Adjusted Exponential Smoothing Forecasting）

當時間序列的資料，依時間呈現系統化上升或下降的趨勢，指數平滑法可修改為包括趨勢單元。此方法需要二個平滑常數，其一為平滑預測常數 (α)，另一為趨勢常數 (β)，該模式方程式為：

$\boldsymbol{F_t = \alpha A_t} + (1-\alpha)\ (\boldsymbol{F_{t-1}} + T_{t-1})$

$\boldsymbol{T_t} = \beta\,(\boldsymbol{F_t} - \boldsymbol{F_{t-1}}) + (1-\beta)\ T_{t-1}$

而且趨勢調整預測，

$\boldsymbol{TAF_{t+m}} = \boldsymbol{F_t} + m\boldsymbol{T_t}$

其中，

F_t = 第 t 期**指數平滑平均**

A_t = 第 t 期的真實需求

T_t = 第 t 期**指數平滑趨勢**

α = 平滑常數 $(0 \le \alpha \le 1)$

β = 趨勢平滑常數 $(0 \le \beta \le 1)$

較高的 β 值代表較強調最近趨勢變化；較小的 β 值則把最近的變化賦予較少的權重，而且具有平滑目前**趨勢**的效果。**平滑**常數 α 及 β 是以試誤方法來估計，比對真實歷史需求資料和預測的需求，以尋找平滑常數來最小化預測誤差。

實例四　假設 Dr.WU 面膜，使用趨勢調整指數平滑法來計算第 4 期的預測值。假設針對該序列第 2 期之平滑平均值為 1,600，平滑趨勢為 300，使用 $\alpha = 0.3$ 和 $\beta = 0.4$

手算

已知

$F_2 = 1600,\ T_2 = 300,\ \alpha = 0.3,\ \beta = 0.4,\ A_3 = 2{,}000$

$F_3 = \alpha A_3 + (1-\alpha)(F_2 + T_2)$

$= 0.3(2{,}000) + (1-0.3)(1{,}600 + 300) = 1{,}930$

$T_3 = \beta(F_3 - F_2) + (1-\beta)T_2$

$= 0.4(1{,}930 - 1{,}600) + (1-0.4)300 = 312$

$TAF_4 = F_3 + T_3$

$= 1{,}930 + 312 = 2{,}242$

因此，第 4 期之趨勢調整預測為 2,242。

R 軟體的應用

程式開始前可將上述公式化簡如下，除了方便自訂函式外，也賦予較易理解的意義，亦即將擬合成分解成如下兩部分：

$\boldsymbol{FIT_t = F_t + T_t}$

即 第 t 期趨勢調整擬合值 = 第 t 期平均平滑值 + 第 t 期趨勢平滑值

$$\boldsymbol{F_t} = \boldsymbol{\alpha A_{t-1}} + (1-\boldsymbol{\alpha})(\boldsymbol{F_{t-1}} + T_{t-1}) = \boldsymbol{\alpha A_{t-1}} + \boldsymbol{FIT_{t-1}} - \boldsymbol{\alpha FIT_{t-1}} = \boldsymbol{FIT_{t-1}} + \boldsymbol{\alpha}(\boldsymbol{A_{t-1}} - \boldsymbol{FIT_{t-1}}) \quad (9.4.2)$$

即 第 t 期平均平滑值 = 第 t–1 期合計平滑值 + 指數平滑參數 $\boldsymbol{\alpha}$*（第 t-1 期之實際與擬合的誤差）

$$\begin{aligned}\boldsymbol{T_t} &= \beta(\boldsymbol{F_t} - \boldsymbol{F_{t-1}}) + (\boldsymbol{1} - \beta)T_{t-1} = \boldsymbol{T_{t-1}} - \beta\boldsymbol{T_{t-1}} + \beta\boldsymbol{F_t} - \beta\boldsymbol{F_{t-1}} \\ &= \boldsymbol{T_{t-1}} + \beta\boldsymbol{F_t} - \beta(\boldsymbol{F_{t-1}} + \boldsymbol{T_{t-1}}) \\ &= \boldsymbol{T_{t-1}} + \beta\boldsymbol{F_t} - \beta\boldsymbol{FIT_{t-1}} \\ &= \boldsymbol{T_{t-1}} + \beta(\boldsymbol{F_t} - \boldsymbol{FIT_{t-1}}) \quad (9.4.3)\end{aligned}$$

即 第 t 期趨勢平滑值 = 第 t–1 期趨勢平滑值 + 趨勢平滑參數 $\boldsymbol{\beta}$*（第 t 期之平均平滑與第 t–1 期擬合的誤差）

下列程式依照 9.4.1~9.4.3 各公式自訂函式，除第一期的外其它各期對應於公式計算，完成樣本各期的擬合值：

```
library(fpp2)
load(file='data/T102.rds')            # 載入本例資料物件
F2<-function(FIT1,alpha,A1){             # 自訂函式，平均平滑公式 (9.4.2)
  return (FIT1+alpha*(A1-FIT1))
}
```

```
T2<-function(T1=0,beta,F2,FIT1){         # 自訂函式，趨勢平滑公式 (9.4.3)
  return (T1+beta*(F2-FIT1))
}
FIT2<-function(F2,T2){                   # 自訂函式，合計平滑公式 (9.4.1)
  return (F2+T2)
}
alpha<-0.3                     # 指定平均平滑參數值
beta<-0.4                      # 指定趨勢平滑參數值
initFt=1600                    # 初始值（平均平滑值）
initTt=600                     # 初始值（趨勢平滑值）
df<-data.frame(                # 此物件用於紀錄每期計算結果，初值即第一期
  At=data[1:1],                # 初值（實際需求、觀測值）
  Ft=initFt,                   # 初值（平均值）
  Tt=initTt,                   # 初值（趨勢值）
  FITt=initFt+initTt)          # 初值（合計值）
for (t in 2:length(data)){     # 依據初值（第 1 期），自第 2 期起依據公式計算
  Ft<-F2(                      # 公式 9.4.2
    FIT1=df[t-1,'FITt'],       # 前期合計
    alpha=alpha,               # 指定 alpha 引數
    A1=data[t-1])              # 前期觀測值
  Tt<-T2(                      # 公式 9.4.3
    T1=df[t-1,'Tt'],           # 前期趨勢平滑值
    beta=beta,                 # 指定 beta 引數
    F2=Ft,                     # 本期平均平滑值
    FIT1=df[t-1,'FITt'])       # 前期合計
  FITt<-FIT2(F2=Ft,T2=Tt)      # 合計本期擬合值（公式 9.4.1)
  df[t,'At']<-data[t]          # 紀錄第 t 期觀測值
  df[t,'Ft']<-Ft               # 紀錄第 t 期平均平滑值
  df[t,'Tt']<-Tt               # 紀錄第 t 期趨勢平滑值
  df[t,'FITt']<-FITt           # 紀錄第 t 期擬合值
}
print (df)                     # 列印擬合結果
```

```
> print(df)          # 列印擬合結果
     At       Ft        Tt     FITt
1  1600 1600.000 600.0000 2200.000
2  2200 2020.000 528.0000 2548.000
3  2000 2443.600 486.2400 2929.840
4  1600 2650.888 374.6592 3025.547
5  2500 2597.883 203.5935 2801.477
6  3500 2711.034 167.4163 2878.450
7  3300 3064.915 242.0024 3306.917
8  3200 3304.842 241.1723 3546.014
9  3900 3442.210 199.6505 3641.861
10 4700 3719.302 230.6273 3949.930
11 4300 4174.951 320.6357 4495.587
12 4400 4436.911 297.1653 4734.076
```

圖 9-19　各期實際值以及平均、趨勢平滑值

圖 9-19 中第一期的擬合值（FITt）同第二期之實際值 (At)，第一期的平均平滑值 (Ft) 同實際值 (At)，據以計算第一期的趨勢平滑值 (Tt)，自第二期起直至樣本最後一期即依據上述公式計算擬合值，**須注意有別於題意給定第二期的平滑平均值與趨勢值**。

接著預測第 13~15 期如下程式：

```
h<-3; orign<-length(d.ts)                    # 預測期數、預測起始期別
fcst.df<-tail(df,1)                          # 樣本最後一期
for (t in 2:(h+1)){
  Ft<-F2(                                    # 公式 9.4.2
    FIT1=fcst.df[t-1,'FITt'],                # 前期合計
    alpha=alpha,                             # 指定 alpha 引數
    A1=fcst.df[t-1,'At'])                    # 前期觀測值
  Tt<-T2(                                    # 公式 9.4.3
    T1=fcst.df[t-1,'Tt'],                    # 前期趨勢平滑值
    beta=beta,                               # 指定 beta 引數
    F2=Ft,                                   # 本期平均平滑值
    FIT1=fcst.df[t-1,'FITt'])                # 前期合計
  FITt<-FIT2(F2=Ft,T2=Tt)                    # 合計本期擬合值 ( 公式 9.4.1)
  fcst.df[t,'Ft']<-Ft                        # 紀錄第 t 期平均平滑值
  fcst.df[t,'Tt']<-Tt                        # 紀錄第 t 期趨勢平滑值
  fcst.df[t,'FITt']<-FITt                    # 紀錄第 t 期擬合值
  fcst.df[t,'At']<-fcst.df[t,'FITt']         # 紀錄第 t 期觀測值 ( 同擬合值 )
```

```
}
print(fc.ts<-ts(                    # 以預測結果向量物件建構時間序列物件
  tail(fcst.df,h)[,'FITt'],start=orign+1,frequency=1))
```

```
> print(fc.ts<-ts(              # 以預測結果向量物件建構時間序列物件
+   tail(fcst.df,h)[,'FITt'],start=orign+1,frequency=1))
Time Series:
Start = 13
End = 15
Frequency = 1
[1] 4890.929 5148.006 5405.082
```

圖 9-20　預測第 13~15 期之時間序列

可將上述擬合結果及其成分（平均平滑、趨勢平滑）、預測與樣本觀察值依時序繪於一處：

```
dfts<-ts(df, start=1, frequency=1)         # 擬合結果建構時間序列物件
(g<-autoplot(dfts[,'At'],series="實際觀察值") +
  autolayer(dfts[,'Ft'],series="平均平滑線") +
  autolayer(dfts[,'Tt'],series="趨勢平滑線") +
  autolayer(dfts[,'FITt'],series="擬合線") +
  autolayer(fc.ts,series="點預測線") +
  xlab("期別")+ylab("市場需求") +
  ggtitle("各期實際需求與預測(趨勢調整指數平滑)"))
```

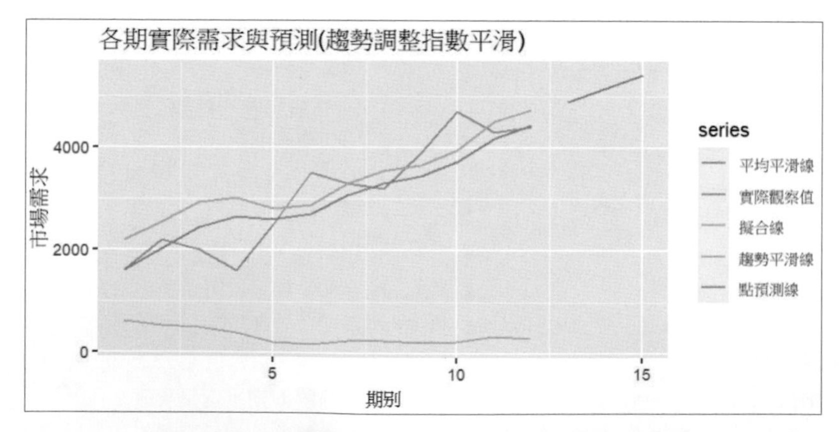

圖 9-21　實際需求、趨勢調整平滑之擬合、預測

下列程式同前衡量此方法之預測準確性：(圖 9-22)

```
print(res<-(dfts[,'At']-dfts[,'FITt']))     # 殘差計算及列印
sqrt(mean(res^2,na.rm=TRUE))                # RMSE
mean(abs(res),na.rm=TRUE)                   # MAE
mean(res,na.rm=TRUE)                        # 殘差平均值
```

```
> sqrt(mean(res^2,na.rm=TRUE)) # RMSE
[1] 629.4164
> mean(abs(res),na.rm=TRUE)    # MAE
[1] 509.7681
> mean(res,na.rm=TRUE)         # 殘差平均值
[1] -238.1415
```

圖 9-22　趨勢調整指數平滑法 RMSE、MAE 及殘差均值

圖 9-22 顯示經趨勢調整後與先前各例比較誤差與殘差均有明顯的改善。

除了如上自訂函式處理擬合、預測甚至計算預測區間外，外掛套件 forecast 除了具備如 [實例三] 的簡單指數平滑函式外，亦提供趨勢調整指數平滑模式的解方 Holt's linear trend method 如下程式的 holt 函式，而對於存在季節成分的時間序列的解方 Holt-Winters' seasonal method 其函式則為 hw：

```
fcst <- holt(            # Holt's 趨勢預測
  d.ts,                  # 本例表 9-1 的時間序列物件
  h=h,                   # 預測期數
  initial='simple',      # 簡單初始模式
  alpha=0.3,             # 指定 alpha 值（平均平滑參數值）
  beta=0.4)              # 指定 beta 值（趨勢平滑參數值）
summary(fcst)            # 預測物件總攬
```

```
> summary(fcst)          # 預測物件總攬

Forecast method: Holt's method

Model Information:
Holt's method

Call:
 holt(y = d.ts, h = h, initial = "simple", alpha = 0.3, beta = 0.4)

  Smoothing parameters:
    alpha = 0.3
    beta  = 0.4

  Initial states:
    l = 1600
    b = 600

  sigma:  629.4164
Error measures:
                    ME     RMSE      MAE       MPE     MAPE     MASE      ACF1
Training set -238.1415 629.4164 509.7681 -15.3161 22.03885 1.038417 0.3943911

Forecasts:
   Point Forecast    Lo 80    Hi 80    Lo 95    Hi 95
13       4890.929 4084.300 5697.559 3657.296 6124.563
14       5148.006 4163.389 6132.622 3642.164 6653.847
15       5405.082 4079.654 6730.509 3378.015 7432.148
```

圖 9-23　forecast 物件內容一覽

圖 9-23 顯示第一期的 Initial States 的 l 值代表 level 值即平均平滑值，b 則是趨勢平滑值，計算依據 holt 函式依據給予 initial 初始值方式為 simple，讀者可自行給予初始值方式為 optimal 並比較擬合準確度差異，也可同時去除 alpha 與 beta 引數，使 holt 函式自動尋找平滑常數來最小化預測誤差，依據點預測求解以及預測區間可參考 [實例三] 之相關說明。

下列程式為圖 9-23 內容的運算驗證，相關說明亦可參閱 [實例三]：(圖略)

```
print(fcst$fitted)            # 列出擬合結果
print(sigma<-sqrt(sum(        # 標準差 (standard deviation)
  fcst$residuals^2)/length(fcst$residuals)))
fcst$mean[1]+qnorm(0.90, mean=0, sd=1)*sigma # 預測第 1 期的 Hi 80
fcst$mean[1]+qnorm(0.10, mean=0, sd=1)*sigma # 預測第 1 期的 Lo 80
(g<-autoplot(d.ts,series=" 實際觀察值 ") +
  autolayer(fcst$fitted,series=" 擬合線 ") +
  autolayer(fcst,series=" 預測線 ") +
  ylab(" 市場需求 ") +
```

```
  xlab("期別") +
  ggtitle("各期實際需求與預測 (Holt's 趨勢預測法)"))
print(res<-(d.ts-fcst$fitted))    # 殘差計算及列印
sqrt(mean(res^2,na.rm=TRUE))      # RMSE
mean(abs(res),na.rm=TRUE)         # MAE
mean(res,na.rm=TRUE)              # 殘差平均值
```

線性趨勢預測模式（Linear Trend Forecasting Model）。該趨勢可以用簡單線性迴歸，將歷史資料餵入時間次序的直線來估計，該線性趨勢方法透過最小化誤差平方和，以決定線性方程式的特徵或以下式表示：

$\hat{Y} = b_0 + b_1 x$

其中，

$\hat{Y}$ ＝ 預測或相依變數

x ＝ 時間變數

b_0 ＝ 直線截距

b_1 ＝ 直線之斜率

係數 b_0 和 b_1 可以下式計算：

$$b_1 = \frac{n\sum(xy) - \sum x \sum y}{n\sum x^2 - (\sum x\ )^2}$$

$$b_0 = \frac{\sum(y) - b_1 \sum x}{n}$$

其中：

b_1 ＝ 直線之斜率

x ＝獨立變數值

y ＝相依變數值

n ＝觀察數目

$\bar{x}$ ＝X 值的平均

$\bar{y}$ ＝Y 值的平均

實例五 假設 Dr.WU 公司所生產的面膜，其需求如表 9-1 所示：

1. 趨勢線為何？
2. 第 13 期的預測為何？

手算

擴充表 9-1，增加 2 個欄位 x^2、XY，如下：

表 9-2 求解面膜 12 期需求的線性趨勢 b_0 及 b_1

期別 (x)	需求 (y)	x^2	xy
1	1,600	1	1,600
2	2,200	4	4,400
3	2,000	9	6,000
4	1,600	16	6,400
5	2,500	25	12,500
6	3,500	36	21,000
7	3,300	49	23,100
8	3,200	64	25,600
9	3,900	81	35,100
10	4,700	100	47,000
11	4,300	121	47,300
12	4,400	144	52,800
$\Sigma x=78$	$\Sigma y=37{,}200$	$\Sigma x^2=650$	$\Sigma xy=282{,}800$

手算

$$b_1=\frac{n\sum(xy)-\sum x\sum y}{n\sum x^2-(\sum x^2)}=\frac{12(282{,}800)-78(37{,}200)}{12(650)-\ 78^2}=286.71$$

$$b_0=\frac{\sum(y)-b_1\sum x}{n}=\frac{37{,}200-286.71(78)}{12}=1{,}236.4$$

趨勢線為 $\hat{Y}=b_0+b_1x=1,236.4+286.7x$

第 13 期的預測值 $=1,236.4+286.7(13)$

$=4,963.5$ 或 $4,964$

R 軟體的應用

首先利用載入之資料物件據以建構一 data frame 物件之各欄：

```
library(fpp2)
load(file='data/T102.rds')              # 載入本例資料物件
print(df<-data.frame(                   # 建構 data frame 物件
  period=1:12,                          # period 欄位表示期別
  demand=data))                         # 資料向量物件
```

```
> print(df<-data.frame(                 # 建構data frame 物件
+   period=1:12,                          # period欄位表示期別
+   demand=data))                         # 資料向量物件
   period demand
1       1   1600
2       2   2200
3       3   2000
4       4   1600
5       5   2500
6       6   3500
7       7   3300
8       8   3200
9       9   3900
10     10   4700
11     11   4300
12     12   4400
```

圖 9-24　data frame 的欄位，期別（period）、需求（demand）

以圖 9-24 中的資料欄位 period 為自變數，demand 欄位為應變數進行線性迴歸，如下 lm 函式，傳回之物件為一同 list 格式之 lm 類別物件，使用 summary 函式一窺其彙總資訊：（圖 9-25）

```
fit1 <- lm(                              # 對時間序列資料進行線性迴歸
  formula=demand ~ period,               # 迴歸依據自變數與應變數
  data=df)                               # 資料物件
summary(fit1)                            # 擬合物件總攬
```

```
> summary(fit1)                # 擬合物件總攬

Call:
lm(formula = demand ~ period, data = df)

Residuals:
    Min      1Q  Median      3Q     Max
-783.22 -196.68  -16.78  159.97  596.50

Coefficients:
            Estimate Std. Error t value Pr(>|t|)
(Intercept)  1236.36     251.12   4.923 0.000602 ***
period        286.71      34.12   8.403 7.64e-06 ***
---
Signif. codes:  0 '***' 0.001 '**' 0.01 '*' 0.05 '.' 0.1 ' ' 1

Residual standard error: 408 on 10 degrees of freedom
Multiple R-squared:  0.8759,	Adjusted R-squared:  0.8635
F-statistic: 70.61 on 1 and 10 DF,  p-value: 7.636e-06
```

圖 9-25　以 lm 擬合的迴歸彙總資訊

圖 9-25 中顯示線性函數的截距（intercept）b_0 為 1236.36，對於自變數係數斜率（slope）b_1 為 286.71，其判定係數 (R^2) 顯示該線性迴歸模型對樣本觀察值的解釋能力具備 87.59% ，同時在自由度 10（樣本資料筆數 - 自變數個數 -1＝12-1-1）條件下 F 顯著檢定 p 值，低於 0.05 亦表示 period 與 demand 具顯著關係。

forecast 套件擴充 lm 迴歸功能，對於時間序例提供更為方便的時間序列迴歸模型函式 tslm 如下程式，對於具有趨勢成分的樣本訓練資料給與虛擬自變數 trend 即可，不需另為期別賦予欄位，概因 ts 時間序列物件本身即具有期別：

```
fit2 <- tslm(                            # 對時間序列資料進行線性迴歸
  formula=d.ts ~ trend)                  # 時間序列資料物件與虛擬變數
summary(fit2)                            # 擬合物件總攬
```

```
> summary(fit2)                    # 擬合物件總攬

Call:
tslm(formula = d.ts ~ trend)

Residuals:
    Min      1Q  Median      3Q     Max 
-783.22 -196.68  -16.78  159.97  596.50 

Coefficients:
            Estimate Std. Error t value Pr(>|t|)    
(Intercept)  1236.36     251.12   4.923 0.000602 ***
trend         286.71      34.12   8.403 7.64e-06 ***
---
Signif. codes:  0 '***' 0.001 '**' 0.01 '*' 0.05 '.' 0.1 ' ' 1

Residual standard error: 408 on 10 degrees of freedom
Multiple R-squared:  0.8759,	Adjusted R-squared:  0.8635 
F-statistic: 70.61 on 1 and 10 DF,  p-value: 7.636e-06
```

圖 9-26　以 tslm 擬合的迴歸彙總資訊

圖 9-26 與圖 9-25 除了以虛擬 trend 代替了 period 為自變數外，其餘皆同。

列印時間序列線性擬合模型的點預測以及預測區間：(圖 9-27)

```
print(fcst<-forecast(                              # 以擬合資料進行預測
  fit2,                                            # 擬合物件
  newdata=data.frame(period=c(13,14,15))))         # 預測 3 期 (13~15)
(g<-autoplot(d.ts,series=" 實際觀察值 ") +
  autolayer(fcst,series=" 預測線 ") +
  autolayer(fitted(fit2),series=" 擬和線 ") +
  ylab(" 市場需求 ") +
  xlab(" 期別 ") +
  ggtitle(" 各期實際需求與預測 ( 時間序列線性迴歸 )"))
```

```
> print(fcst<-forecast(                  # 以擬合資料進行預測
+   fit2,                               # 擬合物件
+   newdata=data.frame(period=c(13,14,15)) # 預測3 期(13~15)
+ ))
   Point Forecast    Lo 80    Hi 80    Lo 95    Hi 95
13       4963.636 4306.227 5621.046 3896.141 6031.132
14       5250.350 4570.000 5930.699 4145.604 6355.095
15       5537.063 4831.409 6242.717 4391.229 6682.897
```

圖 9-27　線性迴歸模型下的點預測及其預測區間

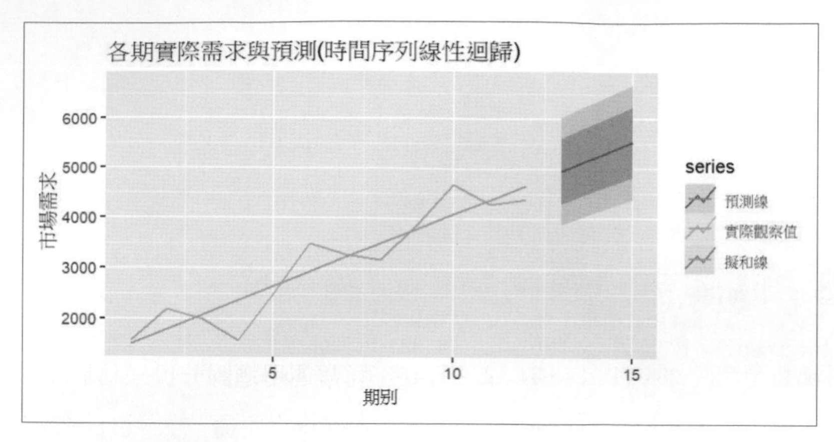

圖 9-28　線性迴歸模型的觀察值、擬合、預測圖

上圖 9-28 點預測係延續線性擬合模型的延伸，預測區間則在一元自變數（trend 或 period）下，除了原有的殘差的常態分布的標準差影響，也受自變數本身的變異性影響而變大，單一變數的預測區間如下計算式 (13)：

$$\hat{y} \pm q_i \times \hat{\sigma} \times \sqrt{1 + \frac{1}{T} + \frac{(x - \bar{x})^2}{(T-1) \times s_x^2}}$$

其中，

$\hat{y}$：點預測

q_i：預測區間分衛數，例如 80% 在平均值為 0 標準差的常態分布下為 1.28，95% 則為 1.96，可由 qnorm 函式算得。

T：樣本總期數

x：樣本觀察值

$\bar{x}$：樣本觀察值平均

s_x：樣本觀察值的標準差

$\hat{\sigma}$：擬合標準差，如下：

$$\hat{\sigma} = \sqrt{\frac{1}{T-k-1} \times \sum_{t=1}^{T} e_t^2}$$

這裡，

k：自變數（預測子 predictor）個數

e_t：殘差（residual 即實際與擬合的誤差）

9-3 關聯性預測 - 簡單迴歸模式

關聯性預測（associative forecasting）通常運用迴歸分析來估計未來需求。一旦確定外部變數與需求之間的關係後，就能辨識出與需求相關的一個或多個變數，以期更簡便地預測需求。

當只有一個解釋性的變數時，吾人使用簡單迴歸模式（simple regression model），此相當於前面所述的趨勢模式，**差別是 x 變數不再是時間，而是需求解釋變數**。例如，需求可能視廣告預測的規模，該方程式如下：

$$\hat{Y}=b_0+b_1x$$

b_0 及 b_1 的數值可用最小平方法（Ordinary Least Squares, OLS）來決定。利用最小平方法可得一條最佳的適配線，使應變數的觀察值 (Y_i) 和估計值 $(\hat{Y})$ 的距離平方和為最小，亦即使 $\sum(Y_i-\hat{Y}_i)^2$ 為最小。因 $\hat{Y}_i$ 是由迴歸線表示，故 Y_i 和 $\hat{Y}_i$ 的距離等於觀察值與估計值之間的垂直落差，參閱圖 1-8。

實例六 過去六個月之銷售與數位廣告金額如下，試決定銷售與數位廣告的線性關係 (2)

表 9-3 過去六個月之銷售與數位廣告金額

月份	銷售額 (Y_i)（萬元）	數位廣告支出 X_i（百元）
1	220	350
2	230	395
3	205	305
4	125	170

月份	銷售額 (Y_i)（萬元）	數位廣告支出 X_i（百元）
5	155	180
6	145	180
7	225	375
8	195	240
9	175	230
10	220	335
11	170	220
12	240	405

手算

擴充表 9-3，增加 3 個欄位 x^2、XY 及估計銷售額 $\hat{Y}_i$，如下表 9-4：

表 9-4　二變數迴歸模式的基本計算，及估計之銷售額

月份	銷售額 (Y_i)（萬元）	數位廣告支出 X_i（百元）	x^2	XY	估計售額 $\hat{Y}_i$
	220	350	122,500	77,000	220.575
2	230	395	156,025	90,850	239.453
3	205	305	93.025	62,525	201.700
4	125	170	28,900	21,250	145.065
5	155	180	32,400	27,900	149.260
6	145	180	32,400	26,100	149.260
7	225	375	140,625	84,375	231.063
8	195	240	57,600	46,800	174.430
9	175	230	52,900	40,250	170.235
10	220	335	112,400	73,700	214.283
11	170	220	48,025	37,400	166.040
12	240	405	164,025	97,200	243.648
	$\sum Y=2,305$ $\bar{Y}=192.08$	$\sum X=3,385$ $\bar{X}=282.08$	$\sum X^2=1,041,025$	$\sum XY=686,350$	

從上表 9-4 的資料求得估計迴歸係數如下：

$$b_1 = \frac{n\sum(xy)-\sum x \sum y}{n\sum x^2-(\sum x\ )^2} = \frac{12(686,350)-3,385\ \ (2,305)}{12(1,041,025)-\ 3,385^2} = 0.4195$$

$$b_0 = \overline{Y} - b\,\overline{X} = 192.08 - 0.4195(282.08) = 73.75$$

估計迴歸函數為

$$\widehat{Y} = b_0 + b_1 X = 73.75 + 0.4195\ X$$

利用此一迴歸函數，可求得 $\widehat{Y}_i$ 值如上表 9-4，最右一欄所示。

該結果顯示線上數位廣告增加一塊錢，將增加銷售 $ 48.44

簡單判定係數 $(r^2) = 1 - \frac{\sum(Y_i-\widehat{Y}_i)^2}{\sum(Y_i-\overline{Y})^2} = 1 - \frac{1098.543}{15422.96} = 0.9288$

其中，

$$\sum(Y_i - \overline{Y})^2 = \sum(220-192.08)^2 + (230-192.08)^2 + \cdots (240-192.08)^2 = 15,422.96$$

$$\sum(Y_i - (\widehat{Y}_i))^2 = \sum(220-220.575)^2 + (230-239.453)^2 + \cdots (240-243.648)^2$$

$$= 1,098.543$$

此即表示 X 數位廣告的變異，可解釋 92.88% 的 Y 銷售額的變異。

R 軟體的應用

首先建構 data frame 類別的本例資料物件，接著測試其中銷售金額與廣告支出之相關性：圖 9-29

```
library(fpp2)
sales<-c(220,230,205,125,155,145,225,195,175,220,170,240) # 銷售額
adv<- c(350,395,305,170,180,180,375,240,230,335,220,405)  # 廣告支出
df<-data.frame(         # 建構 data frame 資料物件
  sales=sales,          # sales 欄銷售額資料
  adv=adv)              # adv 欄廣告支出資料
cor(df$sales,df$adv)    # 銷售額與廣告支出之相關係數
```

```
> cor(df$sales, df$adv)  # 銷售額與廣告支出之相關係數
[1] 0.9641197
```

圖 9-29　銷售額與廣告支出之相關係數

圖 9-29 顯示頗為接近 1，上述判定係數 (R^2) 即為相關係數的平方（請參閱本章第 5 節），故以廣告支出來預測銷售金額為一合適的預測因子（predictor），接著以 stats 內建套件的 lm 函式建構線性迴歸模型，並依此模型的擬合結果與本例觀察值分布繪製一處：(圖 9-30、圖 9-31)

```
print(LM<-lm(                                  # 建構線性迴歸模型
  formula=sales ~ adv,                         # 自變數與應變數公式
  data=df))                                    # 模型資料依據
ggplot(data=df,                                # 繪製觀察值分布與迴歸線
       aes(x=adv, y=sales)) +                  # x 軸與 y 軸在 df 物件之資料欄
  ylab("銷售金額（萬元）") +                   # y 軸文字標籤
  xlab("廣告支出（百元）") +                   # x 軸文字標籤
  geom_point() +                               # 觀察值以點狀呈現
  geom_abline(                                 # 附加斜線於其上
    intercept=LM$coefficients[1],              # 截距
    slope=LM$coefficients[2]) +                # 斜率
  scale_x_continuous(                          # x 軸之尺規標示
    limits=c(min(adv),max(adv)),               # 尺規上下限
    breaks=seq(min(adv),max(adv),by=20)) # 尺規分隔間距為 20
```

```
> print(LM<-lm(             # 建構線性迴歸模型
+   formula=sales ~ adv,        # 自變數與應變數公式
+   data=df))                   # 模型資料依據

Call:
lm(formula = sales ~ adv, data = df)

Coefficients:
(Intercept)          adv
    77.0281       0.4079
```

圖 9-30　線性迴歸模型

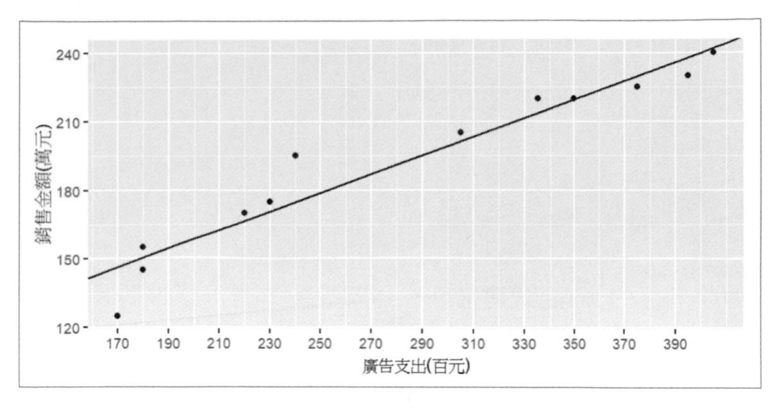

圖 9-31　線性迴歸線與觀察值分布

圖 9-30 顯示擬合線的截距 $(b_0)=77.0281$，斜率 $(b_1)=0.4079$ 如圖 9-31。

以下程式則有別於上述程式旨在建構線性模型，R 軟體的 forecast 套件增強了對時間序列物件在線性迴歸與預測的應用，tslm 傳回類別為 tslm 的物件，該物件擴充了原本 lm 的物件，讀者可試比較程式中 fit 變數實與上述程式中的 LM 變數幾無差別，程式首先依本例的 df 物件建構時間序列 ts 物件，起始期別（start）可以實際的年號，每期筆數（frequency）也可依據資料分為 12（月）、4（季）、7（週）甚至小時等，細節可視需要參閱官網說明：

```
d.ts<-ts(                    # 建構時間序列物件 ts
  data=df,                   # 本例 data frame 物件資料
  start=c(1),                # 資料之起始期別
  frequency=1)               # 每期別 1 筆
print(fit <- tslm(           # 各期別以線性迴歸擬合
  formula=sales ~ adv,       # 時間序列物件欄位（應變數、自變數）
  data=d.ts))                # 資料依據之時間序列物件
summary(fcst<-forecast(      # 以擬合模型預測接續 3 期
  fit,                       # 擬合模型物件
  newdata=data.frame(        # 預測期的假設自變數資料
    period=c(13,14,15),      # 預測期
    adv=c(500,600,700))))    # 自變數資料（廣告支出）
```

```
> summary(fcst)        # 預測物件總攬

Forecast method: Linear regression model

Model Information:

Call:
tslm(formula = sales ~ adv, data = d.ts)

Coefficients:
(Intercept)          adv
    77.0281       0.4079


Error measures:
             ME     RMSE      MAE        MPE     MAPE      MASE       ACF1
Training set  0 9.517106 7.025421 -0.4408536 4.146949 0.1717325 -0.1645729

Forecasts:
   Point Forecast    Lo 80    Hi 80    Lo 95    Hi 95
13       280.9664 262.6775 299.2554 251.2691 310.6638
14       321.7541 300.2660 343.2422 286.8619 356.6463
15       362.5418 337.3130 387.7706 321.5755 403.5080
```

圖 9-32　預測結果

圖 9-32 在假設未來 3 期（13~15）的廣告支出分別為 500、600、700 時銷售金額的點預測以及其預測區間，代表平均殘差的 ME=0，說明了擬合已臻理想。

以下程式將實際值其與迴歸模型擬合結果以及未來期別在其預測因子（廣告支出）及其模型下的預測（銷售金額）：

```
(g<-autoplot(d.ts[,'sales'],series=" 實際觀察值 ") +
  autolayer(fcst$fitted,series=" 擬合線 ") +
  autolayer(fcst,series=" 預測線 ") +
  ylab(" 銷售金額 ")+
  xlab(" 期別 ")+
  ggtitle(" 各期實際銷售與預測 ( 線性迴歸 )"))
```

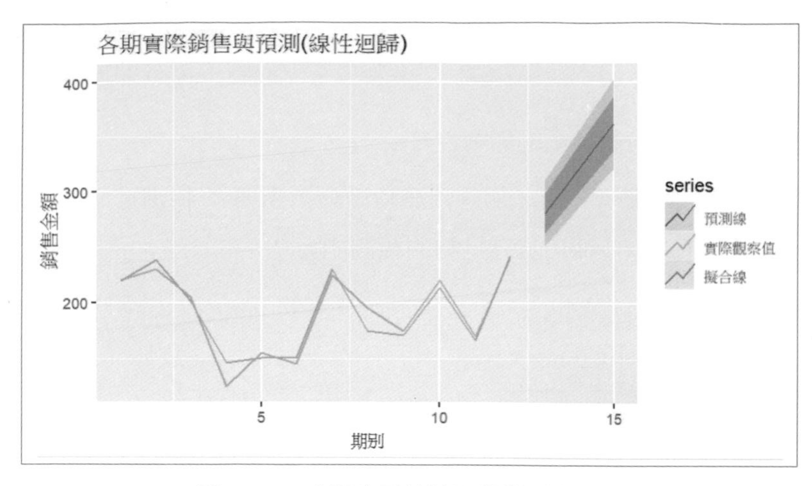

圖 9-33　時間序列線性迴歸模型與預測

圖 9-33 點預測線外圍以顏色深淺區分 80% 與 90% 的預測區間。

當有好幾個解釋變數能預測時，則要使用下節的多重迴歸模式（multiple regression model）。

當有好幾個解釋變數能預測時，則要用下節的複迴歸模式。

9-4 關聯性預測 - 複迴歸模式

多變量分析可以根據相依變數（dependent variables）的存在與否分為兩大類方法，即相依方法（dependence method）和獨立方法（independence method）。前者包括複迴歸模型，而後者則包括因素分析、集群分析和多元尺度分析等。請見《資料科學的良器：R 語言在行銷科學的應用》一書。

當需求（依變數）和其他因素（獨立或解釋變數）之間的關係受到時間因素強烈且穩定地影響銷售時，**複迴歸模式分析表現良好，可回答下列四個問題** (6)：

1. 能否找出一個線性組合，用以簡潔地說明一組預測變數 (X_i)，與一組依變數 (Y) 之間的關係？

2. 如果能的話，此種關係的強度有多大，即利用預測變數的線性組合來預測依變數的能力如何？

3. 整體關係是否具有統計上的顯著性？

4. 在解釋依變數的變異方面，那些預測變數最為重要；特別是原始模式中的變數數目能否予以減少而仍具有足夠的預測能力？

複迴歸模式的一般型態為：

$Y=\alpha+\beta_1 X_1+\beta_2 X_2+\ldots+\beta_m X_m+\in$

其中，

α,β_j：迴歸母數 ($j=1,2,\ldots\ldots,m$)

X_i：預測變數

$\in$：誤差值（residual，或稱「殘差」）

上面這個模式只是理論上的模式，在實際運算時，因為 α 與 β_j 的真正數值無法得知，故將上式修改為：

$\hat{Y}=\mathrm{a}+b_1 X_1+b_2 X_2+\ldots+b_m X_m$

a 及 b_j 是從**樣本資料**估計而得，稱為「**估計迴歸係數**」，因為此模式具有直線特性，易於計算係數的數值及評估模式的良窳，因此，即使真實的關係並非直線的，在應用上也常假設是直線關係，用直線迴歸模式加入分析，然後估計其偏差的大小。(7)

複迴歸模式有四項基本假定，吾人建立的複迴歸必須符合此四項假定，才稱得上是一個有效的、合適的模式。此四項假定是：

1. 依變數與預測變數的直線關係（Linearity of the phenomenon measured）。
2. 誤差項的變異數相等（Constant variance of the error terms）。
3. 誤差項的獨立性（Independence of the error terms）。
4. 誤差項分配的常態性（Normality of the error term distribution）。

為檢視複迴歸模式是否符合上述各項假定，可以觀察誤差散布圖的形狀。下圖 9-34 是八種不同誤差值 / 殘差散佈圖型態。如果上述假定都符合的話，則散佈圖將如圖 9-34(a) 所示的形狀。(11)

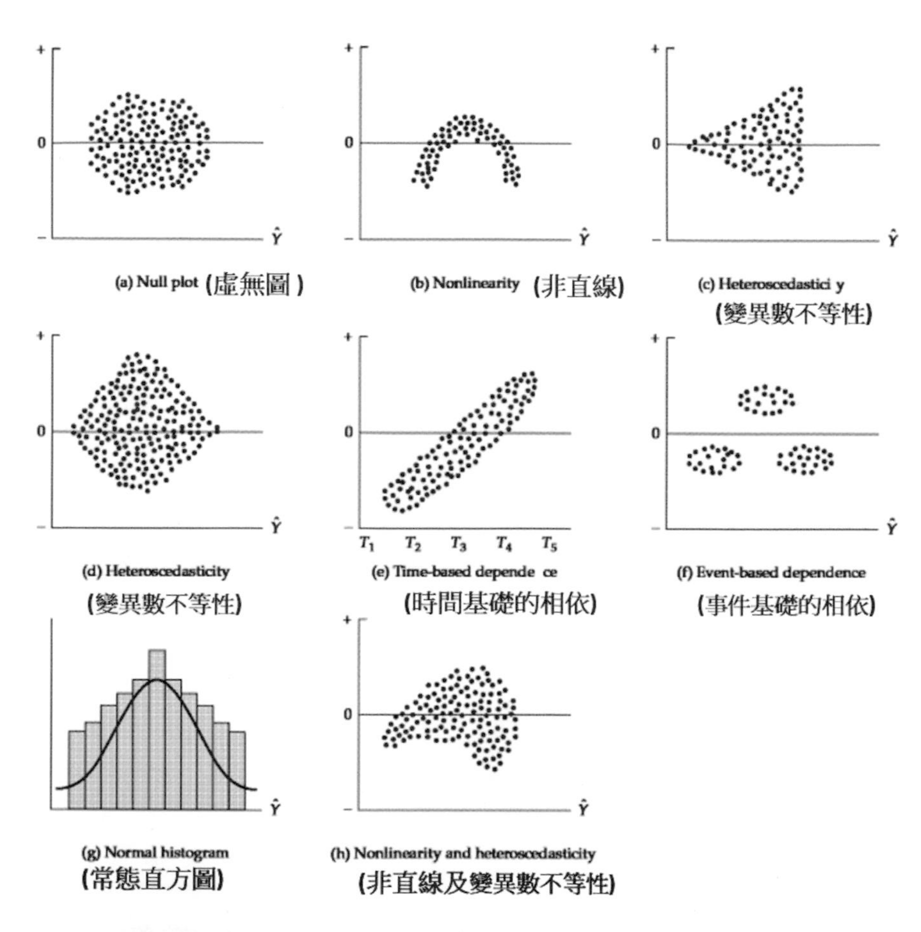

圖 9-34　殘差的圖形分析（Graphical Analysis of Residuals）

A. 直線關係

依變數 (Y) 與獨立變數 (x) 應具有直線關係。此一直線關係可從誤差值的散佈形狀觀察出來。吾人以誤差值 ($e_i = Y_i - (\widehat{Y}_i)$)，亦即實際觀察值與估計值之差）為縱軸，以估計值 ($\hat{Y}$) 為橫軸所繪出的散布圖形，如果呈現出曲線的形狀，如圖 9-34(b)，表示 Y 和 X 之間具有**非直線**關係存在。此時可用資料的轉形使 Y 和 X 具有直線關係。

複迴歸模式有兩個以上的預測變數，誤差值代表所有預測變數的總合效果，不能分辨出各個預測變數的個別效果。欲了解各個預測變數的效果 可利用**偏迴歸圖**（partial regression plots）來處理。偏迴歸圖只代表依變數和一個預測變數之間的關係，圖中各點的散布型態說明這兩個變數間的偏相關。

B. 誤差項的變異數相等

複迴歸模式的第二項基本假定，違反此一假定，即是所謂的「**變異數不等性**」（heteroscedasticity）。

要了解誤差項的變異數是否相等，可以觀察**誤差項的散布圖形**或利用簡單的統計檢定來加以檢查。如果**散布圖**的形狀呈三角形或菱形，如圖 9-34(c) 呈現任一方向的三角形或 (d) 呈現菱形圖案，如果預期在中點變化百分比多於尾部變化，則可能表示有變異數不等性的現象。吾人也可用統計軟體中的**檢定程式**來加以驗證。如果有變異數不等性的情形，同樣的，可用**資料轉形**（data transformation）的方法來加以改善。

在觀察值的範圍內，變異數相等。要知道是否符合此一假設條件，可觀察**誤差值**的形態，亦可利用杜賓 - 瓦森統計量（Durbin-Watson statistic, 稱作 **DW 係數**，以 d 來表示）來判定變異數是否不變。

C. 誤差項的獨立性

複迴歸模式的第三項基本假定是每一個**預測變數的數值都是獨立的**，都和任何其他的預測變數的數值無關。即在各連續**誤差值之間**並無**自相關**（autocorrelation）的現象存在。誤差項的獨立性也可從觀察誤差值的散布形狀而得知。如果散布的形狀如圖 9-34(e) 或 (f) 所示，則可能不符合此一假定。

如果殘差是獨立的，則該模式應該是隨機的並且類似於 (a) 殘差的虛無圖（null plot）。不符合者將通過殘差中的一致模式來識別，如圖 9-34(e) 殘差圖（residual plot），顯示了殘差和時間之間的關聯，時間是一個常見的序列變數

（common sequencing variable）。另一個頻繁模式如圖 9-34(f) 所示。當基本模型條件發生變化，但未包含在模型中時，就會出現這種模式。例如，泳裝銷售額在 12 個月內每月測量一次，其中有兩個冬季，對照一個夏季，但沒有估計季節性指標。殘差模式將顯示冬季月份的負殘差與夏季月份的正殘差。資料的轉形，諸如時間序列模式中的第一階差法（first difference）、增列指標變數（inclusion of indicator variables）等可用來處理不符此一假定的情形。

為了鑑定誤差值之間是否彼此獨立，可以計算如前面提到的 **DW 係數**，也可以觀察的型態，或檢定的正負符號。一般而言，如 **DW 係數**介於 1.5 到 2.5 之間，即表示誤差值之間並無自相關現象存在。

如果各誤差值之間有自相關存在，即表示曾忽略了某一重要的預測變數，或迴歸模式中的函數型式並不正確，必須設法消除這種自相關現象，否則，利用此一迴歸預測的結果，將會產生偏差。為了消除自相關現象，通常應在增加新的預測變數，或改變原有變數的函數型式。如果無法增加新的預測變數，或改變原有變數的函數型式，可以使用第一階差法，先求各個變數的第一階差，將第一階差視為觀察值，然後計算迴歸係數。

D. 誤差項分配的常態性

複迴歸模式假定依變數和預測測變數應具有常態性。最簡單的檢視方法是觀察誤差值的**直方圖**（histogram），如果直方圖的分配接近常態分配。如圖 9-34(g) 所示，通常表示符合此一假定。此方法雖然簡單，但如果樣本較小的話，因直方圖的分配不具意義，此法就不適用了。此時利用**常態機率圖**（normal probability plot），以**標準化的誤差值**和常態分配相比較。遇到違反假定時，有許多資料轉形的方法可用來處理這種情形。

此外，在利用直線迴歸模式做估計時，尚須避免發生複共線性（multicollinearity）的現象，複共線性是二個或以上的獨立變數高度相關時所產生的一種計算上的問題，會使得數目字變得極為龐大（某數值除以極小的數值會得到極大的數值），而且會影響迴歸結果的正確性，比如一方面判定係數為很大 (R^2)，表示整個迴歸模式的解釋能力很強，但另一方面某些 t 值會很小，表示某些個別迴歸係數並不顯

著。(10)

複迴歸模式

上述的簡單直線迴歸模式可以很容易延伸到多變數迴歸模式，譬如可以增加一個預測變數而成為如下的三變數迴歸模式：

$$Y=\alpha+\beta_1 X_1+\beta_2 X_2+\in$$

估計迴歸函數為：

$$\hat{Y}=a+b_1 X_1+b_2 X_2$$

同樣地，可以求解下列的常態方程式：

$$\sum Y\text{i}=na+b_1\sum X_{i1}+b_2\sum X_{i2}$$

$$\sum X_{i1} Y_i=a\sum X_{i1}+b_1\sum X_{i1}^2+b_2\sum X_{i1} X_{i2}$$

$$\sum X_{i2} Y_i=a\sum X_{i2}+b_1\sum X_{i1} X_{i2}+b_2\sum X_{i2}^2$$

而求得 α，β_1 和 β_2 的最小平方估計值 a，b_1 和 b_2 如下：

[令 $d_1=X_1-\overline{X_1}$，$d_2=X_2-\overline{X_2}$]

$$b_1=\frac{\sum(d_1\text{Y})\sum d_2^2-\sum(d_2\text{Y})\sum(d_1 d_2)}{\sum d_1^2\sum d_2^2-[\sum(d_1 d_2)]^2}$$

$$b_2=\frac{\sum(d_2\text{Y})\sum d_1^2-\sum(d_1\text{Y})\sum(d_1 d_2)}{\sum d_1^2\sum d_2^2-[\sum(d_1 d_2)]^2}$$

$$a=\overline{Y}-b_1\overline{X_1}-b_2\overline{X_2}$$

實例七 **某一市場研究人員了解兩種推廣費用：數位媒體費用 (X_1) 和平面媒體費用 (X_2) 對食品銷售額 (Y) 的影響，經選擇十六個地點進行實驗，這十六個地點的市場潛量和目標市場的代表性是相似的。下表列舉各地點有關推廣費用和銷售的資料。**(10)

表 9-5　推廣費用的資料

地點 i	數位媒體費用 X_{i1}（千美元）	平面媒體費用 X_{i2}（千美元）	銷售額 Y_i（萬美元）
1	2	2	8.7444
2	2	3	10.53
3	2	4	10.99
4	2	5	11.97
5	3	2	12.74
6	3	3	12.83
7	3	4	14.69
8	3	5	15.30
9	4	2	16.11
10	4	3	16.31
11	4	4	16.46
12	4	5	17.67
13	5	2	19.65
14	5	3	18.86
15	5	4	19.93
16	5	5	20.51

利用表 9-5 資料，可求得：

$b_1=3.02925$

$b_2=0.70575$

$a=2.13438$

估計迴歸函數為：

$$\hat{Y}=2.13438+3.02925X_1+0.70575X_2$$

對於預測變數的數目超過兩個的複迴歸模式，吾人同樣可以用最小平方法，求解常態方程式的方法來求得估計迴歸係數，因演算過程繁複，借助電腦程式是必要的。

R 軟體的應用

首先將本例資料物件建構如下，再將各變數（預測變數、預測因子）之間的相關性初步分析藉以挑選合適的預測因子：（圖 9-35）

```
library(fpp2)
sales<-c(8.7444,10.53,10.99,11.97,12.74,12.83,14.69,15.30, # 銷售額
         16.11,16.31,16.46,17.67,19.65,18.86,19.93,20.51)
dmedia<- c(2,2,2,2,3,3,3,3,4,4,4,4,5,5,5,5)      # 數位媒體費用
pmedia<-c(2,3,4,5,2,3,4,5,2,3,4,5,2,3,4,5)      # 平面媒體費用
df<-data.frame(                  # 建構 data frame 資料物件
  sales=sales,                   # sales 欄： 銷售額資料
  dmedia=dmedia,                 # dmedia 欄： 數位媒體費用
  pmedia=pmedia)                 # pmedia 欄： 平面媒體費用
library(GGally)
ggpairs(df)                      # 繪製各變數之間相關係數及分布圖
```

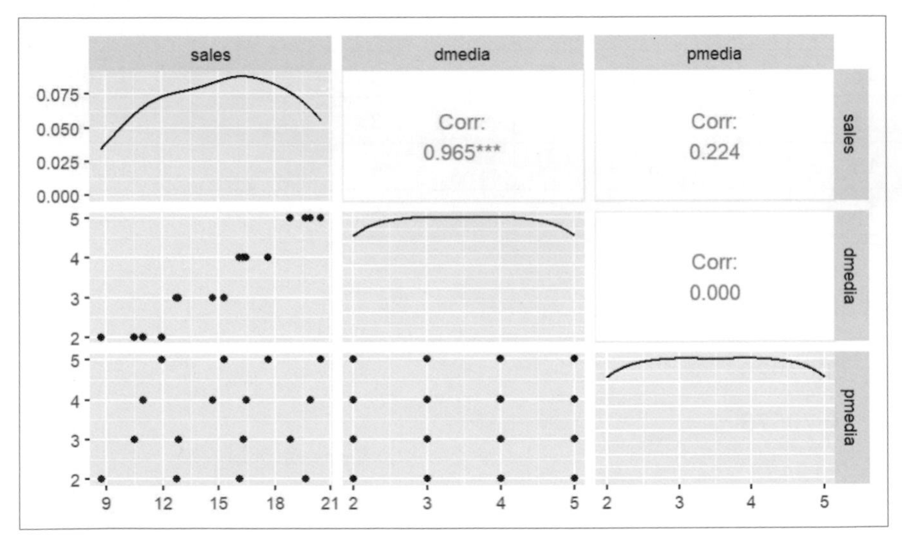

圖 9-35　各變數相關係數及分布圖

由上圖 9-35 對角線為密度分布，左下半部為各變數（包括預測變數銷售額）間的分布圖，右上半部為各變數的相關係數，第一列為銷售額與各媒體費用的相關係數，其餘則為各媒體費用之間的相關係數，選擇相關係數 0 的 pmedia、 dmedia 做為預測因子（predictor 預測因子），且此 2 者與本例欲預測的 sales 相關係數分別為 0.965 與 0.224，兩者同時作為預測因子對預測效果也將有加乘效果，反之，若預測因子之間相關係數過大，對於預測效果助益不大，卻影響預測效率。

接著透過 tslm 函式對多變數的時間序列物件，建構其線性迴歸擬合模型，formula 引數中多個預測因子以加號連結，如下程式：（圖 9-36）

```
d.ts<-ts(df,start=1,frequency=1)         # 多變數的時間序列 (mts)
print(fit <- tslm(                       # 各期別以線性迴歸擬合
  formula=sales ~ dmedia + pmedia,       # 時間序列物件欄位（應變數、自變數）
  data=d.ts))                            # 資料依據之時間序列物件
```

```
> print(fit <- tslm(   # 各期別以線性迴歸擬合
+   formula=sales ~ dmedia + pmedia, # 時間序列物件欄位(應變數、自變數)
+   data=d.ts))              # 資料依據之時間序列物件

Call:
tslm(formula = sales ~ dmedia + pmedia, data = d.ts)

Coefficients:
(Intercept)       dmedia       pmedia
     2.1427       3.0284       0.7039
```

圖 9-36　多變數線性模型各係數 (a、b_1、b_2)

應用殘差檢核該擬合模型的適用性非常有用，在擬合後以下列程式將殘差與各預測因子之間的散佈圖繪出，藉以檢查是否符合線性的假設或存在非線性關係：

```
df[,"Residuals"]<-as.numeric(       # 將擬合物件 ts 轉為數字項量增加至 df 物件
  residuals(fit))
p1 <- ggplot(data=df,               # 產生預測變數（數位媒體費用）與殘差散佈圖
             aes(x=dmedia, y=Residuals)) +
  geom_point()
p2 <- ggplot(data=df,               # 產生預測變數（平面媒體費用）與殘差散佈圖
             aes(x=pmedia, y=Residuals)) +
  geom_point()
gridExtra::grid.arrange(p1, p2, ncol=2)  # 將比較圖排列繪於一處
```

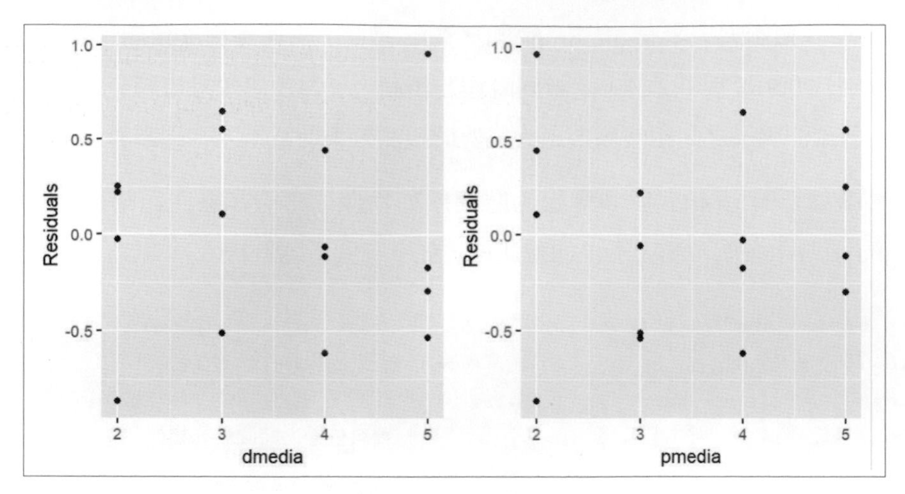

圖 9-37　擬合模型的殘差與預測因子散佈圖

上圖 9-37 殘差（= 實際銷售額－擬合銷售額）與數位媒體費用圖，以及平面媒體費用的分布均屬隨機分布，判斷符合線性的假設，讀者可將前述擬合函式中的 dmedia 預測因子從 formula 引數中刻意移除，再將上述程式重新執行，可得下圖 9-38、圖 9-39：

```
> print(fit <- tslm(   # 各期別以線性迴歸擬合
+   formula=sales ~ pmedia, # 時間序列物件欄位(應變數、自變數)
+   data=d.ts))              # 資料依據之時間序列物件

Call:
tslm(formula = sales ~ pmedia, data = d.ts)

Coefficients:
(Intercept)       pmedia
    12.7422       0.7039
```

圖 9-38　去除 dmedia 後之擬合模型

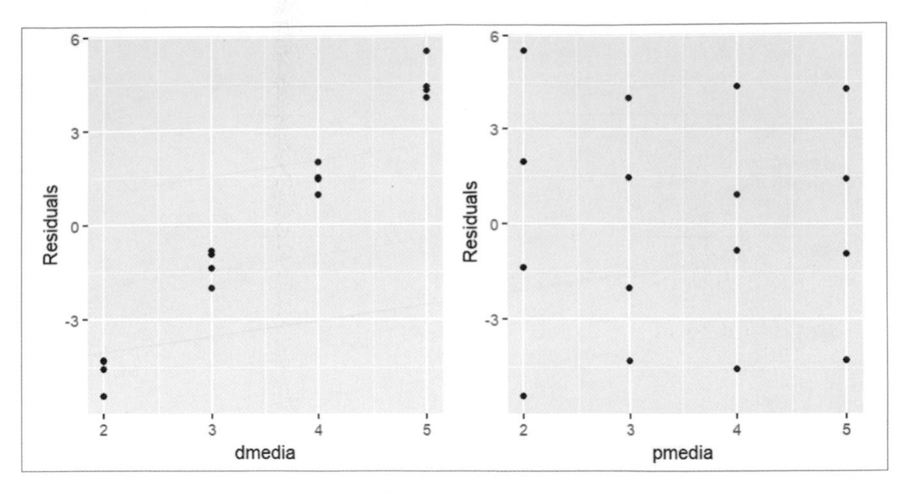

圖 9-39　擬合模型的殘差與預測因子散佈圖

圖 9-39 之右圖顯示留在擬合模型中的 pmedia 呈現隨機分布，而刻意去除的 dmedia 則呈現特定型態的分布（上圖中呈現正相關），此時對於該預測因子（dmedia）顯示應加入擬合模型中。

觀察殘差與擬合值的散佈圖可以視其是否具有特定型態的分布，判定是否具有**變異數不等性**（heteroscedasticity）的現象，以及需考慮如前述將資料經過轉換再予以建構擬合模型：

```
library(dplyr)
(g<-cbind(                                      # 建構多變數的時間序列物件 (mts)
    Fitted=fitted(fit),                         # 擬合值
    Residuals=residuals(fit))  %>%              # 殘差
  as.data.frame() %>%         # mts 物件轉成 vector 欄位的 data frame
  ggplot(                     # 使用 data frame 物件繪製散佈圖
    aes(x=Fitted,             # 散佈圖 x、y 軸對應 data frame 資料欄位
        y=Residuals)) +
  geom_point() +              # 繪製資料點
  xlab('擬合值') + ylab('誤差值(殘差)') +          # x、y 軸的標籤
  ggtitle('誤差值散佈型態'))                        # 圖標題
```

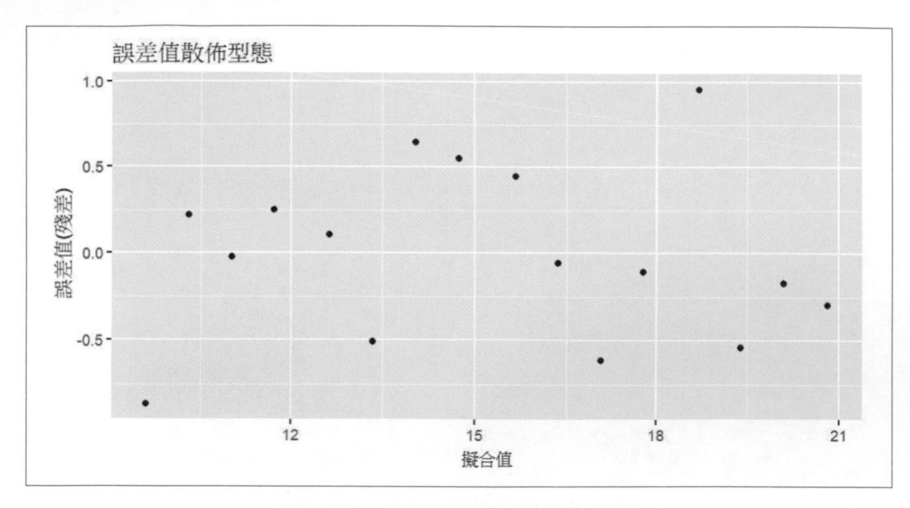

圖 9-40　殘差與擬合值的散佈圖

圖 9-40 顯示分布型態為隨機，據以判斷具有同質變異（homoscedastic variation）性，符合線性迴歸模型的假設。

判斷擬合殘差是否為常態分布對評估迴歸模型來說始終是個好方法，也將使估算預測區間更為容易 (13)，forecast 套件中 checkresiduals 函式提供對於自相關（autocorrelation）分析，Breusch-Godfrey test（簡稱 BG 檢定）以及 Ljung-Box test（簡稱 LB 檢定），下列程式示範給予診斷：

```
checkresiduals(          # 迴歸模型的殘差（誤差項）檢定
  fit,                   # 線性迴歸模型
  test='BG',             # 自相關檢定法
  #lag=NULL,             # 使用預設遲延期數進行檢定
  lag.max=10)            # 繪出最多遲延期數
```

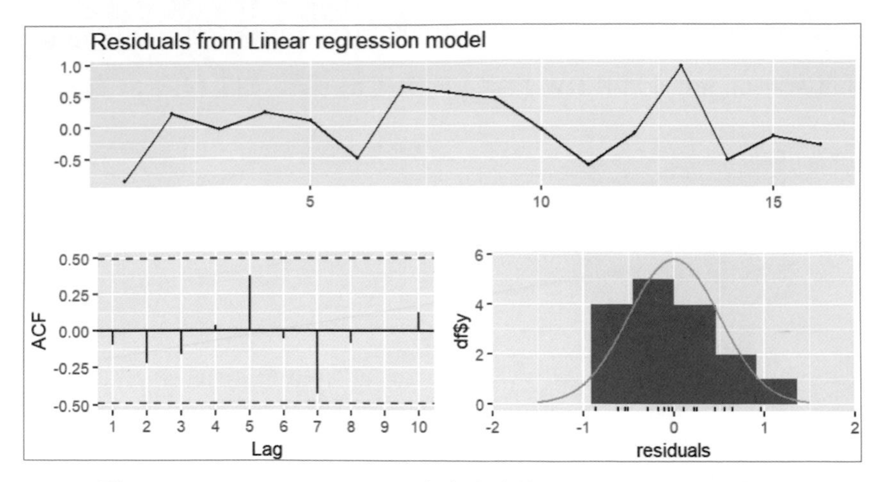

圖 9-41　checkresiduals 函式產生殘差分布、ACF、機率密度

```
> checkresiduals(  # 迴歸模型的殘差(誤差項)檢定
+   fit,            # 線性迴歸模型
+   test='BG',      # 自相關檢定法
+   #lag=NULL,      # 使用預設遲延期數進行檢定
+   lag.max=10)     # 繪出最多遲延期數

        Breusch-Godfrey test for serial correlation of order up to 6

data:  Residuals from Linear regression model
LM test = 4.5464, df = 6, p-value = 0.6032
```

圖 9-42　BG 檢定

圖 9-41 中除了殘差分布圖外，自相關圖顯示隨著遲滯檢定時間的推移存在變易的改變（lag 5、lag 7），雖並未超過上下界門檻，ACF 的上下界計算公式為：

$\pm 2/\sqrt{T}$，這裡，T 為時間序列數即 $\pm\frac{2}{\sqrt{16}} = \pm 0.5$

此變易大小將會影響預測區間，同樣機率密度分布的偏態也將影響預測區間的機率分布。

圖 9-42 顯示 p-value 並未低於 0.05，因此不拒絕虛無假設（null hypothesis），即殘差與各階（lag）之間不具有自相關（同圖 9-41 的 ACF 未超過上下界門檻），反之，則存在**異質變異性**（heteroscedasticity）的現象，將使得預測區間的估計產生不精確。

對於殘差自相關除了 forecast 套件提供的 BG、LB 檢定外，套件 lmtest 亦提供 Durbin-Watson test（簡稱 DW 檢定）的函式 dwtest，如下程式：（圖 9-43）

```
library(lmtest)                      # 載入線性測試套件
dwtest(                              # DW 檢定函式
  formula=fit,                       # 擬合模型 (tslm) 物件
  alternative="two.sided")           # 對立假設為雙尾
```

```
> dwtest(              # DW 檢定函式
+   formula = fit,              # 擬合模型(tslm)物件
+   alternative = "two.sided")  # 對立假設為雙尾

        Durbin-Watson test

data:  fit
DW = 1.9664, p-value = 0.7062
alternative hypothesis: true autocorrelation is not 0
```

圖 9-43　DW 檢定結果

圖 9-43 顯示 DW 係數為 1.9664，p-value 表示殘差無明顯相關，雖然在雙邊測試（tw-sided）下存在自相關係數不為 0。

實例八　**（存活時間）某心臟科醫師研究手術後病患，其存活時間 y（單位：天）與病人手術前的身體狀況，如血塊分數 (x_1)、體能指標 (x_2)、肝功能分數 (x_3)、酸素檢定分數 (x_4)、體重 (x_5) 的關係，收集 50 位開刀病人資料如下：**

表 9-6　手術後病患存活時間資料

序號	血塊分數 (x_1)	體能指標 (x_2)	肝功能分數 (x_3)	酸素檢定分數 (x_4)	體重 (x_5)	手術後存活時間 y
1	63	67	95	69	70	2986
2	59	36	55	34	42	950
⋮	⋮	⋮	⋮	⋮	⋮	⋮
49	60	60	67	45	56	1947
50	65	83	55	55	89	2451

R 軟體的應用

首先將本例資料整理如下 data frame 物件變數，並依此以全部變數（x1~x5）建立線性迴歸模型，如下 lm 類別物件（full_model）：

```
library(fpp2)
library(olsrr)
x1<-c(63,59,59,54,59,54,60,61,59,59,                    # 血塊分數
      63,62,59,54,62,59,58,53,61,59,
      60,59,58,68,58,59,53,64,57,59,
      58,58,51,56,57,58,58,54,65,60,
      53,60,56,57,58,55,61,60,60,65)
x2<-c(67,36,46,73,71,82,91,50,87,88,                    # 體能指標
      63,79,89,50,70,58,53,90,23,70,
      61,62,53,82,55,82,69,44,63,78,
      59,53,79,20,65,52,50,23,93,59,
      81,37,76,93,72,86,83,92,60,83)
x3<-c(95,55,47,63,74,75,65,28,94,70,                    # 肝功能分數
      50,51,14,26,57,69,59,37,51,68,
      81,56,68,72,40,43,48,10,56,74,
      53,80,68,98,59,70,55,80,70,60,
      74,66,86,82,60,84,31,25,67,55)
x4<-c(69,34,40,48,47,46,67,39,64,64,                    # 酸素檢定分數
      58,46,53,36,60,53,51,30,42,58,
      52,59,46,84,50,48,26,47,59,57,
      49,48,42,51,46,39,39,33,94,51,
      35,53,54,66,51,72,40,32,45,55)
x5<-c(70,42,47,44,61,47,73,53,75,68,                    # 體重
      68,75,72,40,68,50,46,48,47,58,
      56,55,46,94,48,63,40,59,51,62,
      52,48,39,42,51,47,46,41,95,57,
      46,45,52,62,55,53,72,75,56,89)
y<- c(2986, 950, 950,1459,1969,1975,2506, 722,          # 手術後存活時間
      3524,2509,1766,2048,1042,  19,2038,1792,
      1290,1534, 803,2063,2312,1597,1848,3118,
       834,1830, 819, 596,1359,2386,1349,1866,
      1378,1396,1649,1627,1139, 879,2928,1663,
      1908,1423,2444,2715,1699,2440,1432,1441,
```

```
     1947,2451)
df<-data.frame(                  # 建構 data frame 資料物件
  y=y,                           # 存活時間
  x1=x1, x2=x2, x3=x3, x4=x4, x5=x5)    # x1 ~ x5 資料
full_model <- lm(                # 對 data frame 進行線性迴歸
  formula=y ~ .,                 # 迴歸依據所有自變數與應變數
  data=df)                       # 資料物件
summary(full_model)              # 全變數模型彙總
```

```
> summary(full_model)    # 全變數模型彙總

Call:
lm(formula = y ~ ., data = df)

Residuals:
    Min      1Q  Median      3Q     Max
-263.08  -58.41  -23.29   25.27  452.58

Coefficients:
             Estimate Std. Error t value Pr(>|t|)
(Intercept) -6885.371    806.724  -8.535 6.97e-11 ***
x1             97.279     15.629   6.224 1.58e-07 ***
x2             23.220      2.169  10.705 7.83e-14 ***
x3             26.311      1.210  21.749  < 2e-16 ***
x4             -1.359      2.329  -0.584    0.562
x5             -2.522      4.585  -0.550    0.585
---
Signif. codes:  0  '***'  0.001  '**'  0.01  '*'  0.05  '.'  0.1  ' '  1

Residual standard error: 127.9 on 44 degrees of freedom
Multiple R-squared:  0.971,     Adjusted R-squared:  0.9677
F-statistic: 294.7 on 5 and 44 DF,  p-value: < 2.2e-16
```

圖 9-44　全變數模型彙總

圖 9-44 各係數除常數項以外亦包括每一個自變數（預測因子），在 t 檢定下顯著性如最後一行，對於每一個個別的預測因子與預測對象 y 間的關係，除了 x4、x5 不重要外 x1~x3 個別對預測 y 重要性高，不過畢竟只能看出個別預測因子與 y 的關係，當考慮多個預測因子組合與 y 的關係時，有以下三個方法：

A. 方法一 所有迴歸式比較選取

將預測因子可能的組合共有 2^5 種，以下列程式中 data frame 類別物件的 mdls 變數紀錄各組合的指標值，例如：AdjR2 表示調整之 R^2，請參閱本章第 5 節說明，下列程式對每一組合的各指標值依下列公式計算，並依排序需要列出如圖 9-45 ～圖 9-48，然後加以比較選出最佳組合，除了 AdjR2 及 R^2 選高者，其餘指標選低者（請參閱本章第 7 節）：

Mallow's Cp

$$C_p = \frac{SSE}{\sigma^2} - (n - 2q) \tag{9.4.1}$$

其中，

q：模型中預測因子（predictor）+ 常數項（intercept）個數

SSE：殘差平方和（sum of squared errors）

$\hat{\sigma}^2$：全因子模型的殘差變異數，如下程式中的 sigma2

赤池訊息準則（Akaike's Information Criterion）(14)

$$AIC = 2k + ln\left(\frac{SSE}{n}\right)n \tag{9.4.2}$$

其中，**假設模**型的殘差服從獨立常態分布

n：觀察數

k：線性模型中所有參數項（含誤差項）

改正的赤池訊息準則（Corrected Akaike's Information Criterion）(14)

$$AIC_c = AIC + \frac{2k(k+1)}{n-k-1} \tag{9.4.3}$$

進行下列程式前，可先確認我們手上的樣本在各預測因子組合下，其殘差是否服從獨立常態分布，可用 R 內建 stats 套件的 shapiro.test 或 ks.test 等函式在 p-value<0.05 時接受，若排除其殘差服從獨立常態分布，則建議使用其它函式（如下圖 9-51）對 AIC 的計算，下列程式使用公式 (9.4.2)、(9.4.3)：

```
n<-length(y)            # 觀察樣本數
nvar<-5                 # 自變數個數
ttl<-2^nvar             # predictor 組合總數
mdls<-data.frame(       # predictor 各組合計算指標各紀錄（給予初始值）
  x1=rep(0,ttl),
  x2=rep(0,ttl),
  x3=rep(0,ttl),
  x4=rep(0,ttl),
  x5=rep(0,ttl),
  pn=rep(0,ttl),        # predictor 個數
  CV=rep(NA,ttl),
  AdjR2=rep(NA,ttl),
  R2=rep(NA,ttl),
  MSE=rep(NA,ttl),
  AIC=rep(NA,ttl),
  AICc=rep(NA,ttl),
  Cp=rep(NA,ttl))
vars<-paste0('x',seq(1,nvar))          # 變數名稱向量
p<- nvar+1                             # 係數個數（常數項 + 變數項）
sigma2<-sum(full_model$residuals^2)/(n-p)    # 全變數的變異數
dfnr<-0                                # mdls 列號初始值
for (i in 0:nvar){                     # 預測因子數的所有組合
  mtx<-combn(nvar,i)                   # 因子數的組合矩陣
  for (j in 1:ncol(mtx)){              # 每一組合為 mdls 一列（筆），逐列處理
    dfnr<-dfnr+1                       # 每一列的列號
    col<-mtx[,j]                       # 組合的變數 (x1~x5) 代號 (1~5)
    if (length(col)==0){               # 無自變數（預測因子）的線性迴歸
      f<-as.formula(paste('y','~','NULL'))
      #mdls[dfnr,'formula']<-paste('y','~','NULL')
    }else{                             # 有自變數（預測因子）的線性迴歸
      for (k in 1:length(col)){        # 標記組合
        mdls[dfnr,col[k]]<-1
      }
      mdls[dfnr,'pn']<-length(col)     # predictor 個數
      f<-as.formula(                   # 迴歸公式物件
        paste('y','~',paste(vars[col],collapse='+')))
      #mdls[dfnr,'formula']<-  deparse(f)     # 迴歸公式文字
    }
    fit <- lm(                   # 對 data frame 進行線性迴歸
      formula=f,                 # 迴歸依據自變數與應變數
      data=df)                   # 資料物件
```

```
    SSE<-sum(fit$residuals^2)     # 殘差平方和 (sum of squared errors)
    q<-length(col)+1          # 預測因子 (predictor) + 常數項 (intercept) 個數
    cv.value<-CV(fit)         # 交叉驗證擬合模型
    acc<-accuracy(fit)        # 準確性指標
    mdls[dfnr,'CV']<-cv.value['CV']     # 交叉驗證誤差估計值
    AIC<-log(SSE/n)*n+2*(q)             # 赤池訊息準則，公式 (9.4.2)
    mdls[dfnr,'AIC']<-AIC               # 紀錄赤池訊息準則
    #mdls[dfnr,'AIC']<-round(cv.value['AIC'],2)  # 赤池訊息準則
    mdls[dfnr,'AICc']<-round(cv.value['AICc'],2) # 修正赤池訊息準則，公式
(9.4.2)
    mdls[dfnr,'AdjR2']<-round(cv.value['AdjR2'],2) # 調整後判定係數
    Cp<-SSE/sigma2-(n-2*q)          # Mallow's Cp
    #Cp<-ols_mallows_cp(fit, full_model)# olsrr package Mallow's Cp
    mdls[dfnr,'Cp']<-round(Cp,2) # 紀錄 Mallow's Cp
    MSE<-SSE/(n-q)                  # 平均平方誤差 (mean squared error)
    mdls[dfnr,'MSE']<-MSE           # 紀錄 MSE
    r2<-1-sum(fit$residuals^2)/sum((df$y-mean(df$y))^2)      # R2 判定係數
    mdls[dfnr,'R2']<-round(r2,4) # 紀錄判定係數
  }
}
head(res<-               # 列出最前幾筆
mdls[order(              # 依模型指標排序
  mdls$pn,               # 模型預測因子數升冪
  -mdls$AdjR2,           # 調整後判定係數降冪
  mdls$MSE),],n=10)      # 平均平方誤差升冪
tail(res)                # 列出最後幾筆
```

```
> head(res<-    # 列出最前幾筆
+ mdls[order(  # 依模型指標排序
+   mdls$pn,      # 模型預測因子數升冪
+   -mdls$AdjR2, # 調整後判定係數降冪
+   mdls$MSE),],n=10)  # 平均平方誤差升冪
   x1 x2 x3 x4 x5 pn        CV AdjR2     R2       MSE      AIC   AICc      Cp
1   0  0  0  0  0  0 516572.58  0.00 0.0000 506241.13 657.7283 659.98 1469.43
5   0  0  0  1  0  1 253897.18  0.52 0.5292 243317.95 622.0651 624.59  668.45
4   0  0  1  0  0  1 307122.32  0.43 0.4383 290288.99 630.8905 633.41  806.37
6   0  0  0  0  1  1 316330.22  0.40 0.4089 305490.56 633.4426 635.96  851.00
3   0  1  0  0  0  1 340733.76  0.36 0.3683 326462.25 636.7624 639.28  912.58
2   1  0  0  0  0  1 479596.51  0.10 0.1156 457045.18 653.5858 656.11 1296.01
15  0  0  1  0  1  2  70229.03  0.87 0.8798  63457.01 555.8121 558.70  138.45
11  0  1  1  0  0  2 111327.08  0.80 0.8036 103656.67 580.3482 583.24  254.02
14  0  0  1  1  0  2 179858.79  0.67 0.6874 164974.04 603.5834 606.47  430.32
12  0  1  0  1  0  2 193002.93  0.64 0.6551 182049.43 608.5079 611.40  479.41
```

圖 9-45　按預測因子數量排序（前 10 筆）各指標

```
> tail(res)        # 列出最後幾筆
   x1 x2 x3 x4 x5 pn        CV AdjR2     R2       MSE      AIC   AICc     Cp
27  1  1  1  1  0  4  18860.35  0.97 0.9708  16093.88 489.0417 493.00   4.30
28  1  1  1  0  1  4  19178.37  0.97 0.9708  16107.73 489.0847 493.04   4.34
31  0  1  1  1  1  4  37696.85  0.94 0.9455  30058.61 520.2772 524.23  42.74
30  1  0  1  1  1  4  69158.03  0.89 0.8955  57616.94 552.8106 556.76 118.61
29  1  1  0  1  1  4 209950.40  0.63 0.6593 187821.93 611.8945 615.85 477.03
32  1  1  1  1  1  5  19704.54  0.97 0.9710  16347.26 490.6991 495.37   6.00
```

圖 9-46　按預測因子數量排序（倒數 6 筆）各指標

上圖 9-45 中選單一個預測因子時 x4 最佳，其 $R^2=0.5292$ 或 $R_a^2=0.52$ 皆最大，同時 MSE=243,317.95 或 $C_p=668.45$ 皆最小；同樣上圖 9-46 中選 5 個（全選）也非最佳，吾人重新以 R_a^2(AdjR2) 降冪排序加上 AIC 及 MSE 升冪排序，如下程式：（圖 9-47、圖 9-48）

```
head(res2<-              # 列出最前幾筆
mdls[order(
  -mdls$AdjR2,           # 調整後判定係數降冪
  mdls$AICc,             # 修正赤池訊息準則升冪
  mdls$MSE),],6)         # 平均平方誤差升冪
tail(res2)               # 列出最後幾筆
```

```
> head(res2<-    # 列出最前幾筆
+ mdls[order(
+   -mdls$AdjR2, # 調整後判定係數降冪
+   mdls$AICc,   # 修正赤池訊息準則升冪
+   mdls$MSE),],6)  # 平均平方誤差升冪
   x1 x2 x3 x4 x5 pn       CV AdjR2     R2      MSE      AIC   AICc    Cp
17  1  1  1  0  0  3 18308.42  0.97 0.9706 15880.74 489.4740 490.84  2.69
27  1  1  1  1  0  4 18860.35  0.97 0.9708 16093.88 491.0417 493.00  4.30
28  1  1  1  0  1  4 19178.37  0.97 0.9708 16107.73 491.0847 493.04  4.34
32  1  1  1  1  1  5 19704.54  0.97 0.9710 16347.26 492.6991 495.37  6.00
24  0  1  1  0  1  3 35893.19  0.94 0.9446 29893.24 521.1003 522.46 42.12
31  0  1  1  1  1  4 37696.85  0.94 0.9455 30058.61 522.2772 524.23 42.74
```

圖 9-47　按 AdjR2 降冪排序 (前 6 筆) 各指標

```
> tail(res2)     # 列出最後幾筆
   x1 x2 x3 x4 x5 pn       CV AdjR2     R2      MSE      AIC   AICc      Cp
10  1  0  0  0  1  2 304049.8  0.44 0.4644 282698.6 632.5131 633.40  768.79
4   0  0  1  0  0  1 307122.3  0.43 0.4383 290289.0 632.8905 633.41  806.37
6   0  0  0  0  1  1 316330.2  0.40 0.4089 305490.6 635.4426 635.96  851.00
3   0  1  0  0  0  1 340733.8  0.36 0.3683 326462.2 638.7624 639.28  912.58
2   1  0  0  0  0  1 479596.5  0.10 0.1156 457045.2 655.5858 656.11 1296.01
1   0  0  0  0  0  0 516572.6  0.00 0.0000 506241.1 659.7283 659.98 1469.43
```

圖 9-48　按 AdjR2 降冪排序 (倒數 6 筆) 各指標

上圖 9-47 中選 3 個預測因子 x1、x2、x3 的 AdjR2=0.97 及 R2=0.9706 與鄰近的選擇 4 個預測因子甚至 5 個差異不大，若以 $C_p=2.69$ 或 $AIC_c=490.84$ 來看，則預測因子 **x1、x2、x3 的組合有明顯的較佳的表現**，故吾人傾向於此組合的擬合模型，概 C_p 或 AIC_c 從中扮演了避免過度擬合的指標。

B. 方法二 逐步迴歸選取（向前，先加後減）

使用外掛套件 olsrr 的 ols_step_both_p 函式，從任一個預測因子加入開始，過程中依據 F 檢定（參閱本章第 6 節）p-value 門檻決定加入（addition）或移出（removal），函式預設值為 pent=0.1、prem=0.3，可參閱官網（或 RStudio? 指令）該函式相關說明，下列程式：(圖 9-49)

```
library(olsrr)
ols_step_both_p(full_model)
```

```
> ols_step_both_p(full_model)

                              Stepwise Selection Summary
------------------------------------------------------------------------------------------
                     Added/                  Adj.
Step    Variable    Removed     R-Square    R-Square     C(p)        AIC         RMSE
------------------------------------------------------------------------------------------
   1       x4       addition       0.529       0.519    668.4480    765.9590    493.2727
   2       x3       addition       0.687       0.674    430.3170    747.4773    406.1700
   3       x5       addition       0.880       0.872    139.8640    701.5464    254.2242
   4       x4       removal        0.880       0.875    138.4450    699.7060    251.9067
   5       x2       addition       0.945       0.941     42.1170    662.9941    172.8966
   6       x1       addition       0.971       0.968      4.3410    632.9786    126.9162
   7       x5       removal        0.971       0.969      2.6870    631.3679    126.0188
```

圖 9-49　F 檢定 p-value 決定存留預測因子

上圖 9-49 步驟中移出 x4、x5 **加入 x1~x3 作為模型的預測因子**，同方法一。

C. 方法三 逐步迴歸選取（向後，只減）

從全部預測因子開始，依據 AIC 逐步去除直到沒有改善空間為止，這裡的 AIC 計算如下公式：

$$AIC=2k-2\ ln(L)$$

其中，一般狀況下以概似函式估計

L：概似函數值

k：線性模型中所有參數項（含誤差項）

下列程式結果如圖 9-50：

```
ols_step_backward_aic(full_model)  # 殘差服從獨立常態分布
```

```
> ols_step_backward_aic(full_model)  # 殘差服從獨立常態分布


                          Backward Elimination Summary
----------------------------------------------------------------------------
Variable        AIC          RSS            Sum Sq         R-Sq       Adj. R-Sq
----------------------------------------------------------------------------
Full Model    634.593     719279.535     24086535.985    0.97100       0.96771
x5            632.936     724224.542     24081590.978    0.97080       0.96821
x4            631.368     730513.946     24075301.574    0.97055       0.96863
----------------------------------------------------------------------------
```

圖 9-50　以 AIC 比較去除預測因子

上圖 9-50 共移出 x5、x4，隨著移出 AIC 獲得改善，若再移出 x1~x3 中任一個將使 AIC 值增大，亦即**全部預測因子剩下 x1~x3 作為模型的預測因子**，本例方法一若將各種可能的組合以 AIC 或 AIC_c 排序結果也會得到與此方法相同的結果，這裡的 AIC 計算，除了如下程式的 ols_aic 函式外，尚有 stats 套件中的 AIC 函式皆以**一般狀況下以概似函式估計**，有別於方法一**假設模型的殘差服從獨立常態分布**。

```
ols_aic(full_model,method='R')   # 最大概似估計法的 AIC
-2 * logLik(full_model)[1] + 2 * (p + 1)   # 最大概似估計法的 AIC
```

```
> ols_aic(full_model,method='R')  # 最大概似估計法的AIC
[1] 634.593
> -2 * logLik(full_model)[1] + 2 * (p + 1)  # 最大概似估計法的AIC
[1] 634.593
```

圖 9-51　對擬合模型計算 AIC 值

9-5 判定係數與相關係數

一、簡單判定係數

在簡單迴歸模式的場合，如果吾人以$\overline{Y}$（相依變數Y的平均數）去估計每一個Y_i值，則誤差可$\sum(Y_i-\overline{Y})^2$來衡量；如果吾人用$\widehat{Y}_i$（簡單迴歸估計值）來估計Y_i值，則誤差可用$\sum(Y_i-\widehat{Y}_i)^2$來衡量。簡單判定係數（coefficient of simple determination , 用r^2表示）可界定為：

$$r^2=1-\frac{\sum(Y_i-\widehat{Y}_i)^2}{\sum(Y_i-\overline{Y})^2}$$

r^2介於 0 與 1 之間，如$r^2=1$，表示$\widehat{Y}_i$能完美地預測每一個相對的Y_i值。當 b=0 時，$r^2=0$。以 [實例六] 銷售額與數位廣告金額為例，可求得

$$r^2=1-\frac{1098.54}{15422.96}=0.9288$$

表示數位廣告支出X的變異可解釋 92.88% 的銷售額Y的變異。

二、簡單相關係數

簡單相關係數（coefficient of simple correlation）是衡量X與Y之間的直線關係的另一個數值，常用r表示，其數值為簡單判定係數r^2之平方根，亦即：

$$r=\sqrt{r^2}$$

r介於 -1 與 +1 之間，如果$r=-1$，表示為完全負相關，如果$r=+1$，表示為完全正相關，r為正值，表示此二變數具有正相關的關係，反之，r為負值，表示此二變數具有負相關的關係；如$r=0$，表示二者沒有相關。在實例六，$r=\sqrt{0.9288}=0.9637$。(10)

三、複判定係數

複判定係數（coefficient of multiple correlation, 用R^2表示）衡量相依變數Y的總變異可由各預測變數$X_j(j=1,2,...m)$的最佳線性組合解釋的程度。其公式如下：

$$R^2=1-\frac{\sum(Y_i-\hat{Y}_i)^2}{\sum(Y_i-\bar{Y})^2}$$

R^2 介於 -1 與 +1 之間，如果 $R^2=1$，表示所有 Y_i 觀察值都落在估計的迴歸線上；當 $b_1=b_2=......=b_m=0$ 時，$R^2=0$。

以 [實例七] 為例，使用三個變數（十六個地點的銷售額 Y，兩種推廣費用）的直線迴歸模式，可求得：

$$R^2=1-\frac{3.7616}{197.2503}=0.98093$$

亦即當複迴歸模式中考慮到數位媒體以及平面媒體這兩種推廣費用的變異時，各地點銷售額的變異可減少 98%，在解釋銷售額變異方面具有高度的可靠性。

有些統計學家認為複迴歸模式中每增加一個預測變數，一般都會促使 R^2 增大，因此 R^2 必須以下式來加以調整（以$\overline{R}^2$ 代表調整之 R^2）。

$$\overline{R}^2=1-\frac{n-1}{n-k}\frac{\sum(Y_i-\hat{Y}_i)^2}{\sum(Y_i-\bar{Y})^2}$$

或$\overline{R}^2=1-(1-R^2)\frac{n-1}{n-k}$

其中：

n 代表樣本數

k 代表所要估計的母體數目

譬如，在本 [實例七] 中，$n=16$，$k=3$（因為須估計 α,β_1 以及 β_2)，故調整之複判定係數為：

$$\overline{R}^2=1-\frac{15}{13}(\frac{3.7616}{197.2503})=0.978$$

四、複相關係數

複相關係數（coefficient of multiple correlation）是衡量 Y 與 X_j 之最佳線性結合二者間的直線關係，以 R 表示，其數值為複判定係數 R^2 之正值平方根，即：

$R=+\sqrt{R^2}$

以 [實例七] 未調整之 R^2 為例，$R=+\sqrt{0.98093}=0.99042$。

| 9-6 | 顯著性檢定

複迴歸模式建立之後，應就其統計顯著性加以檢定。檢定迴歸模式統計顯著性的主要方法有二：(1) t 檢定，(2)F 檢定。

一、t 檢定

t 檢定是一種顯著性檢定，可用以決定相依變數 Y 與每一個預測變數 X_j 之間是否有**直線關係**存在，假定 Y 和 X_j 有直線關係，則真正的迴歸係數 (β_1) 應等於 0，其虛無及對立假設為：

H_0：$\beta_j=0$

H_1：$\beta_j\neq0$

若 t 檢定推翻虛無假設，即 β_j 不等於 0，亦即 Y 和 X_j 之間存在有顯著性直線關係。若 t 檢定結果接受虛無假設，表示吾人沒有足夠的統計證據來支持 Y 和 X_j 之間有顯著關係的說法。此時，是否將 X_j 從中迴歸模式除去，宜以常識和理論來判斷。如果根據常識和理論來判斷 Y 和 X_j 之間似乎也沒有關係存在，自可將 X_j 去除，如果 Y 和 X_j 之間有明顯關係存在，仍以將 X_j 保留在模式中為宜。

若 $|t_j|>|t_{\frac{\alpha}{2}}|$，則推翻 H_0：$\beta_j=0$ 假設

若 $|t_j|\leq|t_{\frac{\alpha}{2}}|$，則接受 H_0：$\beta_j=0$ 假設

其中，

$t_{\frac{\alpha}{2}}$ 查表所得之 t 值，即在 α 顯著水準下，自由度 $=n-k$，k 是中所要估計之母體數目。

以 t 檢定實例七推廣費用研究，分別檢定迴歸係數估計值 b_1、b_2：

1. 因 $b_1=3.02925$，$S_{b1}=0.12028$，$t_1=25.1805$，

   故 拒絕 H_0 ($p<0.001$)

2. 因 $b_2=0.70575$，$S_{b2}=0.12028$，$t_1=5.8676$，

   拒絕 H_0 ($p<0.001$)

   即在 0.1% 水準下，X_1、X_2 與 Y 均具有直線關係。

二、F 檢定

前面 t 檢定是測定依變數 Y 與個別預測變數 X_j 間的統計關係。而 F 檢定將所有預測變數視為一個整體，而測定 Y 與所有預測變數 X 間是否有顯著統計關係存在。即：

其虛無及對立假設為：

H_0：$\beta_1=\beta_2=\cdots=\beta_m=0$

H_1：並非所有的 $\beta_j=0$ ($j=1,2,...m$)

若 F 檢定推翻虛無假設，表在某一顯著水準下，Y 和 X 之間存在有統計直線關係存在。若 F 檢定結果不能推翻虛無假設，也不能夠確定的說，二者之間絕無統計關係存在，只能說沒有足夠的統計證據來支持 Y 和 X_j 之間有統計關係存在的說法。

令 SSR：Y_i 的總變異由 X 消除的部分

SSE：Y_i 的總變異尚未被 X 消除的部分

$$F=\frac{MSR}{MSE}=\frac{\text{迴歸誤差平方和 / (迴歸自由度)}}{\text{總誤差平方和 / (殘差自由度)}}=\frac{SSR/(k-1)}{SSB/(n-k)}$$

$$=\frac{\Sigma(\hat{Y}_i-\bar{Y}_i)^2/(k-1)}{\Sigma(\hat{Y}_i-Y_i)^2/(n-k)}$$

再以［實例七］推廣費用研究為例，

H_0：$\beta_1=\beta_2=0$

H_1：並非 β_1，β_2 皆等於 0

$$F=\frac{MSR}{MSE}=\frac{193.44888/(3-1)}{3.7616/(16-3)}=\frac{96.74439}{0.28935}=\frac{96.74439}{0.28935}=334$$

$F=334$ 遠大於 $F_{0.01}=6.7$（查表可得）

故拒絕 H_0 即在 1% 顯著水準下，這兩種推廣費用和銷售額之間具有迴歸關係存在。

9-7 預測準確性

任何預測努力的目標，即是達到精確而無偏的預測。預測錯誤所伴隨的成本具體而言可能包括銷售損失、庫存成本、客戶不滿意，以及商譽損失等。有研究指出，在受調查的公司中，僅有 18% 的公司能達到預測準確度超過 90%。因此，公司務必積極追蹤預測誤差，並採取必要的措施以提升預測技巧。

吾人首先介紹圖 9-7、圖 9-11、圖 9-18、圖 9-22 以及圖 9-54 的 RMSE、MAE 預測準確性的量度：

吾人將**預測誤差**（forecast error）的公式，定義為真實數量與預測值的差異，公式如下：

預測誤差：$e_t=A_t-F_t$

其中，

e_t：第 t 期預測誤差，

A_t：第 t 期真正需求，以及

F_t：第 t 期之預測

1. **根均方誤差**（root-mean-square deviation, RMSE）：RMSE 是預測值和實際值之間誤差的平方的平均值的平方根。RMSE 的計算公式如下：

   RMSE= $\sqrt{\frac{1}{n}\sum_{i=1}^{n}(\boldsymbol{e_t})^2}$

   RMSE 考慮了誤差的平方，對較大的誤差給予較大的權重。因此，RMSE 對於異常值比 MAE 和 MAD 更敏感，但它也更能夠反映預測模型的整體性能。

2. **平均絕對誤差**（Mean Absolute Error, MAE）：是預測值和實際值之間絕對誤差的平均值。MAE 的計算公式如下：

   MAE= $\frac{1}{n}\sum_{i=1}^{n}|\boldsymbol{e_t}|$

   MAE 的值越小，說明預測模型擁有更好的精確度。

3. **平均絕對誤差**（Mean absolute deviation, MAD）= $\frac{\sum_{i=1}^{n}|e_t|}{n}$。

4. **平均絕對百分比誤差**（Mean absolute percentage error, MAPE）

   MAPE= $\frac{1}{n}\sum_{t=1}^{n}\left|\frac{e_t}{A_t}\right|(100)$，

   其中，

   $\boldsymbol{e_t}$：第 t 期預測誤差，

   $\boldsymbol{A_t}$：第 t 期真正需求，以及

   $\boldsymbol{n}$= 評估的期數

平均絕對誤差（MAD）是廣泛地用於預測準確度的指標，而且對評估者而言，是一個很簡單的方法，以比較不同的預測方法。若 MAD=0，表示評估期間，預測值與實際值相同；若是正值表示預測值是高估或低估需求。當比較預測技巧時，評估者要找尋評估期間導致最低 MAD 的技巧。

平均絕對百分比誤差（MAPE）是把絕對預測誤差除以真正需求，再將結果乘以 100，以得到絕對百分比誤差，加總起來，然後計算其平均。MAPE

具有提供預測誤差真正大小，正確看法的優點。例如，如果絕對預測誤差為 10，則實際需求為 1,000 時的誤差看起來比實際需求為 100 時要好得多。

5. **平均平方誤差**（Mean squared error, MSE）$= \frac{\sum_{t=1}^{n} e_i^2}{n}$

其中，

e_t：第 t 期預測誤差，

n = 評估的期數

MSE 是另一種廣泛使用之預測準確度量測。類似於統計的變異數。以 MSE 而言，較大的預測誤差受到重大的處罰，因為誤差要平方、加總，然後平均。一般而言，預測者不會喜歡提供預測具有很多小誤差和一些大誤差的模型。

6. **預測誤差移動總和**（Running sum of forecast errors, RSFE）$= \sum_{t=1}^{n} e_t$

其中，

e_t：第 t 期預測誤差

RSFE 是預測偏移值的指標。預測偏移測量持續比真正需求較高或較低的傾向，正的 RSFE 表示預測值通常太低（即低估需求，而造成缺貨可能的產生），而負的 RSFE 表示預測值通常太高（即高估需求，而造成多餘存貨持有成本）。RSFE 為 0，代表正誤差等於負誤差。（但不代表該預測正確，因為可能有重大正和負的誤差，而能有 0 的偏差值。）

7. **追蹤信號**（tracking signal）$= \frac{\text{預測誤差移動總和}}{\text{平均絕對誤差}} = \frac{\text{RSFE}}{MAD}$

追蹤信號是用來決定預測誤差是否在可接受的控制範圍內。假如追蹤信號落在預設的控制範圍外，則代表該預測方法有偏差問題，有必要對預測方式進行評估，如前面所述，偏差的預測可以導致多餘的存貨或缺貨。

有庫存專家建議大量品項採用 ±4 的追蹤信號，而小量品項採用 ±8 的追蹤信號，另外有些人則偏好較低的限制。例如，GE Silicones 有機矽製造商開始以 ±4 為追蹤信號管制界限，時間一久，預測的品質提升，其控制範圍則降為 ±3。當較嚴格的界限設定後，則有較高的機率來發現例外，其不需要求採取行動，但它也代表能掌握早期需求的改變。

最後，因預測系統額外的改善，該控制界限更進一步降到 ±2.2。較大的敏感度，允許 GE Silicons 快速的辨識改變趨勢，且導致該公司預測獲得進一步的改善。(2)

實例九 **下表 9-7 為荷史公司 12 個月期的需求和預測。試計算 MAD、MSE、MAPE 和追蹤信號。假設該追蹤訊號的管制界限為 ±3，我們對其預測品質有何結論？** (2)

表 9-7　荷史公司 12 個月期的需求和預測

期別	需求	預測	期別	需求	預測
1	1,600	1,523	7	3,300	3,243
2	2,200	1,810	8	3,200	3,530
3	2,000	2,097	9	3,900	3,817
4	1,600	2,383	10	4,700	4,103
5	2,500	2,670	11	4,300	4,390
6	3,500	2,957	12	4,400	4,677

手算

依上表 9-7 為基準，延伸求得更多資訊，如誤差 (e)、絕對誤差、e^2 及絕對 % 誤差，如下表 9-8。

表 9-8　荷史公司 12 個月期的需求和預測其他誤差資訊

期別	需求	預測	誤差 (e)	絕對誤差	e^2	絕對 % 誤差
1	1,600	1,523	77	77	5,929	4.8
2	2,200	1,810	390	390	152,100	17.7
3	2,000	2,097	-97	97	9,409	4.9
4	1,600	2,383	-783	783	613,089	48.9
5	2,500	2,670	-170	170	28,900	6.8
6	3,500	2,957	543	543	294,849	15.5

期別	需求	預測	誤差 (e)	絕對誤差	e^2	絕對 % 誤差
7	3,300	3,243	57	57	3,249	1.7
8	3,200	3,530	-330	330	108,900	10.3
9	3,900	3,817	83	83	6,889	2.1
10	4,700	4,103	597	597	356,409	12.7
11	4,300	4,390	-90	90	8,100	2.1
12	4,400	4,677	-277	277	76,729	6.3
		總和	0	3,494	1,664,552	133.9
		平均		291.1667	138,712.7	11.158
				MAD	MSE	MAPE

MAD＝291.2

MSE＝138,712.7

MAPE＝11.2%

RSFE ＝0

追蹤訊號 $= \frac{\text{RSFE}}{MAD} = 0$

該結果表示此預測無偏差，且追蹤訊號落於 ±3 界限內。然而，每個時期的預測平均與實際需求相差 11% ，此狀況可能需要注意，以發現該變異可能的原因，或以相同的需求資料，尋求具有較低的 MAD 的替代技術。

R 軟體的應用

首先，計算各期殘差，再利用此殘差資料依上述各指標公式計算：(圖 9-52、圖 9-53)

```
library(fpp2)
demand<-c(1600,2200,2000,1600,2500,3500,  # 各期實際需求
       3300,3200,3900,4700,4300,4400)
fitted<- c(1523,1810,2097,2383,2670,2957, # 各期擬合 ( 預測 )
       3243,3530,3817,4103,4390,4677)
print(residuals<-demand-fitted)          # 各期殘差
```

```
RSFE<-sum(residuals)                          # 預測誤差移動總和
MAD<- mean(abs(residuals))                    # 平均絕對誤差 (MAD)
MAPE<-mean(abs(residuals/demand))*100         # 平均絕對百分比誤差
MSE<- mean(residuals^2)                       # 平均平方誤差
print(res<-setNames(                          # 列印結果
  c(MAD,MSE,MAPE,RSFE,RSFE/MAD),
  c('MAD','MSE','MAPE','RSFE','RSFE/MAD')
))
```

```
> print(residuals<-demand-fitted)          # 各期殘差
 [1]   77  390  -97 -783 -170  543   57 -330   83  597  -90 -277
```

圖 9-52　各期殘差（實際值－擬合值）

```
> print(res<-setNames(                           # 列印結果
+   c(MAD, MSE, MAPE, RSFE, RSFE/MAD),
+   c('MAD','MSE','MAPE','RSFE','RSFE/MAD')
+ ))
        MAD          MSE         MAPE         RSFE     RSFE/MAD
  291.16667 138712.66667     11.15835      0.00000      0.00000
```

圖 9-53　模型預測準確性各指標

forecast 套件中 accuracy 函式也可依據 lm、tslm 類別物件彙總各項預測準確性度量，下列程式首要以 structure 函式創建一 lm 類別物件，其中資料只需實際值、擬合值、殘差、迴歸公式，將此物件交由 accuracy 計算即可：（圖 9-54）

```
model<-list(                                  # 彙整 lm 類別物件所需資料
  fitted.values=fitted,                       # 擬合（預測）值
  residuals=(demand-fitted),                  # 殘差
  terms=as.formula('demand ~ NULL'),          # 迴歸公式
  model=data.frame(demand=demand))            # 迴歸公式內各資料值（實際需求）
fit<-structure(model, class="lm")             # 創造 lm 類別物件
accuracy (fit)                                # 衡量擬合（預測）準確性之各項指標
```

```
> accuracy(fit)          # 衡量擬合(預測)準確性之各項指標
             ME     RMSE      MAE       MPE     MAPE      MASE
Training set  0 372.4415 291.1667 -2.056401 11.15835 0.3119643
```

圖 9-54　accuracy 函式對模型預測準確性各指標

圖 9-54 中 ME 同 RSFE、RMSE 平方同 MSE、MAE 同 MAD、MAPE 即 MAPE，MPE 與 MASE 可參閱該函式的 help（?accuracy）或 rdocument 官網的函式說明。

在一項研究中，研究者發現到預測中之偏差可能是故意的，由組織的議題所驅動，如員工的動機，和顧客需求滿意程度等產生預測所影響。例如，業務人員傾向於低估預測，所以他們能夠達成或超過銷售配額，而生產線人員傾向於高估預測，因為，過多的存貨似乎能讓問題感覺上不那麼嚴重。

產生正確預測關鍵，在於公司內部與外部夥伴配合，以合作預測來消除預測錯誤，以供應鏈管理為例，**協同規劃、預測和籌補**系統（Collaborative planning, forecasting, and replenishment, CPFR），提供夥伴間預測資料、銷售點資料、促銷和其他夥伴間相關資料的自由交換。此一協同的努力，比更複雜、更貴的演算法，在準確度提升有更顯著的改善。

以下探討很多預測變數，如何選取？

研究一個問題時，常會想到很多預測變數，對依變數都有影響，如何將模式精簡而又能使模式有很好的預測能力，是資料分析所面對的重要課題。

模式好壞的判斷準則，除了殘差圖要滿足隨機性外，也要有擬合度要高的要求，**一般常用以下三種方式，判斷模式擬合的程度** (12)：

1. 複判定係數 R^2 要大或是殘差平方和 SSE 要小。

2. 上述提到的各種預測誤差，例如 MSE, MAPE , MAD,RSFE 等，採用其中之一的公式，預測誤差要小。

   $(MSE = \frac{\sum_{t=1}^{n} e_i^2}{n})$

   當放入愈多的預測變數時，則 R^2 會愈大，但相對的模式也愈複雜，也就是擬合之後誤差平方和小（即 SSE 小），但參數個數 p 也增大。如何在兩者之間找到平衡點？統計上常用調整後的 R^2（即 $\overline{R}^2$）做判斷，其公式為：

   $$R_a^2 = 1 - (1 - R^2)\,\frac{n-1}{n-p}$$

其中 p 為參數個數（含常數項 b_0），R_a^2 是對參數個數做懲罰，p 愈大愈會對 R_a^2 不利，除非由於 p 增大，R^2 也增加很大，不然 p^2 增大時，R_a^2 可能不升反降。也就是說 R^2 永遠會隨參數個數 p 而增大，但 R_a^2 就不一定了。

3. 模型複雜度懲罰指標（model complexity penalty indicator）C_p 值要小（或儘量接近 q，其中 q 表模式中參數個數）。C_p 值定義為 $C_p=(\frac{SSE_q}{\delta^2}-(n-2q))$

其中 $\widehat{\delta^2}$ 是全部考慮預測變數（設有 $p-1$ 個，且 $p\leq q$）都放在複迴歸模式內時的 σ^2 估計值，而 SSE_q 是考慮 $q-1$ 個預測變數時，複迴歸模式的殘差平方和，n 是觀察的樣本個數。

總之，模式好壞的判斷標準包括 R^2、MSE 和 C_p 值。R^2 應大，但須注意與參數個數 p 的平衡。MSE 要小，表示模型擬合度高。C_p 值要小，有助於平衡模型複雜度和擬合度。在實際應用中，通常使用調整後的 R^2 和 C_p 值來綜合評估模型的適應性。

參考文獻

1. Krajewski, L. J. (2013).Operations management：Processes and supply chains . Pearson Education Limited. 或見白滌清 (2015)。作業管理。台中市：滄海書局。
2. Wisner, J. D., Tan, K. C., & Leong, G. K. (2014).Principles of supply chain management：A balanced approach. Cengage Learning.
3. Nicholas Taleb, N. A. S. S. I. M. (2015). The black swan：The impact of the highly improbable. Victoria, 250, 595-7955.
4. Lawrence K. Developing leaders in a VUCA environment. UNC Exec Dev 2013：1-15.
5. Gallagher, K. P., & Worrell, J. L. (2008). Organizing IT to promote agility. Information technology and management, 9(1), 71-88.
6. Dilgard, L. A. (2009). Worst Forecasting Practices in Corporate America and Their Solutions-Case Studies.The Journal of Business Forecasting,28(2), 4.
7. 王立志 . (1999) 系統化運籌與供應鏈管理。台中市：滄海書局。
8. Ferdows, K., Lewis, M. A., & Machuca, J. A. (2004). Rapid-fire fulfillment. Harvard business review, 82(11), 104-117.
9. 張保隆 (2005)。現代管理數學。台北市：華泰文化。
10. 黃俊英 (2000). 多變量分析 (七版). 台北：華泰文化。
11. Hair, J. F., Black, W. C., Babin, B. J., Anderson, R. E., & Tatham, R. L. (1998). Multivariate data analysis(Vol. 5, No. 3, pp. 207-219). Upper Saddle River, NJ：Prentice hall.
12. 陳順宇 (2000). 迴歸分析 , 三版 , 臺北：華泰書局。

13. Hyndman, R.J., & Athanasopoulos, G. (2018) Forecasting：principles and practice, 2nd edition, OTexts：Melbourne, Australia. OTexts.com/fpp2. Accessed on 18 November 2022 .

14. Akaike information criterion, 上網日期：2024 年 1 月 2 日，檢自：https：//en.wikipedia.org/wiki/Akaike_information_criterion

Note

Note

讀者回函

讀 者 回 函

GIVE US A PIECE OF YOUR MIND

感謝您購買本公司出版的書，您的意見對我們非常重要！由於您寶貴的建議，我們才得以不斷地推陳出新，繼續出版更實用、精緻的圖書。因此，請填妥下列資料(也可直接貼上名片)，寄回本公司(免貼郵票)，您將不定期收到最新的圖書資料！

購買書號： **書名：**

姓　　名：________________

職　　業：□上班族　□教師　□學生　□工程師　□其它

學　　歷：□研究所　□大學　□專科　□高中職　□其它

年　　齡：□ 10~20　□ 20~30　□ 30~40　□ 40~50　□ 50~

單　　位：________________ 部門科系：________________

職　　稱：________________ 聯絡電話：________________

電子郵件：________________

通訊住址：□□□ ________________

____

您從何處購買此書：

□書局 ________ □電腦店 ________ □展覽 ________ □其他 ________

您覺得本書的品質：

內容方面：□很好　□好　□尚可　□差

排版方面：□很好　□好　□尚可　□差

印刷方面：□很好　□好　□尚可　□差

紙張方面：□很好　□好　□尚可　□差

您最喜歡本書的地方：________________

您最不喜歡本書的地方：________________

假如請您對本書評分，您會給(0~100分)：________ 分

您最希望我們出版那些電腦書籍：

請將您對本書的意見告訴我們：

您有寫作的點子嗎？□無　□有　專長領域：________

歡迎您加入博碩文化的行列哦！

請沿虛線剪下寄回本公司

Give Us a Piece Of Your Mind

廣　告　回　函
台灣北區郵政管理局登記證
北台字第 4 6 4 7 號
印刷品・免貼郵票

221

博碩文化股份有限公司　產品部

台灣新北市汐止區新台五路一段 112 號 10 樓 A 棟

博碩文化

博碩文化